U0055997

Excel
最強商業實戰書

The First-Best Textbook of Microsoft Excel
[*complete edition*]

[完全版]

藤井直弥 | 大山啓介
許郁文／譯

前言

感謝各位購買本書的讀者，這本書不光是外觀厚實，連內容也十分扎實，請務必好好體驗我們所準備的豐富技巧。

接下來，將為各位簡單介紹本書的特徵及內容。

最想先告訴讀者的事

這本書要告訴你什麼呢？其實是下列兩項：

- **可大幅改善你每一天面臨到的各種 Excel 難題。**
- **每個人都可輕鬆學會「改善 Excel 作業」的方法，並且即刻派上用場。**

請大家務必先記住這兩點。所謂的「改善 Excel 作業」，是指**更正確、且迅速地完成繁瑣的日常 Excel 例行性作業，而且還能更有效率地統計資料及更確實地分析資料**。

若是能提升這部分的效率，也會替你的工作帶來莫大的好處，例如，當操作 Excel 時間大幅縮減，就能空出更多的時間來安排自己的事情；既能減少失誤，又可提升工作品質，還能確實地分析資料，有效締造工作成果。

本書針對使用 Excel 時所產生的煩惱、挫折提供了多種解決技巧，也全面介紹了許多企業的人資部、會計部要求員工「必須了解的 Excel 使用方法」。請大家開心的閱讀本書，同時學會實用的知識。本書的功能在於助大家一臂之力。

本書的主要對象

本書目標在於幫助下列這些對象：

- **職場上會使用 Excel 的人**
- **偶爾會發生不該發生的失誤的人**
- **以自己的方式使用 Excel 的人**
- **操作 Excel 時，常使用滑鼠的人**
- **想利用 Excel 統計資料、呈現資料的人**
- **想有效分析資料與擬訂行銷計劃的人**
- **想更熟悉 Excel 的人**
- **真心覺得 Excel 很麻煩的人**

如果您符合上述其中一點，歡迎翻開這本書；如果您不熟悉電腦，也覺得 Excel 很麻煩，請務必閱讀本書，一定會讓您讚嘆「**原來還有這種方法？我過去幹嘛那麼麻煩！**」

完全無需背誦！

學習新事物時，我們常下意識認為「一定要死背一些東西不可」，才會覺得學習很麻煩，這一切都要歸功於學生時代留下來的經驗。

不過，「背誦學習法」僅止於大學聯考之前。**要提升 Excel 的實務技巧是不需要死背的**。只要了解一些操作方法，再從書籍或網路補強，幾秒鐘就能學會操作方法。

本書教你如何使用 Excel 讓工作更有效率，製作正確無誤的資料表 / 表格，並且方便日後維護、調整。這些操作方法完全不用背誦，只要迅速翻看，會讓你了解到「原來還可以這樣思考」、「原來還有這種操作方法」。等到要實際操作 Excel 時，就能直覺想起書中介紹的技巧與知識。翻開本書就能找到需要的答案，完全不需要背誦內容。

能立刻派上用場的職場用書

截至目前為止，筆者已經為超過萬名讀者舉辦了如何有效率的操作 Excel、以及減少出錯率的講座與課程，也針對業界提供改善業務的顧問服務，在這過程中，我看到許多人是怎麼使用 Excel。

大家都很拼命、認真地操作 Excel，但**遺憾的是，絕大多數的方法都很沒效率**，其實，只需要了解一些技巧（書中有介紹），就能解決原本花費 5、6 小時處理的作業。

為什麼這麼多人不懂 Excel 的使用方法呢？明明走進書店，就能看到架上一堆 Excel 書籍。從封面很可愛的入門書到厚得像本字典般的功能介紹書，或是針對某些功能撰寫的書，這樣算算至少超過幾百本吧。我當初也覺得，只要讀了這些書，就能解決使用 Excel 時所產生的問題。不過，經過我仔細分析之後，發現這些 Excel 用書有一個共通之處 —— **雖然詳細解說「每一功能的使用方法」，卻沒有寫到「在職場上該如何實際使用這些方法」**。

現有的 Excel 書籍雖然都很棒，但每一本卻都只是「軟體功能」的解說手冊，要怎麼在實際業務上使用這些功能，卻交給讀者自行體驗。這類電腦專業書籍對於有明確目標及想了解完成方法的人是有用的，但，卻無法對下列讀者有所助益。

- **不知道如何操作 Excel 才能讓作業變得更有效率的人**
- **想在操作 Excel 的時候，避免失誤或無心犯錯的人**
- **想分析手邊的資料，推動工作進度的人**

筆者就是依據這些現況才撰寫此書。若要以一句話來形容本書，那就是「**能立刻加速工作進度的職場實用書**」。本書盡量以簡潔方式說明如何推動業務進展的技巧，並且傳授可以立即運用在工作上的好用知識。

本書內容介紹

大致上，書中可見下列五種內容。

1. **製作出大家都能「很容易看懂」的資料表 / 表格方法**
2. **以正確且快速的方式完成麻煩的 Excel 作業**
3. **使用 Excel 的基本功能分析資料的方法**
4. **將龐雜資料整理成圖表的方法**
5. **Excel 的列印功能與自動化處理**

特徵❶：製作出大家都能「很容易看懂」的資料表 / 表格方法

本書的第 1 章、第 2 章皆以「一開始必須了解的基本操作與思維」為題，介紹「製作簡單易懂的資料表」的方法。聽到「簡單易懂的資料表」，或許有些人會覺得是要把資料表做得很漂亮嗎？其實不然（雖然某種程度上卻是如此）。**只要製作出井然有序、一眼就能看出是什麼資料的資料表，就能避免輸入錯誤，也能提升作業效率**。因此，不論你是何種職業、負責的業務內容為何，都應該學會這些基本技巧，只要掌握訣竅，工作品質肯定能大幅提升。

特徵❷：以正確且快速的方式完成麻煩的 Excel 作業

本書的第 3 章～第 6 章則是**全面介紹以正確且快速的方式來解決麻煩的 Excel 作業**。

Excel 是個有趣的軟體，當你了解如何有效率的操作方式，對比那些不了解的人來說，在工作品質、花費的作業時間上，都有顯著差異。了解的人其作業效率可提升幾十倍；但不了解的人，可能就會敗在單純的輸入失誤，導致工作量倍增。

舉例來說，有些人得花 5 小時才能完成的作業，有些人只要 10 秒鐘就能完成，沒有半點誇大，因為 Excel 就是會造成如此落差的軟體。

另一方面，學習這種「有效的使用方法」卻又極為簡單，**任誰都能輕易**

上手。正如同「知識就是力量」，**只要學會了，就能成為職涯生活的最強武器**，請大家在今天就立刻得到這項武器吧。

特徵❸：使用 Excel 的基本功能分析資料的方法

本書的第 7 章將以初學者也能了解的方式，講解如何使用 Excel 的基本功能（資料表單、目標搜尋、規劃求解、樞紐分析表），並實際分析資料。聽到「資料分析」，或許很多人會認為很困難，但，Excel 會完成那些複雜的計算，請大家務必放心。只要掌握 Excel 的基本操作，就能瞬間得到有用的資料。

而**資料分析的基礎知識適用於各行各業，希望每位讀者必須了解這個部分**。由於每一項技巧都會有詳盡的步驟介紹，即使是初學者也能安心閱讀。

特徵❹：將龐雜資料整理成圖表的方法

本書的第 8 章、第 9 章將介紹儲存在 Excel 的龐大資料，利用統計結果轉換成圖表的技巧。雖然看似簡單的圖表，但呈現的方式十分多元，即使是相同的資料，也會因為不同的技巧帶來正面或負面的印象。

此外，圖表就是要簡單易懂，一旦使用錯誤的方法，就有可能繪製出「不知所云的圖表」。**「準確傳遞想要表達的資訊」是所有成功商業人士的必備技巧之一，請務必學會**。

特徵❺：Excel 的列印功能與自動化處理

本書的第 10 章將仔細介紹 Excel 的列印功能。Excel 是一套非常優秀的軟體，即使是不了解 Excel 的人也能列印出完美文件；但，**只要讀過本章內容後，就更能隨心所欲地列印出 Excel 資料表 / 表格了**。

此外，第 11 章也將簡單介紹「**Excel 的自動化處理**」。由於篇幅的關係，本書無法詳述這部分，只好介紹一些基本操作，以便幫助大家進入下個階段。

經過嚴厲前輩的指導，
超過萬人學過的「Excel 最強使用方法」

書中所介紹的各種技巧與知識，並非由筆者一人發想，也不單只是我的個人經驗分享。本書的雛型來自於當初任職於銀行時期，每一位嚴厲的前輩所傳授的「Excel 基本使用方法」，以及在擔任 Excel 講師及業務改善顧問，與超過一萬名聽眾聊過之後得到的內容。

許多人都說「Excel 很難學」，但只要讀過本書，就能有自信地說「我也會使用 Excel」。本書的內容就是如此地充實。

筆者的人生目標是讓 Excel 有效改善你的工作效率，希望能有更多人了解這個方法。

Excel 是一套功能非常優異的軟體，可透過不同的使用方式，進一步展現 Excel 的執行能力。學習前人所傳承下來的「有效率的使用方法」、「便利的基本功能」與「資料分析的訣竅」，改善自己操作 Excel 的方式。若能幫助大家在閱讀本書之後，改善自身的工作效率，讓使用 Excel 變得不再那麼麻煩，也增加可利用的時間，那就是筆者無上的榮幸。

前言說得太多了，接下來就請大家一起進入 Excel 的世界吧！

目錄 CONTENTS

CHAPTER 4

徹底了解驗算與絕對參照

驗算的真正用意

避免不該犯的錯誤

CHAPTER 6

CHAPTER 7

資料分析的實用技法

CHAPTER 1

一開始必須先學會的
11 項基本操作與思維

CHAPTER 1 01

簡單易讀的資料表 / 表格設計的基本知識

開啟 Excel 之後，最先執行的七項操作

Excel 的基本邏輯就是製作「簡單易讀」的資料表

在 Excel 製作資料表時，首要重點就是要做出**「誰都看得懂」的資料表**。乍聽之下，「簡單易讀」似乎很主觀（每個人的觀感與判斷各有不同），但其實不是這樣的。本章所介紹的「簡單易讀的資料表」製作技巧，都是再基本不過的了，而且適用於各種狀況。

所謂的「簡單易讀」，就是**任誰一看了資料表，就能迅速理解哪個欄位是記錄何種資料**。如此一來，既能大幅減少輸入、計算的出錯率；而且與別人共用資料表時，也無需從頭說明，更不會在回顧前期資料表時，不知道資料表內的資料為何物。這種資料表不僅可應用在需要清楚格式的簡報或報告上，在 Excel 中更是不可或缺。

下圖是未經整理，只輸入了資料的資料表，就算想要客套地稱讚一下，也無法說是「簡單易讀的資料表」吧。

✕ 只輸入資料的資料表不易閱讀

	A	B	C	D	E
1	營業計畫				
2		計畫A	計畫B	計畫C	
3	業績(元)	320000	480000	640000	
4	單價(元)	800	800	800	
5	銷售數量(個)	400	600	800	
6	費用(元)	23200	34800	58000	
7	人事費(元)	19200	28800	48000	
8	員工人數(人)	2	3	5	
9	每人平均人事費(元	9600	9600	9600	
10	租金(元)	4000	6000	10000	
11	利潤(元)	296800	445200	582000	

若是在使用 Excel 的時候，只像這樣輸入資料，就會製作出難以閱讀的資料表。光憑這張資料表很難了解這些資料的意義為何。

製作簡單易讀的資料表的基本規則

要製作簡單易讀的資料表，一開始的規劃是關鍵。開啟 Excel 之後，別急著執行各種操作，而是先思考下列七項規則，視情況完成需要的設定。此外，各規則的具體操作方法將從下一頁開始依序說明。

基本規則 1　依照用途與輸出結果決定字型 ⇨ p.6

基本規則 2　調整列高 ⇨ p.10

基本規則 3　資料表不從 A1 開始 ⇨ p.12

基本規則 4　文字靠左對齊，數值靠右對齊 ⇨ p.14

基本規則 5　數值的千分位與單位 ⇨ p.16

基本規則 6　設定縮排 ⇨ p.18

基本規則 7　調整欄寬 ⇨ p.20

上述七項規則都是在製作任何 Excel 文件時，都得先了解的基本規則。雖然每項規則都可事後補強，但是為了避免重複修改，建議大家在開啟 Excel 之後，就先思考這幾項規則，若能每一項都遵守，就能整理出一目瞭然的資訊，也就是所謂「簡單易讀」的資料表了（參考下圖）。

套用七項基本規則之後，資料表變得簡單易讀

	A	B	C	D	E	F	G	H	I
1									
2		營業計畫							
3						計畫A	計畫B	計畫C	
4		業績			元	320,000	480,000	640,000	
5			單價		元	800	800	800	
6			銷售數量		個	400	600	800	
7		費用			元	23,200	34,800	58,000	
8			人事費		元	19,200	28,800	48,000	
9				員工人數	人	2	3	5	
10				每人平均人事費	元	9,600	9,600	9,600	
11			租金		元	4,000	6,000	10,000	
12		利潤			元	296,800	445,200	582,000	
13									
14									
15									

這是依照上述七項基本規則調整而成的資料表。每一筆資料都變得易讀，而資料所代表的意義也因為縮排而更清楚了。

提升資料表易讀性的 +α 基本規則

當資料表的內容已有大致的雛型，就可考慮下列這些問題，讓資料表的易讀性更清晰。

+α 的規則 1　**依狀況隱藏格線** ⇨ p.22

+α 的規則 2　**依資料表內容繪製框線** ⇨ p.24

+α 的規則 3　**以顏色標示數值** ⇨ p.26

+α 的規則 4　**設定背景色** ⇨ p.28

套用上述的 +α 規則之後，前一頁的 Excel 資料表就會如下圖般，變得更容易閱讀。雖然還不算完美，也還有很多需要調整的部分，但作為第一步已非常足夠了。

設定框線與背景色之後，資料表變得更容易閱讀

	A	B	C	D	E	F	G	H	I
1									
2		營業計畫							
3						計畫A	計畫B	計畫C	
4		業績			元	320,000	480,000	640,000	
5			單價		元	800	800	800	
6			銷售數量		個	400	600	800	
7		費用			元	23,200	34,800	58,000	
8			人事費		元	19,200	28,800	48,000	
9				員工人數	人	2	3	5	
10				每人平均人事費	元	9,600	9,600	9,600	
11			租金		元	4,000	6,000	10,000	
12		利潤			元	296,800	445,200	582,000	
13									

與只輸入資料、未經任何加工的資料表相比，此資料表的易讀性確實提升不少。這些規則都很簡單，誰都能輕鬆執行。

簡單易讀資料表的另一項重點

上述的各項規則都與「**外觀**」有關，例如字型、留白、千分位、背景色等調整項目，但這也是製作簡單易讀資料表時的第一要求。其實，還有另一個重點，那就是以「**常見格式**」來製作。

即使在細節處精雕細琢，將資料表做得非常漂亮，但其他人無法了解製作的規則，或是看不習慣的話，就會認為這個資料表有點不對勁。上述的資料表都是依照筆者的規則所製作，說不定有些人在看到這些資料表時會覺得怪怪的，最後就會出現「不容易閱讀」、「要花一點時間才能找到需要的資料」等閱讀上的壓力。

這種「不對勁」的感覺來自**每個人都有自己一套製作資料表的規則**。有些人習慣以 -1234、-1234、(1234)、▲ 1234（譯註：此格式限日本版 Excel 才有）來表示負數，就算格式不同，若是以不常見的方式記載，就會讓人覺得「不易閱讀」。不同的產業或職務當然會有不同的格式，在某種程度上，這也是無可避免的，因此，要製作出每個人都認為完美的資料表是不可能的。不過，卻也不能老是「我行我素」地製作專屬自己的資料表，這只會讓其他人難以閱讀。

在職場上使用 Excel 製作資料表時，尤其是在團隊、組織或公司裡，是需要與其他部門共用資料表的，就應該先訂立共通規則，當各部門在填寫、重製資料表時，都必須貫徹這項規則。筆者以前服務的銀行在填寫數字是十分嚴格的，也要求內部務必遵守規則（格式）輸入資料。即使是製作新資料表，也會仔細檢查，只要出現不符合公司的規則，一定會被罵到狗血淋頭。只要能如此徹底地遵守共通的規則，這樣的資料表每個人都能看得懂。

在此做個總結，要製作出公司或團隊中任何一個人都能看得懂的資料表，第一點要「**重視格式與整理資訊**」，第二點則是「**建立資料表的規則，讓相關人士皆能共用**」，請大家務必記住這兩點。

▼這點也很重要！▼

建立規則時，「思維」很重要

一如前述，沒有 Excel 的資料表是大家通用的，不同的業界與職務擁有各自的習慣與文化，即有專屬的資料表規範。

因此，在製作 Excel 資料表前，我們應該要先了解習慣與文化為何，然後再思考「該怎麼做」。在這樣的狀態下，很有可能會挖掘出之前看不見的新發現。本書為了讓大家找到這些線索，將會大量介紹與 Excel 有關的各種「思維」。若其中一種能成為大家的參考指標，那將是筆者的榮幸。

相關項目
■ 欄寬的調整 ⇨ p.20　■ 格線功能的基本知識 ⇨ p.22
■ 以顏色標示數字 ⇨ p.26

CHAPTER 1

02

簡單易讀的資料表 / 表格設計的基本知識

依照目的與用途決定字型

基本上使用「游 Gothic」字型

雖然 Excel 內建了各種字型，但筆者最建議的是「**游 Gothic**」字型。接下來為大家說明理由。

Excel 2016 的標準字型為「**游 Gothic**」，Excel 2013 之前的字型為「**MS P Gothic**」。之前我的顧客與身邊的人大多使用 Excel 2013 與之前的版本，所以為了能正常瀏覽內容，有段時間都推薦大家使用「MS P Gothic」，不過這幾年來，使用 Excel 2013 與舊版的人越來越少，**再加上 Excel 2013 已於 2023 年 4 月停止更新**，所以建議大家之後盡可能使用「**游 Gothic**」字型。（編註：在台灣版的 Excel 中，預設為內文字型，中文是新細明體、英文是 Arial，因此可參考後續的變更字型步驟來變更成合適的字型）

在日文版 Excel 的字型中，游 Gothic 屬於散發著正式感的美麗字型，尤其在高解析度的螢幕裡更是美麗，而且在螢幕裡的易讀性也很高，屬於容易閱讀的字型。

如果身邊還有使用 Excel 2013 的人，建議使用「MS P Gothic」字型

要特別注意的是，**還有共用 Excel 工作表的團隊成員或是顧客使用 Excel 2013 版的情況**。因為 Excel 2013 與之前的舊版無法使用游 Gothic 字型※。為了顧慮 Excel 2013 的使用者，建議使用「**MS P Gothic 與 Arial**」這兩種字型。

MS P Gothic 雖然不像游 Gothic 這麼美，但是在低解析度的螢幕也很容易閱讀，是應用度極高的字型，不過，它也有數字不易閱讀的缺點，此時能派上用場的就是「Arial」。若是使用 MS P Gothic 與 Arial 這兩種字型，就能製作出易讀性較高又適合列印的資料表／表格（組合兩種字型的方法將於 p.8 頁說明）。

■ **各字型的特徵**

字型名稱	特徵
游 Gothic	工整、容易閱讀的字型。邊緣較為柔和，在高解析度的螢幕或放大顯示時，都仍容易閱讀。具有低解析度不易閱讀及不相容 Excel 2013 與之前舊版的缺點。
MS P Gothic	Excel 2013 與舊版的標準字型，也是「最常見」的字型之一。即使是低解析度的螢幕或縮版列印也容易閱讀。數字的紋理略粗是其缺點。
Arial	讓數字看起來美觀的英文字型。可用來彌補 MS P Gothic 在數字上不易閱讀的缺點。

■ **各字型的特徵總結**

字型名稱	日文	數字	縮小時	放大時	相容性
游 Gothic	○	○	△	○	×
MS P Gothic	○	×	○	×	○
Arial	無	○	○	×	○

根據上述特徵，若使用的是 Excel 2016 之後的版本，而且是以高解析度螢幕瀏覽時，非常適合使用「游 Gothic」字型。

若是使用 Excel 2013 以及舊版的 Excel，而且要列印出表格的話，那麼 MS P Gothic 與 Arial 絕對是最佳的組合。讓我們實際確認一下字型的不同吧。

此外，**不管使用何種字型，同一團隊製作的表格就該統一字型**。

■ **以新細明體、MS P Gothic、Arial 做比較**

	A	B	C	D
1				
2		新細明體	銷售狀況	123,456
3		MS P Gothic	銷售狀況	123,456
4		Arial	銷售狀況	123,456
5		MS P Gothic&Arial	銷售狀況	123,456
6				

※Excel 2013 也可另外安裝字型包，使用游 Gothic 字型。
URL https://www.microsoft.com/ja-jp/download/details.aspx?id=49116

變更字型的步驟

若要統一變更工作表裡的所有儲存格的字型，可透過下列步驟執行。

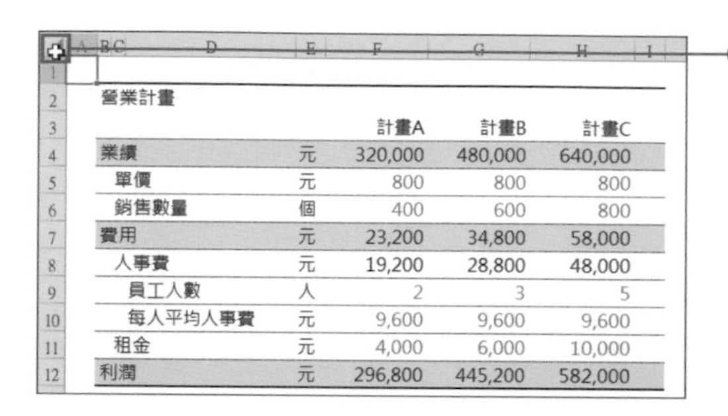

營業計畫				
		計畫A	計畫B	計畫C
業績	元	320,000	480,000	640,000
單價	元	800	800	800
銷售數量	個	400	600	800
費用	元	23,200	34,800	58,000
人事費	元	19,200	28,800	48,000
員工人數	人	2	3	5
每人平均人事費	元	9,600	9,600	9,600
租金	元	4,000	6,000	10,000
利潤	元	296,800	445,200	582,000

❶ 點選工作表左上角的按鈕，選取所有儲存格。

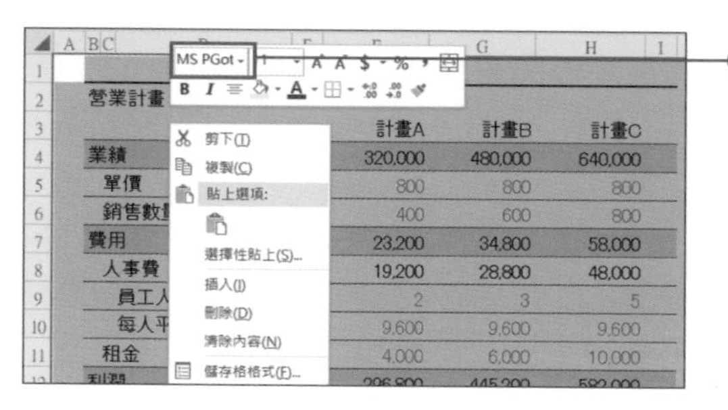

❷ 在任何一個儲存格按下滑鼠右鍵，再從字型對話框的左上角指定「MS P Gothic」、「Arial」。

若只想變更部分的儲存格，可先選取該儲存格再進行相同的操作。

組合 MS P Gothic 與 Arial 的方法

Arial 是英文字型，就算儲存格裡有中文，Arial 也只會套用在半形英數字（數字、英文、符號）。因此，要組合 MS P Gothic 與 Arial，將中文設定為 MS P Gothic 字型以及將英數字設定為 Arial 時，**可依「MS P Gothic」→「Arial」的順序設定儲存格的字型**。

此外，若是以相反的順序設定，所有的字型都會是 MS P Gothic（因為 MS P Gothic 也有半形英數字的字型）。

如何將 MS P Gothic 與 Arial 設定為預設的組合

若覺得每次都要設定字型很麻煩，可從選單點選**「檔案」→「選項」→「一**

般」（Excel 2019 之前的版本為「基本設定」），開啟「Excel 選項」對話框，再將「以此作為預設字型」設定為「Arial」❶。下次啟動時，就會以「中文為 MS P Gothic、英數字為 Arial」的組合為預設字型。

■ 變更預設字型

▼這點也很重要！▼

不能使用 Meiryo 字型嗎？

除了上述介紹的三種字型，應該有不少人使用「Meiryo」字型。筆者身邊也有很多人喜歡這個字型。對於團隊、公司、顧客而言，Meiryo 如果是易讀性高，又是常見字型，那當然可以使用，一點問題也沒有；可是，與其他字型相較之下，Meiryo 字型有點過於隨性，不太適用於正式文件。因此，使用前，須先考慮表格的目的與用途。還有，若是要列印出來，請先確認列印結果。（編註：此字型適用於日文版本 Excel。）

不管使用何種字型，重點都在於「依照用途選擇最容易閱讀的字型」以及「整個團隊使用統一的字型」這 2 點。

相關項目
■ 調整列高 ⇨ p.10 ■ 資料表不要從 A1 開始 ⇨ p.12
■ 數字的千分位 ⇨ p.16

CHAPTER 1

03 簡單易讀的資料表／表格設計的基本知識

調整列的高度，維持易讀性

易讀性的重點在於「留白」

易讀性的重點在於「**留白**」。有足夠的留白便可讓資料表易讀好懂，我們可以從一些設定下手，而「**列的高度（儲存格的高度）**」就是其中之一，調整列高，讓文字上下兩端空出留白，就可以增加易讀性了。

在日文版 Excel 2013 與舊版的預設值（MS P Gothic、11pt）（台灣版本 Excel 為新細明體、12pt）設定的列高為「13.5」，但這個高度的留白不足，讓列與列之間看起來很擠。若能設定為「18」～「20」的高度，資料表的易讀性將會更上一層樓。

營業計畫

		計畫A	計畫B	計畫C
業績	元	320,000	480,000	640,000
單價	元	800	800	800
銷售數量	個	400	600	800
費用	元	23,200	34,800	58,000
人事費	元	19,200	28,800	48,000
員工人數	人	2	3	5
每人平均人事費	元	9,600	9,600	9,600
租金	元	4,000	6,000	10,000
利潤	元	296,800	445,200	582,000

預設值的列高不易閱讀

列高為「13.5」的資料表。因為留白不足，使得數值不易閱讀。

營業計畫

		計畫A	計畫B	計畫C
業績	元	320,000	480,000	640,000
單價	元	800	800	800
銷售數量	個	400	600	800
費用	元	23,200	34,800	58,000
人事費	元	19,200	28,800	48,000
員工人數	人	2	3	5
每人平均人事費	元	9,600	9,600	9,600
租金	元	4,000	6,000	10,000
利潤	元	296,800	445,200	582,000

○

調整列高後，就變得容易閱讀

這是列高調整為「18」的資料表，每個數值都變得清楚，也更容易閱讀。

調整列高的步驟

調整列高的步驟如下。

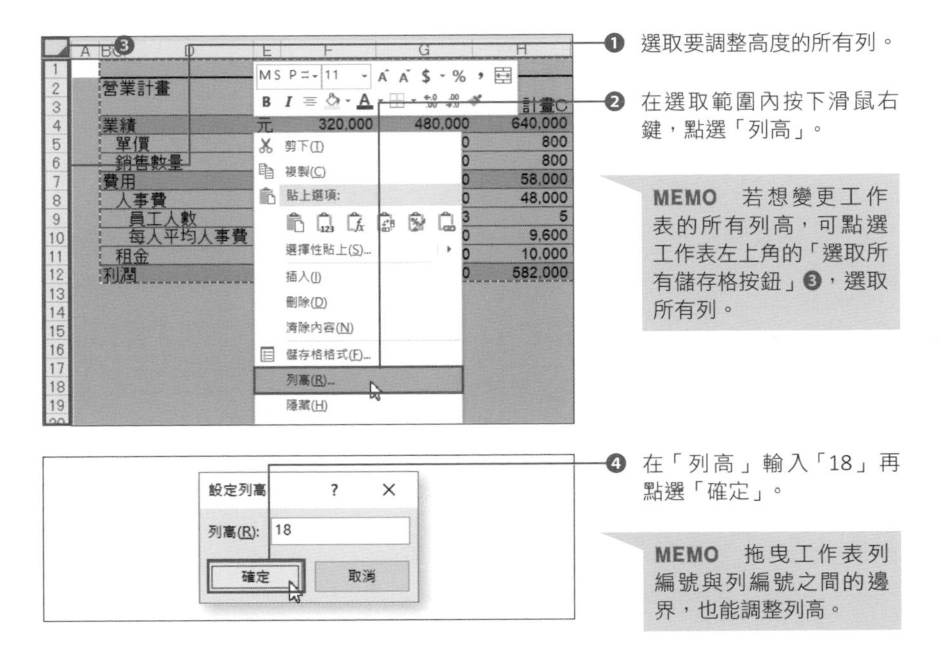

此外，「18」～「20」的列高是為了文字大小為「11pt」時所設的，如果文字大小有調整，相對的列高也需要跟著微調。最適當的列高大約是「**文字大小的 1.6 倍**」，但這也不是絕對的標準。請大家以此做為參考，後續再自行設定最適當的列高吧。

▼這點也很重要！▼

字型為「游 Gothic」的列高

若標準字型為「游 Gothic」，列高通常會設定為「18.75」，無需再特別調整，因為留白已經足夠了。不過，若團隊的內部意見希望再多點留白（高度），不妨可討論看看，若要調整留白，可將留白的設定納入格式的規範裡。

相關項目

■ 依照用途與輸出結果決定字型 ⇨ p.6
■ 資料表不從 A1 開始 ⇨ p.12　■ 調整欄寬 ⇨ p.20

CHAPTER 1

04

簡單易讀的資料表／表格設計的基本知識

資料表不從 A1 開始

A 欄與第一列為「留白」保留

Excel 的資料表雖然可從工作表的起始儲存格，也就是 A 欄第 1 列開始輸入資料，但為了製作便於閱讀的資料表，**建議大家將工作表的第一欄（A 欄）與第 1 列空下來，從儲存格 B2 開始輸入**。將資料表的第 1 欄與第 1 列設定為留白，可讓整張資料表變得更容易閱讀。

此外，從儲存格 B2 輸入也可避免「**忘記設定框線**」的問題。假設資料表從儲存格 A1 開始，左側與頂端的格線（p.22）就無法從螢幕確認，但是從儲存格 B2 開始的話，就能確認所有框線。

	A B C	D	E	F	G	H
1	營業計畫					
2			計畫A	計畫B	計畫C	
3	業績	元	320,000	480,000	640,000	
4	單價	元	800	800	800	
5	銷售數量	個	400	600	800	
6	費用	元	23,200	34,800	58,000	
7	人事費	元	19,200	28,800	48,000	
8	員工人數	人	2	3	5	
9	每人平均人事費	元	9,600	9,600	9,600	
10	租金	元	4,000	6,000	10,000	
11	利潤	元	296,800	445,200	582,000	
12						

從 A1 開始輸入資料的資料表不易閱讀

這是從儲存格 A1 開始設定的資料表。看起來很擁擠，也不知道頂端是否設定了框線。

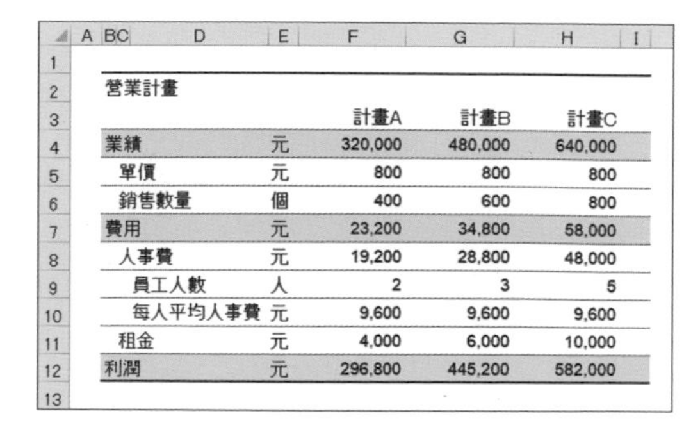

	A	B C D	E	F	G	H	I
1							
2		營業計畫					
3				計畫A	計畫B	計畫C	
4		業績	元	320,000	480,000	640,000	
5		單價	元	800	800	800	
6		銷售數量	個	400	600	800	
7		費用	元	23,200	34,800	58,000	
8		人事費	元	19,200	28,800	48,000	
9		員工人數	人	2	3	5	
10		每人平均人事費	元	9,600	9,600	9,600	
11		租金	元	4,000	6,000	10,000	
12		利潤	元	296,800	445,200	582,000	
13							

將第 1 欄、第 1 列設定為留白，可提升易讀性

將第 1 欄、第 1 列保留為留白。資料表變得更容易閱讀，也能一眼看出是否設定了框線。

在資料表開頭插入 1 欄、1 列的留白

製作新資料表時，只需要在儲存格 B2 輸入資料就能有留白效果。若是資料已經全數輸入，又希望在第 1 欄、第 1 列插入空白欄或空白列，該怎麼做才好呢？可依下列步驟完成。

此外，**建議留白欄的儲存格寬度為「3」，留白列的高度「與其他列同高」**。

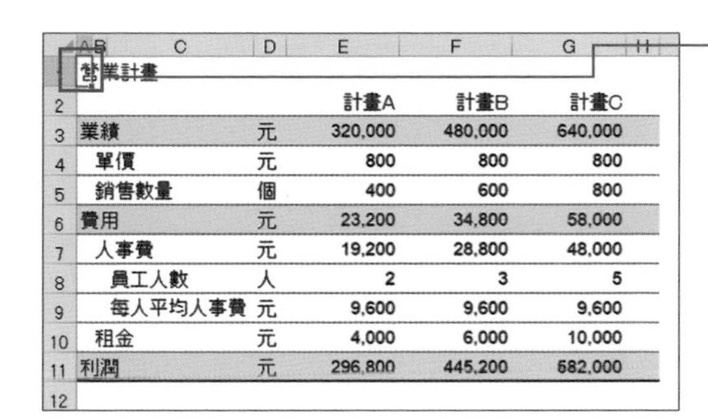

	B	C	D	E	F	G
1	營業計畫					
2				計畫A	計畫B	計畫C
3	業績		元	320,000	480,000	640,000
4	單價		元	800	800	800
5	銷售數量		個	400	600	800
6	費用		元	23,200	34,800	58,000
7	人事費		元	19,200	28,800	48,000
8	員工人數		人	2	3	5
9	每人平均人事費		元	9,600	9,600	9,600
10	租金		元	4,000	6,000	10,000
11	利潤		元	296,800	445,200	582,000
12						

❶ 將滑鼠游標移動至儲存格 A1。

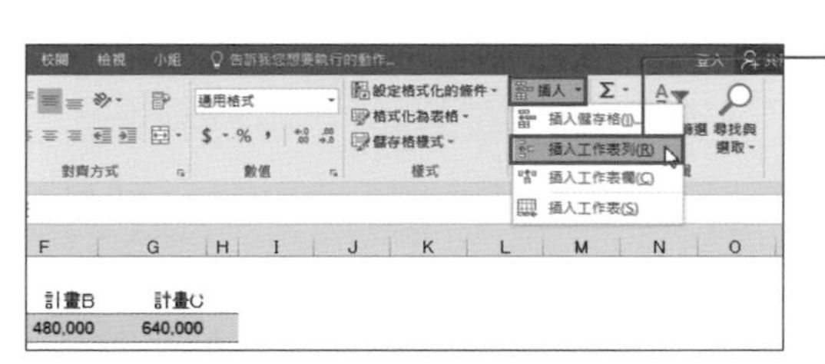

❷ 從「常用」頁籤點選「插入」，再依序點選「插入工作表列」與「插入工作表欄」。

▼這點也很重要！▼

當欄編號以數字標記的修正方法

一般來說，欄位名稱為會以 A、B、C 這些英文字母標記，但有時會以 1、2、3 這類數字標記，這是因為工作表的顯示設定為「R1C1 格式」。

若要讓欄位名稱還原為一般的「A1 格式」，請從「檔案」選單點選「選項」→「公式」，開啟「Excel 選項」對話框之後，取消「運用公式」欄位的「[R1C1] 欄名列號表示法」選項。

相關項目　■ 最合適的列高 ⇨ p.10　■ 調整欄寬 ⇨ p.20　■ 活用格線的功能 ⇨ p.22

CHAPTER 1 - 05

簡單易讀的資料表 / 表格設計的基本知識

文字靠左、數值靠右

設定文字的對齊規則

要製作出方便閱讀的 Excel 資料表 / 表格，**依照輸入資料的種類設定對齊方式是非常重要的**。Excel 提供靠左對齊、置中、靠右對齊三種方式，請依照資料的特性選擇適當的對齊方式。

筆者的建議是「**以文字為主的欄位靠左對齊，以數值為主的欄位靠右對齊**」。這種對齊方式有兩個優點。第一個是「垂直排列的項目比較容易閱讀」，每一欄的文字與數值皆與邊緣對齊，使得垂直排列的項目十分好讀，資料表 / 表格也會變得簡潔有力，即使隱藏儲存格的格線（p.22），也能一眼看出資料是屬於哪一欄位。

第二個優點是「容易察覺輸入資料時的失誤」。例如，在靠右對齊的欄位裡，突然出現靠左對齊的字串時，就能立刻判斷是否輸入錯誤。只要平時謹記「文字靠左對齊、數值靠右對齊」的規則，就能避免不小心的失誤了。

✕ 置中對齊不易閱讀

	A	B	C
1			
2		商品	銷售數量
3		原子筆(紅)	8,400
4		原子筆(黑)	11,400
5		A4用紙	950
6		B5用紙	90

○ 文字靠左、數值靠右的情況

E	F
商品	銷售數量
原子筆(紅)	8,400
原子筆(黑)	11,400
A4用紙	950
B5用紙	90

左側的資料表 / 表格是將所有輸入資料設定為「置中」；右側資料表 / 表格則是將文字（商品欄）設定為靠左對齊，數值（銷售數量欄）設定為靠右對齊。依照輸入資料的種類統一每一欄的對齊方式之後，就算沒有格線，也能輕鬆閱讀每一欄的資料。

設定對齊的方法

要替每一欄設定儲存格的對齊方式時，可依照下列的步驟執行。

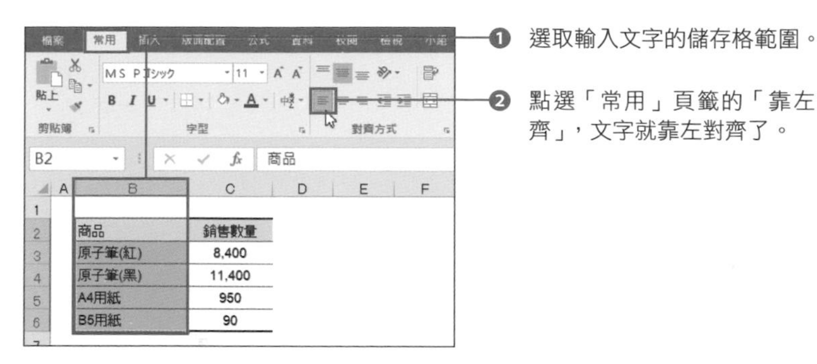

❶ 選取輸入文字的儲存格範圍。

❷ 點選「常用」頁籤的「靠左對齊」，文字就靠左對齊了。

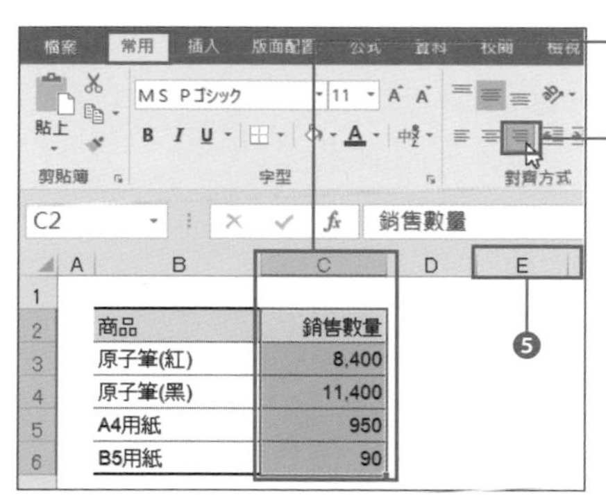

❸ 選取輸入數值的儲存格範圍。

❹ 點選「常用」頁籤的「靠右對齊」，數值就靠右對齊了。

MEMO　若要選擇全欄，可點選工作表最上方的「欄標題」❺。

▼這點也很重要！▼

「資料表 / 表格標題」的對齊方式

「文字靠左、數值靠右」是 Excel 的預設值，就算不特別設定欄位的對齊方式，只要輸入文字就會自動靠左，輸入數值就會自動靠右。或許，你覺得就不需要依照上述方法設定對齊方式，但，其實還是需要的。

因為 Excel 的預設值會讓資料表 / 表格的標題靠左對齊。單從易讀性來看，**數值欄位的標題要與數值相同靠右對齊，才比較容易閱讀。**若只有標題是靠左對齊，就會與底下的數值錯開，反而變得不好閱讀了。基於相同理由，最好也不要「只有標題置中對齊」。**只有標題置中對齊的資料表 / 表格雖然很常見，但建議還是盡可能設定成與欄位資料相同的對齊方式。**

相關項目
■ 依照用途與輸出結果決定字型 ⇨ p.6
■ 資料表不從 A1 開始 ⇨ p.12　■ 數值的千分位與單位 ⇨ p.16

CHAPTER 1

06

簡單易讀的資料表 / 表格設計的基本知識

提升數值易讀性的兩條規則

為單位設定欄位以及千分位格式

只要謹記「**為單位設置獨立欄位**」以及「**設定千分位格式**」，就能讓 Excel 資料表 / 表格裡的數值變得容易辨識，請大家務必試試看。

先來解釋第一個規則。數值的「單位」不要如下圖寫在標題或數值的結尾，而是另外建立一個欄位，統一在此欄位輸入單位。如此一來，就能一眼看出數值的意義，資料表 / 表格的易讀性也會相對提升。

✕ 在項目的標題結尾處加上單位

營業計畫

	計畫A	計畫B	計畫C
業績(元)	320,000	480,000	640,000
單價(元)	800	800	800
銷售數量(個)	400	600	800
費用(元)	23,200	34,800	58,000
人事費(元)	19,200	28,800	48,000
員工人數(人)	2	3	5
每人平均人事費(元)	9,600	9,600	9,600
租金(元)	4,000	6,000	10,000
利潤(元)	296,800	445,200	582,000

✕ 在數值結尾處加上單位

營業計畫

	計畫A	計畫B	計畫C
業績	320,000元	480,000元	640,000元
單價	800元	800元	800元
銷售數量	400個	600個	800個
費用	23,200元	34,800元	58,000元
人事費	19,200元	28,800元	48,000元
員工人數	2人	3人	5人
每人平均人事費	9,600元	9,600元	9,600元
租金	4,000元	6,000元	10,000元
利潤	296,800元	445,200元	582,000元

○ 為單位增設「獨立欄位」

營業計畫

		計畫A	計畫B	計畫C
業績	元	320,000	480,000	640,000
單價	元	800	800	800
銷售數量	個	400	600	800
費用	元	23,200	34,800	58,000
人事費	元	19,200	28,800	48,000
員工人數	人	2	3	5
每人平均人事費	元	9,600	9,600	9,600
租金	元	4,000	6,000	10,000
利潤	元	296,800	445,200	582,000

統一在獨立欄位填寫單位，資料表 / 表格就會變得非常容易閱讀。

設定數值的千分位格式

想要提升數值的易讀性，就必須設定「**千分位**」(每三位數就插入逗號)。此外，也可設定負值的格式。順帶一提，在日本的財務報表上，他們習慣在負值前面加上▲；但在其他地區，則是會以「( ) (括號)」括起來。

❶ 選取要設定千分位的儲存格範圍。

❷ 點選「常用」頁籤的「數值」。

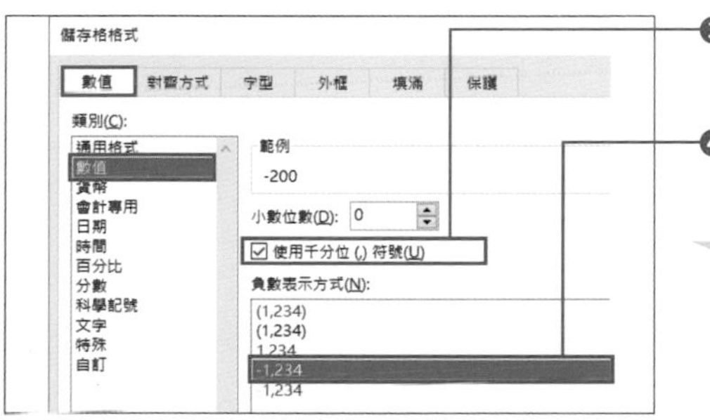

❸ 選擇「數值」頁籤的「數值」，再勾選「使用千分位 (,) 符號」選項。

❹ 接著在「負數表示方式」選擇「-1,234」再點選「確定」。

譯註　日文版 Excel 才會有「▲ 1,234」選項，中文版則無。

▼這點也很重要！▼

各種單位的標記方法

前頁提到「最好將單位獨立出一個欄位」，但是**成長率或成本率這種比率的數值**，最好是寫成「15%」，這樣會比單寫「15」更容易閱讀。

此外，若所有單位都相同，就只需要在資料表 / 表格的開頭註明單位 (例如，資料表 / 表格裡的數值都是以「元」或「千元」為單位，就只需要在資料表 / 表格開頭寫上「單位：元」、「單位：千元」即可)。

單位標記的關鍵在於**「只要看哪一欄就能立即了解單位為何」**，然後請徹底遵守這個原則。

相關項目　■ 靠齊方式 ⇨ p.14　■ 設定縮排 ⇨ p.18　■ 用顏色標記數值 ⇨ p.26

簡單易讀的資料表／表格設計的基本知識

替「欄標題」設定縮排

明確地呈現累加結果

業績總額或預算總額可由各筆資料「**累加**」得到結果。若要將這種累加結果整理成一張資料表，**應該讓明細的數值與加總值（業績總額或預算總額）錯開一欄**。這就是所謂的「縮排」或「抬頭」這種編排方式。設定縮排後，只需要看著項目名稱就知道資料表的層級構造，能進一步提升資料表的易讀性。

營業計畫

		計算A	計算B	計算C
業績	元	320,000	480,000	640,000
單價	元	800	800	800
銷售數量	個	400	600	800
費用	元	23,200	34,800	58,000
人事費	元	19,200	28,800	48,000
員工人數	人	2	3	5
每人平均人事費	元	9,600	9,600	9,600
租金	元	4,000	6,000	10,000
利潤	元	296,800	445,200	582,000

沒有設定縮排時，
看不出數值的關聯性

沒有層級構造的資料很難一看就看懂各項累加的關聯性。

營業計畫

		計畫A	計畫B	計畫C
業績	元	320,000	480,000	640,000
單價	元	800	800	800
銷售數量	個	400	600	800
費用	元	23,200	34,800	58,000
人事費	元	19,200	28,800	48,000
員工人數	人	2	3	5
每人平均人事費	元	9,600	9,600	9,600
租金	元	4,000	6,000	10,000
利潤	元	296,800	445,200	582,000

將欄標題以縮排處理，
就能看清數值的關聯性

在標題名稱套用縮排，讓各個項目的關聯性更為明朗。

替欄標題套用縮排的兩種方法

替需要加總的欄標題設定縮排的方法有兩種。第一種是按照下列步驟，**將加總值與欄標題分別建立在不同的欄位**，就能讓文字錯開。方法雖然簡單，卻很好用。

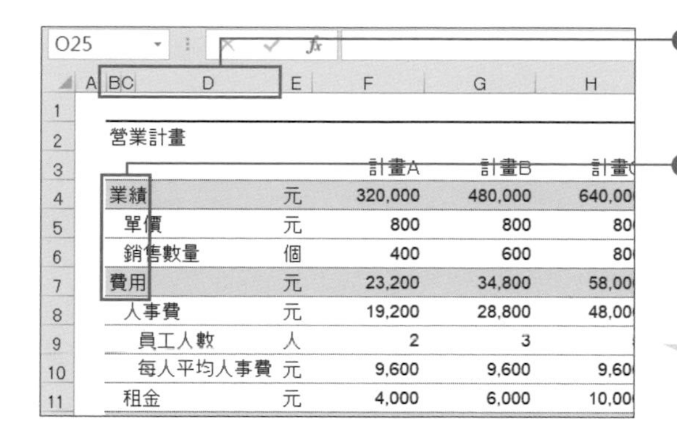

	營業計畫				
3			計畫A	計畫B	計畫C
4	業績	元	320,000	480,000	640,00
5	單價	元	800	800	80
6	銷售數量	個	400	600	80
7	費用	元	23,200	34,800	58,00
8	人事費	元	19,200	28,800	48,00
9	員工人數	人	2	3	
10	每人平均人事費	元	9,600	9,600	9,60
11	租金	元	4,000	6,000	10,00

❶ 先依照層級的數量建立欄位，輸入時再錯開欄位。此時的欄位寬度為「1」。

❷ 由於欄位已經錯開，此時選取需要累加的項目之儲存格，再按下 Ctrl + ↓ 的快捷鍵，就能立刻移動至下一筆的累加項目。

MEMO　這個方法雖然步驟較多，卻能利用快捷鍵在各項目之間移動（p.154）。

第二種方法就是利用儲存格格式的縮排功能錯開文字。

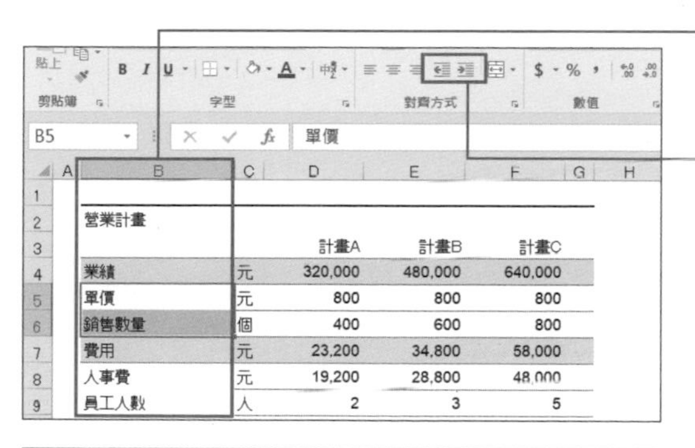

	營業計畫				
3			計畫A	計畫B	計畫C
4	業績	元	320,000	480,000	640,000
5	單價	元	800	800	800
6	銷售數量	個	400	600	800
7	費用	元	23,200	34,800	58,000
8	人事費	元	19,200	28,800	48,000
9	員工人數	人	2	3	5

❶ 所有的項目都輸入在同一欄位。

❷ 選取要設定縮排的儲存格，再從「常用」頁籤中點選「縮排」按鈕。

	營業計畫				
3			計畫A	計畫B	計畫C
4	業績	元	320,000	480,000	640,000
5	單價	元	800	800	800
6	銷售數量	個	400	600	800
7	費用	元	23,200	34,800	58,000
8	人事費	元	19,200	28,800	48,000
9	員工人數	人	2	3	5
10	每人平均人事費	元	9,600	9,600	9,600
11	租金	元	4,000	6,000	10,000
12	利潤	元	296,800	445,200	582,000

❸ 剛剛選取的儲存格套用縮排設定了。

MEMO　這個方法的步驟比較簡單，卻沒辦法利用快捷鍵在項目之間移動。

相關項目
■ 資料表不從 A1 開始 ⇨ p.12　■ 調整欄寬 ⇨ p.20
■ 依資料表內容繪製框線 ⇨ p.24

簡單易讀的資料表 / 表格設計的基本知識

設定欄寬

讓功能相同的欄位具有相同的欄寬

Excel 資料表 / 表格的欄寬可從下列兩個角度觀察再決定。

第一個是「**留白是否足夠**」。要製作易讀性較高的資料表 / 表格，必須在輸入值的左右兩側留下足夠的留白。

第二個是「**確認各欄位的功能，讓功能相同的欄位擁有相同的欄寬**」。若是欄位的功能相同，就統一這些欄位的欄寬，也能提升資料表 / 表格的易讀性。反之，若是欄寬不一致，便很難確認數值的意義。

	A	B	C	D	E	F	G	H	I	J
1										
2		營業計畫								
3						計畫A	計畫B	計畫C		
4		業績			元	320,000	480,000	640,000		
5			單價		元	800	800	800		
6			銷售數量		個	400	600	800		
7		費用			元	23,200	34,800	58,000		
8			人事費		元	19,200	28,800	48,000		
9				員工人數	人	2	3	5		
10				每人平均人事費	元	9,600	9,600	9,600		
11			租金		元	4,000	6,000	10,000		
12		利潤			元	296,800	445,200	582,000		
13										

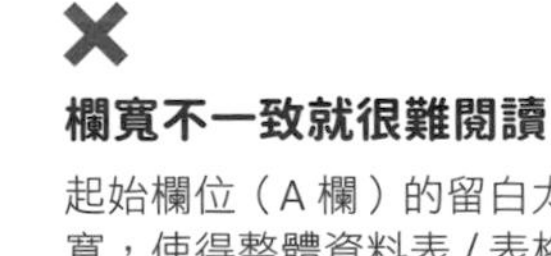

欄寬不一致就很難閱讀

起始欄位（A 欄）的留白太寬，使得整體資料表 / 表格的編排失去平衡。欄標題的縮排幅度（B 欄與 C 欄）不一致，看起來很不順眼。A、B、C 的欄寬（F～H 欄）也不同，所以很難比對數值。

	A	B	C	D	E	F	G	H	I	J
1										
2		營業計畫								
3						計畫A	計畫B	計畫C		
4		業績			元	320,000	480,000	640,000		
5			單價		元	800	800	800		
6			銷售數量		個	400	600	800		
7		費用			元	23,200	34,800	58,000		
8			人事費		元	19,200	28,800	48,000		
9				員工人數	人	2	3	5		
10				每人平均人事費	元	9,600	9,600	9,600		
11			租金		元	4,000	6,000	10,000		
12		利潤			元	296,800	445,200	582,000		

○

替功能相同的欄位設定相同欄寬

這是正確設定各個欄位寬度的範例，讓功能相同的欄位具有相同的欄寬，可增強資料表 / 表格的易讀性，也容易比對數值。

「適當欄寬」的參考值與調整欄寬的方法

欄寬沒有「絕對正確的設定」，基本上就是以「**方便閱讀該欄位值的寬度**」來調整欄寬，不妨在反覆嘗試下，找出最適當的欄寬。

不過，有些欄位卻有值得參考的欄寬，例如 A 欄（左端的留白欄）的寬度應該設定為「3」，而標題的縮排欄位（p.18）則應該統一設定為「1」的欄寬。

欄寬可透過下列的步驟設定。

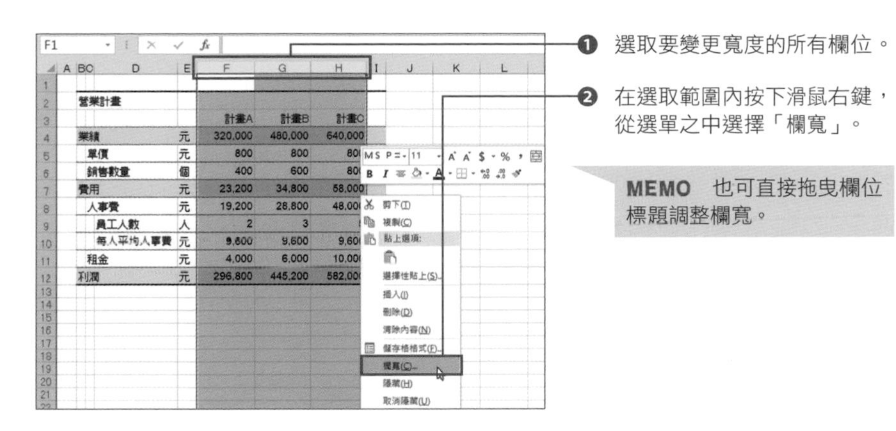

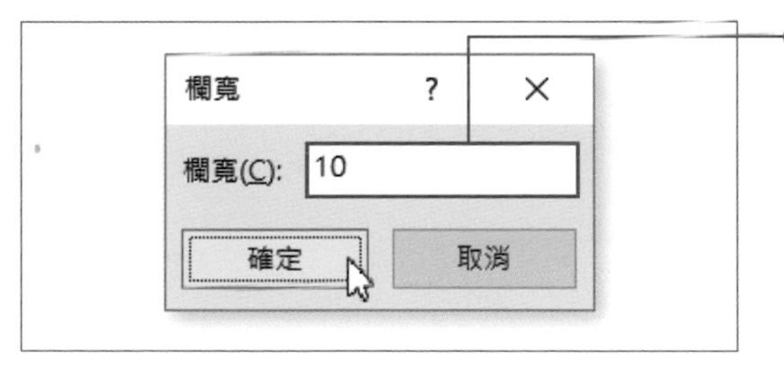

❸ 在欄寬輸入「10」，再按下「確定」。此時剛剛選取的欄位就會設定為相同的欄寬。

▼這點也很重要！▼

雙點欄名的邊界可自動調整欄寬

雙點欄名右側的邊界，Excel 將自動依照欄位內的數值調整欄寬。一開始調整寬度的欄位可先利用這項功能決定寬度，之後再看情況微調。

相關項目

■ 調整列高 ⇨ p.10　■ 資料表不從 A1 開始 ⇨ p.12
■ 設定縮排 ⇨ p.18

CHAPTER 1

09

框線的正確使用方法

活用格線功能

消除格線，只在有必要的地方設定框線

Excel 工作表預設都會顯示「**格線**」，若只在有必要的位置設定框線，其他部分則無，就會讓人容易閱讀該資料表。在輸入資料時顯示格線，等到輸入完畢，要與其他人共享檔案時，就隱藏格線吧。建議平常就該養成「**盡可能省略多餘的線條，只在必要的位置設定框線**」是非常重要的。

此外，**格線是不會被列印出來的**，因此，在製作帳目表或企劃書這類必須列印出紙本時，可先事前取消格線的顯示，從螢幕確認框線的狀況後再列印。

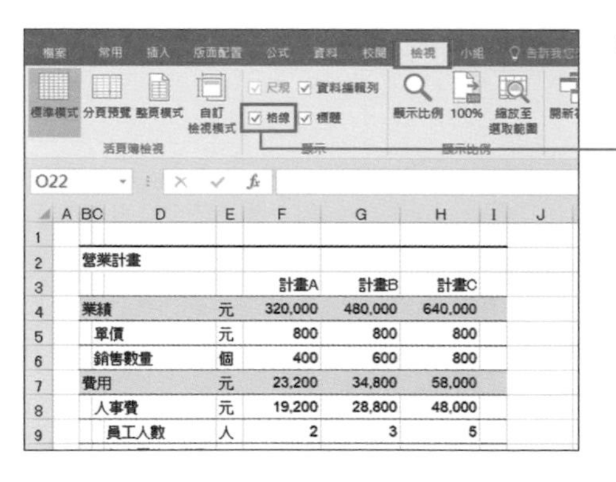

	A	BC	D	E	F	G	H
1							
2		營業計畫					
3					計畫A	計畫B	計畫C
4		業績		元	320,000	480,000	640,000
5		單價		元	800	800	800
6		銷售數量		個	400	600	800
7		費用		元	23,200	34,800	58,000
8		人事費		元	19,200	28,800	48,000
9		員工人數		人	2	3	5

❶ 取消「檢視」頁籤的「格線」。

	A	BC	D	E	F	G	H
1							
2		營業計畫					
3					計畫A	計畫B	計畫C
4		業績		元	320,000	480,000	640,000
5		單價		元	800	800	800
6		銷售數量		個	400	600	800
7		費用		元	23,200	34,800	58,000
8		人事費		元	19,200	28,800	48,000
9		員工人數		人	2	3	5
10		每人平均人事費		元	9,600	9,600	9,600
11		租金		元	4,000	6,000	10,000
12		利潤		元	296,800	445,200	582,000

❷ 看不到格線了。

指定儲存格範圍，統一設定框線

要有效率地替資料表的儲存格範圍設定框線，可先選取整張資料表，再從「**儲存格格式設定**」統一設定框線。可利用下列步驟完成上述內容。

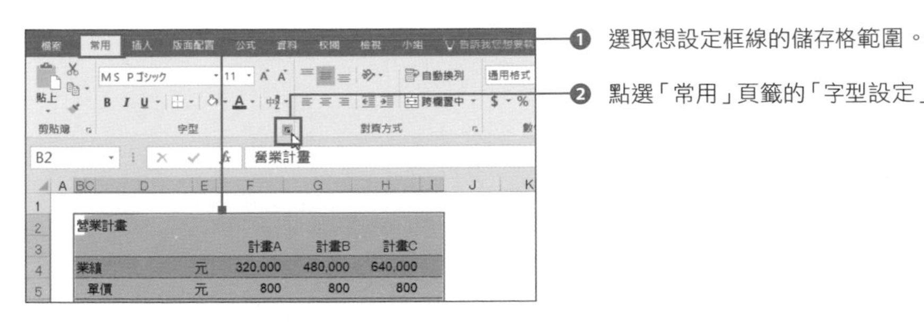

❶ 選取想設定框線的儲存格範圍。

❷ 點選「常用」頁籤的「字型設定」。

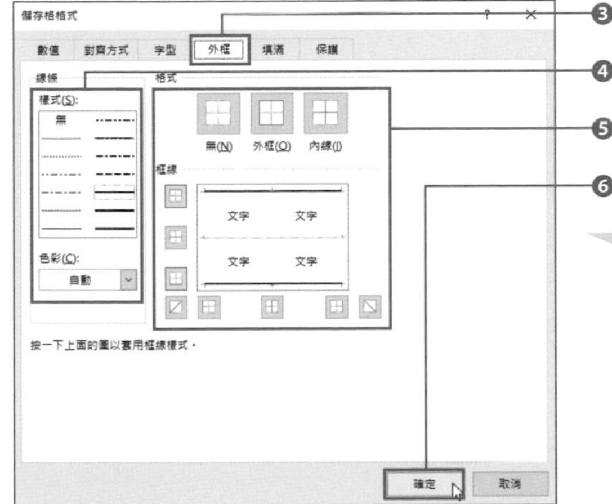

❸ 開啟「外框」頁籤。

❹ 設定框線的樣式與顏色。

❺ 點選要設定框線的位置。

❻ 點選「確定」。

MEMO　「框線」區域會顯示 2 欄 ×2 列的資料表。在區域裡設定為資料表中心線（垂直與水平各 1 條）的框線會套用在選取範圍內的所有列或欄。

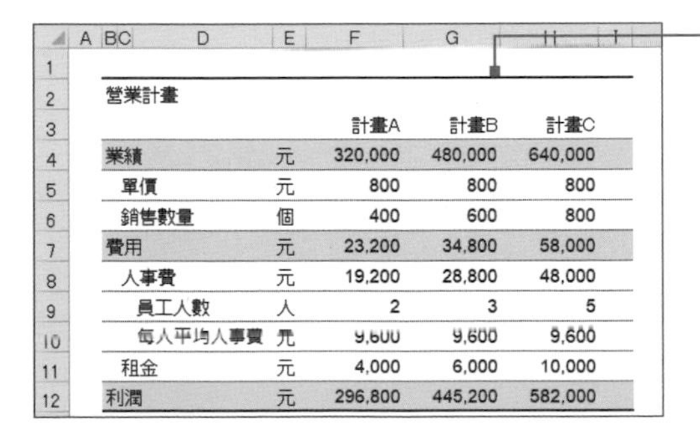

		計畫A	計畫B	計畫C
業績	元	320,000	480,000	640,000
單價	元	800	800	800
銷售數量	個	400	600	800
費用	元	23,200	34,800	58,000
人事費	元	19,200	28,800	48,000
員工人數	人	2	3	5
每人平均人事費	元	9,600	9,600	9,600
租金	元	4,000	6,000	10,000
利潤	元	296,800	445,200	582,000

❼ 剛剛選取的儲存格範圍設定框線了。

相關項目　■ 合適的列高 ⇨ p.10　■ 調整欄寬 ⇨ p.20　■ 最合適的背景色 ⇨ p.28

CHAPTER 1
10

框線的正確使用方法

正確設定資料表框線的方法

上下用粗線，中間的用細線，不需要垂直的線

替資料表設定框線時，**可先在資料表的上下設定粗框線**，以便一開始就能看出資料表的範圍。即使是在單張工作表製作多張資料表的情況，只要設定粗框線，就能一眼看出資料表的範圍。

此外，為了更輕鬆閱讀各項目的數值，可在中間設定水平方向的細線，**不需要設定垂直的框線**。只要確實地遵守前面的「對齊文字」（p.14）以及「縮排」（p.18）的規則，即使沒有垂直框線，也能輕易辨識欄位內的資料。

另外，設定框線與背景色時，**在資料表的右側多追加一欄能創造不錯的效果**（請見下圖的 I 欄）。這一欄並不會輸入任何資料，只是為了美觀而增加的**裝飾欄**，能讓資料表變得容易閱讀。小小巧思，卻能得到意外的效果。

■ **設定資料表框線的規則**

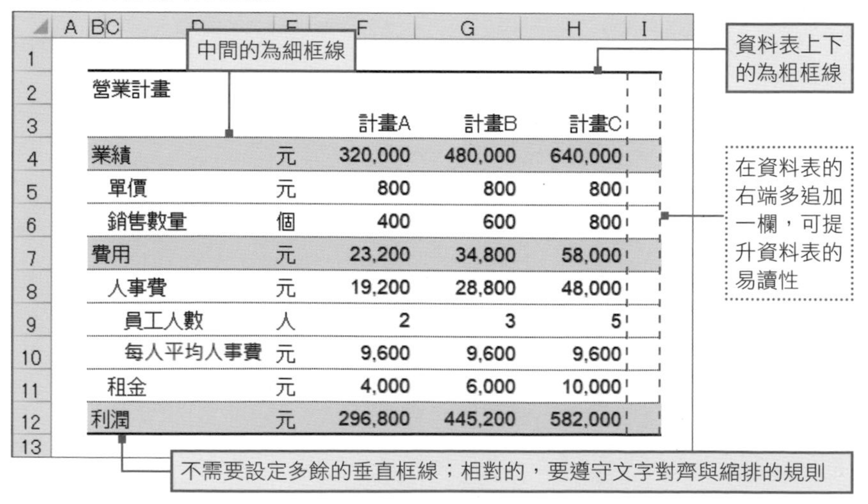
營業計畫

		計畫A	計畫B	計畫C
業績	元	320,000	480,000	640,000
單價	元	800	800	800
銷售數量	個	400	600	800
費用	元	23,200	34,800	58,000
人事費	元	19,200	28,800	48,000
員工人數	人	2	3	5
每人平均人事費	元	9,600	9,600	9,600
租金	元	4,000	6,000	10,000
利潤	元	296,800	445,200	582,000

建議的框線種類

建議上下為粗框線、中間為細框線如下圖的兩種。此外，具體的框線設定方法請參考 p.23。

■ 實際使用的框線樣式

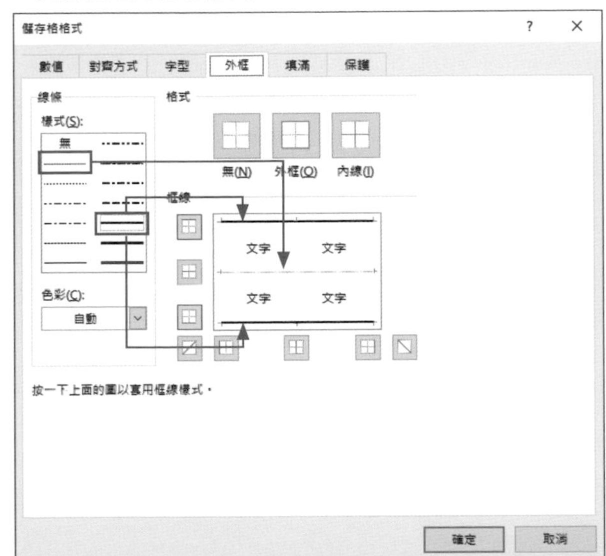

上下的粗框線可使用右側下方數來第 3 種的實線，恰到好處的粗細可營造間隔感。中間的框線則建議使用左上角最細的框線。在畫面上看起來像虛線，但列印後其實是很細的實線。

此外，前一頁雖然提到「不設定垂直的框線」，但若是在一張資料表同時填入實際成績與預算這類**需要強調資料的功能性時**，就應該設定垂直框線。

▼這點也很重要！▼

背景設定為「白色」與隱藏格線

通常要隱藏工作表的格線會取消工作區的「檢視」索引標籤的「格線」（p.22），將選取的儲存格範圍的背景色設定為「白色」也能隱藏格線。

這個方法的好處在於不會隱藏整張工作表的格線，只有特定區塊（選取的儲存格範圍）內部的格線會消失。請大家依照資料表的用途選擇隱藏格線的方式吧。

相關項目
■ 調整列高 ⇨ p.10　■ 調整欄寬 ⇨ p.20
■ 依狀況隱藏格線 ⇨ p.22　■ 錯誤值列表 ⇨ p.30

易讀性與顏色的使用方法

使用顏色標記數值

直接輸入的數字與計算結果的數字應該設定不同的顏色

在 Excel 工作表顯示的數字可分成兩種，一種是「**直接輸入的數字**」，另一種是「**計算結果**」（例如「=F5*F6」這種透過公式或函數計算的數字）。

製作資料表 / 表格時，要替這兩種數字設定不同的顏色，**才能一眼看出該數字是直接輸入的類型，還是計算所得的類型**，如此一來，既能迅速閱讀資料表 / 表格，還能避免不小心的輸入錯誤。

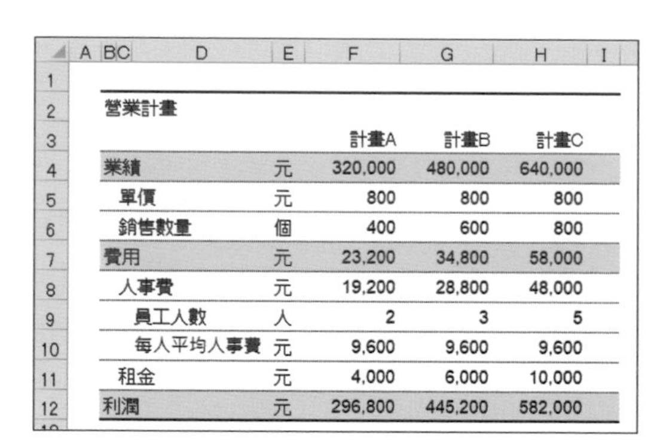

營業計畫		計畫A	計畫B	計畫C
業績	元	320,000	480,000	640,000
單價	元	800	800	800
銷售數量	個	400	600	800
費用	元	23,200	34,800	58,000
人事費	元	19,200	28,800	48,000
員工人數	人	2	3	5
每人平均人事費	元	9,600	9,600	9,600
租金	元	4,000	6,000	10,000
利潤	元	296,800	445,200	582,000

所有的數字都是同一種顏色時，就看不出數字的種類

這是沒有替數字設定顏色的資料表 / 表格。無法一眼看出哪些數字是直接輸入的，哪些又是計算所得的。

營業計畫		計畫A	計畫B	計畫C
業績	元	320,000	480,000	640,000
單價	元	800	800	800
銷售數量	個	400	600	800
費用	元	23,200	34,800	58,000
人事費	元	19,200	28,800	48,000
員工人數	人	2	3	5
每人平均人事費	元	9,600	9,600	9,600
租金	元	4,000	6,000	10,000
利潤	元	296,800	445,200	582,000

○

依照數字的種類設定顏色的資料表 / 表格

這是以「直接輸入的數字設定為藍色，計算所得的數字設定為黑色」製作的資料表 / 表格。能一眼看出該編輯哪個儲存格。

標記顏色時的注意事項

要設定自己喜歡的顏色當然可以，但重點在於決定「直接輸入的數字設定為藍色，計算所得的數字設定為黑色」規則後，**所有成員都必須確實遵守這項規則**。如果有人違反規則，設定了其他顏色；或是不小心設定成相反的顏色，就會導致資料表 / 表格難以閱讀。

此外，也可以追加「**參照其他工作表的值設定為綠色**」這種細膩的規則。這邊的重點在於「**建立看出數字出處的顏色規則**」以及「**要求團隊成員徹底遵守這項規則**」。

別讓直接輸入的數字混進公式

在儲存格輸入數字或公式時，有一件需要注意的事情，那就是「**避免直接輸入的數字混入公式**」。例如「=B3*1.5」就是這種公式。「1.5」這部分就是直接輸入的數字。請務必避免建立這種混有需直接輸入數字的公式。

如果需要進行「=B3*1.5」的計算，可將「1.5」輸入在空白的儲存格裡，例如在儲存格 B4 輸入「1.5」，然後把公式修正為「=B3*B4」。當需要調整「1.5」部分時，只要修改儲存格 B4 的值，就能立即完成所有的修正。

此外，如果工作表都是「=B3*1.5」這種公式，就必須逐一確認所有儲存格內的數值，所以才**強烈建議徹底標示直接輸入的數字與公式**。

■ **標記顏色的規則範例**

數字出處	顏色	範例
直接輸入的數字	藍	100，1.5
計算結果	黑	=B3*B4、=SUM((B1:B5)
參照其他工作表的數字	綠	=sHEET1!A1
包含直接輸入的數字的公式	不建議	=B3*1.5

▼這點也很重要！▼

只選取特定儲存格範圍的直接輸入數字與公式

若是想要確認工作表裡的數值是直接輸入的，還是透過公式計算的，可使用「到」（可按 F5 ）這項功能。

相關項目
■ 數值的千分位與單位 ⇨ p.16　■ 設定縮排 ⇨ p.18
■ 調整欄寬 ⇨ p.20　■ 錯誤值列表 ⇨ p.30

CHAPTER 1-12

易讀性與顏色的使用方法

替要強調的儲存格設定背景色

將背景色設定為淡色

若是資料表裡有特別需要強調的資料，像是累算表的加總部分需要強調，就為這些地方設定背景色。調整背景色之後，**就能輕易展現出資料表的重點**。雖然背景色可自由設定，但建議**盡可能設定為淡色**。

✕ 未設定背景色，看不出資料的重要性

	A	BC	D	E	F	G	H	I
1								
2		營業計畫						
3					計畫A	計畫B	計畫C	
4		業績		元	320,000	480,000	640,000	
5		單價		元	800	800	800	
6		銷售數量		個	400	600	800	
7		費用		元	23,200	34,800	58,000	
8		人事費		元	19,200	28,800	48,000	
9		員工人數		人	2	3	5	
10		每人平均人事費		元	9,600	9,600	9,600	
11		租金		元	4,000	6,000	10,000	
12		利潤		元	296,800	445,200	582,000	

這是沒有設定背景色的資料表。整張資料表顯得單調，看不出哪個項目比較重要。

○ 替需要強調的儲存格設定背景色

	A	BC	D	E	F	G	H	I
1								
2		營業計畫						
3					計畫A	計畫B	計畫C	
4		業績		元	320,000	480,000	640,000	
5		單價		元	800	800	800	
6		銷售數量		個	400	600	800	
7		費用		元	23,200	34,800	58,000	
8		人事費		元	19,200	28,800	48,000	
9		員工人數		人	2	3	5	
10		每人平均人事費		元	9,600	9,600	9,600	
11		租金		元	4,000	6,000	10,000	
12		利潤		元	296,800	445,200	582,000	

這是在要強調的儲存格設定背景色。一眼就能看出累加項目的業績、費用以及利潤，這可是資料表的重要項目。

背景色的配色訣竅與設定方法

設定背景色時，希望大家能遵守以下兩項規則，「**只在每個人都覺得很重要的項目設定背景色**」以及「**設定為淡色，而且只能使用兩種顏色**」。只要依照這兩項規則配色，就能做出更容易閱讀的資料表。反之，若設定三種以上的背景色，或是設定與原色相近的深色，就會無法好好閱讀該資料表。此外，若有企業標準色，建議將背景色設定與標準色相近的淡色，也就能營造出「這份資料就是由該公司製作」的印象。

背景色的設定步驟如下。

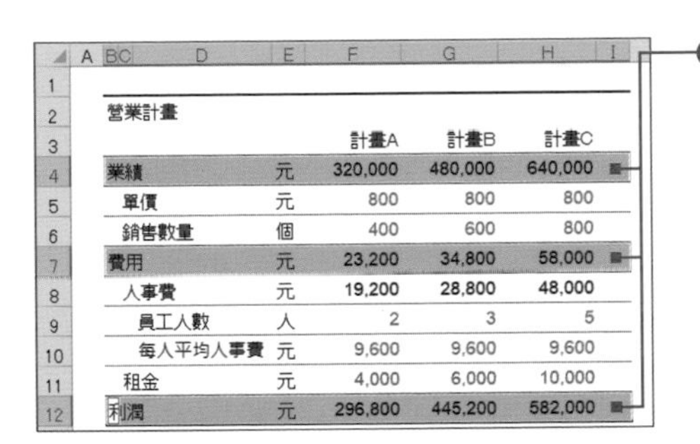

			計畫A	計畫B	計畫C
營業計畫					
業績	元		320,000	480,000	640,000
單價	元		800	800	800
銷售數量	個		400	600	800
費用	元		23,200	34,800	58,000
人事費	元		19,200	28,800	48,000
員工人數	人		2	3	5
每人平均人事費	元		9,600	9,600	9,600
租金	元		4,000	6,000	10,000
利潤	元		296,800	445,200	582,000

❶ 選取要設定背景色的儲存格範圍。按住 Ctrl 鍵再拖曳，就能一併選取不連續的範圍。

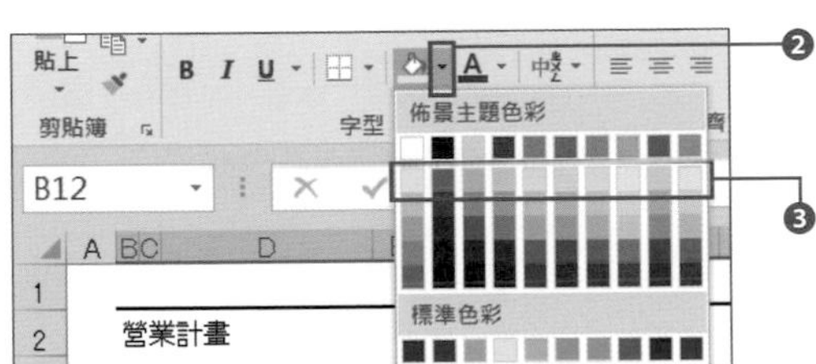

❷ 點選「常用」索引標籤的「填滿色彩」右側的「▼」，顯示「佈景主題顏色」。

❸ 選擇任何一種顏色。建議選擇佈景主題顏色中最淡的顏色。

▼這點也很重要！▼

難以閱讀的配色範例

使用色盤最上層的原色或是在一張資料表設定三種以上的顏色，就會做出如右圖般難以閱讀的資料表。與其以多種顏色細分用途，不如使用簡單的配色，才能讓他人更容易閱讀資料表的內容。

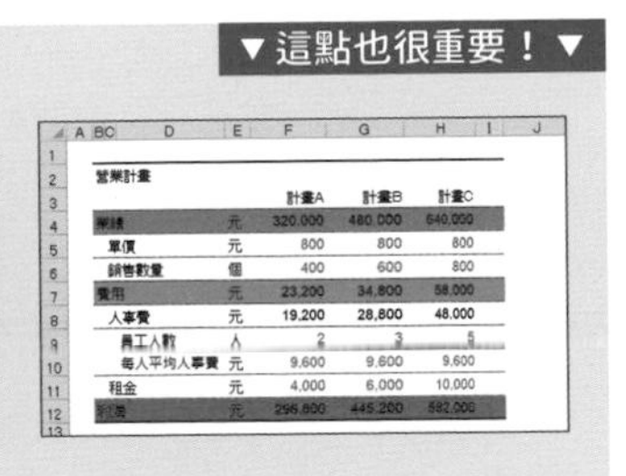

		計畫A	計畫B	計畫C
營業計畫				
業績	元	320,000	480,000	640,000
單價	元	800	800	800
銷售數量	個	400	600	800
費用	元	23,200	34,800	58,000
人事費	元	19,200	28,800	48,000
員工人數	人	2	3	5
每人平均人事費	元	9,600	9,600	9,600
租金	元	4,000	6,000	10,000
利潤	元	296,800	445,200	582,000

相關項目
■ 替欄標題設定縮排 ⇨ p.18
■ 活用格線功能 ⇨ p.22
■ 使用顏色標記數值 ⇨ p.26

CHAPTER 1-13

Excel 的錯誤

於儲存格顯示的錯誤訊息

製作資料表 / 表格時，最常遇到的警告訊息與錯誤

在 Excel 製作資料表 / 表格時，儲存格會突然顯示「#######」或是「#DIV/0!」的錯誤，或是在儲存格的左上角會顯示三角符號，這是什麼意思呢？本書將儲存格顯示的主要警告訊息與錯誤整理成下列資料表 / 表格，就能知道造成錯誤訊息是因為何種狀況，就能在顯示錯誤訊息時，立即採取應對措施。

■ 在 Excel 的儲存格顯示的主要警告訊息與錯誤

顯示內容	錯誤訊息與處理方法
儲存格左上角的三角符號	在設定日期格式的儲存格輸入字串；或是輸入了與周圍儲存格不同的公式時，就會顯示類似「是否輸入了錯誤的公式」這類訊息。只要修正錯誤的值與公式，這個符號就會消失。
#######	欄寬不足以顯示輸入值的情況就會如此顯示。只要放寬欄寬就能正常顯示。
1E+10	輸入非常大的數字時，該值會以科學記號的方式呈現。可設定千分位格式或是拉寬欄寬，就能正常顯示數值。
#NAME?	輸入的儲存格編號或函數名稱不正確的時候會顯示。只要重新輸入正確就能解決問題。
#REF!	無法參照指定的儲存格就會顯示。這個錯誤通常會在刪除值之後顯示。請確認輸入值是否正確，修正後即可解決問題。
#VALUE!	輸入了錯誤的公式或參照不正確的儲存格就會顯示。請確認是否正確輸入，修正後即可解決問題。
#DIV/0!	以 0 分母執行除法時會顯示。修正成分母不為 0 的公式即解決。
#N/A	找不到函數需要的值就會顯示。請確認輸入值是否正確，修正後即可解決問題。
#NUM!	輸入了 Excel 無法處理的過大值或過小值就會顯示。請確認輸入值是否正確，修正後即可解決問題。
#NULL!	當你在儲存格內的公式使用了不正確的範圍運算子，在範圍參照之間使用了「半形空白運算子」來指定兩個範圍的交集處。請將半形空白改寫成逗號（,）或冒號（:）即可。

相關項目
■ 調整欄寬 ⇨ p.20　■ IFERROR 函數 ⇨ p.73
■ 減少作業失誤的方法 ⇨ p.110

CHAPTER 2

給手腳俐落
快速完成工作的人，
更厲害的「呈現資料」技巧

CHAPTER 2
01

工作表與儲存格的基本操作

正確管理 Excel 工作表的方法

替工作表的排列順序訂立規則

製作跨工作表的資料時，必須在「工作表的排列順序」、「標題顏色」與「工作表名稱」多花一點心思。雖然很多人不太在意這些，但只要能設立規則並且嚴格地執行，就能做出方便管理又不會出錯的 Excel 工作表了。

首先，需要注意的是**工作表的順序**。在單一的 Excel 檔案建立多張工作表時，不妨請依照「業績→費用→利潤」的**計算順序**，或是「1 月業績→2 月業績」的**時間軸順序**（每月順序、年度順序），制定出具有意義又易於看懂的順序。

除此之外，若是要統計各分店的業績時，可由左至右依序排列各分店的業績工作表，再於最右側配置整體的合計工作表（個別項目→累加結果的順序）。這種依照計算流程的順序來排列工作表是個增進效率的好方法。

■ **根據「有意義的順序」排列工作表**

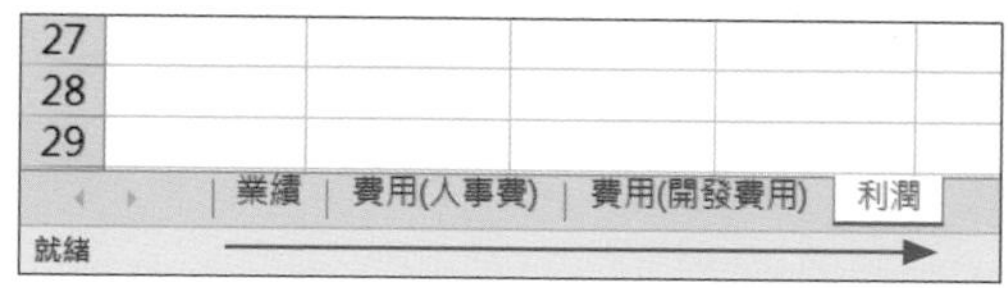

依據「業績 → 費用 → 利潤」的計算順序排列的工作表。

27
28
29
分店A業績
分店B業績
業績總和
就緒

在各分店的工作表右側配置業績總和。

將工作表名稱拖曳至目標位置即可調動工作表的順序。工作表可隨時調動位置，可以先從一張工作表開始，再訂立方便簡單的排列順序。

依照內容與目的標記顏色

各工作表的標題可依照內容與資料用途或其他種類設定顏色。若是有很多張工作表，則可依照資料的用途或種類將工作表分成不同群組，之後再以顏色標記（例如收入群組、支出群組）。

此外，如果有補充資料這種不會用在加總的資料時，可將工作表「配置在最右側，同時設定灰色這類較不顯眼的顏色」。事先建立這種規則也是很有效果的。

■ **工作表的標題可利用顏色分類**

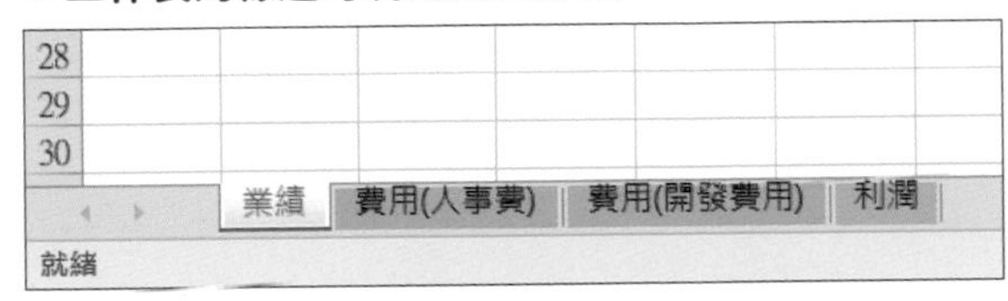

依照內容替工作表的標題設定顏色。

可依照下列的步驟調整工作表標題的顏色。

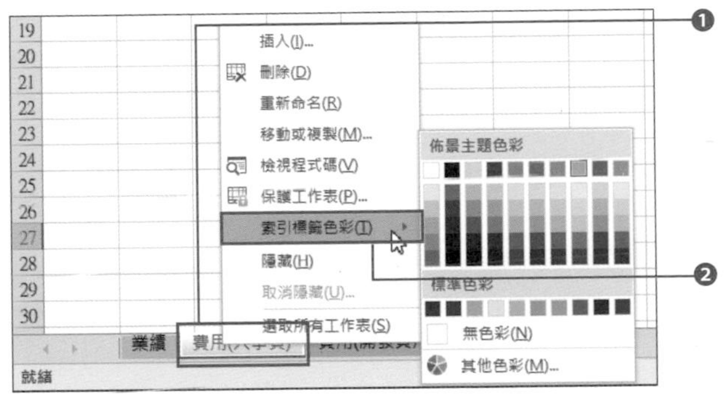

❶ 在要變更顏色的工作表按下滑鼠右鍵。若要同時選取多張工作表，可在選取第一張工作表之後，按住 Shift 鍵再選擇最後一張工作表，然後再按下滑鼠右鍵。

❷ 選擇「索引標籤色彩」挑選顏色。

▼這點也很重要！▼

「先提出結論」的排列順序，易出錯

若是時常需要製作簡報或提案的讀者，或許會認為「第一張工作表先整理出結論（總和結果），之後再提出所依據的個別項目」這樣的排序比較好。

不過，這個排列順序與累加各項目再算出結果的流程不同，很難推算出計算的流程，也很難發現計算錯誤的地方，並不建議使用。建議大家在算出最終結果之前，還是依照計算順序為工作表排序會比較妥當。

讓工作表的數量減至最低，刪除未使用的工作表

即使需要使用多張工作表，也千萬別輕易增加工作表，一旦工作表增多，就很難了解整體的計算流程。**請務必將工作表的數量減至最低**。

舉例來說，將每間分店的業績、費用、利潤分別輸入在不同的工作表，三間分店就會產生 9 張工作表，而且再加上加總的三張工作表，總共是 12 張工作表。如下圖將各分店的資料整理成單張工作表，再整理成「分店 A→分店 B→分店 C→整體總和」的順序，才容易綜覽全貌。

✕ 工作表一多，就難以綜覽整體的狀況

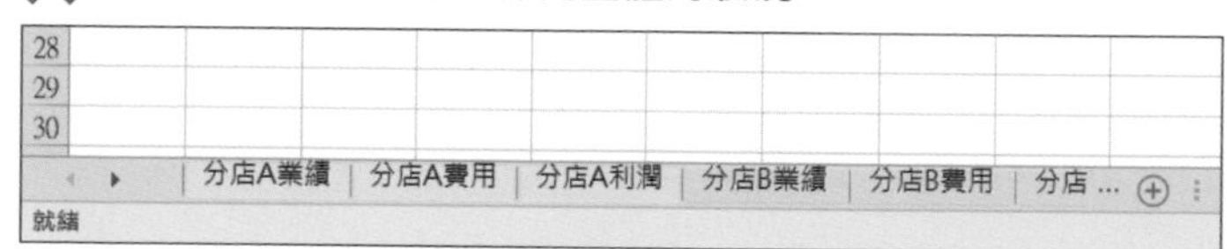

工作表一多，就難以掌握整體狀況。

○ 工作表減少後，就容易掌握整體狀況

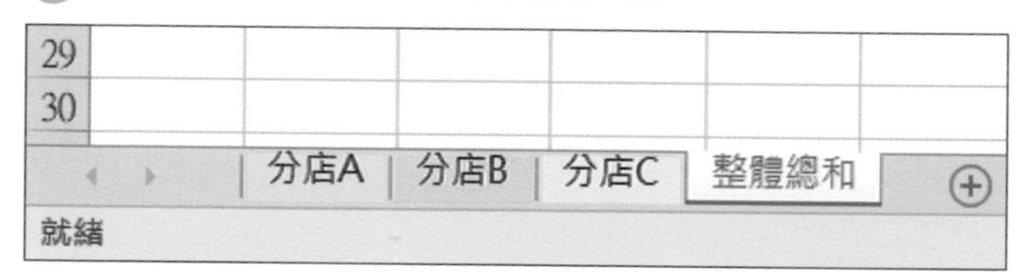

整理內容，減少工作表，就能一眼掌握整體的狀況。

此外，**沒用到的工作表可先刪除**。若是有多餘的工作表，將會成為解讀整體狀況時的干擾；而且他人在瀏覽的時候，不禁也會懷疑「這張工作表到底有何用處？」完全在耗費對方的時間。

▼這點也很重要！▼

刪除工作表

在工作表按下滑鼠右鍵，再從選單點選「刪除」即可刪除工作表。按住 Ctrl 鍵或 Shift 鍵，選取多張工作表再執行這項操作，就能一次刪除多張工作表。

工作表名稱可依照內容，設定得精簡一點

工作表名稱請不要維持預設的「工作表 1」，請依照內容設定名稱，而且重點在於「**盡可能精簡**」。名稱太長，等工作表的數量一增加，工作表上的標題就無法限縮在一個畫面內顯示，選取的時候就必須橫向捲動。**設定精簡的名稱，讓所有工作表能在單一畫面確認是最佳狀態**。

✕ 工作表名稱太長，無法在一個畫面顯示所有工作表

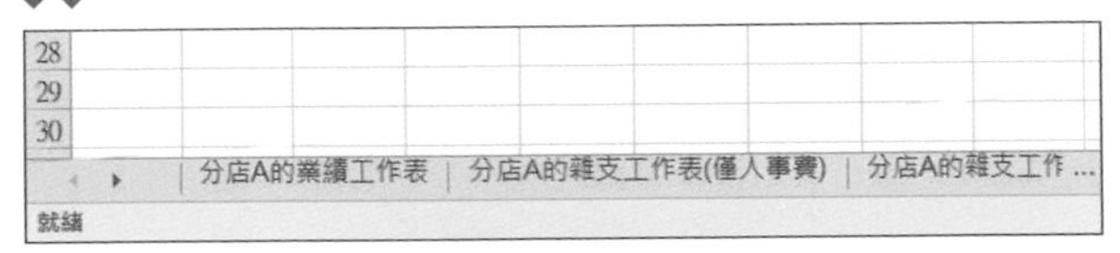

工作表的名稱太長，一個畫面能顯示的工作表就會減少，也難以掌握整體的狀態。

◯ 工作表名稱若是較短，就能一眼掌握整體的狀態

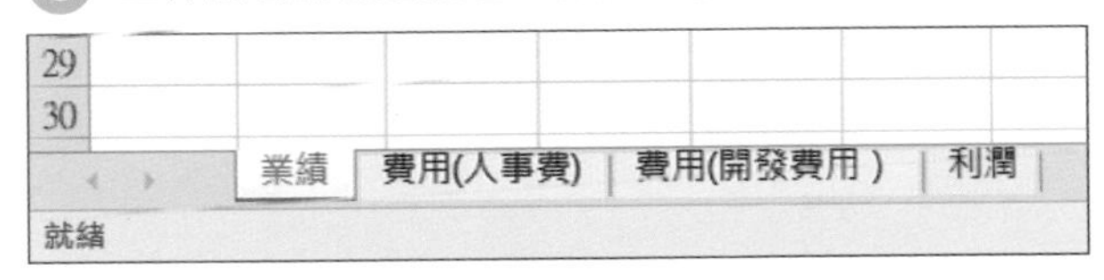

依照用途設定精簡的名稱，就比較方便掌握內容。

重點 1 **全部都是與「分店 A」有關的資料，可將活頁簿的名稱設定為「分店 A 統計」，然後精簡工作表名稱。**

重點 2 **「的」或「工作表」這種無意義的文字可省略。**

工作表的名稱可依照下列的步驟設定。

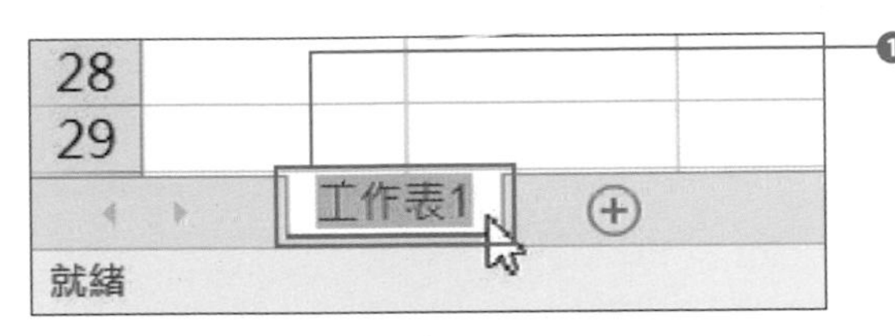

❶ 雙點工作表名稱，切換成工作表名稱編輯模式後，輸入工作表名稱再按下 Enter 鍵即可。

▼這點也很重要！▼

無法用來設定工作表名稱的文字

冒號（:）、錢幣符號（$）、斜線（/）、問號（?）、星號（*）、括號（[]）都無法用來設定工作表名稱。

相關項目
■ 隱藏工作表 ➪ p.36 ■ 群組化工作表 ➪ p.37
■ 刪除檔案製作者的名稱 ➪ p.57

CHAPTER 2

02

工作表與儲存格的基本操作

不可使用「隱藏」功能

別隱藏儲存格或工作表

選取 Excel 的特定列或特定欄，再按下**滑鼠右鍵 →「隱藏」**，即可讓目標儲存格（列或欄）隱藏。此外，在工作表標題按下滑鼠右鍵→「隱藏」，也可讓目標工作表隱藏。不過，**請大家不要使用隱藏功能**。

不使用的最大理由在於，當有隱藏的列、欄或是工作表，**就無法了解整體資料是如何運算出來的**。相對的，也會無法判斷顯示的數值是否正確或有誤，可能還會出現許多難以察覺的失誤。

有些人會認為有些資料不便讓客戶看到才會選擇隱藏。這個功能雖然十分便利，但卻有上述的缺點（而且很致命），建議大家盡量不要使用，因為除了隱藏資料的人之外，其他人是很難察覺有哪些資料是被隱藏的。

✖ 使用「隱藏」功能會變得難以了解計算內容

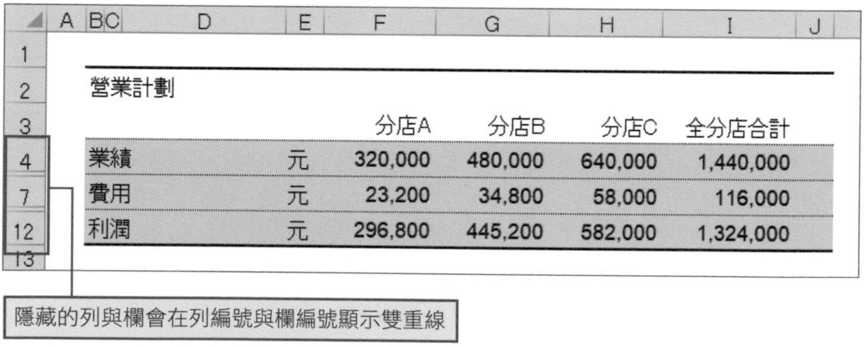

	A	BC	D	E	F	G	H	I	J
1									
2		營業計劃							
3					分店A	分店B	分店C	全分店合計	
4		業績		元	320,000	480,000	640,000	1,440,000	
7		費用		元	23,200	34,800	58,000	116,000	
12		利潤		元	296,800	445,200	582,000	1,324,000	
13									

隱藏的列與欄會在列編號與欄編號顯示雙重線

這是將業績與費用的明細部分隱藏。難以看出資料表 / 表格裡的數值是如何算出的，而且乍看之下，很難察覺有幾列已被隱藏。

「群組化」功能很好用

如果一定要隱藏部分的列或欄，可使用**「群組化」功能**。群組化功能會在工作表的左上方顯示切換群組化部分顯示／隱藏的按鈕，可明確標示「省略顯示的部分」，也能隨時切換是否顯示／隱藏明細的內容。

群組化功能可透過下列步驟執行。

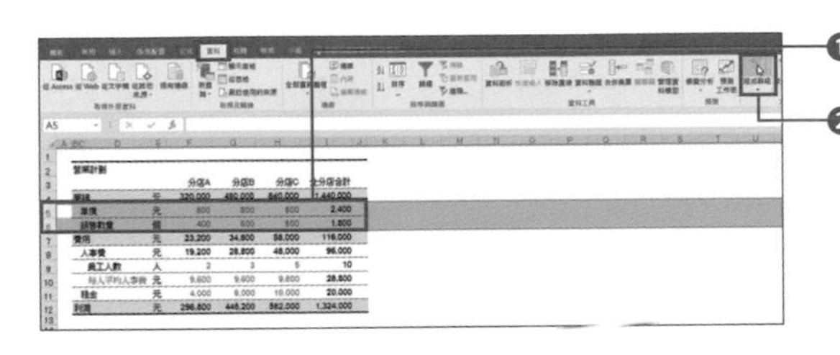

❶ 選取想要隱藏的列或欄。

❷ 從「資料」索引標籤點選「組成群組」。

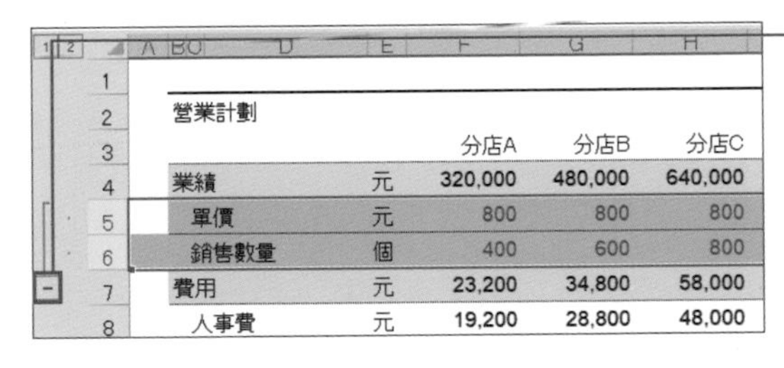

❸ 此時選取的列或欄就會組成群組。要讓群組化的範圍隱藏，可點選工作表外框的「－」按鈕。

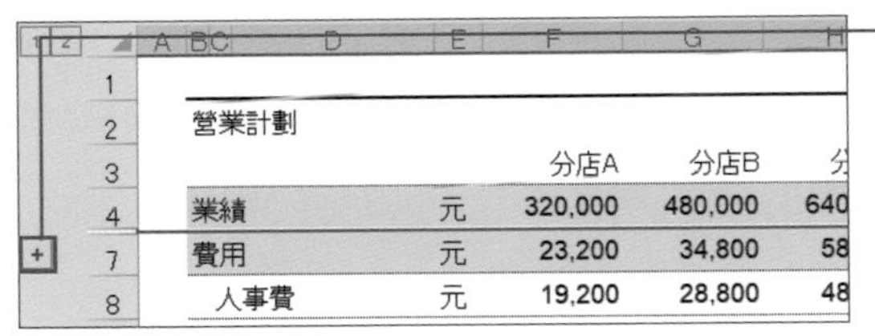

❹ 此時群組化的列會隱藏。若要再度顯示，可點選工作表外框的「＋」按鈕。

▼這點也很重要！▼

群組化最多可以三層

群組化的範圍可再次群組化（最多可三層）。想一次顯示所有特定的階層時，可點選工作表左上方的「1、2、3」的階層按鈕。

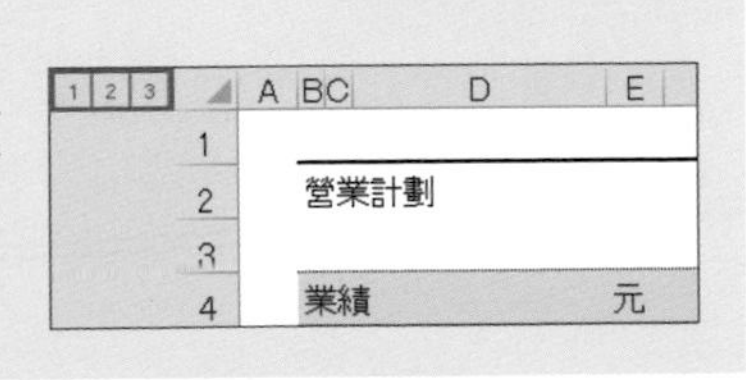

相關項目 ■ 在儲存格加上附註 ⇨ p.41　■ 格式化條件的基本操作 ⇨ p.42

CHAPTER 2 - 03

工作表與儲存格的基本操作

以「選取範圍居中」對齊，而不是以合併儲存格對齊

盡量不要使用合併儲存格功能

Excel 可在選取儲存格範圍之後，點選**「常用」→「跨欄置中」**按鈕，就能合併儲存格，再讓文字居中對齊。雖然是個很方便的功能，但儲存格合併後，就有可能無法如預期複製資料表 / 表格，插入欄與列的步驟也會變得很麻煩，因此，不太推薦使用。

要讓文字在多個儲存格的中央顯示時，可以使用只讓值位於儲存格範圍中央的「**選取範圍居中**」功能。

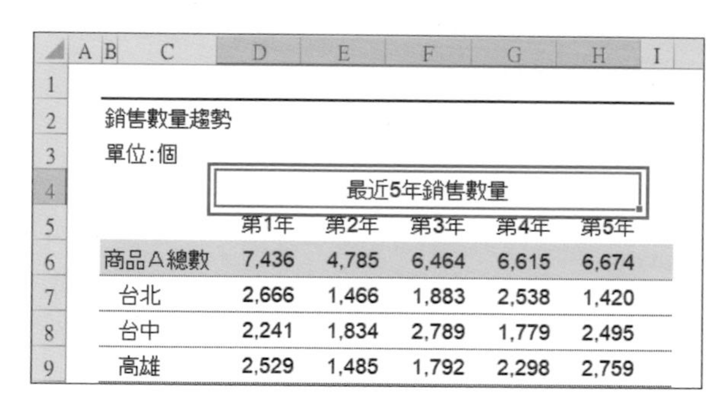

銷售數量趨勢					
單位:個					
	最近5年銷售數量				
	第1年	第2年	第3年	第4年	第5年
商品A總數	7,436	4,785	6,464	6,615	6,674
台北	2,666	1,466	1,883	2,538	1,420
台中	2,241	1,834	2,789	1,779	2,495
高雄	2,529	1,485	1,792	2,298	2,759

使用「跨欄置中」對齊的情況

以「跨欄置中」功能讓文字置中對齊的資料表 / 表格。雖然標題對齊了，但是儲存格在合併之後，後續有可能會產生其他問題，所以不太建議使用。

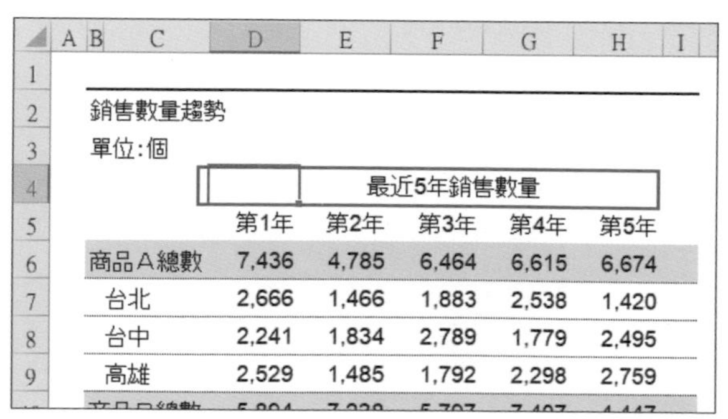

銷售數量趨勢					
單位:個					
	最近5年銷售數量				
	第1年	第2年	第3年	第4年	第5年
商品A總數	7,436	4,785	6,464	6,615	6,674
台北	2,666	1,466	1,883	2,538	1,420
台中	2,241	1,834	2,789	1,779	2,495
高雄	2,529	1,485	1,792	2,298	2,759

以「跨欄置中」對齊的情況

以選取儲存格範圍的「跨欄置中」讓文字居中的資料表 / 表格。方法與功能區的「跨欄置中」一樣，可讓文字位於多個儲存格的中央。比較推薦的是這個方法（參考下一頁說明）。

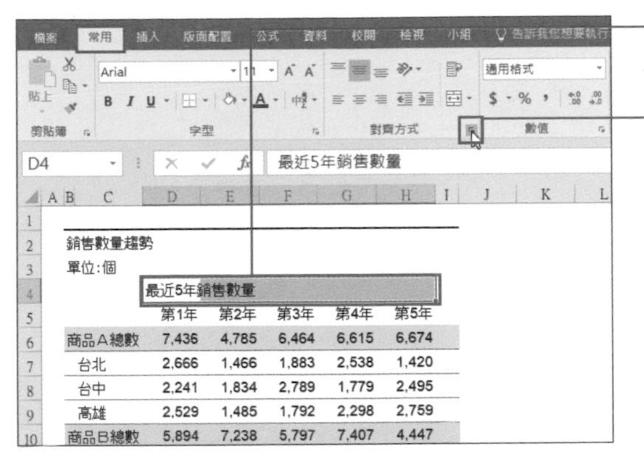

銷售數量趨勢	
單位:個	

最近5年銷售數量					
	第1年	第2年	第3年	第4年	第5年
商品A總數	7,436	4,785	6,464	6,615	6,674
台北	2,666	1,466	1,883	2,538	1,420
台中	2,241	1,834	2,789	1,779	2,495
高雄	2,529	1,485	1,792	2,298	2,759
商品B總數	5,894	7,238	5,797	7,407	4,447

❶ 選取要讓文字居中顯示的範圍。

❷ 點選「常用」索引標籤的「對齊設定」。

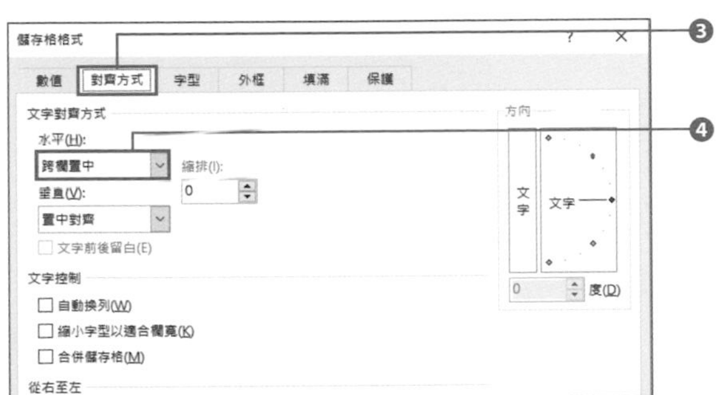

❸ 在「儲存格格式」對話框選擇「對齊方式」索引標籤。

❹ 在「水平」選擇「跨欄置中」再點選「確定」。

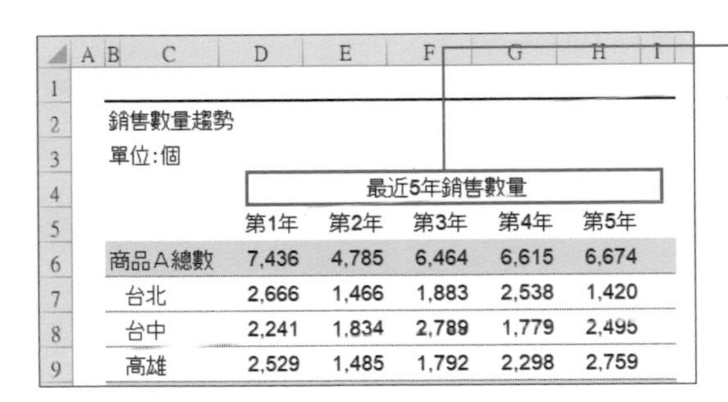

銷售數量趨勢	
單位:個	

最近5年銷售數量					
	第1年	第2年	第3年	第4年	第5年
商品A總數	7,436	4,785	6,464	6,615	6,674
台北	2,666	1,466	1,883	2,538	1,420
台中	2,241	1,834	2,789	1,779	2,495
高雄	2,529	1,485	1,792	2,298	2,759

❺ 文字在選取範圍中央顯示。

MEMO　若要還原預設值，可選取輸入了文字的儲存格，再點選「常用」索引標籤的「靠左對齊」或「靠右對齊」（p.14）。

▼這點也很重要！▼

當儲存格為垂直走向，可先合併再轉 90 度

Excel 並沒有設計讓值可在垂直方向的儲存格範圍中央顯示。若儲存格為垂直走向，可先合併儲存格再於格式設定的「對齊方式」右側「方向」欄點選「自書設定」，就能讓文字在中央顯示（參考 p.56）。

相關項目　■ 對齊文字 ⇨ p.14　■ 繪製跨欄斜線 ⇨ p.40

工作表與儲存格的基本操作

繪製跨欄斜線

明確標示資料表 / 表格內未使用的儲存格

有時，我們會看到**儲存格畫上斜線**，這代表「不使用這部分的儲存格」或是「這裡沒有資料」的意思。這條斜線也可利用**框線功能**（p.24）繪製，但是卻無法繪製跨欄斜線。若想繪製跨欄斜線，就必須使用**圖例的直線**。

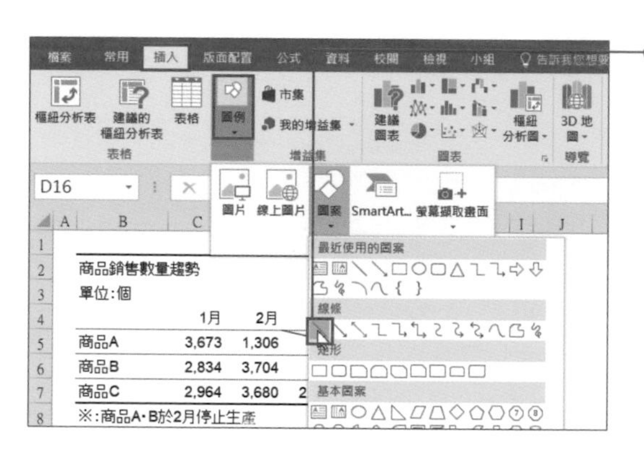

❶ 點選「插入」索引標籤的圖例，再點選「圖案」，然後從中選擇線條。

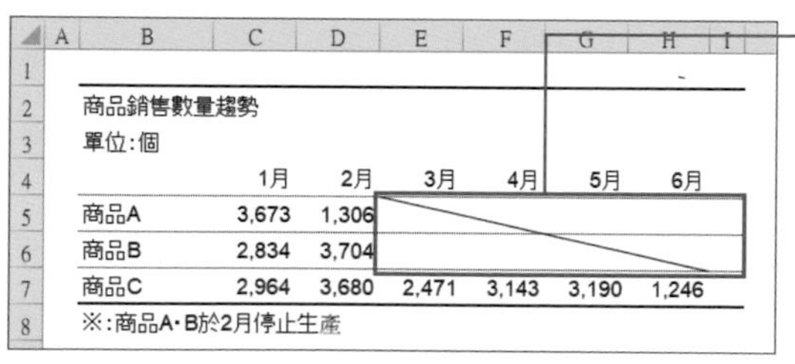

❷ 在不會輸入資料的儲存格上拖曳斜線。如此可清楚標示「不使用」的部分。

▼這點也很重要！▼

按住 Alt 鍵再繪圖，就能沿著儲存格外框拉線

繪製直線時，可按住 Alt 鍵再拖曳，就能沿著儲存格的外框繪製直線。

相關項目 ■ 格式化條件的基本操作 ⇨ p.42 ■ 在空白儲存格輸入「N/A」⇨ p.262

工作表與儲存格的基本操作

在儲存格加上附註

用附註留下補充事項與討論

想在儲存格追加相關的補充事項或是想留下評論時，可使用**「新增附註」功能（Excel 2019 之前的版本請點選「新增註解」）**。

在儲存格加上附註之後，其右上角會顯示「紅色三角形」，滑鼠游標靠近這個三角形，附註就會顯示。此外，點選「校閱」索引標籤的「顯示／隱藏附註」即可切換附註的顯示狀態。要在儲存格新增附註可利用下列的步驟。

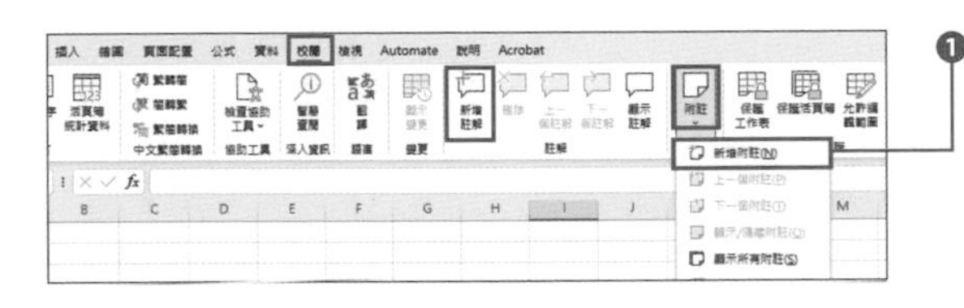

❶ 選取要追加附註的儲存格，再從「校閱」索引標籤點選「新增附註」（Excel 2019 之前的版本請點選「新增註解」）。

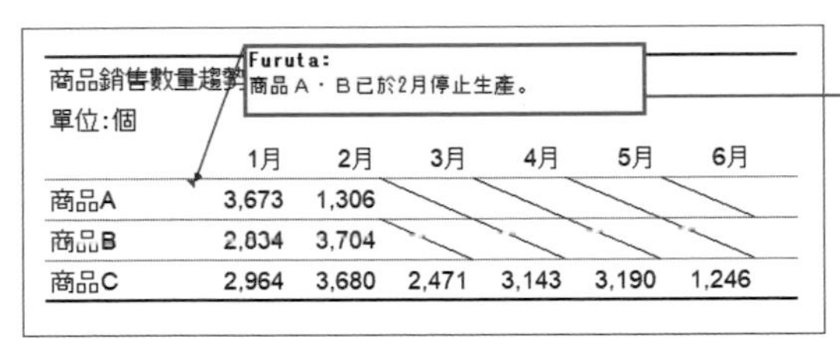

商品銷售數量趨勢
單位:個

	1月	2月	3月	4月	5月	6月
商品A	3,673	1,306				
商品B	2,834	3,704				
商品C	2,964	3,680	2,471	3,143	3,190	1,246

❷ 新增附註方塊之後，輸入要備註的文字。

MEMO　附註與圖形一樣，都可拖曳位置與縮放。

▼這點也很重要！▼

顯示所有附註

若要顯示所有附註，可點選「校閱」索引標籤的「附註」，再點選「顯示所有附註」（Excel 2019 之前的版本請點選「顯示所有註解」）。

相關項目　■ 替儲存格命名 ⇨ p.130　■ 刪除儲存格的名稱 ⇨ p.132

CHAPTER 2
06

徹底應用格式化條件

格式化條件的基本操作

能一眼就看到想強調的資料

「格式化條件」的功能可以讓你看出哪些儲存格是滿足某些特定條件。例如，可以只在「分數超過 75 分的儲存格」或是「超過平均值的儲存格」、「顯示錯誤訊息的儲存格」套用特定的文字顏色或背景色。

這項功能可在特定儲存格套用與一般的儲存格不同的格式，藉此讓人一眼發現**需要注意的資料，或是有可能輸入錯誤資料的位置**。

這項功能不僅美化了資料表的外觀，還能讓大家方便閱讀資料表；並且也能確認是否正確地輸入資料，一有錯誤的資料可迅速抓出。每種資料表代表著不同的資料，但不論資料的重要性，是否為正確輸入才是重點。

「格式化條件」的設定很簡單，可由使用者自行設定，是一項非常方便好用的功能。請一邊思考要如何在自己的資料表使用這項功能，一邊閱讀後續的內容。

■ **一眼看出分數高於「75」的資料**

	A	B	C	D	E	F	G	H	I
1									
2		商品A競品比較							
3					商品A	他社B	他社C		
4		2021年成績							
5			單價	元	600	800	480		
6			銷售數量	千個	350	480	300		
7		消費者問卷結果							
8			美味	分	83	94	63		
9			分量	分	74	60	80		
10			設計	分	65	72	80		
11			價廉物美	分	80	55	85		
12									

在問卷結果設定「75 分以上」的條件。如此一來，就能一眼看出符合條件的資料位於何處。

利用格式化條件功能強調大於某個數值的儲存格

這次要設定「**儲存格的值大於 75**」的條件，變更儲存格原先的格式。設定條件的方法有很多，這次使用的是「醒目提示儲存格規則」的「大於」。

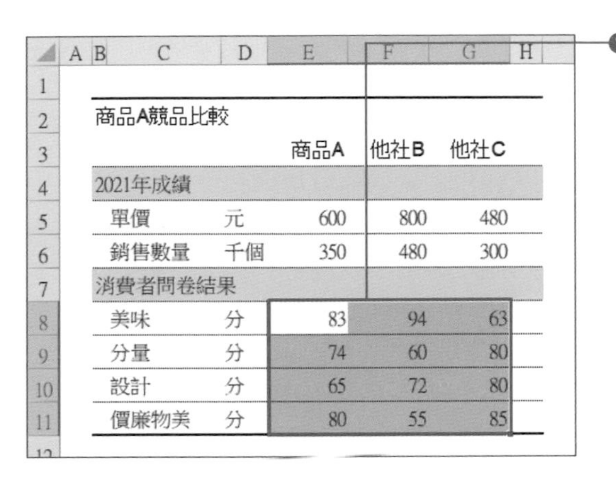

❶ 選擇要設定條件的儲存格。

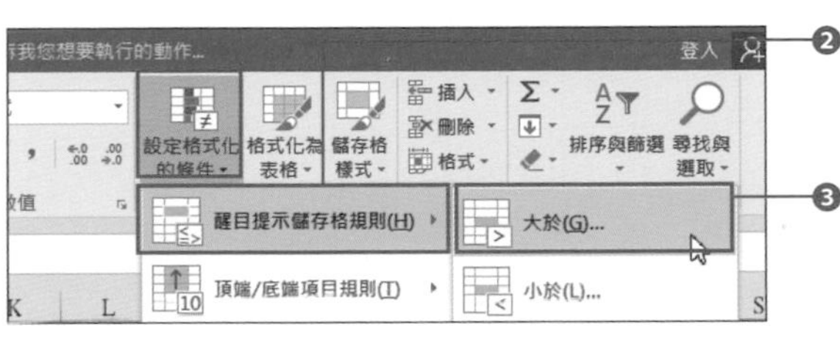

❷ 點選「常用」索引標籤的「設定格式化的條件」→「醒目提示儲存格規則」。

❸ 點選「大於」。

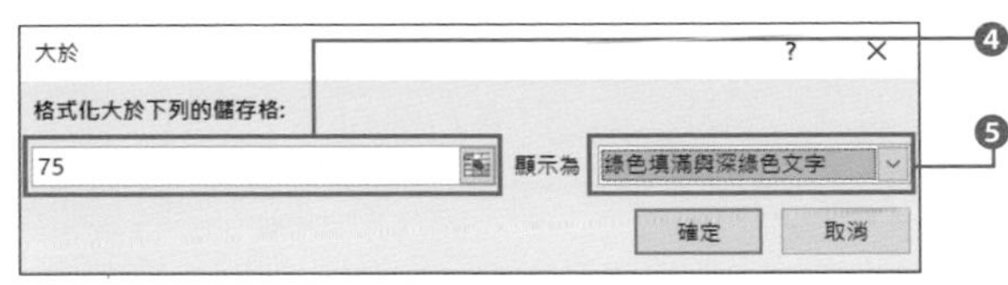

❹ 在數值欄位中設定「75」。

❺ 設定格式之後，點選「確定」，即可套用格式化條件。

▼這點也很重要！▼

在單一儲存格定義多個格式化條件的優先順序

Excel 可在**單一儲存格定義多個格式化條件**，此時也可指定條件的優先順序。要指定優先順序時，可點選「常用」索引標籤的「設定格式化的條件」→「管理規則」，開啟「設定格式化的條件規則管理員」對話框。

相關項目 ■ 讓大於平均值的儲存格變色 ⇨ p.44　■ 確認與清除格式化條件 ⇨ p.48

CHAPTER 2 - 07

徹底應用格式化條件

讓大於平均值的儲存格變色

自動計算選取範圍內的平均值

設定格式化條件的第二項規則「**頂端／底端項目規則**」可依照特定規則**自動計算**選取的儲存格範圍內的數值，再自動顯示計算結果。這項功能可在不使用任何公式之下指定「前 10 個項目」、「最後 10 個項目」、「高於平均」、「低於平均」這類條件。

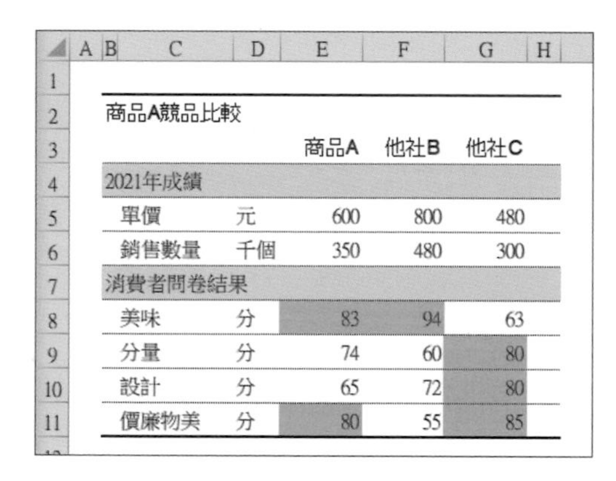

商品A競品比較				
		商品A	他社B	他社C
2021年成績				
單價	元	600	800	480
銷售數量	千個	350	480	300
消費者問卷結果				
美味	分	83	94	63
分量	分	74	60	80
設計	分	65	72	80
價廉物美	分	80	55	85

■ **讓高於平均值的儲存格變色**

利用「頂端／底端項目規則」這項格式化條件讓高於平均值的儲存格變色。不需指定公式，只需要勾選需要的值。

▼這點也很重要！▼

進一步設定規則

「頂端／底端項目規則」內建了「前 10 個項目」、「前 10%」、「最後 10 個項目」、「最後 10%」、「高於平均」、「低於平均」這 6 個選項，但其實可進一步設定更詳細的規則。

要設定更詳細的規則時，可點選列表最下方的「其他規則」❶，再從「新增格式化規則」對話框隨意設定需要的值。除了絕對值之外，連標準差都可自動算出。

設定「頂端／底端項目規則」的方法

想要看哪些儲存格的資料是大於平均值時，最適合使用「頂端／底端項目規則」這個方法了。執行下列的步驟即可完成設定。設定條件之後，選取的儲存格範圍的值將被自動算出，並且只在大於平均值的儲存格套用指定的格式。**各位完全不需要輸入任何公式**。

商品A競品比較		商品A	他社B	他社C
2021年成績				
單價	元	600	800	480
銷售數量	千個	350	480	300
消費者問卷結果				
美味	分	83	94	63
分量	分	74	60	80
設計	分	65	72	80
價廉物美	分	80	55	85

❶ 選取要設定格式化條件的儲存格。

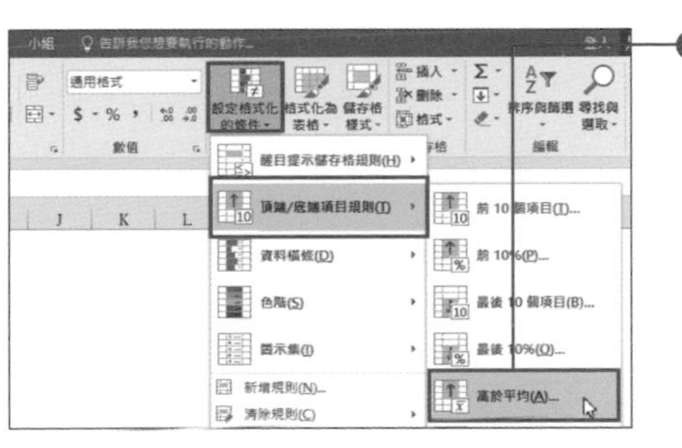

❷ 依序點選「常用」索引標籤的「設定格式化的條件」→「頂端／底端項目規則」→「高於平均」。

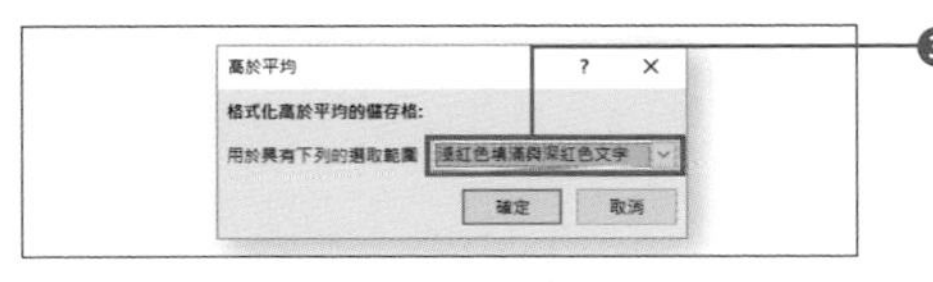

❸ 在「用於具有下列的選取範圍」選取格式後再點選「確定」，即可套用格式化條件。

▼這點也很重要！▼

進一步設定儲存格格式的方法

「用於具有下列的選取範圍」內建了「淺紅色填滿與深紅色文字」等多種格式，只需從列表選取就能輕鬆切換。如果選擇最底下的「自訂格式」，就能進一步設定想要的格式。

相關項目　■ 格式化條件的基本操作 ⇨ p.42　■ 找到錯誤值的方法 ⇨ p.46

CHAPTER 2

08

徹底應用格式化條件

利用格式化條件找出錯誤值

如何靈活使用格式化條件

最基本的「格式化條件」使用方法是**依照儲存格的值變更儲存格的格式**，但是這裡所說的「值」，不一定是指「數值」。若在格式化條件的規則設定裡點選「**新增規則**」，就能將特定值的儲存格以及「**錯誤值的儲存格**」或是「**滿足特定公式的儲存格**」設定為條件式的規則。

我們可依照業務內容設定更進階的規則，例如，立刻找出輸入錯誤的部分或是具有重要值的儲存格。有些業務可能是「**絕對不能有負值的儲存格出現**」的規則（換言之，只要不是正值就一定是錯誤）。其他也有「**儲存格一定得輸入數值，否則就是錯誤**」的規則。不同的業種與業務內容，需要的「值」都不一樣，但只要使用格式化條件的「新增規則」，就能設定對應所有狀況的規則。希望大家務必學會。

■ 替錯誤值標示顏色

	A	B	C	D	E	F	G
1							
2		訂單傳票			######	No.101	
3							
4		型號	商品名	價格	數量	小計	
5		A-001	原子筆(黑)	180	80	14,400	
6		A-002	原子筆(紅)	180	60	10,800	
7		B-001	A4用紙	980	未定	######	
8		D-005	#N/A	#N/A	40	#N/A	
9			#N/A	#N/A		#N/A	
10			#N/A	#N/A		#N/A	
11						######	
12							

利用格式化條件替錯誤值標示顏色。如此一來，就能立刻確認哪個儲存格有問題。

替發生錯誤的儲存格套色

接著，要利用格式化條件功能替發生錯誤的儲存格套色。在「新增格式化規則」對話框的「選取規則類型」點選「只格式化包含下列的儲存格」。

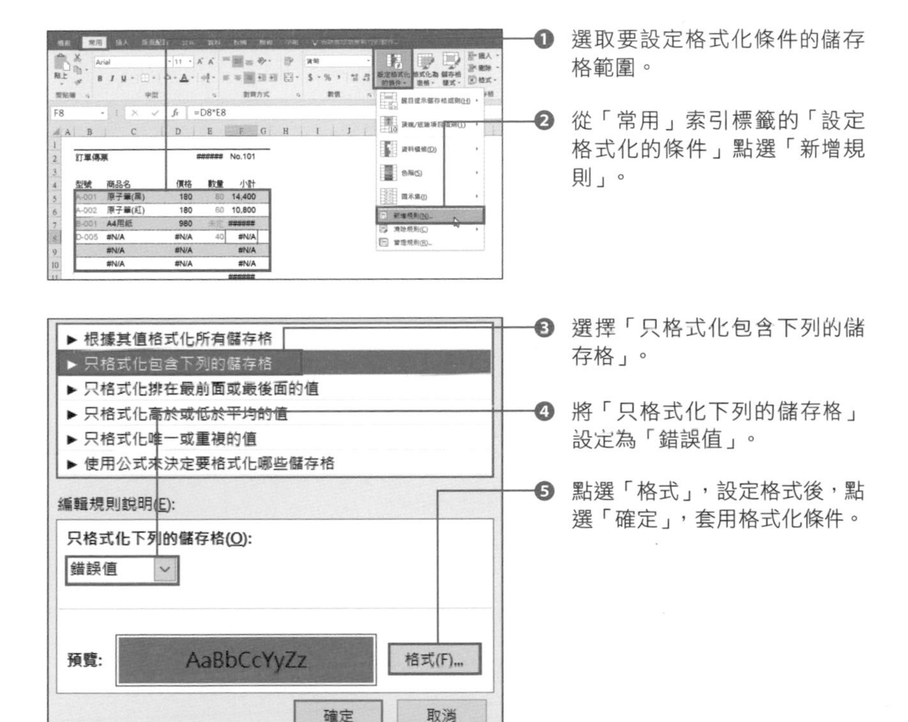

使用公式建立更高階的條件式

▼這點也很重要！▼

點選在「規則類型」最下方的「使用公式來決定要格式化哪些儲存格」，就能利用公式設定規則。這個公式也能用函數建立，可憑個人創意完成各種應用。

例如，在所有儲存格設定「=MOD(ROW(),2)=1」的格式化條件公式，就會是「**每隔一行套用色塊的儲存格**」了。這個公式是「將列編號除 2，選取餘數為 1 的儲存格」，換言之就是只在「**奇數列的儲存格**」套用格式。每隔一列設定一次背景色當然很麻煩，但是使用這種公式就能在一秒之內設定完成。

相關項目　■ 格式化條件的基本操作 ⇨ p.42　■ 確認與清除格式化條件 ⇨ P.48

CHAPTER 2

09

徹底應用格式化條件

確認與清除格式化條件

格式化條件可用對話框統一管理

工作表內到底設定了哪些格式化條件，可於「**設定格式化的條件規則管理員**」對話框確認。這個對話框可編輯現有的格式化條件與格式內容，也可清除格式。此外，若設定了多個格式化條件，則可個別設定格式的優先順位。

若是從別人手中收到 Excel 檔案或是單一的工作表有許多個格式化條件，**建議先確認格式化條件的內容，了解工作表的目前狀態**。

■ 確認格式化條件的內容

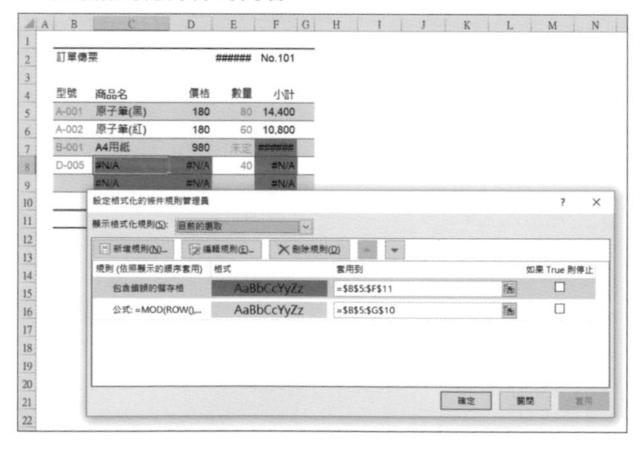

「設定格式化的條件規則管理員」對話框可確認有無格式化條件，也可編輯與刪除條件。

▼這點也很重要！▼

若只是要刪除條件，不需要開啟對話框

若只是要刪除工作表裡的格式化條件，不需要開啟「設定格式化的條件規則管理員」對話框。選取儲存格範圍之後，從「常用」索引標籤點選**「設定格式化的條件」→「清除規則」→「清除整張工作表的規則」**即可清除整張工作表的格式化條件。

確認與刪除格式化條件

開啟「設定格式化的條件規則管理員」之後，可透過下列的步驟確認與刪除工作表的格式化條件。

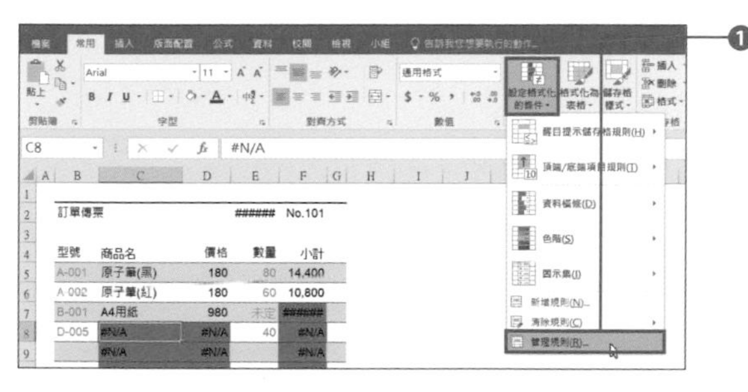

❶ 點選「常用」索引標籤的「設定格式化的條件」→「管理規則」。

❷ 在「顯示格式化規則」選擇「這個工作表」。

❸ 選擇要顯示的格式化條件之後，若要編輯可點選「編輯規則」，若要刪除則點選「刪除規則」。

❹ 若想調整格式化條件的順序，可點選「▲」或「▼」。將以由上往下的順序套用格式。

▼這點也很重要！▼

先決定格式化條件要使用的規則

格式化條件固然好用，但是會對不懂的人造成「為什麼這個儲存格的顏色無法刪除」的壓力。因此，使用格式化條件時，必須先建立團隊的使用規則，並且分享設定方法都是十分重要的。

相關項目　■ 格式化條件的基本操作 ⇨ p.42　■ 讓大於平均值的儲存格變色 ⇨ p.44

CHAPTER 2

10

先知先贏的專家技巧

固定標題的儲存格

捲動畫面，也能一直顯示標題儲存格

在畫面確認列數或欄數眾多的大型資料表 / 表格時，只要一捲動畫面，**標題欄／列**常常會被捲到畫面上方，無法了解目前的資料是屬於哪個項目。此時可使用**「凍結窗格」功能**固定標題欄／列（特定儲存格）的位置。

■ 使用「凍結窗格」功能固定標題列

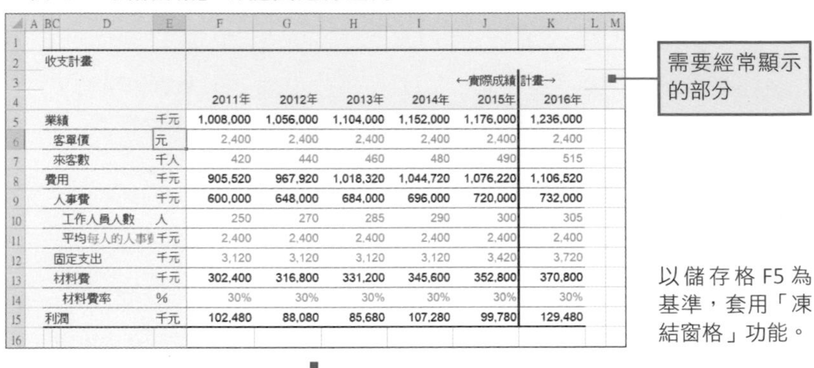

收支計畫		2011年	2012年	2013年	2014年	2015年	2016年
						←實際成績	計畫→
業績	千元	1,008,000	1,056,000	1,104,000	1,152,000	1,176,000	1,236,000
客單價	元	2,400	2,400	2,400	2,400	2,400	2,400
來客數	千人	420	440	460	480	490	515
費用	千元	905,520	967,920	1,018,320	1,044,720	1,076,220	1,106,520
人事費	千元	600,000	648,000	684,000	696,000	720,000	732,000
工作人員人數	人	250	270	285	290	300	305
平均每人的人事費	千元	2,400	2,400	2,400	2,400	2,400	2,400
固定支出	千元	3,120	3,120	3,120	3,120	3,420	3,720
材料費	千元	302,400	316,800	331,200	345,600	352,800	370,800
材料費率	%	30%	30%	30%	30%	30%	30%
利潤	千元	102,480	88,080	85,680	107,280	99,780	129,480

以儲存格 F5 為基準，套用「凍結窗格」功能。

收支計畫		2012年	2013年	2014年	2015年	2016年
					←實際成績	計畫→
業績	千元	1,056,000	1,104,000	1,152,000	1,176,000	1,236,000
客單價	元	2,400	2,400	2,400	2,400	2,400
來客數	千人	440	460	480	490	515
費用	千元	967,920	1,018,320	1,044,720	1,076,220	1,106,520
人事費	千元	648,000	684,000	696,000	720,000	732,000
工作人員人數	人	270	285	290	300	305
平均每人的人事費	千元	2,400	2,400	2,400	2,400	2,400
固定支出	千元	3,120	3,120	3,120	3,420	3,720
材料費	千元	316,800	331,200	345,600	352,800	370,800
材料費率	%	30%	30%	30%	30%	30%
利潤	千元	88,080	85,680	107,280	99,780	129,480

需要經常顯示的部分

即使捲動畫面，也能隨時顯示標題列。

隨時顯示標題欄或標題列

要使用「凍結窗格」功能隨時顯示標題欄或標題列的時候，可透過下列步驟設定。這次要讓第 4 列與 B ～ E 欄隨時出現。使用「凍結窗格」功能時，請注意滑鼠游標的位置。

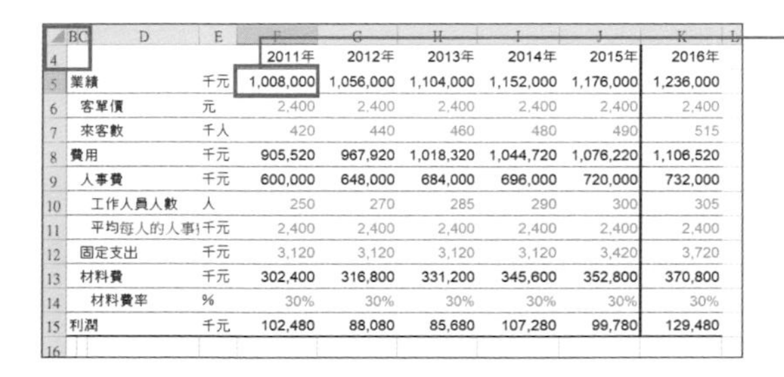

		2011年	2012年	2013年	2014年	2015年	2016年
業績	千元	1,008,000	1,056,000	1,104,000	1,152,000	1,176,000	1,236,000
客單價	元	2,400	2,400	2,400	2,400	2,400	2,400
來客數	千人	420	440	460	480	490	515
費用	千元	905,520	967,920	1,018,320	1,044,720	1,076,220	1,106,520
人事費	千元	600,000	648,000	684,000	696,000	720,000	732,000
工作人員人數	人	250	270	285	290	300	305
平均每人的人事	千元	2,400	2,400	2,400	2,400	2,400	2,400
固定支出	千元	3,120	3,120	3,120	3,120	3,420	3,720
材料費	千元	302,400	316,800	331,200	345,600	352,800	370,800
材料費率	%	30%	30%	30%	30%	30%	30%
利潤	千元	102,480	88,080	85,680	107,280	99,780	129,480

❶ 請捲動畫面，讓工作表的左上角為「B 欄、第 4 列（儲存格 B4）」，接著選取儲存格 F5。

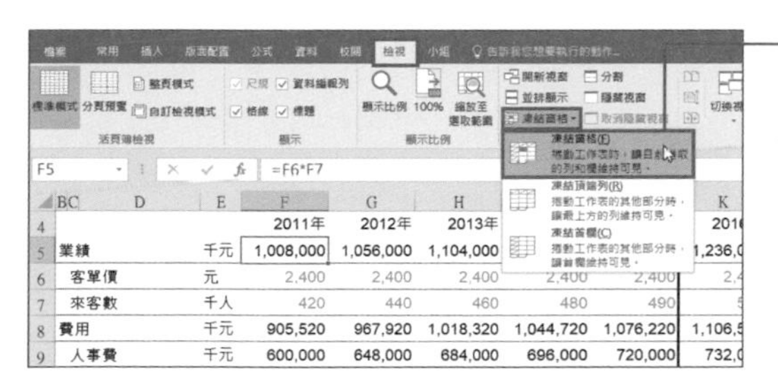

❷ 從「檢視」索引標籤的「凍結窗格」點選「凍結窗格」。

MEMO　要解除標題列的固定可再次點選「檢視」索引標籤的「凍結窗格」→「取消凍結窗格」

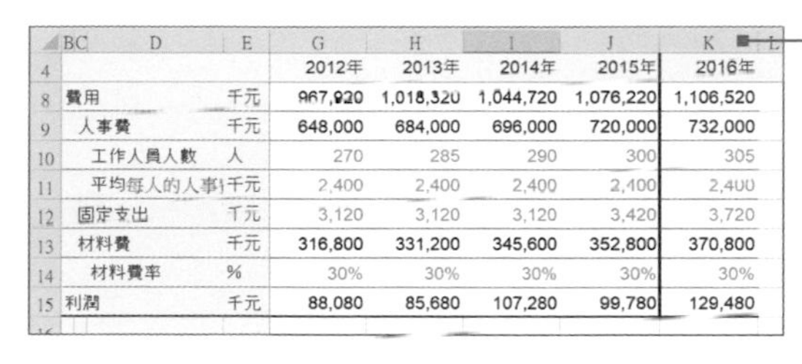

		2012年	2013年	2014年	2015年	2016年
費用	千元	967,920	1,018,320	1,044,720	1,076,220	1,106,520
人事費	千元	648,000	684,000	696,000	720,000	732,000
工作人員人數	人	270	285	290	300	305
平均每人的人事	千元	2,400	2,400	2,400	2,400	2,400
固定支出	千元	3,120	3,120	3,120	3,420	3,720
材料費	千元	316,800	331,200	345,600	352,800	370,800
材料費率	%	30%	30%	30%	30%	30%
利潤	千元	88,080	85,680	107,280	99,780	129,480

❸ 此時將以步驟 ❶ 的滑鼠游標左上角為基準，固定列與欄的位置。

▼這點也很重要！▼

列印時，在所有頁面顯示標題的方法

若要在所有頁面列印標題列或標題欄，可使用「版面配置」索引標籤的「列印標題」功能（p.321）。

相關項目　■ 隱藏功能區 ⇨ p.52

CHAPTER 2

11

先知先贏的專家技巧

隱藏功能區，讓畫面變寬

不使用的時候就先隱藏

若想拉寬工作畫面，確認資料表 / 表格時，可先隱藏 Excel 的功能區。方法非常簡單，**只要用滑鼠雙點顯示「常用」的標籤部分即可**。若要重新顯示，只需要雙點標籤即可。這個操作可提升資料表 / 表格的易讀性。Excel 的功能區佔據工作環境較大的位置，特別適合筆記型電腦使用。

先隱藏功能區，然後點選功能區的標籤，就會發現右下角有個「大頭針」按鈕，該工具的名稱就是「固定功能區」，但是，雙點標籤的操作還是比較簡單。

■ **隱藏功能表，顯示整張資料表 / 表格**

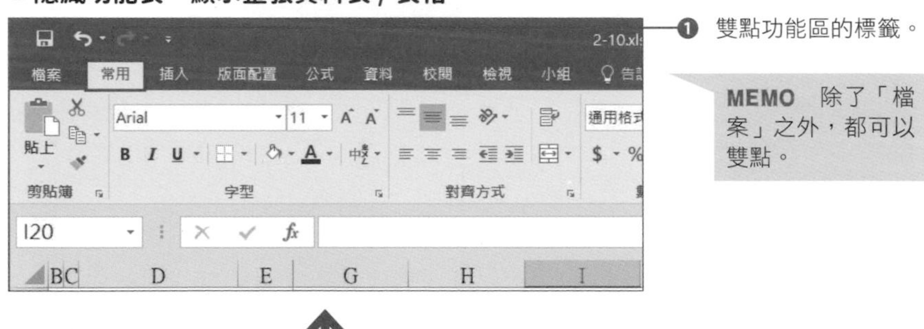

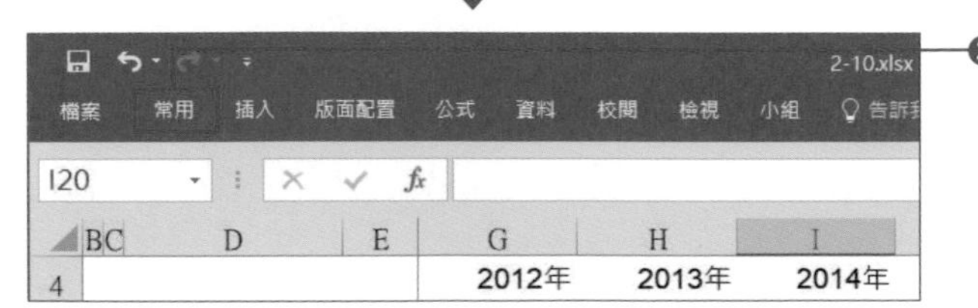

❷ 功能區的命令部分隱藏了。點選標籤，就能暫時顯示功能區。若要重新顯示功能區，可重新雙點標籤。

相關項目 ■ 固定標題儲存格 ⇨ p.50 ■ 垂直顯示文字 ⇨ p.56

CHAPTER 2 - 12

先知先贏的專家技巧

瞬間輸入目前的日期與時間

輸入日期的快捷鍵

Excel 可利用快捷鍵瞬間輸入目前的日期與時間。若希望在製作資料表 / 表格之後輸入日期與時間，務必記住下列兩個快捷鍵。

■ 記輸入目前日期與時間的快捷鍵

值	快捷鍵
現在日期	Ctrl + ;
現在時間	Ctrl + :

若要輸入目前的日期可按住 Ctrl 鍵再按下「;」（分號）。同樣的，若要輸入現在時間，可按住 Ctrl 鍵再按下「:」（冒號）。 如此一來，就會在選取的儲存格之內輸入日期與時間。

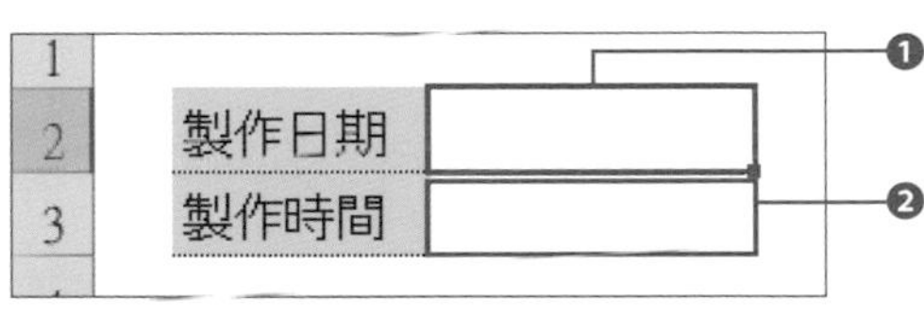

❶ 在要輸入日期的儲存格按下 Ctrl + ; 。

❷ 在要輸入時間的儲存格按下 Ctrl + : 。

2	製作日期	2017/1/24
3	製作時間	16:54

❸ 使用快捷鍵可瞬間輸入目前的日期與時間。

▼這點也很重要！▼

因為是時間，所以是冒號，日期則是同一個鍵

要記住這兩個快捷鍵的時候，可先記住輸入時間的 Ctrl + : 。日期的「;」只要記得是同一個鍵即可。

相關項目　■ 經過天數與序列值 ⇨ p.58

CHAPTER 2 - 13

先知先贏的專家技巧

輸入列首為「0」的字串

以文字格式輸入數值

在一般的情況下，於 Excel 輸入「001」、「002」等數字，列首的「0」通常會被忽略，直接轉換成「1」或「2」這類數值。不過，有時必須要輸入以「0」開頭，例如商品的型號、編號或是員工號碼。

想要在列首出現「0」時，可輸入「'001」，也就是在開頭的 0 前加上「'」（撇號）。**在開頭加上「'」的值會被當成文字而非數值，所以會原封不動地顯示**（「'」不會在儲存格裡顯示）。

此外，輸入之後，會顯示「數值儲存成文字」的錯誤值（p.30），只要選擇「忽略錯誤」即可隱藏這個錯誤值。

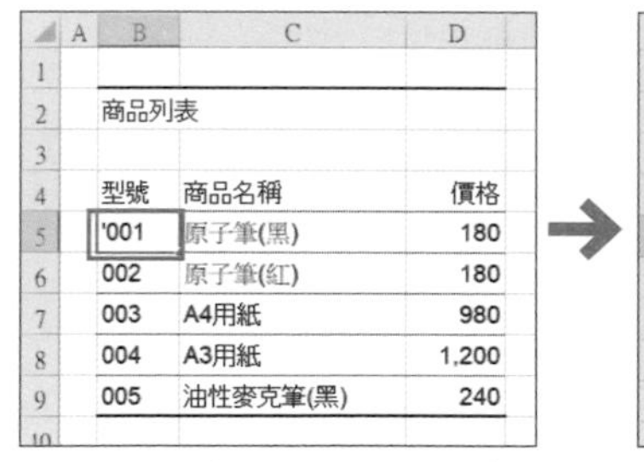

→

型號	商品名稱	價格
001	原子筆(黑)	180
002	原子筆(紅)	180
003	A4用紙	980
004	A3用紙	1,200
005	油性麥克筆(黑)	240

❶ 在開頭加上「'」，就會以文字的方式輸入。即使是「001」的值，也不會被轉換成「1」的數值了。

▼這點也很重要！▼

也可以將儲存格的格式設定為「文字」

要在儲存格輸入文字（字串）而非數值時，除了上述的方法，還可以事先將儲存格的格式設定為「文字」。有關儲存格格式的設定方法請參考 p.55。

相關項目
■ 在結尾處追加「先生」⇨ p.55 ■ 固定標題儲存格 ⇨ p.50
■ 經過天數與序列值 ⇨ p.58

先知先贏的專家技巧

在姓名後續自動追加「先生」

利用儲存格格式設定統整標記方式

設定儲存格的格式時，可在「數值」的「**自訂**」設定各種標記方式。舉例來說，在「儲存格格式」的「類型」輸入「**@" 先生 "**」，就能自動在字串的結尾加上「先生」。

如果設定為「000」，就會以 3 位數的格式顯示數字，所以輸入「1」就會自動轉換成「001」。若是設定「mm 月 dd 日 (aaa)」，再輸入「5/1」，就會自動轉換成「05 月 01 日（週二）」。**像這樣熟悉格式設定之後，可大幅減少輸入的麻煩與錯誤**。

要設定儲存格的格式時，可在儲存格按下滑鼠右鍵再點選「**儲存格格式**」，開啟「**儲存格格式」對話框**之後，執行下列步驟。

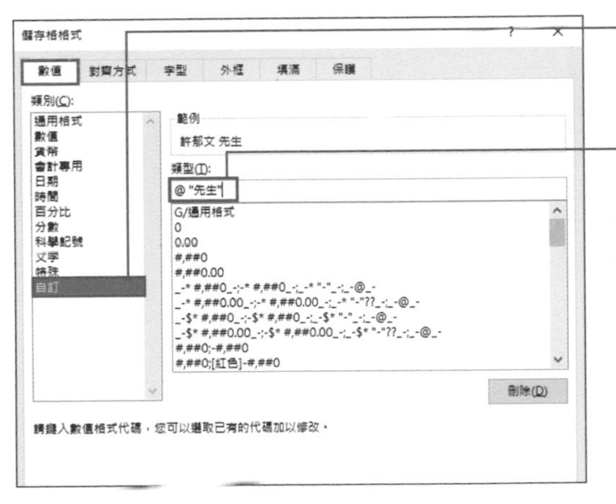

❶ 開啟「儲存格格式」對話框，點選「類別」索引標籤的「自訂」。

❷ 在「類型」輸入顯示格式。

	A	B	C
1			
2		1	許郁文
3		2	張瑋礽
4		3	張銘仁
5		4	張志偉
6		5	王勝偉
7		6	潘照雄
8		7	陳金鋒
9		8	王建民
10		9	張勝健
11		10	林智勝
12			

	A	B	C
1			
2		1	許郁文 先生
3		2	張瑋礽 先生
4		3	張銘仁 先生
5		4	張志偉 先生
6		5	王勝偉 先生
7		6	潘照雄 先生
8		7	陳金鋒 先生
9		8	王建民 先生
10		9	張勝健 先生
11		10	林智勝 先生
12			

相關項目 ■ 輸入列首為「0」的字串 ⇨ p.54　■ 垂直顯示文字 ⇨ p.56

CHAPTER 2

15

先知先贏的專家技巧

垂直顯示文字

合併儲存格再垂直顯示文字

雖然前面章節提過盡量不要合併儲存格（p.38），但為了能容易閱讀表格而必須垂直輸入文字時，可先合併儲存格再將文字調整成垂直顯示。

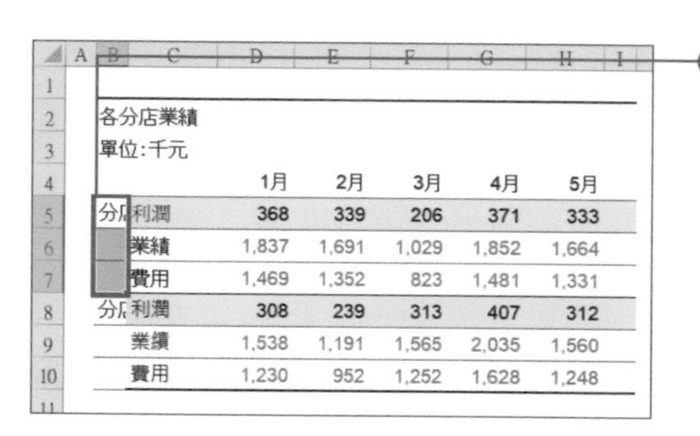

❶ 選取要垂直顯示文字的儲存格，再按下 Ctrl + 1 鍵，開啟「儲存格格式」對話框。

❷ 在「對齊方式」索引標籤勾選「合併儲存格」。

❸ 在「方向」點選垂直的「文字」再點選「確定」。

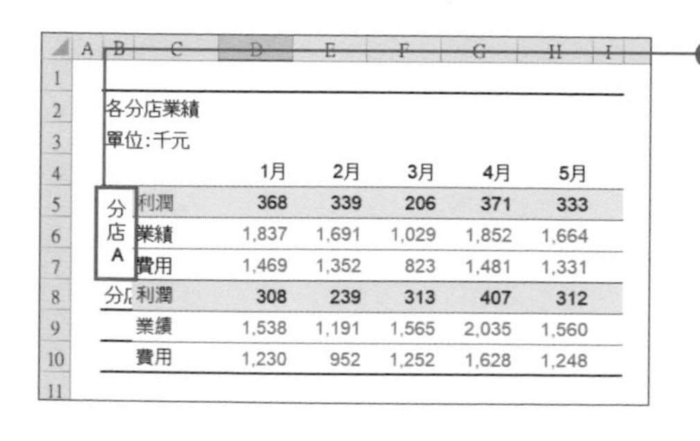

❹ 剛剛選取的儲存格會合併，文字也會轉換成垂直方向。

相關項目 ■ 選擇最適當字體的方法 ⇨ p.8 ■ 選取範圍居中 ⇨ p.38

先知先贏的專家技巧

刪除檔案作者的姓名

利用「檢查活頁簿」功能刪除多餘的資訊

Excel 會自動記錄製作者的資訊，而要將 Excel 檔案寄送給客戶時，最好先刪除這類資訊。

製作者資訊可利用 Excel 的**「檢查活頁簿」功能**刪除。

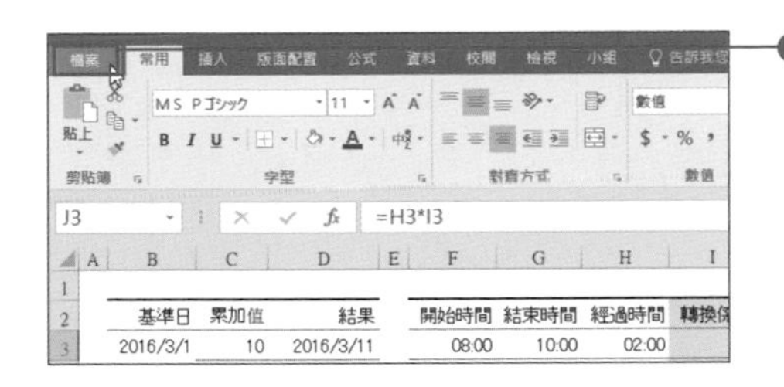

❶ 點選功能區的「檔案」索引標籤，在「資訊」頁面裡。

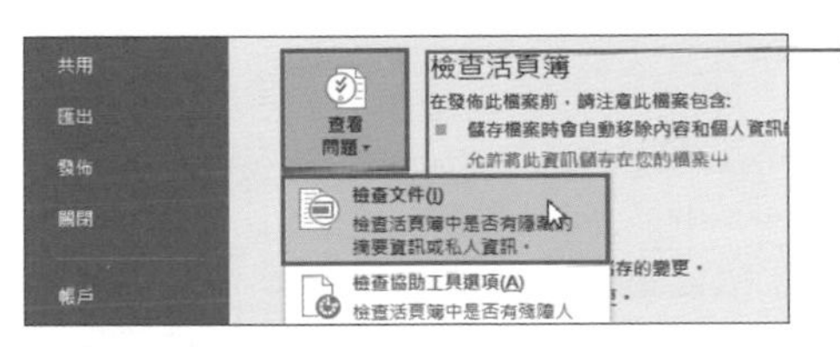

❷ 點選「查看問題」→「檢查文件」。

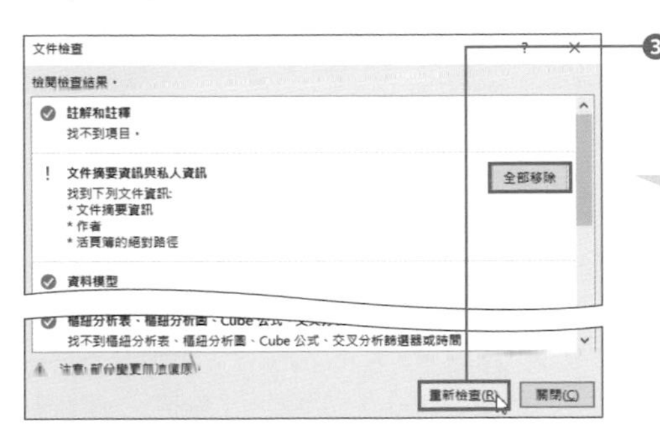

❸ 在「文件檢查」對話框點選「重新檢查」，再點選「全部刪除」即可刪除製作者的資訊。

MEMO　舊版 Windows 7 的 OS 可在檔案總管畫面顯示檔案內容之後，點選「詳細資料」，再點選「移除檔案屬性和個人資訊」移除。

相關項目　■ 保護工作表 ⇨ p.60　■ 自動儲存檔案 ⇨ p.61

CHAPTER 2-17

先知先贏的專家技巧

經過天數與序列值

Excel 計算日期與時間的「序列值」規則

輸入「2022/4/15」或「4-15」這類看起來像日期的值之後，電腦會記錄成「序列值」以便後續計算。

所謂「序列值」就是將「**1900 年 1 月 1 日當成基準日的『1』，再計算經過幾天**」所記錄的數值。舉例來說「2022/4/15」就是「距離基準日 44666 天的日期」，所以就記錄成「44666」。不過，「44666」對我們來說，不是很好懂的數值，所以才自動轉換成「2022/4/15」或「2022 年 4 月 15 日」這類格式。

若將時間轉換成序列值，「1 天」的數值為「1」，所以 24 小時也會為「1」，而 12 小時就等於「0.5」、6 小時就等於「0.25」。

■ **日期都記錄成序列值**

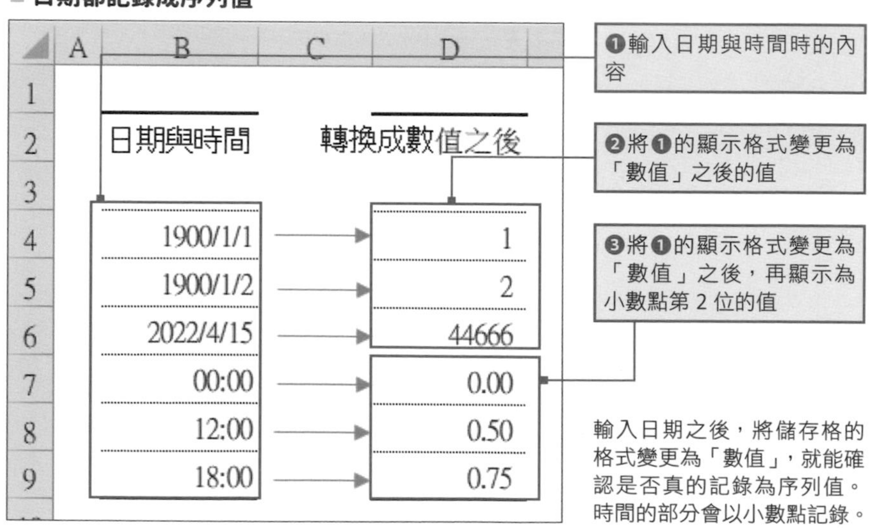

計算日期與時間的具體範例

了解序列值的機制後，就能輕易算出**經過的天數與時間**。比方說，在「2022/4/15」加「10」，就能算出 10 天後的日期「2022/4/25」。同理可證，若是加「-1」(減 1)，就能算出一天前的日期，也就是「2022/4/14」。當然也能算出閏年。

■ **根據基準日期，換算出需要的日期**

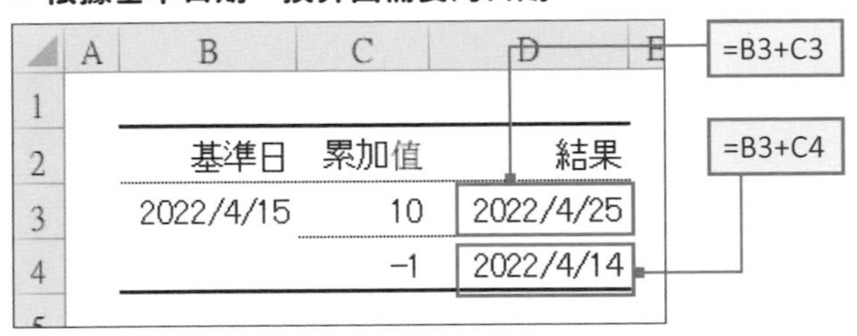

時間也是一樣，只要加總兩個時間，就能算出**合計時間**。此外，還可從時間之間的差距算出**過了多少時間**。

有時候會遇到例如計算時薪，也就是要將經過的時間為 2 小時轉換成「2」，1 小時半轉換成「1.5」，此時，可使用 1 天（24 小時）等於「1」的序列值特徵，在時間的值乘上 24，就能算出經過的時間。

■ **算出經過時間的長度，再轉換成能於計算序列值使用的數值**

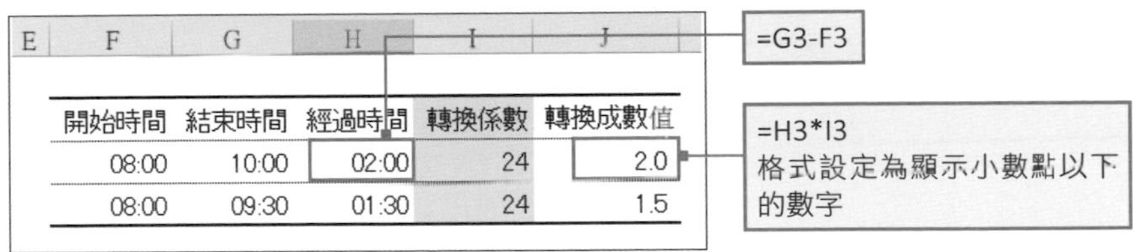

▼這點也很重要！▼

超過 24 小時的格式設定

若是合計時間為「25 小時」，因為超過了 24 小時，一般的格式設定會將「25:00」直接轉換成「1:00」；此時，在「自訂」設定「**[h]:mm**」就能顯示為「25:00」（p.55）。

相關項目 ■ 瞬間輸入目前的日期與時間 ⇨ p.53 ■ 在結尾處追加「先生」⇨ p.55

CHAPTER 2
-
18

先知先贏的專家技巧

保護工作表

禁止編輯工作表的內容

有些工作表的內容不太希望觀看者變更，此時可使用「校閱」索引標籤的**「保護工作表」功能**禁止他人編輯此工作表。這項功能可指定要保護哪些操作。執行下列操作即可禁止編輯工作表。

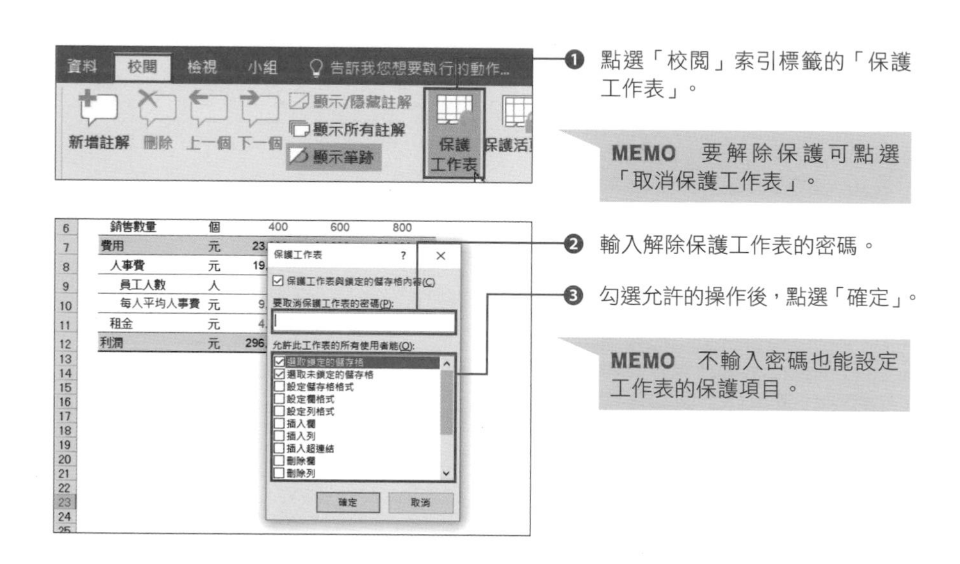

▼這點也很重要！▼

可設定只編輯部分儲存格

若希望某些儲存格不在保護之下，可在設定保護之前先選取該儲存格，接著在儲存格格式對話框的「保護」索引標籤取消「鎖定」即可。

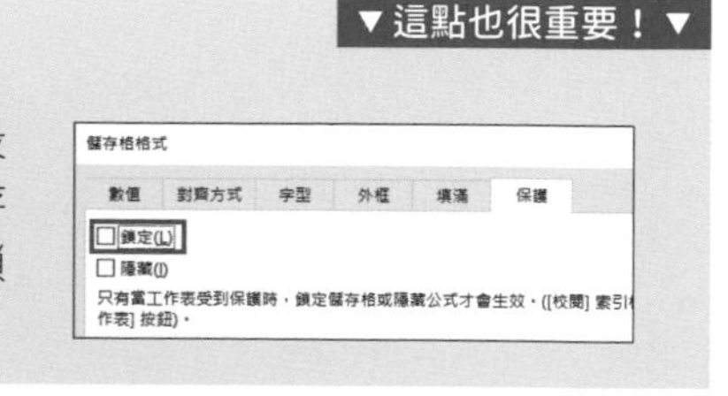

相關項目 ■ 刪除檔案製作者的名稱 ⇨ p.57 ■ 替檔案設定密碼 ⇨ p.62

先知先贏的專家技巧

自動儲存檔案

在選項設定儲存間隔

Excel 預設**每隔 10 分鐘**自動儲存檔案內容。這項功能在 Excel 突然當機時，可留下一定程度的作業內容。如此一來，**不需要重新製作資料表／表格，也不用重複做過的步驟。為了提升作業效率，無論如何都得降低檔案的損失**。

自動儲存間隔以及儲存備份的位置都可從**功能區的「檔案」索引標籤點選「選項」**開啟「Excel 選項」對話框，再從「儲存」項目設定。

■ 儲存選項的設定對話框

一般
公式
校訂
儲存
語言
進階
自訂功能區
快速存取工具列
增益集
信任中心

自訂活頁簿的儲存方式。

儲存活頁簿

以此格式儲存檔案(F):　Excel 活頁簿 (*.xlsx)
☑ 儲存自動回復資訊時間間隔(A):　10　分鐘(M)
☑ 如果關閉而不儲存，則會保留上一個自動儲存版本
自動回復檔案位置(R):　C:\Users\baristahsu\AppData\Roaming\Microsoft\Excel\
☐ 開啟或儲存檔案時不顯示 Backstage(S)
☑ 顯示其他可供儲存的位置，即使需要登入亦然。(S)
☐ 預設儲存至電腦(C)
預設本機檔案位置(I):　D:\
預設個人範本位置(T):

有關自動儲存的設定都在「Excel 選項」對話框的「儲存」項目的「儲存活頁簿」欄位裡。

▼這點也很重要！▼

手動備份時的檔案名稱

手動備份 Excel 檔案時，在檔案名稱的結尾加上日期或編號，就能看出備份的時間。舉例來說，若一天需要多次備份，可設定成「活頁簿內容 _ 日期 _ 編號」的格式（p.122），將檔案儲存成「業績分析 _0805_1.xlsx」、「業績分析 _0805_2.xlsx」的檔案名稱。

相關項目　■ 刪除檔案製作者的名稱 ⇨ p.57　■ 保護工作表 ⇨ p.60

先知先贏的專家技巧

替檔案設定密碼

加密保護活頁簿內容

避免他人存取 Excel 檔案內的重要資訊，也是資深工作者必須注意的事。以電子郵件寄送檔案時，不能開放給任何人開啟檔案。與別人分享檔案時，必須加上密碼，限制只有部分人士可以瀏覽，這是非常重要的步驟。

要以密碼保護 Excel 檔案的內容時，可使用**「以密碼加密」功能**。

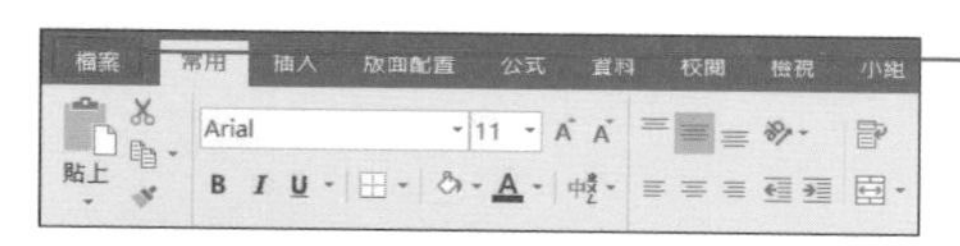

❶ 點選功能區的「檔案」索引標籤，開啟後勤畫面。

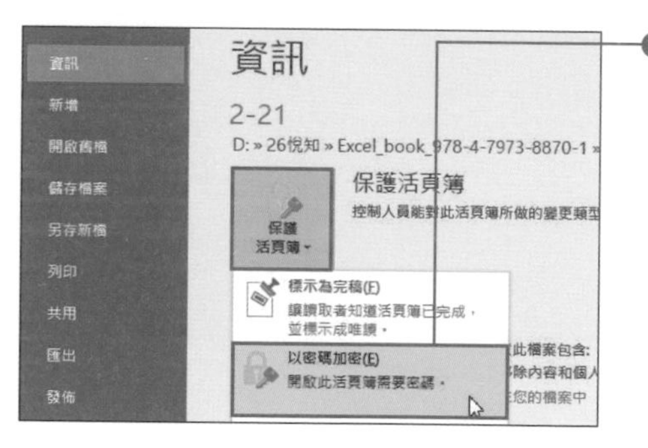

❷ 點選「資訊」→「保護活頁簿」→「以密碼加密」。

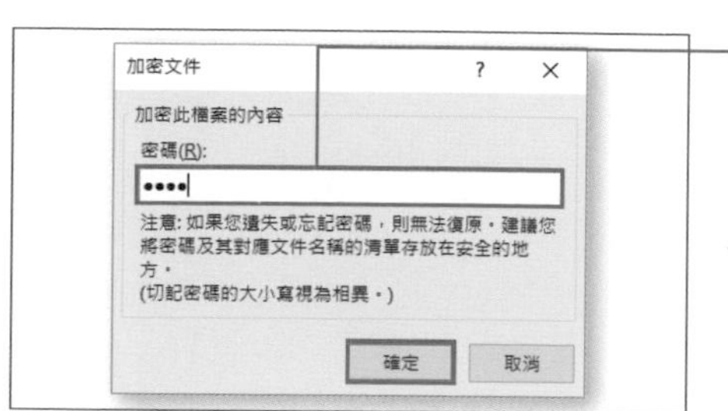

❸ 開啟「加密文件」對話框之後，輸入密碼再點選「確定」。再次輸入確認的密碼即可。這次輸入的密碼是「1234」。

MEMO 要解除密碼時，可重新開啟對話框，再讓「密碼」欄位留白，然後按下「確定」。

相關項目 ■ 刪除檔案製作者的名稱 ⇨ p.57 ■ 保護工作表 ⇨ p.60

CHAPTER 3

與業務成果直接相關
14 種好用的函數

CHAPTER 3

01

熟悉基本函數

基本函數讓作業效率與正確性提升 10 倍

基本函數只有 14 種

Excel 內建了許多用於計算的函數，但是**真的不需要記住所有函數**。事實上，有太多函數的使用頻率相當低。因此，「**需要的時候再查詢相關用法**」正是使用 Excel 函數的不二法則。請大家務必先記住這個基本原則。

另一方面，也有**不管是哪個行業或工作職務，都必須要記住的函數**。這些函數雖然只有 **14 種**，但都是靈活度、應用度都非常高，請藉由這本書好好地熟悉它們的用法。

■ **請大家務必熟記的 14 種函數**

函數名稱	概要	解說頁
SUM	加總	p.66
MAX	最大值	p.70
MIN	最小值	p.70
ROUND	四捨五入	p.72
IFERROR	錯誤值的替代值	p.73
IF	條件判定	p.74
IFS	多重條件判定	p.78

函數名稱	概要	解說頁
SUMIF	依條件加總	p.80
SUMIFS	以多重條件加總	p.84
COUNTIF	符合條件的資料筆數	p.90
COUNTIFS	符合多重條件的資料筆數	p.94
VLOOKUP	搜尋、顯示值	p.100
XLOOKUP	搜尋、顯示值	p.104
EOMONTH	計算月底這類日期	p.108

以上這 14 種基本函數都很基本，說不定很多人都知道了、也都會使用，在此還是會介紹一些大家不知道的用法，請務必跟著本書一一了解。

使用函數的優缺點

使用函數也存有優點與缺點兩面，首先列出優點：

- **不管是多麼複雜的計算，都能「瞬間」處理**
- **不管是多麼複雜的計算，都能「正確」處理**

接著，列出缺點。

- **若使用閱覽者不懂的函數，就無法了解工作表內的計算流程（無法了解為何會計算出最後的結果）**
- **他人製作的工作表若使用了多種函數，我們無法自行編輯與修正**

在「需要團隊成員與顧客，以及其他人一起討論數據」的情況下，就必須挑選要使用的函數及指定方法。盡可能不要做出「團隊裡，只有一個人了解計算內容」的 Excel 檔案。

儘管有上述兩種缺點，但使用函數確實遠比手工一格一格輸入迅速許多，還能得到正確的結果。因此，要想提升作業效率與正確性，就必須使用函數。建議大家先學習基本的函數，再依照業務內容學習必要函數。

▼這點也很重要！▼

查詢可用於計算的函數的祕訣

Excel 內建了數不盡的函數，因此，是絕對不可能全部記住的（也無需全部記住）。一如前述，「**等到需要的時候再查詢**」是基本原則。接下來，為大家介紹根據業務內容或作業內容查詢最有用的函數。

Excel 是一套歷史悠久的軟體，不論是哪種業界還是職業，都已累積了大量的使用方法。因此，在網路上搜尋是最快的方式，在搜尋時，除了輸入「**Excel 函數**」，不妨再加上**業務內容的關鍵字**，就能更容易找到需要的資訊。

此外，在 Microsoft 社群（https://answers.microsoft.com/zh-hant）以及 Mobile01（https://www.mobile01.com/）這種 Q&A 發問網站也很有效。比起「想要進行○○」的提問，以「不能進行○○」的切入方式，更能找到需要的答案。

相關項目

- SUM 函數 ⇨ p.66　■ ROUND 函數 ⇨ p.72
- IFERROR 函數 ⇨ p.73　■ IF 函數 ⇨ p.74

CHAPTER 3 - 02

熟悉基本函數

剖析深不可測的 SUM 函數——SUM 函數

加總就用 SUM 函數

SUM 函數是加總指定儲存格範圍的函數。由於是 Excel 的代表函數，應該有不少人都知道它。

SUM 函數的基本格式如下。

=SUM(**儲存格範圍**)

在顯示合計的儲存格輸入「=SUM()」，再於括號中指定**計算的儲存格範圍**（於函數指定的儲存格範圍或條件稱為「**引數**」）。

以滑鼠游標拖曳選取儲存格範圍，就能以「:」（冒號）連接儲存格範圍的起點與終點的儲存格編號，像是「A1:A3」這種儲存格範圍（**範圍指定方法**）。

此外，若想分別指定多個儲存格，可按住 Ctrl 鍵再依序點選目標儲存格。如此一來，就會以「,」（逗號）間隔儲存格編號，像是「A1,A3」這種單一儲存格（**個別指定方式**）。儲存格編號、冒號與逗號都可直接以鍵盤輸入。

指定儲存格範圍之後，按下 Enter 鍵即可顯示合計值。

■ **指定 SUM 函數的儲存格的兩種方法**

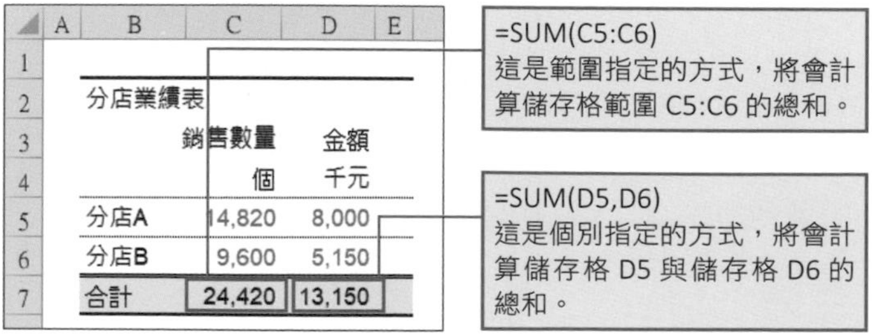

	A	B	C	D	E
1					
2		分店業績表			
3			銷售數量	金額	
4			個	千元	
5		分店A	14,820	8,000	
6		分店B	9,600	5,150	
7		合計	24,420	13,150	

=SUM(C5:C6)
這是範圍指定的方式，將會計算儲存格範圍 C5:C6 的總和。

=SUM(D5,D6)
這是個別指定的方式，將會計算儲存格 D5 與儲存格 D6 的總和。

指定儲存格範圍的方法分成「範圍指定方式」與「個別指定方式」兩種。

SUM 函數常見的錯誤與規避方法

使用函數還是會發生「計算失誤」的問題，不少人會疑惑「都使用函數了，怎麼可能會算錯？」。之所以會得到正確結果，**是指定了正確的儲存格範與公式**，因此，計算失誤通常都是儲存格範圍與公式的指定有誤。

下圖左是在前一頁的表格上加入「**各分店的商品業績**」，乍看之下似乎沒什麼問題，但仔細觀察儲存格 D11 就會發現，銷售數量的總和與前一頁的儲存格不同。這是**因為插入列的時候，儲存格範圍也跟著自動擴張，導致多餘的儲存格都被納入 SUM 函數的計算範圍**，這常見於**範圍指定方式**的時候。

■ **發生計算失誤時**

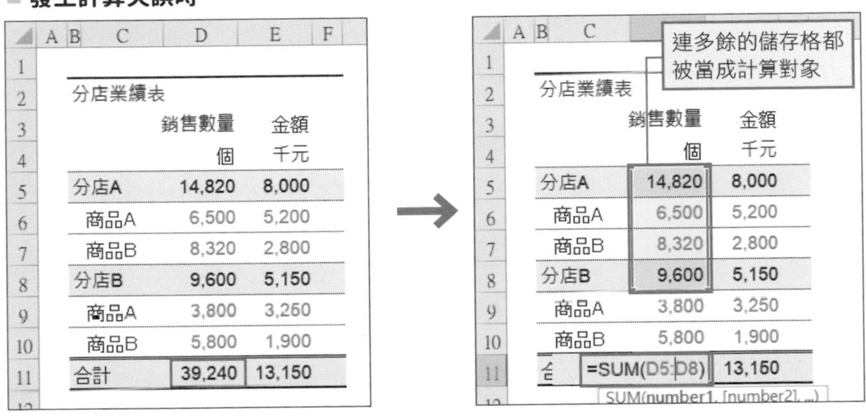

插入列時，指定為引數的儲存格範圍會自動擴張，導致加總的範圍超出之前的設定。

另一方面，以**個別指定方式**指定的儲存格 E11 的銷售數量則不受列數增加的影響，可算出預期的結果。像這樣以**個別指定方式指定儲存格範圍，就能避免新增編輯所產生的計算失誤**。有時候不使用 SUM 函數，單純使用「+」來計算，反而不容易發生失誤。

不過，**若需要隨著列的增減調整加總範圍時，範圍指定方式就會比較方便**。換言之，理解這兩種指定方式的原則，再依照計算結果使用最適當的指定方式才最重要。

將 SUM 函數的計算結果複製到其他儲存格的方法

將函數的計算結果複製到其他儲存格，通常會以「**保留參照狀態**」複製函數的內容（參考下圖）。這是根據單一函數，**計算位於相對位置的儲存格**時，非常重要的功能。

■ **複製儲存格參照的公式**

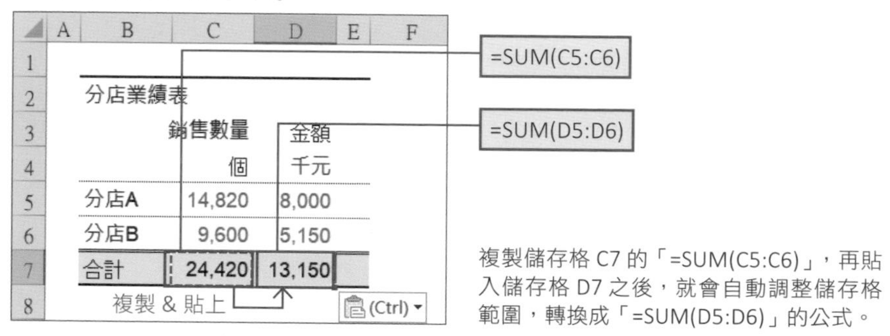

複製儲存格 C7 的「=SUM(C5:C6)」，再貼入儲存格 D7 之後，就會自動調整儲存格範圍，轉換成「=SUM(D5:D6)」的公式。

有時候卻會希望**直接貼上計算結果**。此時可點選「常用」索引標籤的「貼上」按鈕下方的「▼」❶，再從「貼上值」欄位的三個按鈕之中，挑一個點選❷。以這次的情況而言，點選哪個按鈕結果都一樣，都會直接貼上計算結果而不是公式。

■ **複製函數計算結果**

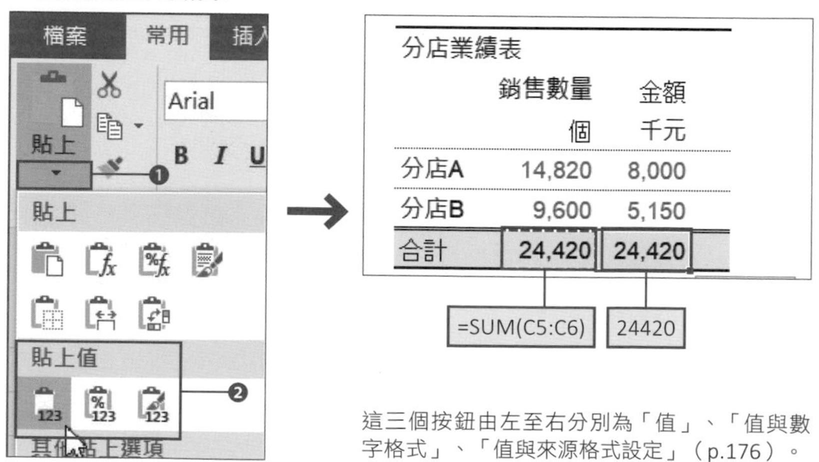

這三個按鈕由左至右分別為「值」、「值與數字格式」、「值與來源格式設定」（p.176）。

提升輸入 SUM 函數的速度

SUM 函數是常用函數，若能學會快速輸入的方法，就能提升作業效率。下列是三種具代表性的輸入方式。

①：點選「公式」索引標籤的「自動加總」按鈕

②：按下 Shift + Alt + = 這個快捷鍵

③：在儲存格輸入「@su」，再從候選的函數選擇

■ 快速輸入 SUM 函數的方法

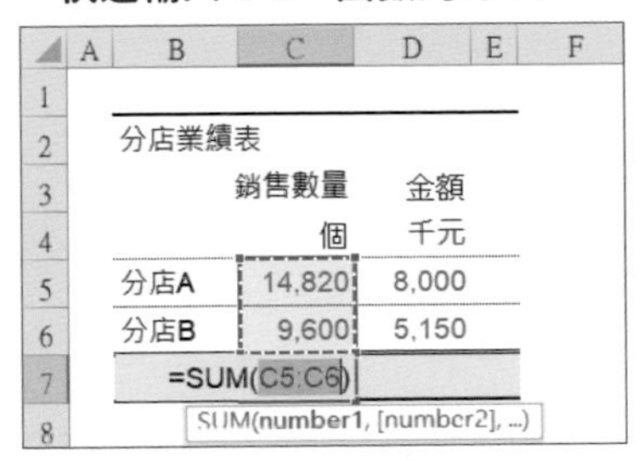

點選「常用」索引標籤的「自動」或是按下 Shift + Alt + = 就能輸入 SUM 函數，自動輸入候選的加總範圍。

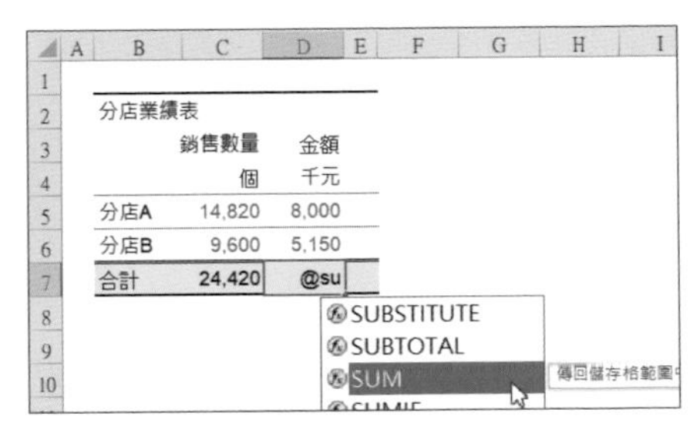

在儲存格輸入「@+ 函數名稱的開頭文字」，就會依照輸入狀況顯示函數候選列表。以方向鍵選取再按下 Tab 鍵，即可自動輸入到「= 函數名稱 (」為止。

①、②都會在輸入 SUM 函數時，連同合計範圍的候選一併輸入，可說是十分方便。③則不限於 SUM 函數使用，是輸入已知函數時，非常方便的方法。「=」或「( )」這種不使用 Shift 鍵就無法輸入的字元也能不用手動輸入，因而能更迅速輸入函數名稱。而最後的「)」只要按下 Enter 鍵就會自動輸入。

▼這點也很重要！▼

可用於複檢的狀態列資訊

選取儲存格範圍之後，該範圍的平均值與總和都會在狀態列（Excel 畫面的右下方）顯示，這在需要簡易的計算或複檢時，相當方便。

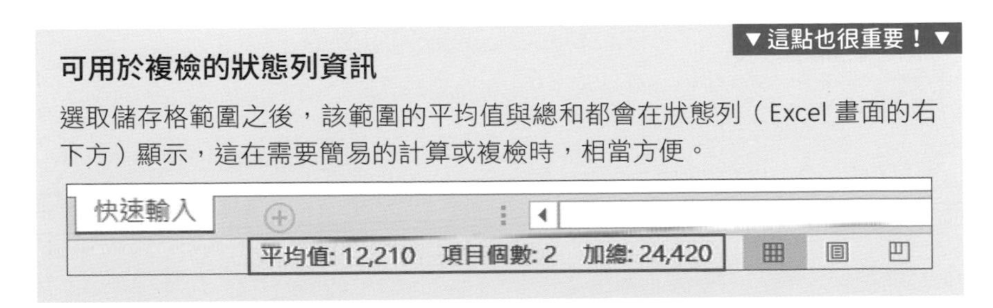

相關項目
■ 函數的優缺點 ➩ p.65　■ MAX 函數、MIN 函數 ➩ p.70
■ SUMIF 函數 ➩ p.80

CHAPTER 3

03

熟悉基本函數

迅速找出異常值的方法 ——MAX 函數、MIN 函數

計算儲存格範圍內的最大值／最小值

要計算特定儲存格範圍內的最大值可使用 **MAX 函數**，最小值可使用 **MIN 函數**。

```
=MAX（儲存格範圍）
=MIN（儲存格範圍）
```

MAX 函數與 MIN 函數都可利用「A1:A10」這種以「:」（冒號）連接範圍開頭儲存格與結尾儲存格的**範圍指定方式**，以及「A1,A5」這種以「,」（逗號）分別指定儲存格範圍的**個別指定方式**，而且還可同時使用這兩種方式。

■ **最大值／最小值的計算**

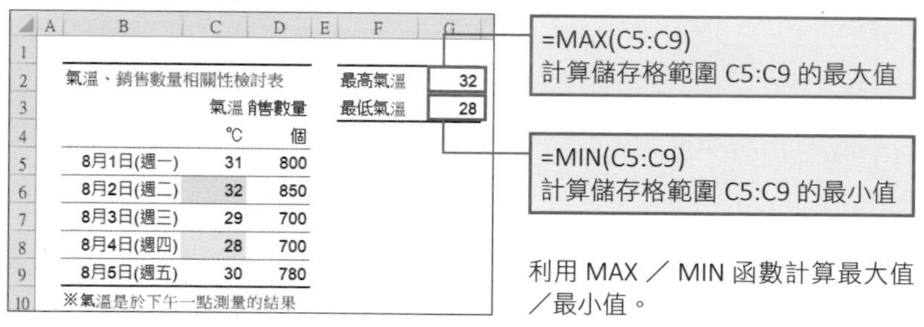

	A	B	C	D	E	F	G
1							
2		氣溫、銷售數量相關性檢討表				最高氣溫	32
3			氣溫	銷售數量		最低氣溫	28
4			℃	個			
5		8月1日(週一)	31	800			
6		8月2日(週二)	32	850			
7		8月3日(週三)	29	700			
8		8月4日(週四)	28	700			
9		8月5日(週五)	30	780			
10		※氣溫是於下午一點測量的結果					

利用 MAX ／ MIN 函數計算最大值／最小值。

▼這點也很重要！▼

也可利用數值指定

MAX 函數、MIN 函數也可直接以數值指定，例如指定為「=MAX(A1,100)」，可顯示儲存格 A1 與「100」之間，哪一邊的值比較大。換言之，將直接指定的數值設定為下限（此時為 100），再計算最大值。

MAX 函數、MIN 函數的應用技巧

MAX 函數與 MIN 函數雖然是只能算出最大值與最小值的簡單函數，但運用巧妙，就能用來**檢測異常值**。

例如，想要篩選出在業績或問卷結果「不可能出現的值」。業績不可能呈「-500」這種負值，滿分 100 分的問卷也不可能出現「10000 分」的分數。只要出現這種資料，計算出來的結果就會與事實相差甚遠。

如果資料筆數不多，可直接一筆一筆核對，當筆數一多，就很難找出異常值。這時，**就可使用 MAX 函數與 MIN 函數驗算所有資料，快速找出有無挾雜異常值**。

請見下圖問卷。評價的部分只會是 0 ～ 100 分的範圍❶，但是利用 MAX 函數與 MIN 函數計算資料的最大值與最小值之後，就會發現挾雜了「-500」或「1000」的異常值❷。

■ 利用 MAX 函數與 MIN 函數檢測異常值

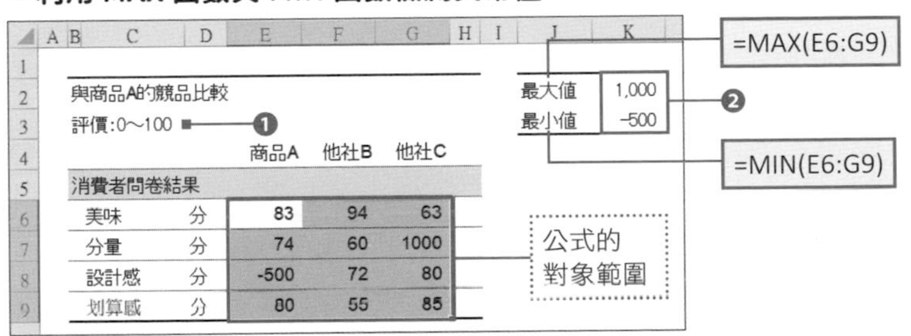

這是使用 MAX 函數與 MIN 函數計算儲存格範圍 E6:G9 的最大值／最小值的結果。應該是 0 ～ 100 分的問卷，卻出現了異常值。

▼這點也很重要！▼

設定計算條件的 MAXIFS 函數與 MINIFS 函數

從 Excel 2016 開始可使用「**MAXIFS 函數**」與「**MINIFS 函數**」。這兩個函數可設定計算最大值／最小值的**條件式**。

舉例來說，指定為「=MAXIFS(A1:A10,A1:A10,"<101")」，就能設定成「在儲存格範圍 A1:A10 之內，比 101 還小的值之中的最大值」的公式。

相關項目 ■ SUM 函數 ⇨ p.66 ■ IFERROR 函數 ⇨ P.73 ■ IF 函數 ⇨ p.74

CHAPTER 3

04

熟悉基本函數

可四捨五入到想要的數值——ROUND 函數

四捨五入至指定的位數

財務報表裡的商品數量、價格、門市數量是**不會出現小數點**。我想大家在整理報表時，是否也會碰到「不能出現小數點的數值呢」？

不過，若是對這些值套用「前一年比 1.5 倍」或「70% OFF」等計算方式，就很容易會算出有小數點的數值。在這種情況下，使用 **ROUND 函數**讓值可四捨五入至任一位數。

=ROUND(**儲存格範圍 , 位數**)

「儲存格範圍」可指定需四捨五入的儲存格範圍，也可指定為公式。「位數」可指定**小數點以下的位數**。若是四捨五入到小數點第 1 位可指定為「1」，若是小數點第 2 位可指定為「2」，若是到整數則可指定為「0」。

下列範例是利用 ROUND 函數將有小數點的計算結果四捨五入至「小數點 0 位數」（即為整數）。需注意的是，在此是將公式指定為 ROUND 函數的第一個引數，再將位數指定為 0。

■ **利用 ROUND 函數四捨五入的結果**

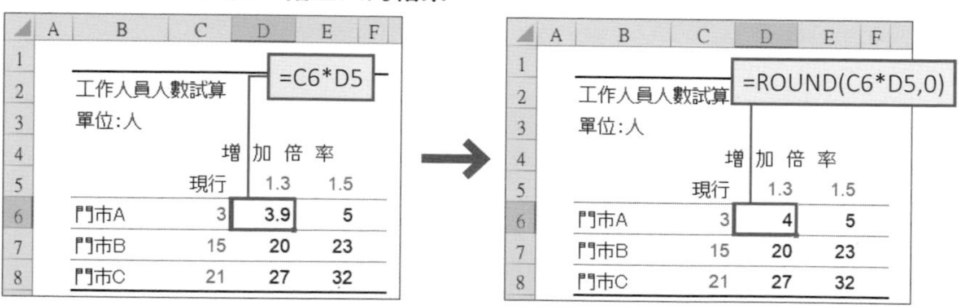

利用 ROUND 函數四捨五入至整數。將算出分數的公式指定為函數的第 1 個引數，再於第 2 個引數指定四捨五入的位數。無條件捨去與無條件進位的函數為 ROUNDDOWN 函數與 ROUNDUP 函數。

相關項目
■ 儲存格的範圍指定與個別指定 ⇨ p.70
■ IFERROR 函數 ⇨ p.73　■ 絕對參照、相對參照 ⇨ p.124

熟悉基本函數

發生錯誤時會出現提示文字——IFERROR 函數

讓人無法忽略錯誤的基本技巧

使用函數或公式時，當某一儲存格**未輸入資料**就有可能會造成錯誤。舉例來說，要根據營銷成本與銷售數量的業績表計算每台平均費用時，會使用「營銷成本 ÷ 銷售數量」的公式，當「銷售數量」的儲存格沒有輸入資料（空白），儲存格就會顯示「**#DIV/0!**」（以 0 執行除法的錯誤）（p.30）。

假設所有瀏覽該檔案的人都熟悉 Excel 操作，可以不用理會這個錯誤，但是對於不熟悉 Excel 的人而言，就會滿臉疑惑了。不妨使用 **IFERROR 函數**可讓錯誤訊息變得更加直覺好懂。

=IFERROR(**儲存格範圍 , 在錯誤時顯示的文字**)

「儲存格範圍」可指定有可能會發生錯誤的儲存格範圍（或是公式）。以下範例就是使用 IFERROR 函數，在發生錯誤時顯示「要確認」的訊息。在此要注意的是，在函數的第 1 個引數是 C 欄的公式，第 2 個引數則是在發生錯誤時顯示的文字。

■ 在發生錯誤的儲存格顯示「要確認」

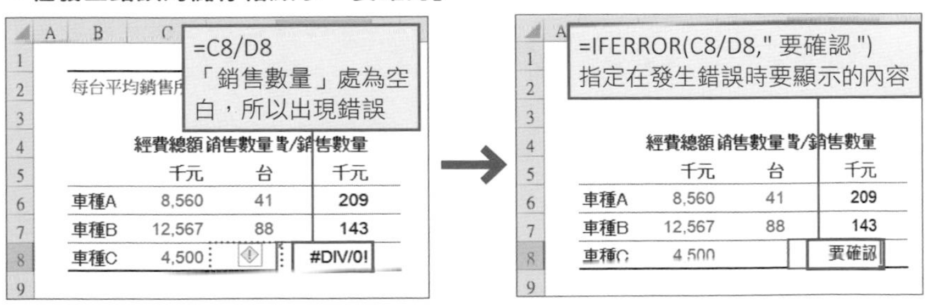

IFERROR 函數可設定發生錯誤時要顯示的值。當第 1 個引數指定的公式沒有問題，就會直接顯示計算結果；一旦發生錯誤，就會顯示第 2 個引數指定的文字。

相關項目
■ 錯誤值列表 ⇨ p.30　■ 儲存格的範圍指定與個別指定 ⇨ p.70
■ 絕對參照、相對參照 ⇨ p.124

CHAPTER 3 - 06

熟悉基本函數

根據計算結果變更顯示內容①——IF 函數

如何寫出巧妙的「邏輯式」是關鍵

如果想要以「年齡在 20 歲以上」、「居住地點是台北」等「**條件**」來切換顯示的值，可以使用 **IF 函數**。

IF 函數可依照**邏輯式的計算，從兩種顯示結果之中選一種顯示**。

=IF(邏輯式 ,TRUE 時的顯示內容 ,FALSE 時的顯示內容)

IF 函數的重點在於「**邏輯式**」，就是使用「=」或「<」、「>」等用於比較的運算子，簡單來說，是一種提問的公式。

以「A1=10」為例，這種邏輯式是「儲存格 A1 的值是否等於 10」的提問。如果這項公式成立，表示儲存格 A1 的值等於 10，計算結果就為「TRUE」（正確），此時 IF 函數將會顯示第 2 個引數指定的「**TRUE 時的顯示內容**」；假如儲存格 A1 的值不為 10，計算結果就為「FALSE」（不正確），那麼，IF 函數將顯示第 3 個引數指定的「**FALSE 時的顯示內容**」。

以下是可用於指定邏輯式的比較運算子。請一併確認在何種情況下會是 TRUE。

■ 可用於指定邏輯式的主要運算子以及計算結果

邏輯式	運算子的意義	說明
A1=10	等於	A1 的值為 10 時，計算結果為 TRUE
A1<>10	不等於	A1 的值不為 10 時，計算結果為 TRUE
A1<10	小於	A1 的值小於 10 時，計算結果為 TRUE
A1>10	大於	A1 的值大於 10 時，計算結果為 TRUE
A1<=10	小於等於	A1 的值小於等於 10 時，計算結果為 TRUE
A1>=10	大於等於	A1 的值大於等於 10 時，計算結果為 TRUE

「=」（符號）或「>」、「<」（不等號）等運算子的組合可建立各種邏輯式。當邏輯式成立，計算結果即為「TRUE」，若不成立將為「FALSE」。

無法計算成長率時，顯示為「N.M.」

了解邏輯式的機制後，讓我們利用 **IF 函數計算成長率**。成長年可利用「今年的利潤 ÷ 前一年的利潤 -1」的公式計算，但是**當前一年的利潤為負，就無法利用這個公式計算**。

因此，我們要利用「前一年的利潤是否為負值」的邏輯式切換顯示內容。當前一年的利潤為正值，就直接顯示計算結果；若為負值，就顯示「N.M.」（無法計算的英文「Not Meaning」的首字）。

■ 設定條件所得結果的範例

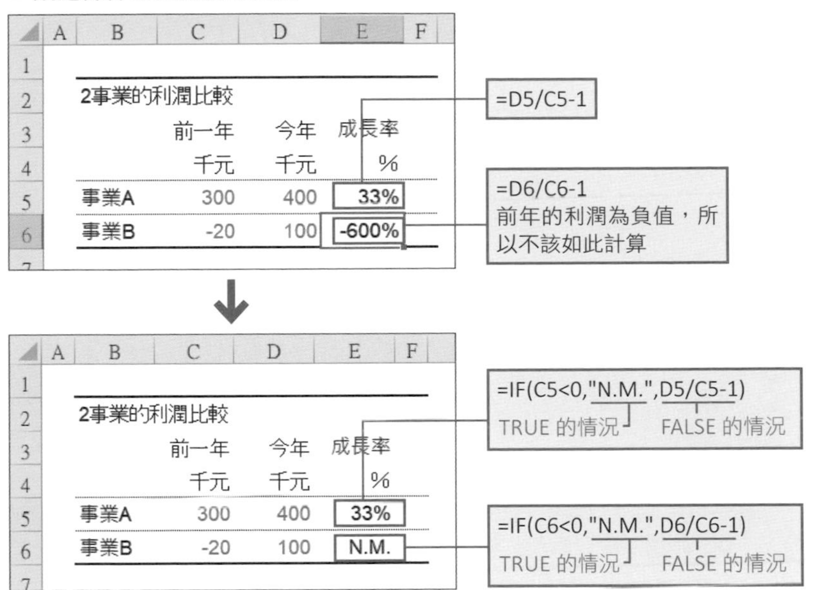

上圖的下側表格在「成長率」欄位的儲存格 E5 輸入了 IF 函數，再將邏輯式設定為「C5<0」，代表「C 欄（前一年）的值是否小於 0」的意思。

接著，在邏輯式成立時顯示「N.M.」，並在 FALSE 時顯示「今年的利潤 ÷ 前一年的利潤 -1」的計算結果。

在儲存格 E6 也輸入了相同的 IF 函數。可以比較「成長率」欄位兩個儲存格的計算結果，發現設定的邏輯式，真的可以依照計算結果切換顯示內容。

以巢狀結構設定多重條件

若以**巢狀結構**輸入 IF 函數，就能輕鬆確認是否同時滿足兩個條件。

舉例來說，想要知道滿分 100 分的問卷結果是否真的介於「0～100」時，必須設定「值大於等於 0」（值 >-1）以及「值小於等於 100」（值 <101）的兩個邏輯式，而像是下列方法，以**巢狀結構的方式設定 IF 函數**。

=IF(值 >-1,IF(值 <101,"OK"," over ")," under ")

第 1 個引數　巢狀結構的 IF 函數（第 2 個引數）　第 3 個引數

■ **巢狀結構的 IF 函數範例**

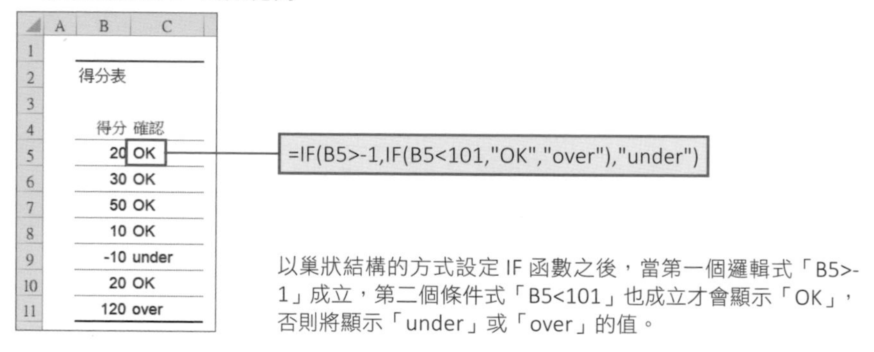

以巢狀結構的方式設定 IF 函數之後，當第一個邏輯式「B5>-1」成立，第二個條件式「B5<101」也成立才會顯示「OK」，否則將顯示「under」或「over」的值。

上述公式是**將 IF 函數指定為外側的 IF 函數的第 2 個引數**。這種狀態就稱為「**巢狀結構的 IF 函數**」。

如此設定之後，只有在第一個 IF 函數的邏輯式（值 >-1）為「TRUE」的情況下，才會處理第 2 個 IF 函數的邏輯式（值 <101）。當第 2 個邏輯式也成立，才會顯示「OK」。

其實，還可讓巢狀結構變成三層、四層，需要使用不同的條件式，公式就會變得相對複雜。

像這種「**利用 IF 函數確認輸入資料的方法**」可在各種情況應用，是非常通用的技巧。**只要學會這項技巧，就能利用簡單的操作，只計算確認結果為 OK 的資料，也能利用「尋找」或「排序」的功能找出不 OK 的資料**。

使用 Excel 2019 的人，可試著利用下一節所介紹，能快速指定多重條件的 **IFS 函數**（p.78）。還請大家參考該節內容。

如果邏輯式過於複雜，不妨建立專用欄位

IF 函數雖然方便，若巢狀結構太多層，就會看不懂公式的內容，其他人也難以修正，因此，都該避免這樣的情況發生。

當邏輯式變得複雜，**建議替每個邏輯式建立專屬欄位**，以確保公式夠簡單易懂。下圖是在不同的欄位指定「得分大於等於 0」、「得分小於等於 100」、「地點以台北市為開始」的三個條件式。此外，「綜合」欄位則使用 **COUNTIF 函數**（p.90）計算三個條件式的結果為「TRUE」的儲存格有幾個。

■ **替每個條件式建立專屬的欄位**

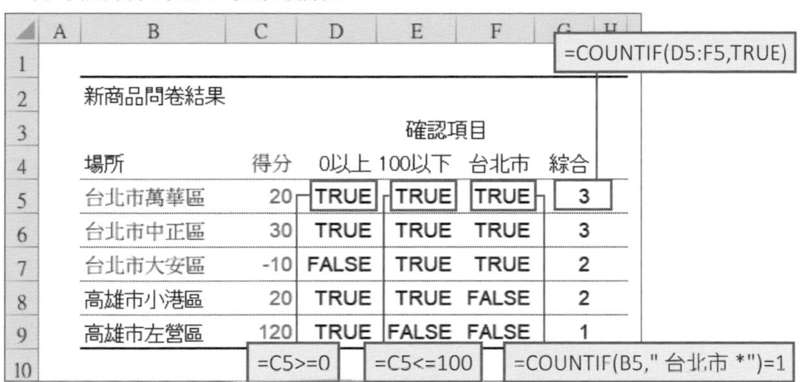

新商品問卷結果

場所	得分	0以上	100以下	台北市	綜合
		確認項目			
台北市萬華區	20	TRUE	TRUE	TRUE	3
台北市中正區	30	TRUE	TRUE	TRUE	3
台北市大安區	-10	FALSE	TRUE	TRUE	2
高雄市小港區	20	TRUE	TRUE	FALSE	2
高雄市左營區	120	TRUE	FALSE	FALSE	1

在 D、E、F 三欄分別建立邏輯式，再於 G 欄計算三個條件的結果為「TRUE」的個數。在 F 欄輸入的是，當 B 欄出現「台北市」文字時，利用 COUNTIF 函數的結果為 1 的邏輯式（p.82）。

在上述的情況裡，**只有「綜合」欄位的值為「 3 」，才會斷定是 3 個邏輯式都成立的情況**。同樣的，當值為「 2 」或「 1 」時，代表有某個邏輯式未成立。

這種將每個邏輯式分別輸入在不同欄位的方法或許有點麻煩，但比起全部整合成單一公式，這種方式絕對相較簡單，第三者也能立刻了解公式的內容。要想製作誰都看得懂，而且不會發生錯誤的資料表或表格，就必須「**設計簡單易懂的公式**」。

相關項目
■ SUMIF 函數 ⇨ p.80　■ SUMIFS 函數 ⇨ p.84
■ 絕對參照、相對參照 ⇨ p.124

CHAPTER 3
07

熟悉基本函數

根據計算結果變更顯示內容②——IFS 函數

同時根據多個條件判斷

要確認兩個以上的條件是否同時滿足時，可使用下列兩種方法。

- **設定巢狀結構的 IF 函數**（p.76）
- **使用 IFS 函數**

如前一節所述，**巢狀結構的 IF 函數**的確可以同時指定多個條件，但這種方法的缺點在於「**公式會變得很複雜**」。

為了解決 IF 函數這個缺點，Excel 2019 新增了「**IFS 函數**」。這個函數可讓我們以簡單的邏輯指定多個條件。由於函數的寫法變得簡單，後續也就更容易維護，別人也比較方便使用，所以若整個團隊都使用 Excel 2019，建議改用 IFS 函數。

IFS 函數的使用方法

IFS 函數的語法如下。

=IFS（公式①，公式①為 TRUE 所顯示的內容，公式②，公式②為 TRUE 所顯示的內容，於 FALSE 時顯示的內容）

以 IFS 函數指定多重條件時，**會先根據左側的條件判斷，假設該條件為 TRUE，就會顯示與該條件對應的內容**。

接著讓我們利用 IFS 函數設定下列的條件吧。這裡的條件與前一節的 IF 函數的條件完全相同（p.76）。

- **值大於等於 0、小於等於 100（-1< 值 <101）的時候，顯示「OK」**
- **值小於 0 的時候顯示「under」**
- **值大於 100 時顯示「over」**

若使用 IFS 函數，可如下指定上述的條件。

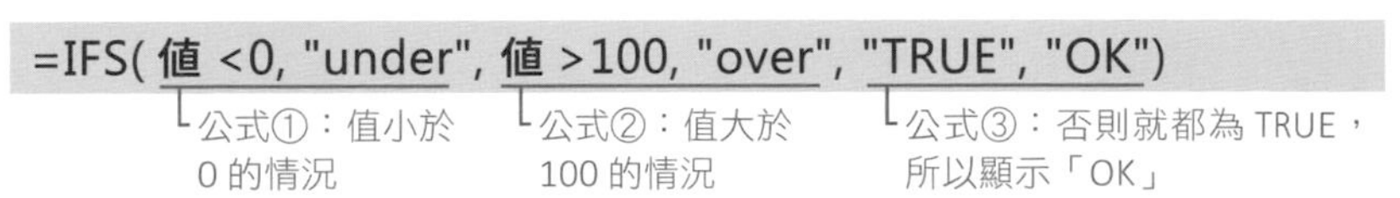

	A	B	C
1			
2		得分一覽表	
3			
4		得分	確認
5		20	OK
6		30	OK
7		50	OK
8		10	OK
9		-10	under
10		20	OK
11		120	over

=IFS(B5<0, "under", B5>100, "over", "TRUE", "OK")

IFS 函數可簡潔地設定多重條件的公式。若要以 IF 函數撰寫相同條件的話，就必須將 IF 函數寫成巢狀結構（p.76）。建議大家了解 IFS 函數與 IF 函數的特徵，再視情況使用。

此外，當 IFS 函數指定的條件都不滿足時，就會顯示「#N/A」（p.30）。對於確認這張表格的人來說，無法判斷這個錯誤訊息的原因，所以**使用 IFS 函數時，至少要有一個條件成立**。

▼這點也很重要！▼

使用 IFS 函數的注意事項

由於這節介紹的 **IFS 函數**是 Excel 全新功能，相當便利，對於使用 Excel 2019、Excel 2021 與 Microsoft 365 的人來說，是絕對必用的函數。不過，也有一些事情需要注意。**若在舊版的 Excel 開啟了使用最新函數的活頁簿，有時候會出現計算錯誤**。如果客戶是用舊版的 Excel，而你卻寄出用了最新函數的活頁簿，對方可能無法開啟，或是出現錯誤。因此，最好先確認活頁簿的使用者，以及團隊成員使用的 Excel 是哪個版本。

相關項目 ■ 錯誤值列表 ⇨ p.30 ■ 根據計算結果變更顯示內容 ⇨ p.74

CHAPTER 3

08

零失誤且迅速算出重要結果

以月為單位，計算每日業績——SUMIF 函數

依照條件計算總合

若是要銷售報表、庫存管理、商品企劃，這些都會需要將當日銷售狀況整理成以每週、每月來看的區間資料。

這時，最能派上用場的就是 **SUMIF 函數**。顧名思義，是 SUM 函數（p.66）與 IF 函數（p.74）組合而成的函數，**能加總符合特定條件的值**。舉例來說，可輕鬆算出「6 月的銷售數量」、「台北市的銷售額」、「各門市的銷售額」。

SUMIF 函數的格式如下。合計範圍可以省略。

```
=SUMIF( 範圍 , 搜尋條件 [, 合計範圍 ])
```

第 1 個引數的「範圍」可指定「**針對何處的儲存格範圍判斷條件**」，第 2 個引數則指定**搜尋條件**，第 3 個引數則可指定**目標資料的範圍**。

或許，就以實際的例子講解吧。請確認下列 SUMIF 函數代表何種意思呢？

```
=SUMIF(C5:C12,G6,D5:D12)
```

上述範例的意思是，依序讓儲存格範圍 C5:C12 的值與儲存格 G6（搜尋條件）比較，在條件成立時（比較結果為 TRUE 的情況），將會加總儲存格範圍 D5:D12 中與其對應的值（同一列的資料）。

可參考下一頁的實際範例，一邊確認 SUMIF 函數的使用方法。

範圍與合計範圍是 1 對 1 的關係

下圖是從儲存格 C5:C12 之中，找出與儲存格 G6（數值的 8）相對的列，再加總與儲存格範圍 D5:D12 裡相對應的值。

■ 利用 SUMIF 函數算出每月業績

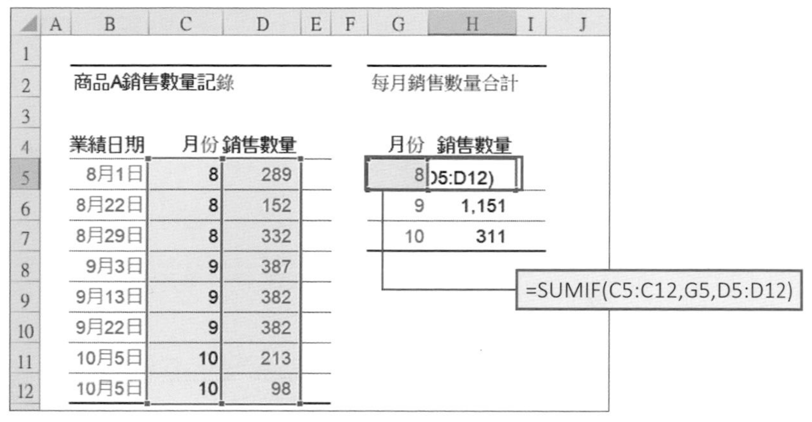

	A	B	C	D	E	F	G	H	I	J
1										
2		商品A銷售數量記錄					每月銷售數量合計			
3										
4		業績日期	月份	銷售數量			月份	銷售數量		
5		8月1日	8	289			8	)5:D12)		
6		8月22日	8	152			9	1,151		
7		8月29日	8	332			10	311		
8		9月3日	9	387						
9		9月13日	9	382						
10		9月22日	9	382						
11		10月5日	10	213						
12		10月5日	10	98						

	A	B	C	D	E	F	G	H	I
1									
2		商品A銷售數量記錄					每月銷售數量合計		
3									
4		業績日期	月份	銷售數量			月份	銷售數量	
5		8月1日	8	289			8	773	
6		8月22日	8	152			9	1,151	
7		8月29日	8	332			10	311	
8		9月3日	9	387					
9		9月13日	9	382					
10		9月22日	9	382					
11		10月5日	10	213					
12		10月5日	10	98					

使用 SUMIF 函數分別算出 8 月、9 月、10 月的銷售數量合計。確認「月份」欄位的值，再加總與每個月對應的列的「銷售數量」。

▼這點也很重要！▼

省略合計範圍的合計值

SUMIF 函數的第 3 個引數「合計範圍」可以省略。當省略後，會自動加總第 1 個引數指定的儲存格範圍內的值。

指定條件的祕訣

SUMIF 函數的第 2 個引數「**搜尋條件**」若指定為前面範例的「8」、「9」或是「"台北市"」這種固定值，這個搜尋條件就是「**是否與目標值相等**」的條件式（等號的判斷），相等時為 TRUE，不相等時則傳回 FALSE。

也可以利用「**<10**」、「**>=0**」這類不等號指定條件式。此時可建立「**是否小於 10**」、「**是否大於等於 0**」的條件式。

如果目標為字串，還可使用「*」（星號）或「?」（問號）這類萬用字元指定「**曖昧的條件**」。

■ 使用「*」或「?」設定的「曖昧條件」

使用的符號	說明
*	*（星號）代表**任意字串**的符號。例如指定為「台北市 *」，只要是以「台北市」為字首的字串都會是 TRUE（可參考 p.77 的說明）。 例如：台北市萬華區、台北市 101 大樓、台北市市長
?	?（問號）是代表**任意一個字元**的符號。例如指定為「台北市 ???」，代表以「台北市」為字首的 6 個字元的字串都會是 TRUE。「台北市 101 大樓」超過 6 個字元，所以會是 FALSE。 例如：台北市萬華區、台北市龍山寺、台北市永康街

■ 條件式的範例

	A	B	C	D	E	F
1						
2		銷售數量記錄				
3						
4		商品名稱	業績日期	銷售數量		
5		會議專用辦公桌	8月1日	289		
6		平板電腦	8月22日	152		
7		電腦螢幕	8月29日	332		
8		平板電腦	9月3日	387		
9		會議專用辦公桌	9月13日	382		
10		PC辦公桌	9月22日	120		
11						
12		依照條件計算銷售數量合計				
13						
14		條件式	銷售數量			
15		平板電腦	539 ❶			
16		>=200	1,390 ❷			
17		*辦公桌*	791 ❸			
18						

以等號、不等號、萬用字元組成不同條件再加總銷售數量。

❶ =SUMIF(B5:B10,"平板電腦",D5:D10)
條件：「商品名稱」為「平板電腦」

❷ =SUMIF(D5:D10,">=200")
條件：「銷售數量」為「大於等於 200」

❸ =SUMIF(B5:B10,"辦公桌",D5:D10)
條件：「商品名稱」為包含「辦公桌」

快速指定函數的事前準備與快捷鍵

使用 SUMIF 函數時，建議先建立「**條件式專屬欄位**」。例如「要根據日期算出每月業績」時，可先建立代表月份的欄位，再依照該欄位的值建立條件式。

■ 建立條件式專屬欄位

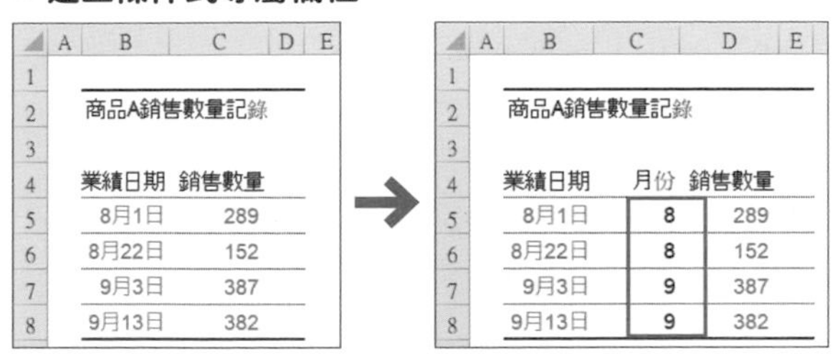

	A	B	C	D	E
1					
2		商品A銷售數量記錄			
3					
4		業績日期	銷售數量		
5		8月1日	289		
6		8月22日	152		
7		9月3日	387		
8		9月13日	382		

➔

	A	B	C	D	E
1					
2		商品A銷售數量記錄			
3					
4		業績日期	月份	銷售數量	
5		8月1日	8	289	
6		8月22日	8	152	
7		9月3日	9	387	
8		9月13日	9	382	

另外建立出條件式專屬欄位可快速完成計算。此外，若要從日期篩選出月份可使用 MONTH 函數。

若要將 SUMIF 函數複製到其他位置，**即使範圍與合計範圍是相同的儲存格範圍，但通常會遇到需要變更搜尋條件**的情況。

因此，建議在完成 SUMIF 函數的公式之後，將**第 1 個引數與第 3 個引數設定為參照位置不變的絕對參照，再將第 2 個引數設定為相對參照**（p.124）。如此一來，就能快速複製大量函數。

要切換絕對參照與相對參照時，可拖曳選取公式內的儲存格範圍再按下 F4 鍵，每按一次，儲存格範圍的參照方式都會切換。

■ 以 F4 鍵切換參照方式

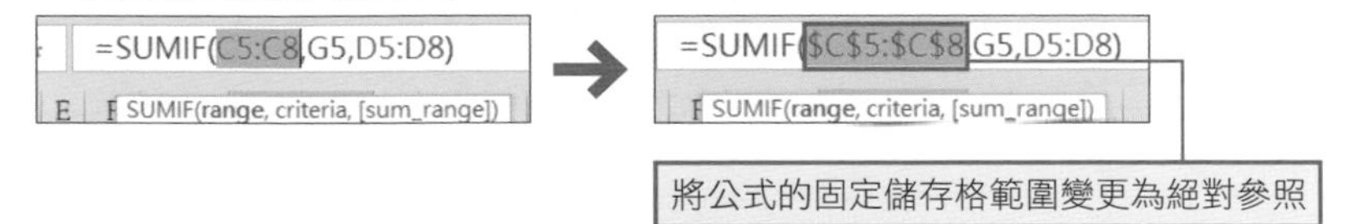

▼這點也很重要！▼

SUMIF 函數的驗算

以不同的模式計算所有資料時，必須確認各模式的計算方式是否有誤。利用 SUMIF 函數計算的總和若與 SUM 函數算出的總和相符，代表各模式的計算方式沒有問題。

相關項目
■ 儲存格的範圍指定與個別指定 ⇨ p.70
■ IF 函數 ⇨ p.74　■ SUMIFS 函數 ⇨ p.84

CHAPTER 3

09

零失誤且迅速算出重要結果

只計算符合多重條件的資料——SUMIFS 函數

SUMIFS 函數是最強函數之一

在資料統計、分析、行銷研究等工作項目中，SUMIFS 函數是最重要的函數之一，只要熟悉這個函數，就能大幅提升資料統計的速度。

SUMIFS 函數可**加總符合多重條件的值**。上一篇介紹 SUMIF 函數只能指定一個「篩選合計範圍的條件式」（p.80），可是，SUMIFS 函數**最多可指定 127 個**。由此可知，SUMIFS 函數是 SUMIF 函數的上層函數。

=SUMIFS(**合計對象範圍 , 條件範圍 1, 條件 1, 條件範圍 2, 條件 2……**)

下列資料表是使用 SUMIFS 函數來加總既是「商品名稱：桌上型 PC」，又是「門市：台北市總店」的資料❶。具體指定方式將在下一頁說明，不妨先仔細觀察下列資料表。

■ **利用 SUMIFS 函數統計**

	A	B	C	D	E	F	G	H	I
1									
2		銷售數量記錄					重點統計		
3									
4		商品名稱	門市	銷售數量			商品名稱	平板電腦	
5		桌上型PC	台北市總店	289			門市	高雄市分店	
6		平板電腦	高雄市分店	152			銷售數量合計	152	
7		桌上型PC	台北市總店	332					
8		平板電腦	台北市總店	387				❶	
9		桌上型PC	台北市總店	382					
10		PC專用辦公桌	高雄市分店	120					
11									

利用 SUMIFS 函數建立「商品名稱：平板電腦」、「門市：高雄市分店」的條件式，再加總符合此條件式的「銷售數量」。實際上，計算的範圍也會隨著儲存格 H4、H5 的值改變。

此外，只要變更儲存格 H4（商品名稱）與儲存格 H5（門市）的內容，就能立刻顯示符合雙重條件的合計值。

先指定合計目標範圍，再列出條件範圍與條件

SUMIFS 函數的公式一不小心就會變得很長，所以總讓人以為很難，但**其實構造極為簡單**，只需要逐步指定即可。

實際指定時，先指定第 1 個引數的**合計目標範圍**（要計算總合的儲存格範圍），接著再指定一對的**條件範圍**與**條件**。有多少個條件判斷，就指定多少對條件範圍與條件即可。

讓我們實際觀察 SUMIFS 函數的指定順序吧。

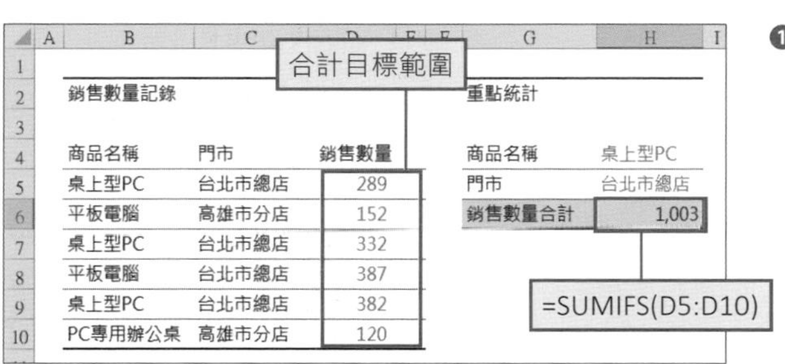

❶ 首先指定合計目標範圍（欲加總值的儲存格範圍）。

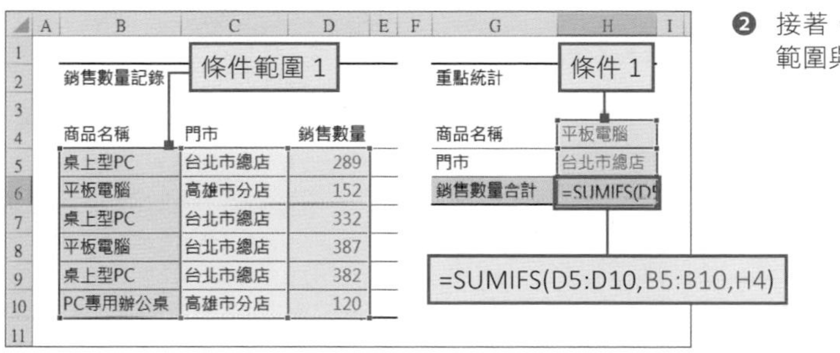

❷ 接著，指定成對的條件範圍與條件。

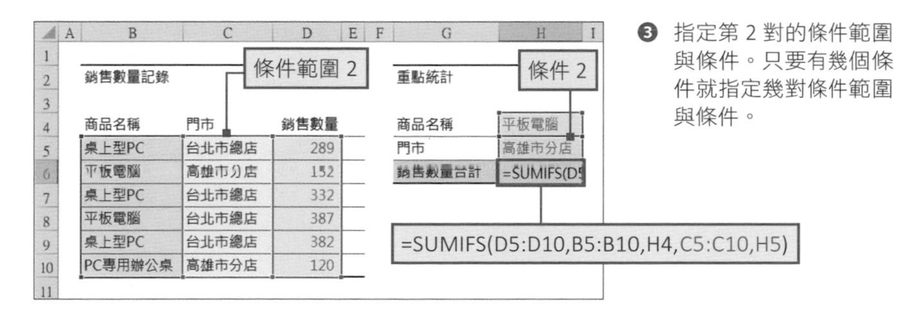

❸ 指定第 2 對的條件範圍與條件。只要有幾個條件就指定幾對條件範圍與條件。

計算特定期間的資料

不使用多重條件式就無法計算，這就是**特定期間的資料統計**與**特定範圍的資料統計**。例如，要計算「8 月 10 日到 8 月 15 日這六天的業績」，就必須在條件式建立「**開始日期**」（這次的範例為 8 月 10 日）與「**結束日期**」（這次的範例為 8 月 15 日）兩個條件。

■ **要計算特定期間的資料必須要有兩個條件**

下圖是利用 SUMIFS 函數指定兩個條件，計算出 8 月 10 日～ 8 月 15 日這六天內的「業績」欄位總和。重點是**對相同條件範圍（B5:B15）指定兩個條件（G4 與 G5）**。如此一來，就是設定對象相同的「期間」。

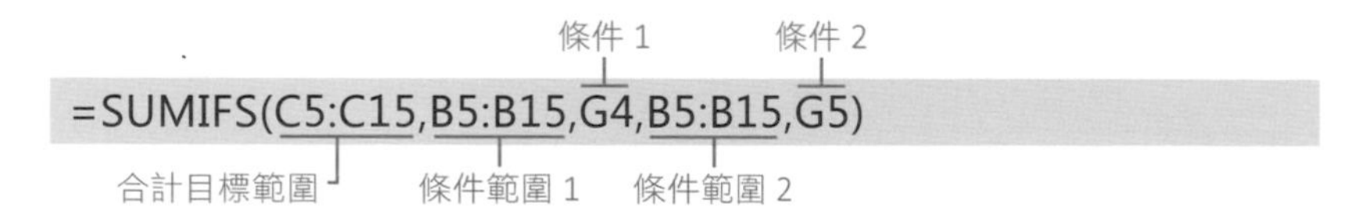

■ **計算特定範圍內的資料總和**

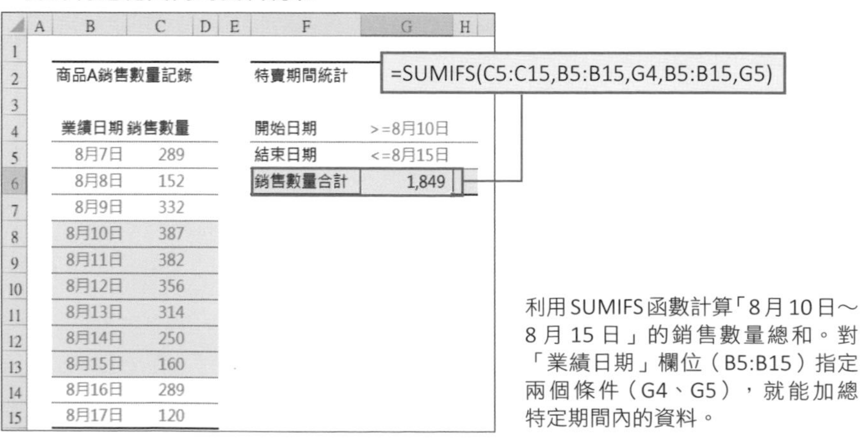

利用 SUMIFS 函數計算「8 月 10 日～ 8 月 15 日」的銷售數量總和。對「業績日期」欄位（B5:B15）指定兩個條件（G4、G5），就能加總特定期間內的資料。

建立條件式的小祕訣

一如前述，要加總特定期間或範圍的資料，基本上就是對**同一欄**（儲存格範圍）設定「**>= 開始值**」與「**<= 結束值**」這兩個條件。可是看了前一頁的「開始日期」與「結束日期」的值（G4、G5）就知道，這種過於「明確」的記載方式不怎麼好看，因此修改進條件式，如下。

```
=SUMIFS(C5:C15,B5:B15,">="&G4,B5:15,"<="&G5)
```

在各條件之前加入「>=」與「<=」

■ 修改條件式之後的資料表

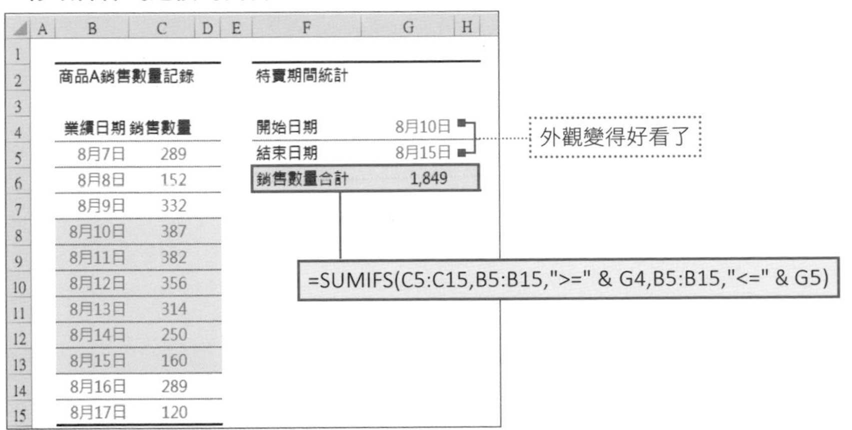

原先的儲存格 G4、G5 只輸入開始日期與結束，但也可以將條件變更為「**">="&G4**」與「**"<="&G5**」。像這樣以「" "」圍住任何的字串，再以「**&**」（AND）連接，計算時，就會視為「**>=8 月 10 日**」、「**<=8 月 15 日**」的條件式。如此一來就能改掉原本不易閱讀的日期。

▼這點也很重要！▼

針對相同儲存格範圍指定兩個條件時的常見錯誤

計算特定期間與特定範圍的資料時，會對相同的條件範圍（儲存格範圍）指定 2 個不同的條件。此時，常有人設定成「=SUMIFS(合計目標範圍 , 條件範圍 , 條件 1, 條件 2) 這種**只輸入一個條件範圍的錯誤**，當然無法正確計算。因此，必須設定成「=SUMIFS(合計目標範圍 , 條件範圍 , 條件式 1, 條件範圍 , 條件式 2)」，一定要**設定成對的條件範圍與條件**。請大家務必記得這點。

計算每間門市的月份與年度業績（交叉統計）

SUMIFS 函數**可根據每天的銷售量算出各門市的月份與年度的銷售量**。像這樣將一邊的項目放在縱軸，再將另一邊的項目放在橫軸做成資料表，再統計相關資料的手法稱為「**交叉統計**」，也是各種商業場合會使用的基本統計手法，請大家務必學會這麼好用的技巧。

下圖是根據圖中左側的單日資料「商品銷售數量記錄」算出各門市、各月份、各年度的總和。

■ 使用 SUMIFS 函數執行交叉統計的範例

	A	B	C	D	E	F	G	H	I	J	K	L	M
1													
2		商品銷售數量記錄							銷售數量統計				
3													
4		門市	業績日期	年度	月份	銷售數量			門市	月份	2020	2021	
5		台北市	2020/1/4	2020	1	593			台北市	1	875	804	
6		板橋市	2020/1/8	2020	1	323			台北市	2	161	384	
7		台北市	2020/1/10	2020	1	282			台北市	3	234	667	
8		台北市	2020/2/5	2020	2	161			台北市	4	107	523	
9		板橋市	2020/2/22	2020	2	268			台北市	5	476	901	
10		板橋市	2020/3/7	2020	3	385			台北市	6	870	743	
11		板橋市	2020/3/14	2020	3	64			台北市	7	564	1,978	
12		板橋市	2020/3/24	2020	3	195			台北市	8	752	961	
13		板橋市	2020/3/29	2020	3	271			台北市	9	483	816	
14		台北市	2020/3/31	2020	3	234			台北市	10	348	863	
15		台北市	2020/4/2	2020	4	49			台北市	11	853	1,214	
16		台北市	2020/4/10	2020	4	58			台北市	12	359	310	
17		板橋市	2020/4/15	2020	4	413			板橋市	1	323	162	
18		板橋市	2020/5/1	2020	5	397			板橋市	2	268	82	
19		台北市	2020/5/13	2020	5	187			板橋市	3	915	953	
20		台北市	2020/5/18	2020	5	289			板橋市	4	413	664	

右側的「銷售數量統計」資料表是利用 SUMIFS 函數進行交叉統計。I 欄的「門市」與 J 欄的「月份」、第 4 列（D4）的「年度」都是在 SUMIFS 函數設定條件，算出符合條件的資料之銷售數量總和。

▼這點也很重要！▼

可試著使用樞紐分析表

上圖的交叉統計也可利用**「樞紐分析表」功能**（p.232）製作。不過，應該有不少人覺得樞紐分析表的操作不是那麼簡單，在格式的設定上也比較困難，所以覺得使用 SUMIFS 函數會比較快吧。不管使用哪一種功能，希望先與團隊成員商量，在考慮順不順手之後，再做決定吧。

在儲存格的配置與參照方式下工夫，可提升作業效率

介紹利用 SUMIFS 函數執行交叉統計時的兩項重點。

第一是**合計目標範圍與條件範圍的指定方法**。合計目標範圍與條件範圍都是以儲存格範圍指定，但此時不要指定成「B5:B40」這種特定範圍，而是**點選欄標籤，以絕對參照**（p.124）**的方式指定整欄（$B:$B）**。如此一來，就算新增資料，也會自動納入統計，也就能省掉編輯儲存格範圍的麻煩，公式也比較簡單，以避免發生錯誤。此外，以絕對參照指定，就不用擔心複製公式時，欄的位置會位移。

第二是**條件儲存格的參照方法**。參照資料表左端的儲存格時，可設定為「$I5」、「$J5」這種**只有欄是絕對參照的複合式參照**，參照資料表上端的儲存格時，則可設定成「K$4」這種**只有列是絕對參照的複合式參照**（p.126）。

輸入這種設定的公式之後，就能複製該儲存格的公式，再填滿其他儲存格。此時指定為條件的儲存格參照位置會自動更新，也能針對所有儲存格算出適當的結果。

■ **利用 SUMIFS 函數執行交叉統計時的兩個重點**

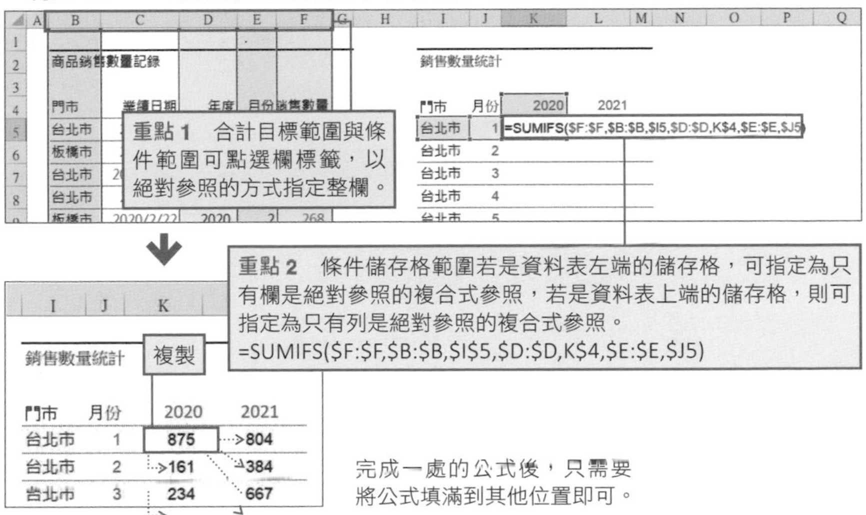

相關項目
■ 儲存格的範圍指定與個別指定 ⇨ p.70　■ IF 函數 ⇨ p.74
■ SUMIF 函數 ⇨ p.80　■ 複合式參照 ⇨ p.126

CHAPTER 3 - 10

零失誤且迅速算出重要結果

根據所有受測者算出男女人數 —— COUNTIF 函數

計算滿足條件的儲存格個數

若想計算「男性／女性」、「出席、缺席」這種有限定單一種類的儲存格個數就可使用 **COUNTIF 函數**。COUNTIF 函數可**計算出符合特定條件的儲存格有多少個**。

```
=COUNTIF(範圍,搜尋條件)
```

「範圍」可指定為**處理對象的儲存格範圍**（要計算哪個儲存格範圍）。此外，「搜尋條件」可指定為**計算資料筆數的條件**。下圖根據出缺席表格計算出缺席人數❶。儲存格範圍 C5：C12 為範圍引數，而儲存格 E4、E5、E6 則是條件（細節請參考下一頁說明）。

■ **利用 COUNTIF 函數計算出席人數**

	A	B	C	D	E	F	G
1							
2		出缺席表			出席狀況統計		
3							
4		姓名	出缺狀況		出席	5	
5		許郁文	出席		缺席	2	
6		張瑋礽	出席		未確認	1	
7		張銘仁	缺席				
8		吳靚宜	出席				
9		王勝偉					
10		林宜君	出席				
11		陳高山	出席				
12		劉佳佳	缺席				
13							

❶ 根據表格上的資料以 COUNTIF 函數計算出缺席人數。

COUNTIF 函數的基本使用方法

要如下圖般根據出缺席表格計算出席與缺席人數時，可在 COUNTIF 函數指定下列的引數。

```
=COUNTIF(C5:12,E4)    出席人數的計算
=COUNTIF(C5:12,E5)    缺席人數的計算
```

此外，有關計算「未確認」（空白儲存格）人數的方法請參考本頁下方的「這點也很重要！」的說明。

■ **確認出席人數、缺席人數與未確認人數**

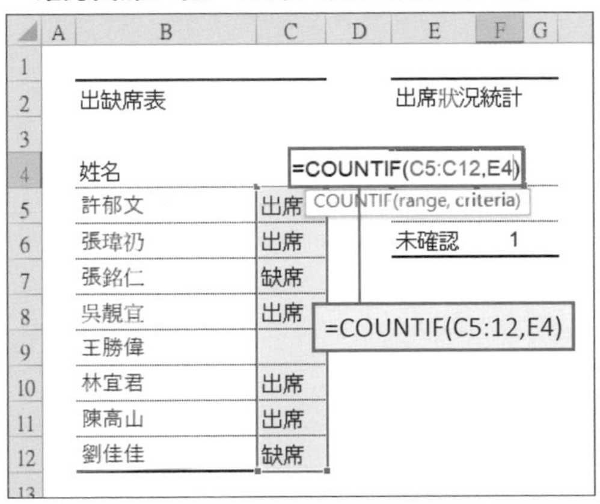

使用 COUNTIF 函數計算儲存格範圍 C5:C12 的「出缺席」欄位的值，與儲存格 E4「出席」相等的資料筆數。「缺席」的資料筆數也能以相同方式計算。

▼ 這點也很重要！▼

計算空白儲存格個數的 COUNTBLANK 函數

上述範例出現了「未確認」這種空白儲存格（什麼都沒輸入的儲存格），這時就可使用 COUNTBLANK 函數。上述範例是在儲存格 F6 輸入「=COUNTBLANK(C5:12)」計算「未確認」的儲存格的個數。

此外，若想利用 COUNTIF 函數計算空白儲存格的個數，可輸入「=COUNTIF (C5:C12,"")」這種將第 2 個引數設定為「""」（空白字串）的函數。

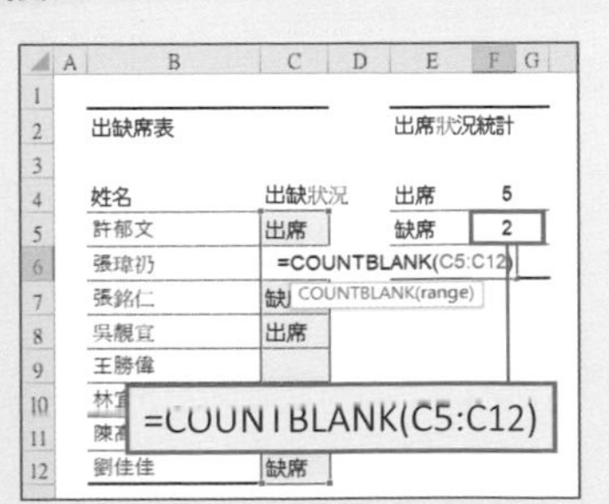

以 COUNTBLANK 函數計算未輸入資料的儲存格個數。

算出問卷受測者的男性／女性人數

接著計算問卷受測者的男性／女性人數。請執行下列步驟。

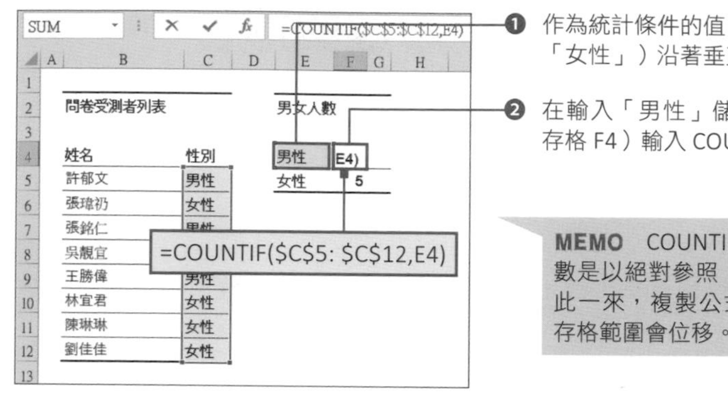

❶ 作為統計條件的值（這次為「男性」、「女性」）沿著垂直方向輸入。

❷ 在輸入「男性」儲存格的右側（為儲存格 F4）輸入 COUNTIF 函數。

MEMO COUNTIF 函數的第一個引數是以絕對參照（p.124）指定。如此一來，複製公式之後，也不怕儲存格範圍會位移。

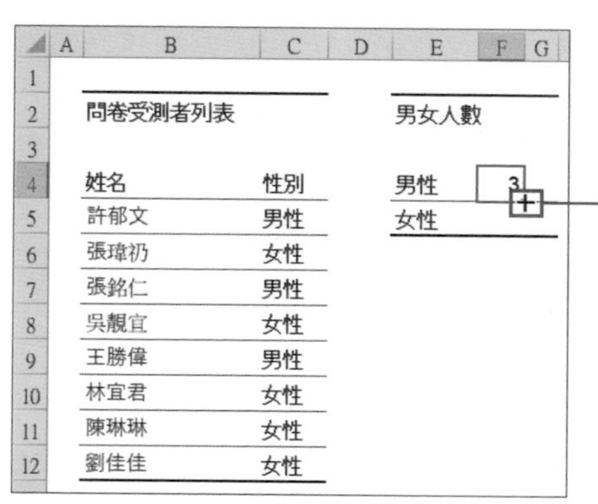

❸ 選擇輸入函數的儲存格（儲存格 F4），再雙點選取範圍右下角的「■」（填滿控制點），就能將函數填滿到下面一格的儲存格。到此操作完成。

假設統計目標的儲存格範圍與上述一樣相同，可利用絕對參照指定該範圍（p.124），就能以簡單的操作填滿公式。

▼這點也很重要！▼

不要複製格式

雙點填滿控制點的時候，若不需要複製格式，可點選複製之後顯示的圖示，再選擇「填滿但不填入格式」選項。

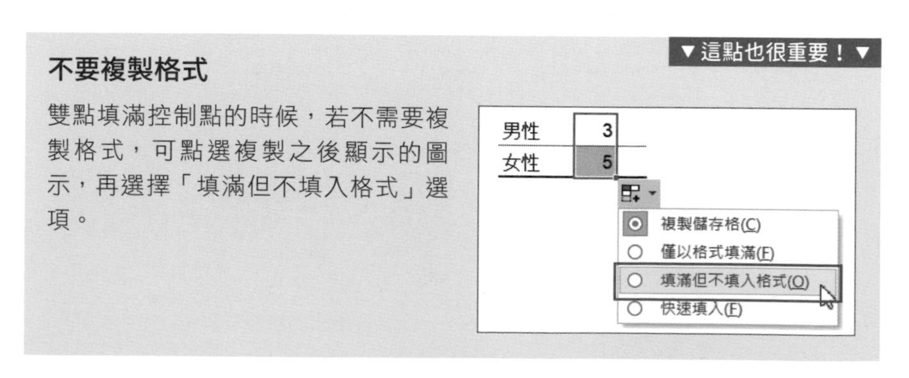

只計算數值、文字、未輸入的儲存格個數

在下圖的各項商品市場成長率表格之中，「成長率」欄位輸入了：❶**成長率的數值**、❷**代表無法計算的「N.M.」字串**、❸**空白**。若要利用這三種資料算出「可正常計算的資料」、「無法算出成長率的資料」、「未輸入的資料」的筆數，可參考下列表格的製作：

■ 確認可計算、不可計算的儲存格個數

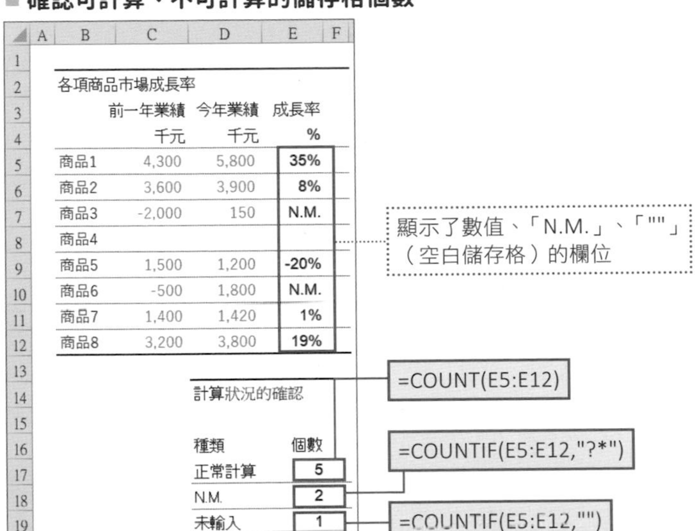

要計算數值的儲存格個數，**COUNT 函數**是最適合的了。上圖指定「=COUNT(E5:E12)」，計算「可正常計算的資料」的儲存格個數。

此外，「無法計算成長率的資料」（輸入 N.M. 的儲存格）的數量也可利用「**=COUNTIF(儲存格範圍 ,"N.M.")**」計算；但上圖使用了萬用字元（p.82），將公式設定為「**=COUNTIF(儲存格範圍 ,"?*")**」，如此一來，就能計算「輸入超過一個字元的字串之儲存格」的個數。

空白儲存格有幾個可利用「**=COUNTIF(E5:E12,"")**」計算。一如前述，也可利用 COUNTBLANK 函數（p.91）計算。

相關項目
■ 儲存格的範圍指定與個別指定 ⇨ p.70　■ IF 函數 ⇨ p.74
■ COUNTIFS 函數 ⇨ p.94

CHAPTER 3

11

零失誤且迅速算出重要結果

計算滿足多重條件的資料筆數——COUNTIFS 函數

只計算同時滿足多重條件的資料

要計算同時滿足多重條件的儲存格個數可使用 **COUNTIFS 函數**。比起 COUNTIF 函數（p.90）只能指定一個「篩選計算對象的條件」，這個函數**最多可指定 127 個**。因此 COUNTIFS 函數可說是 COUNTIF 函數的上層函數。

=COUNTIFS(**搜尋條件範圍 1, 搜尋條件 1, 搜尋條件範圍 2, 搜尋條件 2……**)

下圖是利用 COUNTIFS 函數計算下列資料的筆數。

- **商品名稱為「桌上型 PC」、目標門市為「台北總店」的銷售數量**
- **商品名稱為「平板電腦」、目標門市為「台北總店」的銷售數量**
- **商品名稱為「PC 專用辦公桌」、目標門市為「台北總店」的銷售數量**

■ 利用 COUNTIFS 函數計算資料筆數

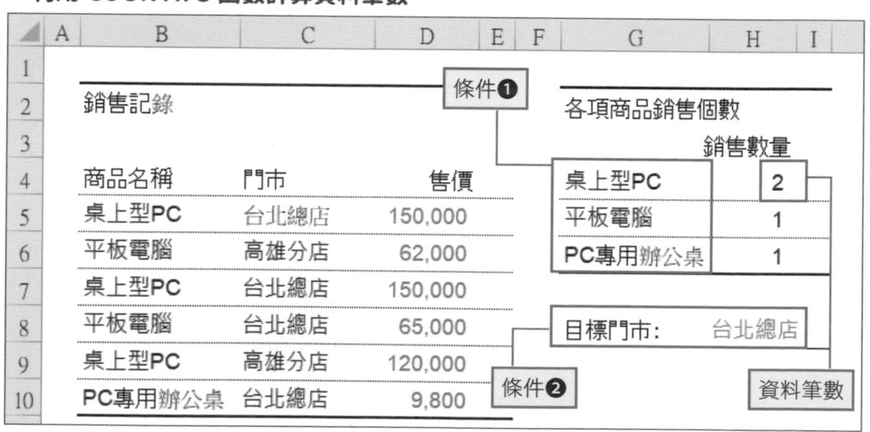

針對「門市」欄位的值為「台北總店」，計算三項商品的銷售數量。指定「商品名稱」與「門市」這兩個欄位的值與條件，就能計算符合條件的資料的筆數。

依序指定成對的儲存格範圍與條件

接著，就來實際設定 COUNTIFS 函數。這次要介紹的是前一頁提過的內容，也就是計算門市為「台北總店」的各項商品銷售數量的方法。重點在於「**依序指定成對的儲存格範圍與條件式**」。因此，COUNTIFS 函數的引數數量基本上是**偶數個**，請大家務必先記得這點。

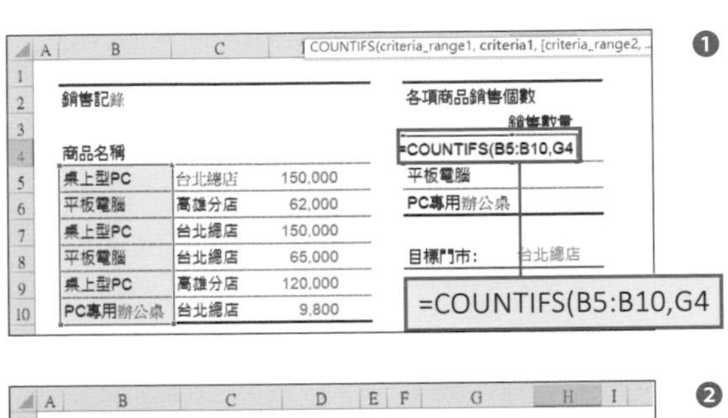

❶ 在儲存格 H4 輸入「=COUNTIF(」，指定第 1 對的儲存格範圍與條件。

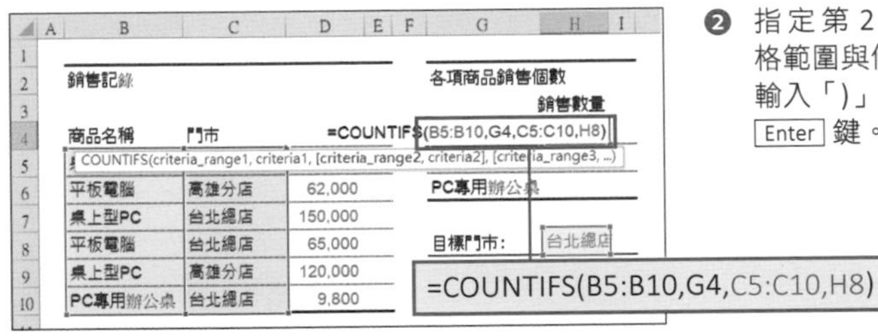

❷ 指定第 2 對的儲存格範圍與條件式，再輸入「)」，然後按下 Enter 鍵。

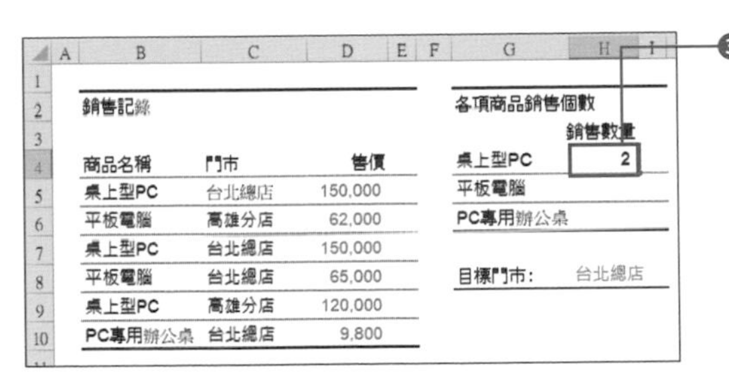

❸ 指定 2 對共 4 個引數，即可算出同時符合這兩個條件的資料有幾筆。

▼這點也很重要！▼

COUNTIFS 函數是非常好用的函數之一

雖然 COUNTIFS 函數好像只是「計算出符合條件的儲存格有幾個」的函數，但是這個函數的使用方法可是十分多元。本書只介紹了幾種主要用法，其實還有許多很方便的使用方法。

在不同情況使用不同的參照方式

為了能複製與貼上 COUNTIFS 函數，必須依照用途設定不同的**儲存格參照方式**（p.124）。具體而言，**就是「搜尋條件範圍」（儲存格範圍）引數以絕對參照的方式指定；「搜尋條件」引數則依照內容使用絕對參照與相對參照指定**。

以前一頁的範例來看，「目標門市 = 台北總店」是共通的搜尋條件，所以可利用絕對參照的方式指定，另一個搜尋條件「商品名稱」則是每列都不一樣，所以利用相對參照指定（參考下圖）。

```
=COUNTIFS(B5:B10,G4,C5:C10,H8)
```

↓ 設定為絕對參照

```
=COUNTIFS($B$5:$B$10,G4,$C$5:$C$10,$H$8)
```

像這樣使用不同的參照方式，就能直接將儲存格 H4 的公式填滿到其他儲存格，快速算出多個項目的資料筆數。此外，也可以使用「雙點填滿控制點的方式」（p.92）填滿儲存格。

■ **指定參照方式再一口氣填滿**

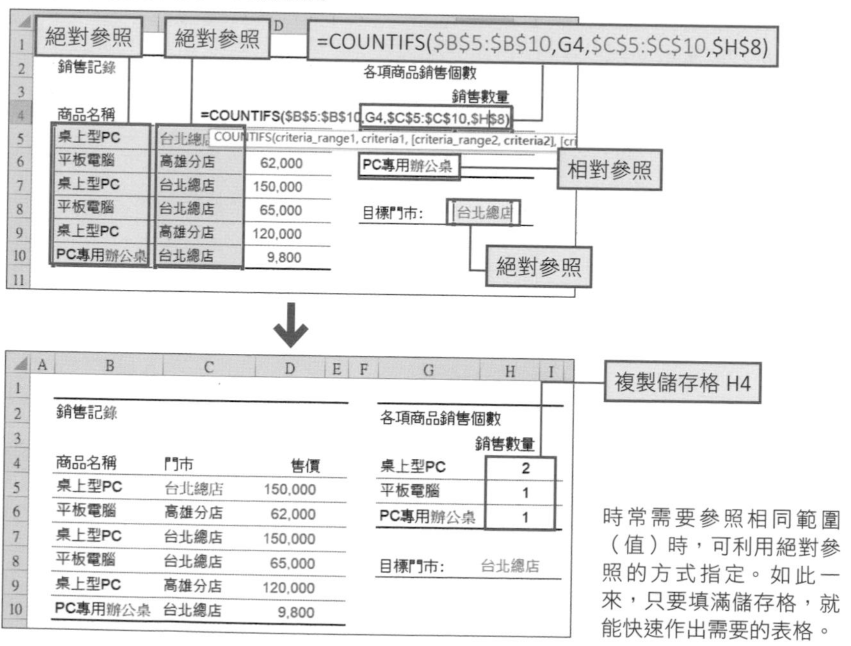

時常需要參照相同範圍（值）時，可利用絕對參照的方式指定。如此一來，只要填滿儲存格，就能快速作出需要的表格。

判斷資料是否含有「台北」與「業務」

COUNTIFS 函數通常會以兩個以上的儲存格作為計算對象，但也能用**來判斷「正確與否」**。

例如，想判斷目標儲存格是否含有「台北」、「業務」這兩個字串時，可建立判斷用的欄位❶，再如下指定 COUNTIFS 函數。

```
=COUNTIFS(C4,$H$2,C4,$H$3)
```

$H$2：＊台北＊　$H$3：＊業務＊

如此一來，只有當目標儲存格含有這兩個字串時才會顯示為「1」。也就能一眼看出該儲存格是否符合條件，之後也能根據該值找到需要的資料，或是使用其他函數統計。

■ 以兩個以上的條件式判斷單一儲存格的內容

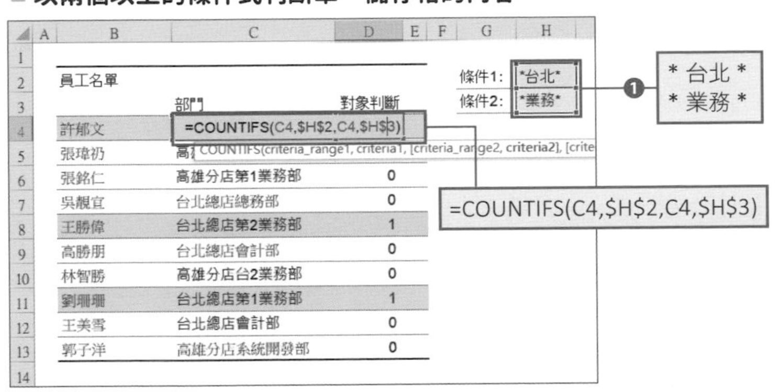

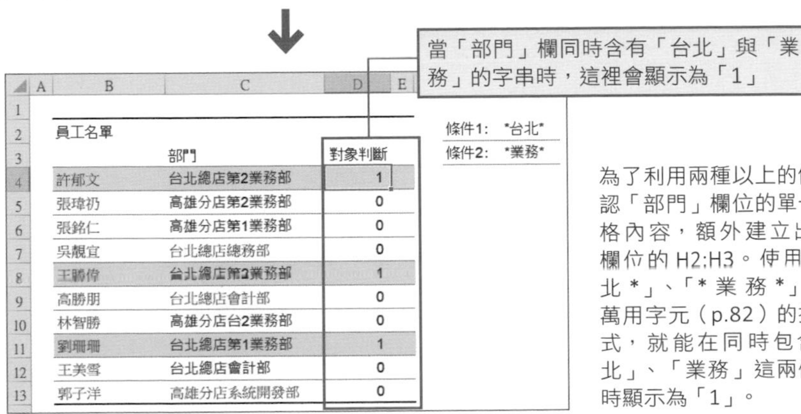

員工名單	部門	對象判斷
許郁文	台北總店第2業務部	1
張瑋礽	高雄分店第2業務部	0
張銘仁	高雄分店第1業務部	0
吳靚宜	台北總店總務部	0
王勝偉	台北總店第2業務部	1
高勝朋	台北總店會計部	0
林智勝	高雄分店台2業務部	0
劉珊珊	台北總店第1業務部	1
王美雪	台北總店會計部	0
郭子洋	高雄分店系統開發部	0

為了利用兩種以上的條件確認「部門」欄位的單一儲存格內容，額外建立出作業欄位的 H2:H3。使用「* 台北 *」、「* 業務 *」這種萬用字元（p.82）的指定方式，就能在同時包含「台北」、「業務」這兩個字串時顯示為「1」。

計算門市、男女性別、各年度的比例

COUNTIFS 函數可輕鬆製作出「**計算各門市、男女性別、各年度的人數與比率**」的資料表，也就是所謂的**交叉統計表**。

接著利用下圖左側的「銷售記錄」資料，計算各門市、男女性別、各年度的資料筆數，再計算這些項目的比率❶。

■ **利用 COUNTIFS 函數以交叉統計的方式算出比率**

	A	B	C	D	E	F	G	H	I	J	K	L	M	N
1														
2		銷售記錄						銷售比例統計			❶			
3										2016		2017		
4		門市	性別	年度	銷售額					人數	比例	人數	比例	
5		高雄	男性	2016	264,300					人	%	人	%	
6		台北	男性	2016	152,900			台北	男性	4	40%	14	67%	
7		台中	男性	2016	203,100				女性	6	60%	7	33%	
8		台中	男性	2016	247,100			台中	男性	8	44%	10	50%	
9		台中	女性	2016	102,700				女性	10	56%	10	50%	
10		台北	女性	2016	262,900			高雄	男性	7	41%	11	79%	
11		高雄	女性	2016	215,700				女性	10	59%	3	21%	
12		高雄	女性	2016	171,200									

將多個條件整理在資料表右側的左端（H 欄與 I 欄）與上方（第 3 列），做出交叉統計表。一開始先利用 COUNTIFS 函數算出符合特定的「門市」、「性別」、「年度」的資料筆數，再利用該計算結果算出比率。詳細流程請參考下一頁的說明。

快速製成交叉統計表的祕訣

製作交叉統計表的重點在於「**將搜尋條件的值放在資料表的左端（H 欄與 I 欄）與上方（第 3 列）**」（POINT ①）。另一點是將「**項目較多的內容放在欄方向（垂直方向）**」，事先建立這樣的規則是非常重要的（POINT ②）。只要事先訂立規則，就能毫無疑惑地建立資料表，也能快速製作出容易閱讀的資料表。

此外，要快速製成交叉統計表的重點還有將**搜尋條件範圍指定為整欄**（POINT ③：p.89）以及**依照儲存格特徵選擇參照方式**（POINT ④：p.124）。這兩點也能在使用其他函數的情況應用，算是共通的技巧，請大家務必學會。

接著，來看看具體輸入的公式。這次在計算的儲存格 J6 以及計算比例的儲存格 K6 輸入下列公式。

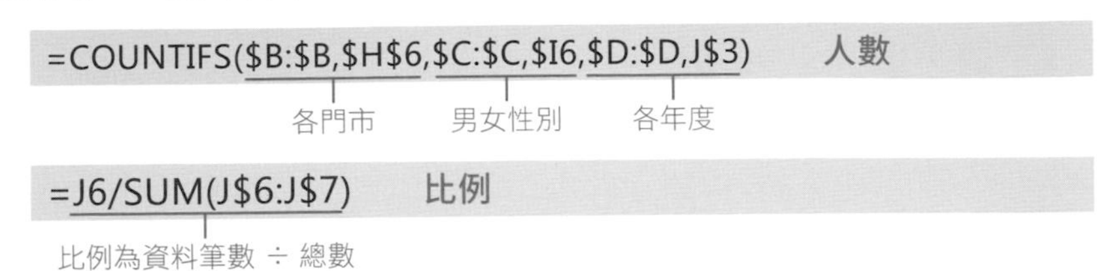

■ **交叉統計表**

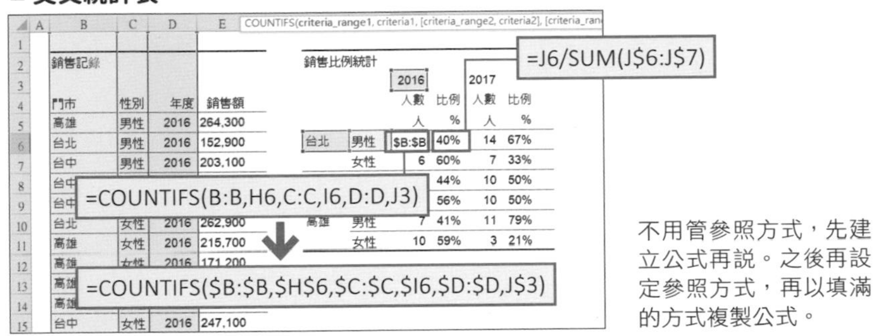

不用管參照方式，先建立公式再說。之後再設定參照方式，再以填滿的方式複製公式。

在製作交叉統計表這類稍微複雜的資料表時，請**務必驗算是否正確輸入函數**。一般來說會使用 **SUM 函數**（p.66）或 **COUNTA 函數**（計算非空白的儲存格的個數），確認交叉統計表各計算結果的合計以及原始資料的筆數是否一致。

■ **製作交叉統計表的時候必須驗算**

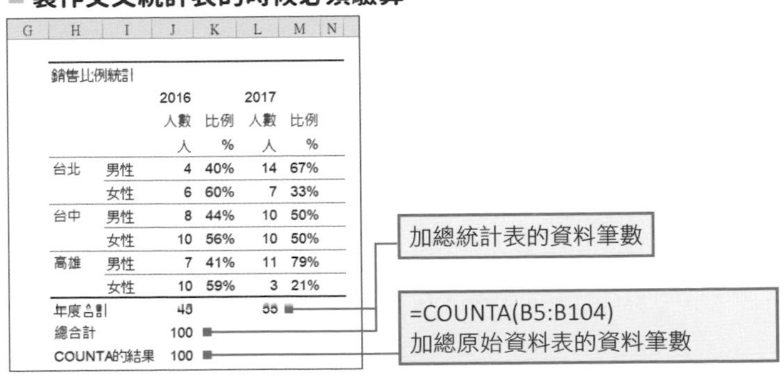

銷售比例統計

		2016		2017	
		人數	比例	人數	比例
		人	%	人	%
台北	男性	4	40%	14	67%
	女性	6	60%	7	33%
台中	男性	8	44%	10	50%
	女性	10	56%	10	50%
高雄	男性	7	41%	11	79%
	女性	10	59%	3	21%
年度合計		45		55	
總合計		100			
COUNTA的結果		100			

相關項目
■ 儲存格的範圍指定與個別指定 ⇨ p.70 ■ IF 函數 ⇨ p.74
■ COUNTIF 函數 ⇨ p.90

CHAPTER 3 - 12

零失誤且迅速算出重要結果

根據商品編號篩選商品名稱與商品金額——VLOOKUP 函數

了解「表格查詢」的機制

如果能在報價單輸入商品資訊，例如型號或商品 ID，就自動顯示商品名稱或價格的話，可說是非常方便的機制，而這種機制就稱為「**表格查詢**」。

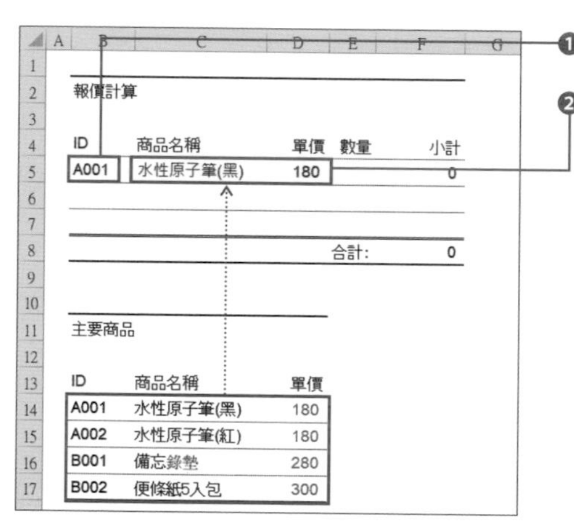

❶ 製作報價單的時候，只輸入商品 ID。

❷ 輸入 ID 之後，再輸入商品名稱與單價這些主要的資料。

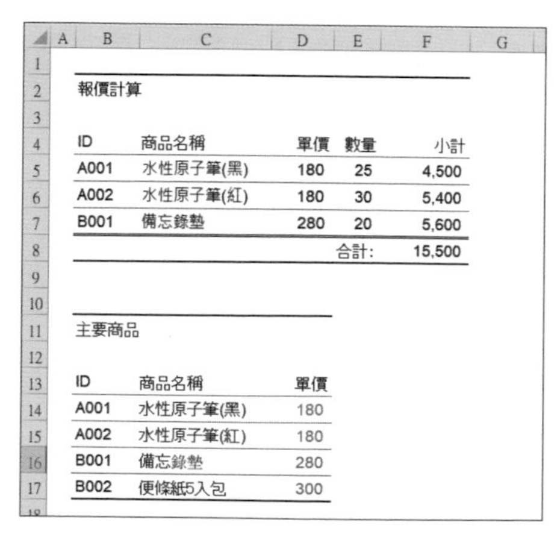

❸ 之後只需要輸入每件商品的數量以及小計、合計的公式即可完成表格。自動輸入可製作出避免輸入錯誤（如輸入錯誤單價）的表格。

實現「表格查詢」功能的 VLOOKUP 函數

使用 **VLOOKUP 函數**就能實現前一頁的表格查詢機制。

=VLOOKUP(**搜尋值** , **範圍** , **欄編號** ,FALSE)

第 1 個引數「搜尋值」要指定**搜尋 KEY**，也就是商品 ID。第 2 個引數「範圍」可指定**輸入主要資料的儲存格範圍**。第 3 個引數「欄編號」則可指定「**要顯示主要資料的第幾欄資料**」。第 4 個引數則可指定**資料的搜尋方式**。一般的表格查詢機制只需要指定為「**FALSE**」即可。

只看文字或許無法理解，不如直接看範例吧。下圖以儲存格 B5 的值（商品 ID）為搜尋 KEY，搜尋主要資料（儲存格 B13:D17），查出對應的商品名稱（第 2 欄）與單價（第 3 欄）。

■ **使用 VLOOKUP 函數來查詢表格**

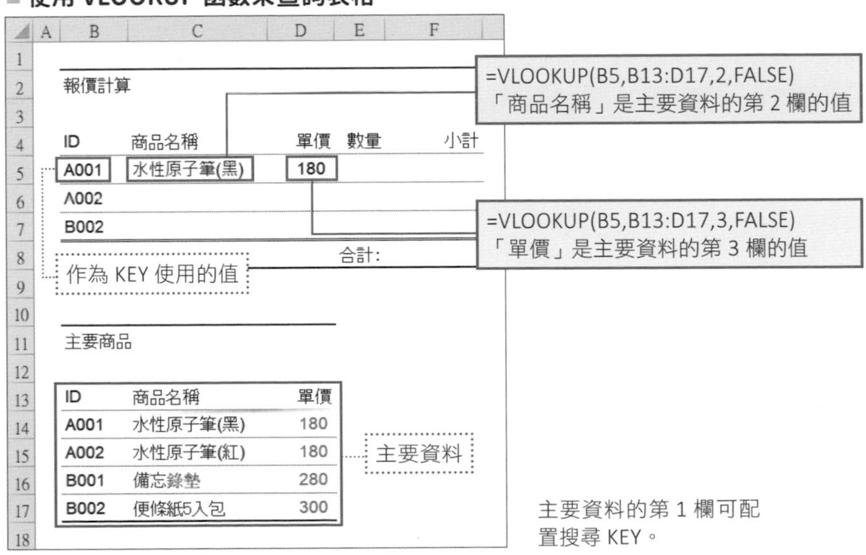

主要資料的第 1 欄可配置搜尋 KEY。

錯誤值的意義與隱藏錯誤值的方法

VLOOKUP 函數在主要資料找不到搜尋 KEY 時，會顯示「**#N/A**」，這代表「找不到目標」的錯誤值。**這個錯誤值也會在公式內有 VLOOKUP 函數的儲存格參照時顯示**。

■ 處理結果若有錯誤就會顯示「#N/A」

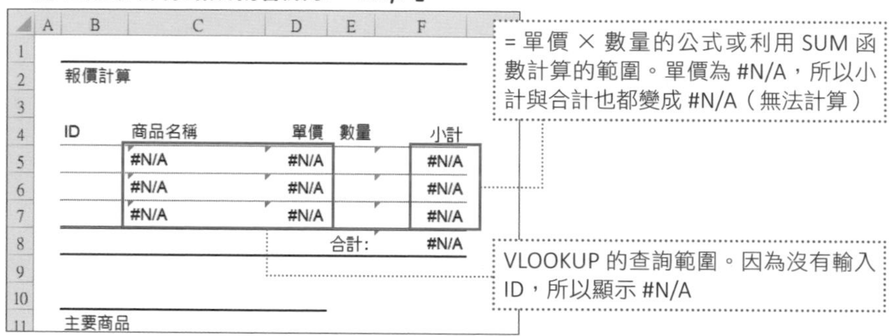

如上圖顯示「#N/A」的時候，可參照下列指定 IF 函數（p.74）或 IFERROR 函數（p.73），將錯誤的部分置換成空白字元，如此一來就能隱藏「#N/A」的訊息。

```
=IF(B5<>"",VLOOKUP(B5,B13:D17,2,FALSE),"")
```

在「儲存格 B5 不為空白時」執行 VLOOKUP 函數，若儲存格為空格就輸入空白字元

```
=IFERROR(D5*E5,"")
```

若儲存格 D5×E5 出現問題就置換成空白字元

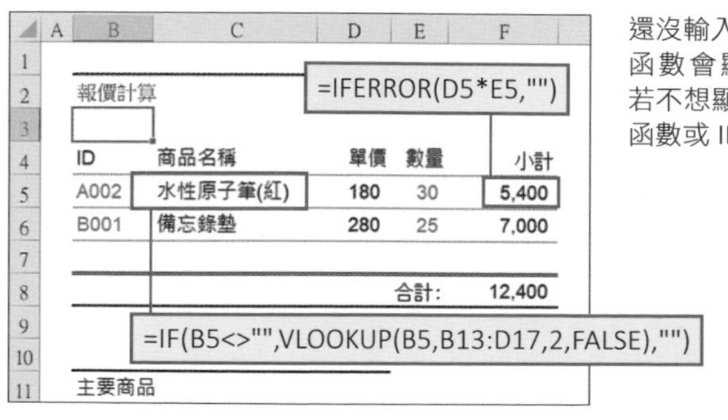

還沒輸入必要值的時候，VLOOKUP 函數會顯示「#N/A」的錯誤值。若不想顯示這個錯誤值，可使用 IF 函數或 IFERROR 函數修改公式。

▼這點也很重要！▼

還需要新增主要資料時，請在「表格中間」插入列

要在主要資料新增列的時候，不是在 VLOOKUP 函數的第 2 引數指定範圍下方新增，而是在**範圍之中**新增。如此一來，先前指定的範圍就會自動擴張，也就不需要修正 VLOOKUP 函數的設定。例如要在 p.101 的主要資料新增列的話，可將滑鼠游標先移動到第 14 至 17 列的位置再新增列（新增列的方法請參考→ p.13）。

檢查有無重複的主要資料

如果主要資料的 KEY 值重複，VLOOKUP 函數就會使用上一列的資料。不過，KEY 值重複本來就是有問題的事，而且這個狀態還非常危險。請事先利用 **COUNTIF 函數**（p.90）或格式化條件（p.42）的**「重複值」項目**檢查資料有無重複，確認主要資料是否皆為正確。

■ 利用 COUNTIF 函數確認主要資料是否重複

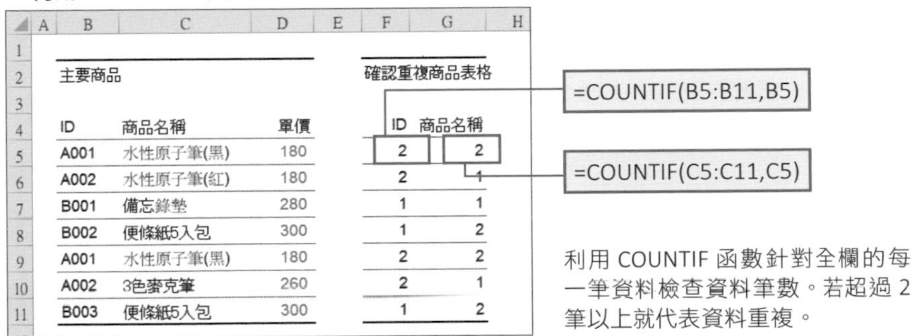

	A	B	C	D	E	F	G	H
1								
2		主要商品				確認重複商品表格		
3								
4		ID	商品名稱	單價		ID	商品名稱	
5		A001	水性原子筆(黑)	180		2	2	
6		A002	水性原子筆(紅)	180		2	1	
7		B001	備忘錄墊	280		1	1	
8		B002	便條紙5入包	300		1	2	
9		A001	水性原子筆(黑)	180		2	2	
10		A002	3色麥克筆	260		2	1	
11		B003	便條紙5入包	300		1	2	

利用 COUNTIF 函數針對全欄的每一筆資料檢查資料筆數。若超過 2 筆以上就代表資料重複。

■ 利用格式化條件確認主要資料是否重複

	A	B	C	D
1				
2		主要商品		
3				
4		ID	商品名稱	單價
5		A001	水性原子筆(黑)	180
6		A002	水性原子筆(紅)	180
7		B001	備忘錄墊	280
8		B002	便條紙5入包	300
9		A001	水性原子筆(黑)	180
10		A002	3色麥克筆	260
11		B003	便條紙5入包	300

在「常用」索引標籤點選「設定格式化的條件」→「醒目提示儲存格規則」→「重複的值」，替儲存格設定顏色。每一欄設定不同的格式會更醒目。

CHAPTER 3

13

零失誤且迅速算出重要結果

從主要資料篩選目標資料——XLOOKUP 函數

從主要資料的任何一個項目篩選資料

接著介紹 **Excel 2021 與最新的 Microsoft 365 新增的 XLOOKUP 函數**。

前一篇介紹的 **VLOOKUP 函數**可根據主要資料的商品 ID 篩選商品名稱與單價（p.100）。這是非常好用的功能，只要善用這項功能，就能避免輸入錯誤的商品名稱或單價。

不過，VLOOKUP 函數也有缺點，那就是「**只能搜尋最左端的欄位**」。以前一篇的主要商品為例，**VLOOKUP 函數只能搜尋主要商品最左端的「ID」欄位**，無法以商品名稱搜尋資料。

■ **一旦處理結果有問題，就會顯示「#N/A」**

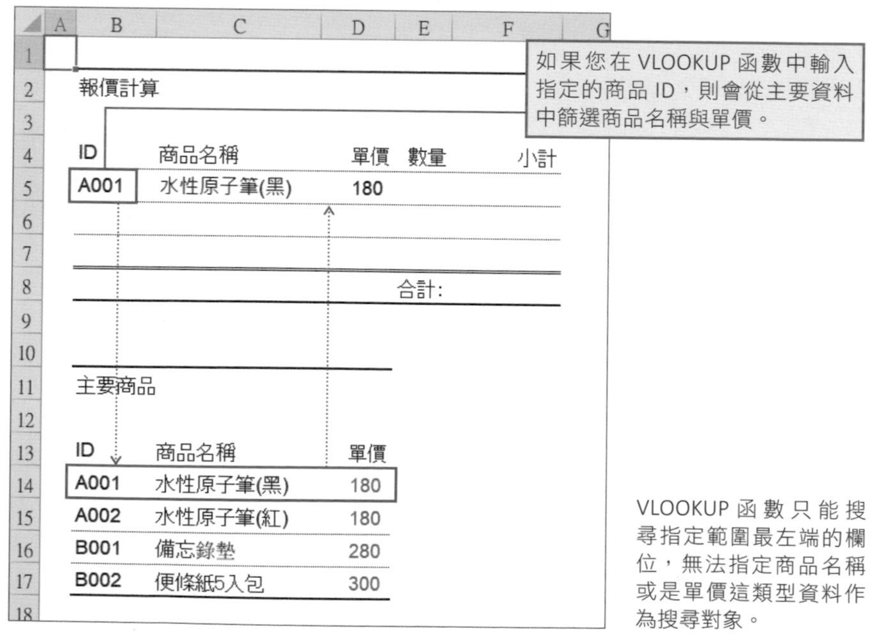

VLOOKUP 函數只能搜尋指定範圍最左端的欄位，無法指定商品名稱或是單價這類型資料作為搜尋對象。

為了彌補 VLOOKUP 函數的不足之處，Excel 2021 新增了「**XLOOKUP 函數**」。XLOOKUP 函數可將搜尋範圍之內的所有欄位指定為搜尋對象。以上述的例子而言，就是可從商品名稱篩選商品 ID。

XLOOKUP 的方便之處

XLOOKUP 函數可透過下列的語法使用。

=XLOOKUP（**搜尋值 , 查詢範圍 , 傳回值範圍**）

第一個引數「搜尋值」可指定**搜尋 KEY**，此時請指定為商品 ID、商品名稱這類在主要表格之中**不會重複的項目**。由於商品的單價有可能會重複，所以不適合當作搜尋 KEY 使用。

第二個引數的「查詢範圍」可指定為「**在主要資料之中，作為查找對象的範圍**」。

第三個引數「傳回值範圍」可指定「**篩選值的範圍**」。要想熟悉 XLOOKUP 函數的用法，就必須了解第二個引數「查詢範圍」與第三個引數「傳回值範圍」。

比方說，要根據前一頁的主要商品的**商品名稱篩選商品 ID 時**，可使用下列的語法。

=XLOOKUP(C5, C14:C17, B14:B17)

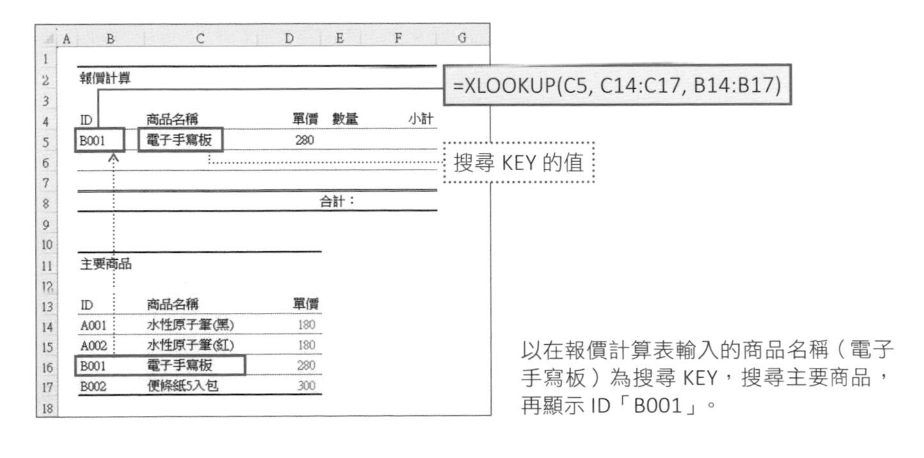

以在報價計算表輸入的商品名稱（電子手寫板）為搜尋 KEY，搜尋主要商品，再顯示 ID「B001」。

查詢範圍與傳回值範圍的列數必須一致

使用 XLOOKUP 函數的重點之一就是「**查詢範圍與傳回值範圍的列數必須一致**」。以下圖為例，當查詢範圍為 4 列，傳回值範圍為 3 列，一旦指定了不同列數就會出現「#VALUE!」的錯誤訊息。

■ 查詢範圍與傳回值範圍的列數不同就會顯示「#VALUE!」錯誤訊息

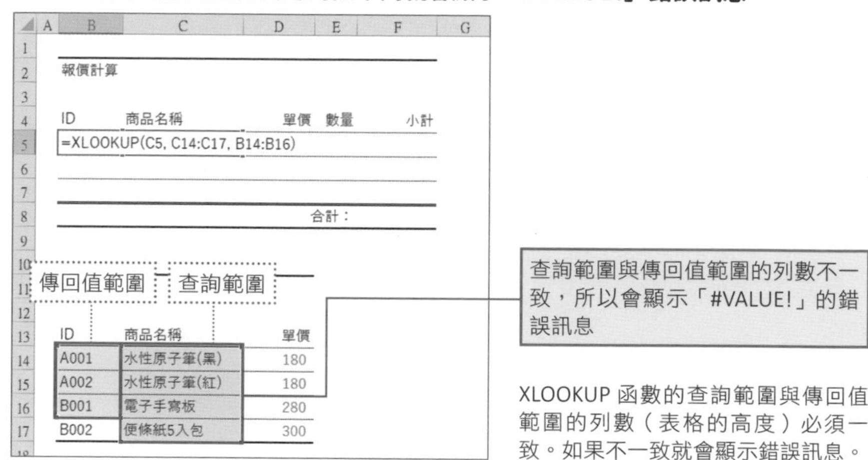

XLOOKUP 函數的查詢範圍與傳回值範圍的列數（表格的高度）必須一致。如果不一致就會顯示錯誤訊息。

找不到搜尋 KEY 的處置

XLOOKUP 函數還有一項十分優異的功能。那就是**無法在主要資料找到搜尋 KEY 的時候，有應對的解決方法**。

一如前述，VLOOKUP 函數在找不到搜尋 KEY 的時候，只會顯示「#N/A」錯誤訊息，所以得利用 IF 函數或是 IFERROR 函數處理錯誤（p.73），但這實在很不方便。

反觀 XLOOKUP 函數可在第 4 個引數指定「**找不到值之際所顯示的內容**」。

```
=XLOOKUP( 搜尋值 , 查詢範圍 , 傳回值範圍 , 找不到值之際的內容 )
```

以上述的報價計算表為例，若指定了主要商品沒有的商品名稱，在 ID 欄位顯示「無符合的 ID」，可使用下列的語法。

```
=XLOOKUP(C5, C14:C17, B14:B17, " 無符合的 ID")
```

■ 找不到資料時的解決方法

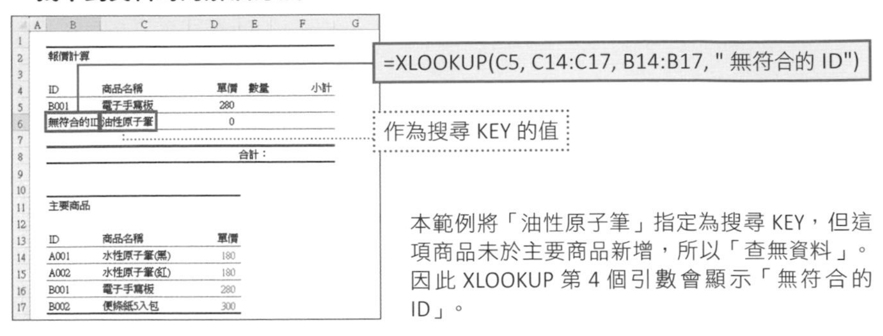

本範例將「油性原子筆」指定為搜尋 KEY，但這項商品未於主要商品新增，所以「查無資料」。因此 XLOOKUP 第 4 個引數會顯示「無符合的 ID」。

一口氣篩選多筆資料

XLOOKUP 函數的第 3 個引數「**傳回值範圍**」可指定多個欄位。比方說，可以將搜尋 KEY 指定為「商品 ID」，再將傳回值範圍指定為「商品名稱」與「單價」這兩個欄位。這是非常好用的功能，因為 VLOOKUP 函數必須分開來指定，所以得複製與貼上公式（p.101），但是 XLOOKUP 函數卻能以單一的公式同時指定兩個欄位。

=XLOOKUP(B5, B14:B17, C14:D17, " **無符合的 ID**")

於「傳回值範圍」指定多列

■ 一口氣篩選多筆資料

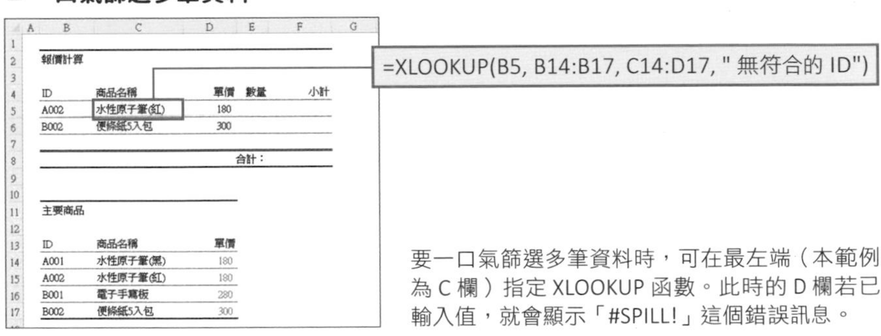

要一口氣篩選多筆資料時，可在最左端（本範例為 C 欄）指定 XLOOKUP 函數。此時的 D 欄若已輸入值，就會顯示「#SPILL!」這個錯誤訊息。

此外，在上述這種多筆資料鄰接的情況，一口氣將這些資料篩選至鄰接的儲存格稱為「**SPILL**」功能，而這項功能則是 XLOOKUP 函數的特徵之一。

相關項目　■ 錯誤值列表 ⇨ p.30　■ VLOOKUP 函數 ⇨ P.100

CHAPTER 3 - 14

零失誤且迅速算出重要結果

自動在請款書輸入隔月的最後一天 —— EOMONTH 函數

正確計算結帳日的方法

通常會以「合約簽訂當月的月結」、「次月結」、「次次月結」的方式向客戶請款。而這個「月底」的日期可使用 **EOMONTH 函數**輕鬆顯示。

=EOMONTH (**開始日期 , 月數**)

EOMONTH 函數的第 1 個引數可指定「**起算日期**」，第 2 個引數則可以指定「**起算日期之後的幾個月的月底日期**」。若指定為「0」代表當月月底日期，指定為「-1」則是前個月月底的日期。

下圖根據儲存格 F2 輸入的請款日（起算日期）算出下個月月底的日期。即使跨年度，也能正確計算日期。

■ 利用 EOMONTH 函數算出次月月底日期

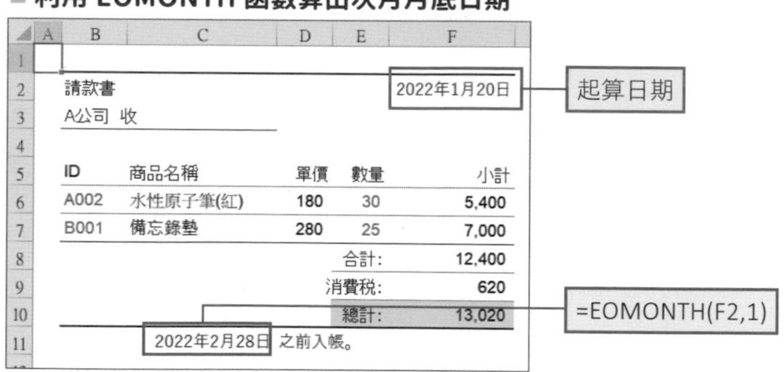

此外，請在輸入 EOMONTH 函數的儲存格設定**日期格式**（p.58）。為了避免格式因為記載的位置不同而改變，最好連請款日也使用相同格式。

相關項目
■ 瞬間輸入目前的日期與時間 ⇨ p.53
■ 經過天數與序列值 ⇨ p.58 ■ 絕對參照、相對參照 ⇨ p.124

CHAPTER 4

徹底了解驗算與絕對參照

CHAPTER 4

01

驗算的真正用意

F2 鍵可讓作業失誤銳減

用 F2 鍵一秒確認儲存格的內容

要製作零失誤的資料表 / 表格，**就要預留檢查資料表 / 表格內容的時間**，但總是會遇上沒時間的時候，在此將介紹能正確、且神速地完成檢查作業的技巧。

想要快速確認儲存格內容，可在**選取儲存格之後按下 F2 鍵**。如此一來，就會轉換成**儲存格編輯模式**：若是在儲存格直接輸入值，就會顯示值而已；若是輸入公式的，則會顯示「**輸入的公式**」與「**代表參照儲存格的外框**」。

■ **按下 F2 鍵切換成儲存格編輯模式**

	計畫A	計畫B
元	320,000	480,000
元	800	800
個	400	600
元	23,200	34,800
元	19,200	28,800
人	2	3

F2 鍵

→

	計畫A	計畫B
元	=F5*F6	480,000
元	800	800
個	400	600
元	23,200	34,800
元	19,200	28,800
人	2	3

按下 F2 鍵切換成儲存格編輯模式之後，如果儲存格內容為公式，就會顯示公式與標示參照儲存格的外框。雙點儲存格也能確認儲存格的內容，但按下 F2 鍵的方法絕對比較快。

這項功能可確認每個儲存格的值是否正確，如果儲存格的內容是公式，還可確認參照的儲存格是否正確。

如果設定了前面介紹的「**以不同的顏色標示直接輸入的資料與公式的規則**」（p.26），也可確認儲存格的文字顏色與背景色是否符合規則，若發現有違反規則的儲存格，就代表是輸入錯誤、設定錯誤，還是因為特殊情況，所以採用不符規則的設定。

按下 ESC 鍵解除編輯模式、按下 Tab / Enter / 方向鍵移動

只用鍵盤來確認的話，絕對能讓檢查儲存格內容的作業變得更有效率。如果是使用滑鼠，即使有再多時間也不夠。

利用 F2 鍵確認儲存格的內容之後，**按下 Tab 鍵即可移動到右側相鄰的儲存格**。此外，**若要移動到下方的儲存格，則可按下 Enter 鍵**。

若想往上方或左側移動，可先按下 ESC 鍵，解除儲存格編輯模式，再以方向鍵的 ↑ 或 ← 移動到目的地的儲存格。

■ 重複使用 F2 鍵→ Tab 鍵沿水平方向快速移動

上圖先利用 F2 確認資料表 / 表格左上角的儲存格，再按下 Tab 鍵往右側的儲存格移動，然後再按下 F2 鍵確認儲存格的內容。在右圖計畫 B 的參照儲存格的設定有誤。

檢查儲存格內容時，若是遇到**欄位數多的資料表 / 表格**，可將手指放在 F2 鍵與 Tab 鍵上面快速連按；若是**列數較多的資料表 / 表格**，則可將手指放在 F2 鍵與 Enter 鍵上面快速連按。只要熟悉這部分的操作，根本用不到滑鼠了。

此外，確認多個儲存格的內容時，建議依照「**計算流程**」確認。一般而言，是從左→右的流程，就能在一連串的確認作業之中，確實地找出異常值（例如，明明應該使用與其他儲存格相同的公式，但是參照的儲存格與範圍大小卻不同）。如果標示參照儲存格的外框出現在非預期之處，請務必仔細檢查公式。

相關項目
■ 快速輸入水平方向的資料 ⇨ p.112　■ 追蹤功能 ⇨ p.114
■ 有效儲存檔案的方法 ⇨ p.122

CHAPTER 4 - 02

驗算的真正用意

快速輸入水平方向的資料

根據操作內容變更按鍵設定

Excel 預設**在儲存格輸入值之後按下 Enter 鍵，會在確定輸入的同時，往下移動選取下一個儲存格**。這項功能很適合在沿著垂直方向輸入值時來使用，但是對於需要沿著水平方向輸入資料的人來說，卻顯得多餘，因為每次輸入資料都得利用方向鍵修正選取的儲存格。

若是準備沿著水平方向輸入資料，可先開啟「Excel 選項」對話框，再於「進階」之中將「**按 Enter 鍵後，移動選取範圍**」的子選項設定為「**方向：右**」或是**取消這個選項**。取消勾選後，按下 Enter 鍵就只會確定輸入值，選取範圍不會移動。雖然會多了輸入值之後，得按下 → 鍵移動的步驟，卻很適合在確認與修正值的時候使用。哪種設定較為方便會因人而異，建議第一次修改的人，不妨試試這兩種設定，選出適合自己順手的就好。重點在於，**不要照單全收地使用預設設定，而是依照表格內容變更設定**。

■ 依照操作內容變更 Enter 鍵的按鍵設定

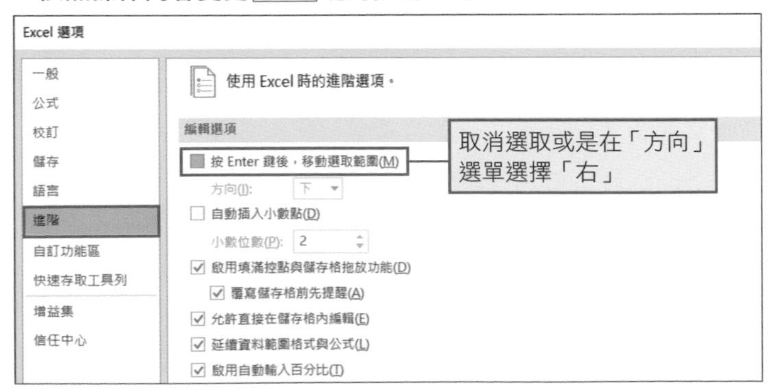

要開啟「Excel 選項」對話框可從功能區的「檔案」索引標籤點選「選項」，或是按下 Alt → T → O 的快速鍵。

水平方向的確認可利用 F2 → Enter → → 這三個鍵進行

前一節介紹了以 Tab 鍵沿著水平方向確認儲存格內容的方法（p.111）。雖然這樣可以有效率地確認儲存格的內容，但是 F2 鍵與 Tab 鍵都配置在鍵盤的左側，地處偏遠不那麼好按。

此時，可利用前一頁介紹的方法變更 Enter 鍵的設定內容，再利用 F2 鍵→ Enter 鍵（設定「方向：右」）的情況或是 F2 鍵→ Enter 鍵→ → （取消選項的情況），確認儲存格的輸入值。

■ 利用設定 Enter 鍵可沿著水平方向確認內容

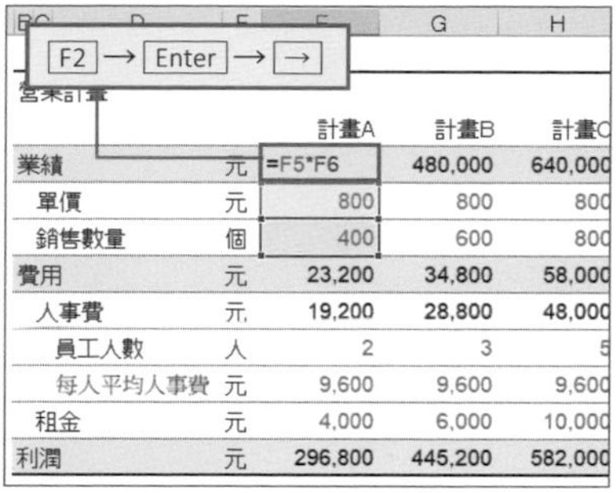

F2 → Enter → →

營業計畫		計畫A	計畫B	計畫C
業績	元	=F5*F6	480,000	640,000
單價	元	800	800	800
銷售數量	個	400	600	800
費用	元	23,200	34,800	58,000
人事費	元	19,200	28,800	48,000
員工人數	人	2	3	5
每人平均人事費	元	9,600	9,600	9,600
租金	元	4,000	6,000	10,000
利潤	元	296,800	445,200	582,000

→

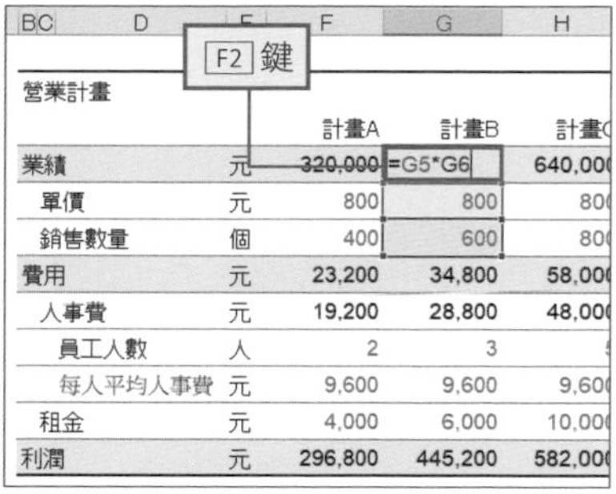

F2 鍵

營業計畫		計畫A	計畫B	計畫C
業績	元	320,000	=G5*G6	640,000
單價	元	800	800	800
銷售數量	個	400	600	800
費用	元	23,200	34,800	58,000
人事費	元	19,200	28,800	48,000
員工人數	人	2	3	5
每人平均人事費	元	9,600	9,600	9,600
租金	元	4,000	6,000	10,000
利潤	元	296,800	445,200	582,000

事先設定 Enter 鍵的按鍵設定，就能利用 F2 → Enter 或 F2 → Enter → → 沿著水平方向有效率地確認儲存格內容。

雖然前述 Enter 鍵的按鍵設定看似不那麼厲害，但是當要確認的儲存格或工作表的數量一多，這項**操作順序**絕對能讓整體的作業時間大幅縮減。請大家務必在日常工作上積極使用「**讓作業變得更有效率的方法**」，只要勤加練習，**原本需要費時 1 小時的作業就能在 15 分鐘之內結束**。這絕對沒有誇大，是真的會變得如此神速。

▼這點也很重要！▼

Enter 鍵的設定也很適合用於複製公式

按下 Enter 鍵，選取範圍也不會移動的設定很適合用於複製公式。輸入公式之後，按下 Enter 鍵，選取範圍也不會移動，所以能直接按下 Ctrl ＋ C 鍵，立刻複製公式。

相關項目
■ 儲存格的範圍指定與個別指定 ⇨ p.70
■ F2 鍵的使用方法 ⇨ p.110　■ 追蹤功能 ⇨ p.114

CHAPTER 4 - 03

驗算的真正用意

利用追蹤功能確認前導參照

追蹤功能是一定要學會的便利功能

追蹤功能可一眼確認各公式參照的「前導參照的儲存格」。在確認儲存格的公式是否正確的作業裡，再也沒有比這項功能更方便的功能了，請大家務必學會。

下圖利用追蹤功能確認參照關係。參照關係會以箭頭以及●符號呈現。●為「**前導參照的儲存格**」，箭頭指向之處為「**輸入公式的儲存格**」。在下表裡可發現「業績」列的資料是根據「單價」與「銷售數量」的儲存格內容計算。就能一眼看出儲存格 F4 的業績是以儲存格 F5 與 F6 來計算的。只要熟悉這項功能，就能一秒確認公式的內容是否正確。

■ **使用追蹤功能確認參照關係**

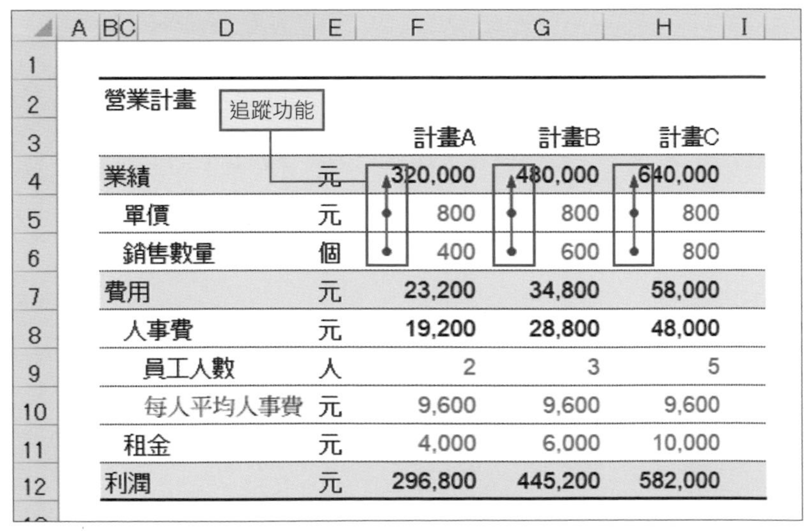

	A	BC	D	E	F	G	H	I
1								
2			營業計畫					
3					計畫A	計畫B	計畫C	
4			業績	元	320,000	480,000	640,000	
5			單價	元	800	800	800	
6			銷售數量	個	400	600	800	
7			費用	元	23,200	34,800	58,000	
8			人事費	元	19,200	28,800	48,000	
9			員工人數	人	2	3	5	
10			每人平均人事費	元	9,600	9,600	9,600	
11			租金	元	4,000	6,000	10,000	
12			利潤	元	296,800	445,200	582,000	

追蹤功能可一眼確認公式是根據哪個儲存格來計算的。

顯示追蹤箭頭的方法

要顯示追蹤箭頭可在選取輸入了公式的儲存格之後，點選「公式」索引標籤的「**追蹤前導參照**」。快速鍵為 Alt → M → P （不是同時按下，是依序按下）。

■ 開啟追蹤功能

❶ 選取作為基準的儲存格。

MEMO　要確認前導參照的儲存格時，請選擇輸入了公式的儲存格。

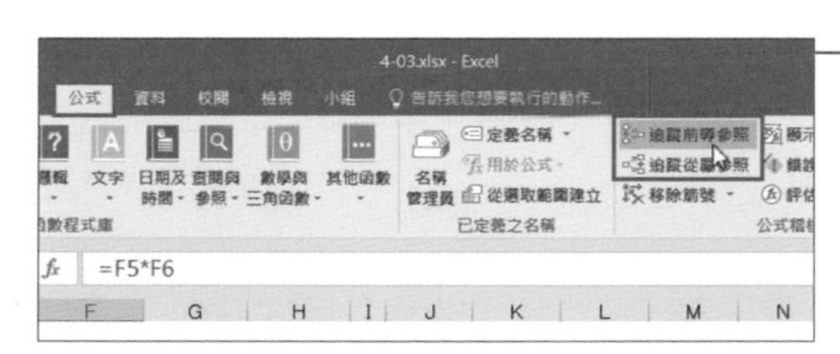

❷ 點選「公式」索引標籤的「追蹤前導參照」。

MEMO　「追蹤從屬參照」或是「移除箭號」會在下一頁解說。

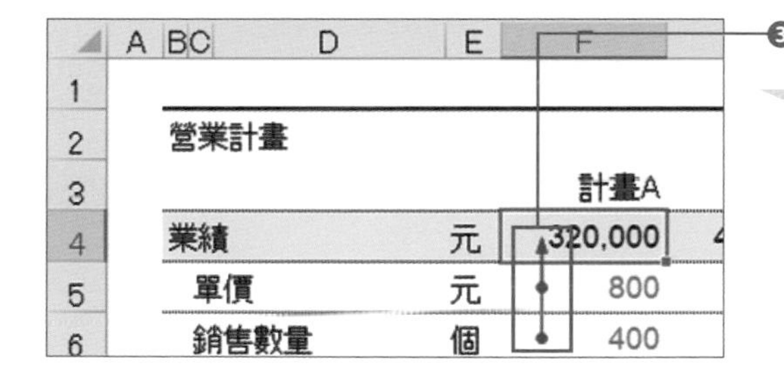

❸ 顯示追蹤箭頭了。

MEMO　即使選取多個儲存格，也只會在滑鼠游標所在的作用中儲存格顯示追蹤箭頭。

▼這點也很重要！▼

若是有參照其他工作表的值時

若是公式參照了其他工作表的值，就會顯示「黑色箭頭」與「工作表圖示」。

銷售數量	個	400
費用	元	23,200
人事費	元	19,200
員工人數	人	2
每人平均人事費	元	9,600
租金	元	4,000

有效率地使用追蹤功能

使用追蹤功能確認計算內容時，還能**顯示進行相同公式計算的多個儲存格的參照關係，會更容易檢查出是否有誤**。

下圖分別選取了儲存格 F7、G7、H7，也顯示了「前導參照」，便會同時顯示多個追蹤箭頭。相較於 F 欄與 G 欄的箭頭，H 欄的箭頭明顯較短，●符號的位置也不一致。

■ **同時顯示多個相同公式計算的儲存格的追蹤箭頭**

	A	BC	D	E	F	G	H	I
1								
2		營業計畫						
3					計畫A	計畫B	計畫C	
4		業績		元	320,000	480,000	640,000	
5		單價		元	800	800	800	
6		銷售數量		個	400	600	800	
7		費用		元	23,200	34,800	57,600	
8		人事費		元	19,200	28,800	48,000	
9		員工人數		人	2	3	5	
10		每人平均人事費		元	9,600	9,600	9,600	
11		租金		元	4,000	6,000	10,000	
12		利潤		元	296,800	445,200	582,400	

選取輸入相同公式的儲存格再顯示追蹤箭頭，一有錯誤立即顯現。

確認別於其他追蹤箭頭的儲存格 H7，才發現原本應該是「人事費 (H8)+ 租金 (H11)」，卻輸入成「人事費 (H8)+ 每人平均人事費 (H10)」。

通常會發生這樣的失誤，是在填滿公式或插入、刪除列與欄的時候。輸入公式之後，務必利用追蹤功能確認有無上述的失誤，就能大幅減輕確認表格的負擔。

確認內容之後，請不要忘記點選「公式」索引標籤的「**移除箭頭**」，清除追蹤箭頭。也可以按下 Alt → M → A （不是同時按下，而是依序按下）。

也可確認以特定儲存格計算的位置

點選追蹤功能的「追蹤前導參照」（P.115）下方的「**追蹤從屬參照**」可確認「**以特定儲存格的值計算的儲存格**」。

下圖選取儲存格 B4 之後，再點選「公式」索引標籤的「追蹤從屬參照」，就會顯示出使用到日本消費稅率「1.1」計算的所有儲存格。像是下圖的「合計」欄位（D 欄）都參照了儲存格 B4。這個方法可用來確認以絕對參照使用的值是否會出現在預期之外的儲存格。

■ **使用「追蹤從屬參照」的範例**

	A	B	C	D	E
1					
2		税率	小計	合計	
3		%	円	円	
4		1.1	1,000	1,100	
5			1,500	1,650	
6			2,000	2,200	
7			2,500	2,750	
8			3,000	3,300	
9			3,500	3,850	
10			4,000	4,400	
11			4,500	4,950	
12			5,000	5,500	

選取儲存格，再點選「追蹤從屬參照」

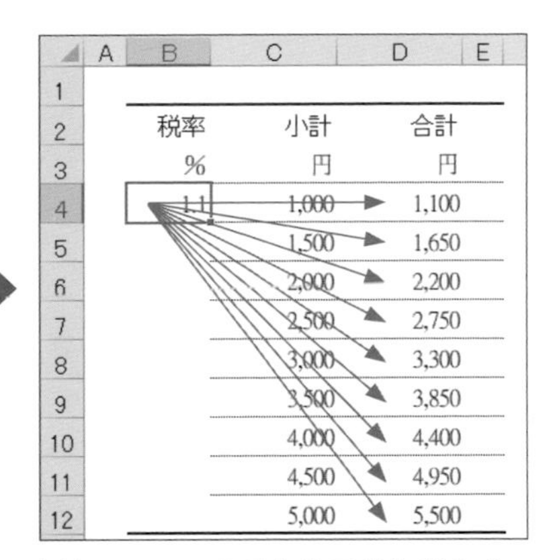

選取儲存格 B4 之後，顯示「追蹤從屬參照」的箭頭。可一眼看出使用消費稅率「1.1」的儲存格

若能像這樣巧妙地使用「**追蹤前導參照**」與「**追蹤從屬參照**」，就能迅速確認在表格內的所有計算。想要快速完成工作，就得練就不會發生錯誤的工作表，而且為了避免犯下相同的錯誤，也不要一直從頭操作，請務必學會「**輸入公式之後，利用追蹤功能確認**」的原則。

▼這點也很重要！▼

追蹤功能的階層

按下許多次「追蹤前導參照」或「追蹤從屬參照」之後，就會從作為基準的儲存格依序在每個階層追加追蹤箭頭。假設公式有很多層，就能多按幾次，追蹤計算的流程。

相關項目　■ F2 鍵的使用方法 ⇨ p.110　■ 快速輸入水平方向的資料 ⇨ p.112

CHAPTER 4
04

驗算的真正用意

利用折線圖找出異常值

利用圖表確認異常值

檢查每日、每月、每年等具有連續性的資料**可使用折線圖**。方法非常簡單，只要把資料畫成折線圖，再確認是否有不自然的地方即可。

下圖是每個月的業績、費用與獲利一覽表，以及根據這些資料繪製出來的折線圖。一旦繪成折線圖，原本難以從一堆數值揪出來的極端值也能一眼找出來。

■ **繪製成折線圖，一眼確認有無異常之處**

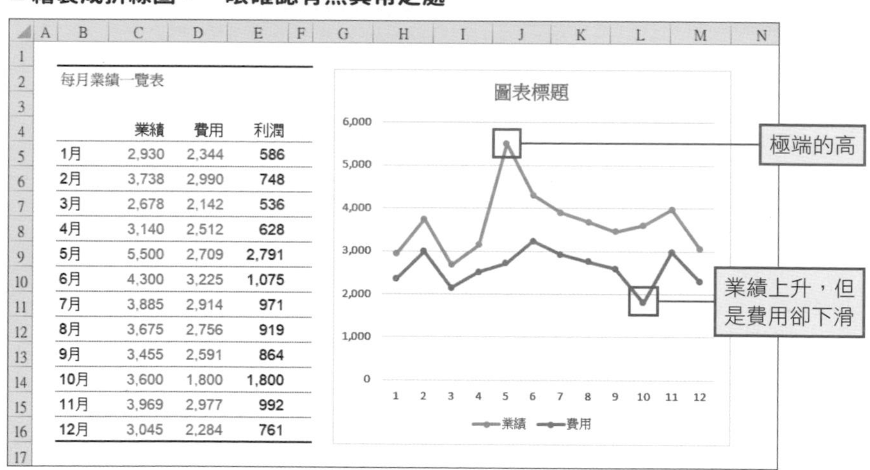

每月業績一覽表

	業績	費用	利潤
1月	2,930	2,344	586
2月	3,738	2,990	748
3月	2,678	2,142	536
4月	3,140	2,512	628
5月	5,500	2,709	2,791
6月	4,300	3,225	1,075
7月	3,885	2,914	971
8月	3,675	2,756	919
9月	3,455	2,591	864
10月	3,600	1,800	1,800
11月	3,969	2,977	992
12月	3,045	2,284	761

繪製成圖表之後，有兩點需要注意。一個是**比其他部分極端高／低**（例如上圖的五月業績），第二個是**相關的部分卻彼此悖離**。以上圖的十月資料為例，業績明明是上升的，但費用卻是下滑的。這有可能是資料輸入錯誤或計算錯誤所導致，必須確認是否正確輸入或計算。

繪製確認用圖表的方法

若是要用來確認資料的圖表無需像簡報用的圖表一樣精美（p.264）。

確認資料用的圖表應該將重點放在「**折線圖**」是為了立刻確認出異常值的「**資料標記**」。只要先加上資料標記，將滑鼠游標移到資料標記上方，就能確認該座標軸的編號與值，一旦發現異常值，就能根據資料標記找到可能有誤的儲存格並予以修正。

每月業績一覽表

	業績	費用	利潤
1月	2,930	2,344	586
2月	3,738	2,990	748
3月	2,678	2,142	536
4月	3,140	2,512	628
5月	5,500	2,709	2,791
6月	4,300	3,225	1,075
7月	3,885	2,914	971
8月	3,675	2,756	919
9月	3,455	2,591	864
10月	3,600	1,800	1,800
11月	3,969	2,977	992
12月	3,045	2,284	761

❶ 選取要利用圖表確認的儲存格範圍。

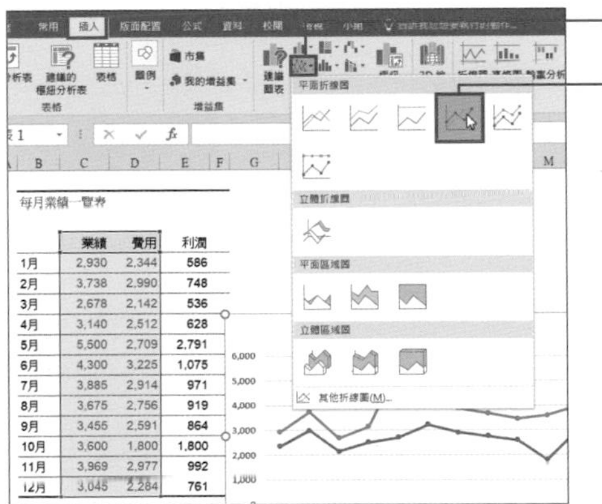

❷ 點選「插入」索引標籤的「折線圖」。

❸ 選擇含有資料標記的圖表，製作確認資料專用的折線圖。

MEMO 選擇含有資料標記的折線圖可迅速發現異常值，並確認數值。

相關項目
■ F2 鍵的使用方法 ⇨ p.110 ■ 追蹤功能 ⇨ p.114
■ 圖表功能的基礎知識 ⇨ p.264

CHAPTER 4 - 05

避免不該犯的錯誤

開始作業之前，請先備份檔案

做好隨時都能回到「過去」的準備

編輯現存的 Excel 檔案（.xlsx）時，為了避免因操作失誤或系統異常（例如檔案破損）可先事前備份，或訂立檔案命名規則。

筆者的建議是「**每次開始作業之前都先將檔案備份成另一個檔案**」。例如在備份的檔名上加入日期或編號，與正在製作的檔案有所區分（p.122）。也可以將備份的檔案全部放在設為「old」的資料夾來管理；如此一來，即使發生「事故」，也能回到前一份資料狀態。

■ Excel 檔案的命名與儲存規則

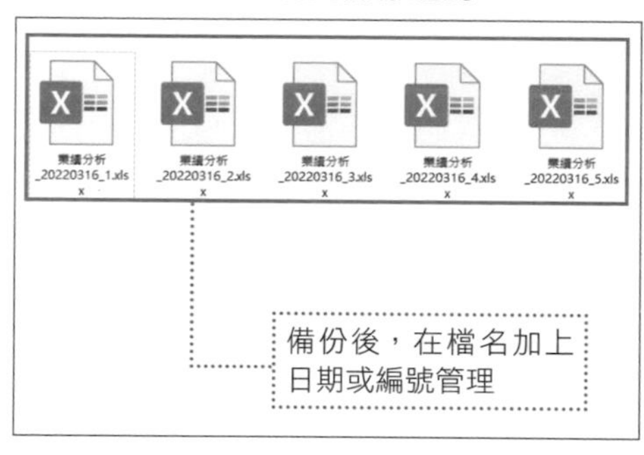

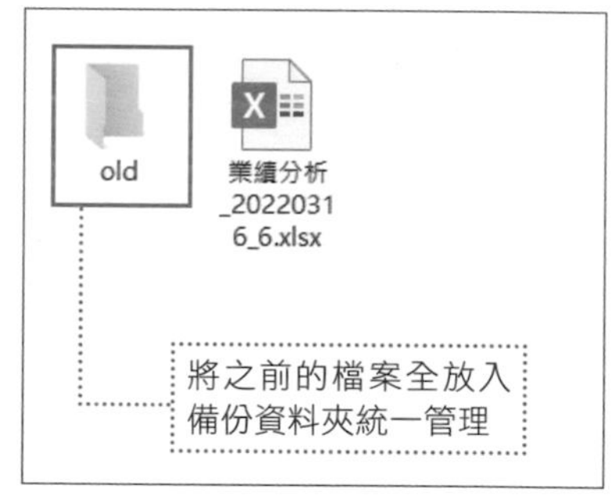

為了防範操作失誤或檔案破損，可在開始作業之前先備份檔案。檔案名稱可加上製作日期，以便看出檔案是何時製作的。也可以建立備份專用的資料夾，再將備份檔案全部放進去。

只要在開始作業之前任一時間備份檔案就好。例如，經過一段時間或是內容有明確的修改時，就需要以「**另存新檔**」的方式備份成另一個檔案，而不以「覆寫」的方式儲存檔案。如此一來，不管發生任何問題，都能立刻恢復原狀。

決定儲存方式與建立作業風格

不妨實際操作一次，也請你試著思考一下，你會怎麼做？

以下範例是提前為作業開始日建立專用資料夾，接著再新增檔案。檔案則以「**內容 _ 日期 _ 版本編號**」的規則命名，若是 2022 年 3 月 16 日的業績分析檔案，就命名為「**業績分析 _20220316_1**」。同時也建立備份資料夾「old」，再開始作業。

■ **備份檔案的儲存方式、建立規則**

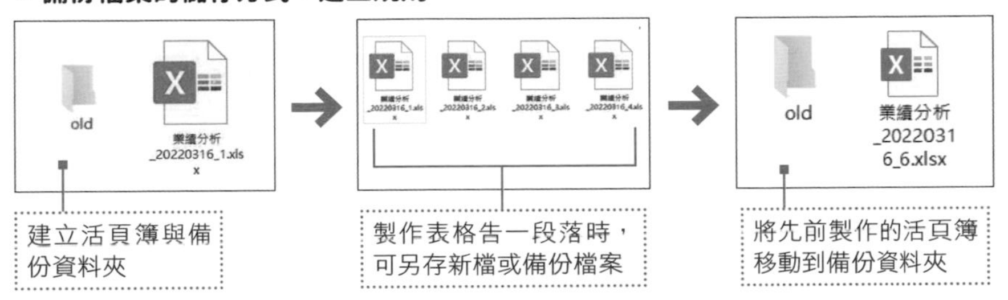

建議可以一邊「覆寫」一邊作業，告一段落再「另存新檔」，然後將檔案命名為「業績分析 _20220316_**2**」，然後將先前製作的「業績分析 _20220316_1」移動到 old 資料夾。之後也以相同的方式作業。

隔天要開始作業時，可先複製前一天最新的檔案，再將檔名重新命名為「業績分析 _20220317_**1**」，再將前一天的最新檔案移動到 old 資料夾。

若是將備份資料夾複製到另一個硬碟，將可建立更萬無一失的系統。

▼這點也很重要！▼

另存新檔的頻率，怎麼存才適當？

另存新檔的頻率可隨著手邊作業來調整。筆者大概是 1 ～ 2 小時另存新檔一次，若是在容易發生錯誤或進行較為複雜的作業時，就不會太在乎作業時間，只要告一段落就會另存新檔。

相關項目 ■ 刪除檔案製作者的名稱 ⇨ p.57 ■ 自動儲存檔案 ⇨ p.61

CHAPTER 4

06

避免不該犯的錯誤

在檔案名稱加上日期與版本編號

檔案名稱必須「淺顯易懂」

用 Excel 管理資料時，必須注意檔案的命名方式，若老是隨便命名，是無法管理好任何資料的。事前替所有檔案建立「命名規則」格外重要，不只限於團隊作業，一個人作業也是如此。

訂立命名規則的重點在於：一是能看出**該檔案是何時建立**，第二是**讓檔案依序排列**。

筆者建議「**內容 _ 日期 _ 版本編號**」。日期的格式則建議年（四位數）、月（二位數）、日（二位數）。當月份與日期為一位數的時候，可加上「0」補成二位數（「2022 年 3 月 16 日」→「20220316」）。如此一來，檔案名稱就會依照作業順序排列。

此外，日期後面的**版本編號**最好每天重新計算，而不是一直連續下去。

■ **依照命名規則所排序的檔案列表**

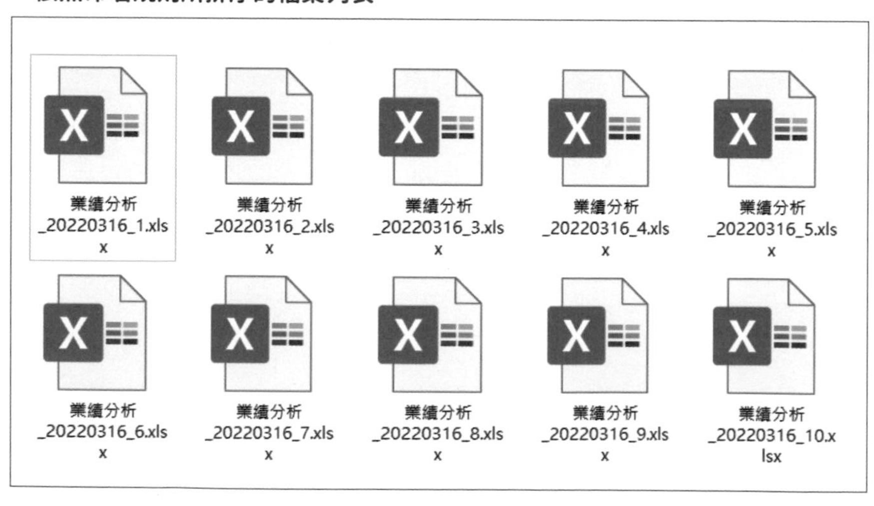

調整檔案總管的檢視方式

確認檔案或資料夾內容時，通常會使用到檔案總管，此時若能依用途**變更檔案總管的檢視方式**（如圖示大小或是詳細資料等），就能更有效率地完成作業。

要切換檔案總管的檢視方式可選擇「檢視」（Windows 10 之前的版本可點選「檢視」索引標籤），再點選下圖所示的各種按鈕（請注意，不是 Excel 的「檢視」索引標籤）。

■ 檔案總管的「檢視」索引標籤

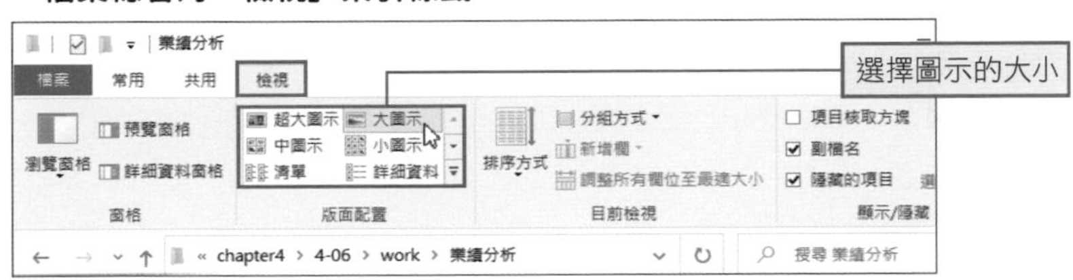

筆者推薦使用「詳細資料」的檢視方式；但，若是是較常使用滑鼠的人，設定成「大圖示」可能會比較好點選。不過，在確認版本順序時，先切換成「小圖示」或「詳細資料」成為列表格式，易於看出順序。不妨現在實際操作看看吧。

■ 切換檢視方式

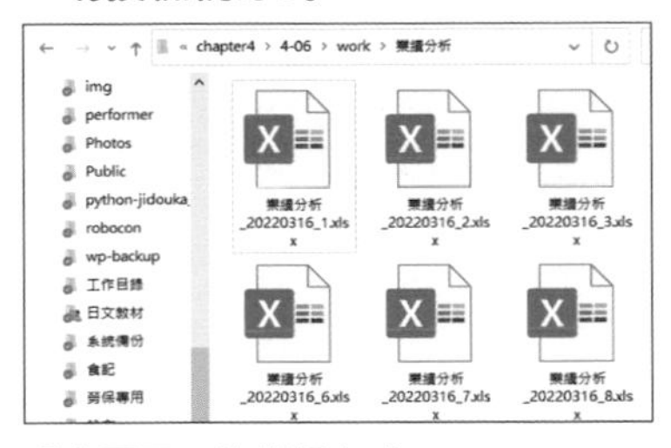

「大圖示」的檢視方式。

切換成「詳細資料」的檢視模式之後，點選「名稱」，就能依照活頁簿的名稱排序。

相關項目　■ 刪除檔案製作者的名稱 ⇨ p.57　■ 替檔案設定密碼 ⇨ p.62

CHAPTER 4 - 07

避免不該犯的錯誤

徹底了解
相對參照與絕對參照

區分複製時想移動與想固定的儲存格

要隨心所欲地使用 Excel，**就必須徹底了解相對參照與絕對參照**。

相對參照就是將含有公式的儲存格複製到其他位置時，**公式內的儲存格參照位置會隨著填滿目的地的儲存格而改變**。例如，將內容為「=D5+D6」的儲存格 D4 填滿到 E4 時，若在相對參照的情況下填滿，儲存格 E4 的內容會是「=E5+E6」。

另一方面，**絕對參照**則是**不論填滿目的地為何處，公式內的儲存格參照位置都是固定的**。要將儲存格的參照方式設定為絕對參照時，必須在欄位名稱或列編號之前加上「$」（貨幣符號）。例如，要將儲存格 J5 設定為絕對參照時，可輸入「$J$5」，也可以只固定欄（$J5）或列（J$5）（複合參照：p.126）。

■ **相對參照與絕對參照**

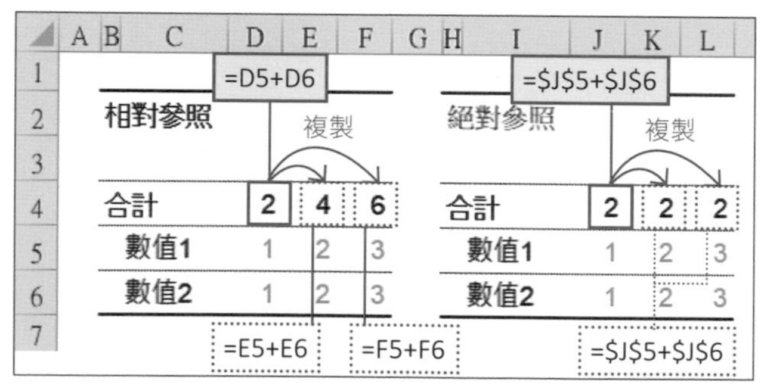

在儲存格 D4 輸入「=D5+D6」的相對參照公式，並在儲存格 J4 輸入「=$J$5+$J$6」的絕對參照公式，然後分別往水平方向自動填滿。在相對參照的資料表裡，自動填滿的公式的參照位置變動了，計算結果也不一樣；但在絕對參照的資料表裡，卻因為參照位置是固定的，所以自動填滿公式之後，計算結果也一樣。

下面的圖是依照每項產品的業績、總業績佔比製作的一覽表。儲存格 E6 輸入產品 A 業績比「**產品 A 業績 ÷ 總業績**」的「=D6/D5」公式。

儲存格 E7、E8、E9 的內容則是以自動填滿功能（p.186）向下複製出 E6 內的公式，但是在填滿時，若為將參照儲存格 D5（總業績）指定為**絕對參照**，就會算出錯誤的結果。

■ 直接複製相對參照而產生錯誤的範例

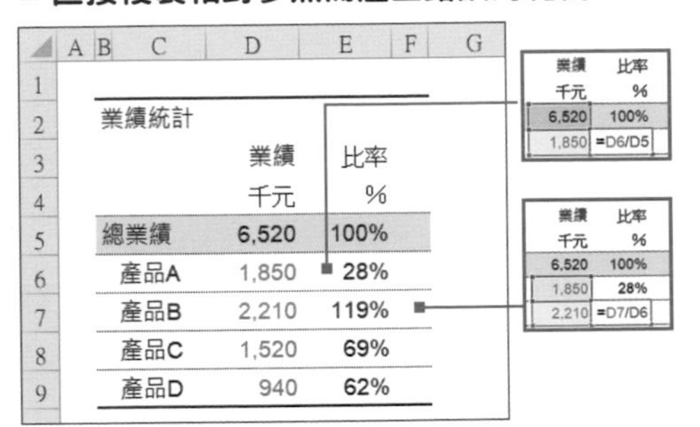

	C	D	E
2	業績統計		
3		業績	比率
4		千元	%
5	總業績	6,520	100%
6	產品A	1,850	28%
7	產品B	2,210	119%
8	產品C	1,520	69%
9	產品D	940	62%

以相對參照的設定複製儲存格 E6 的公式（計算業績比率的公式）之後，下方的儲存格 E7 的公式就參照了錯誤的位置，變成「產品 B 業績 ÷ 產品 A 業績」的公式。

「固定值」與「固定範圍」設定為絕對參照

在公式內指定儲存格之後，就會自動設定為**相對參照**。若希望將相對參照變更為絕對參照，可選取要變更參照方式的位置按下 F4 鍵。假如**所有計算都會使用「固定值」或「固定範圍」，請務必設定為絕對參照**。此外，選取範圍之後，每按一次 F4 鍵，參照方式就會改變一次。

■ 以 F4 鍵切換相對參照與絕對參照

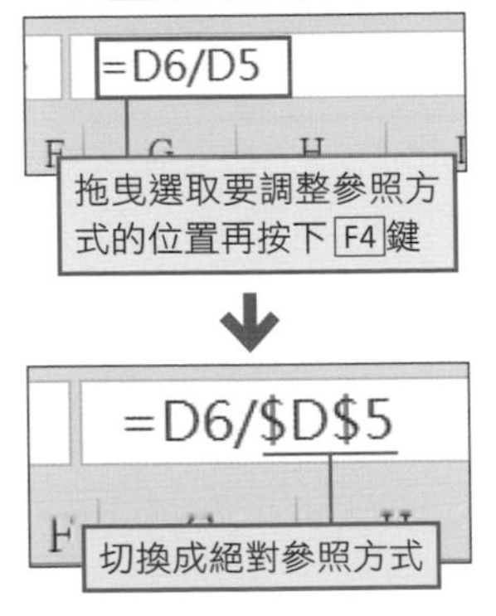

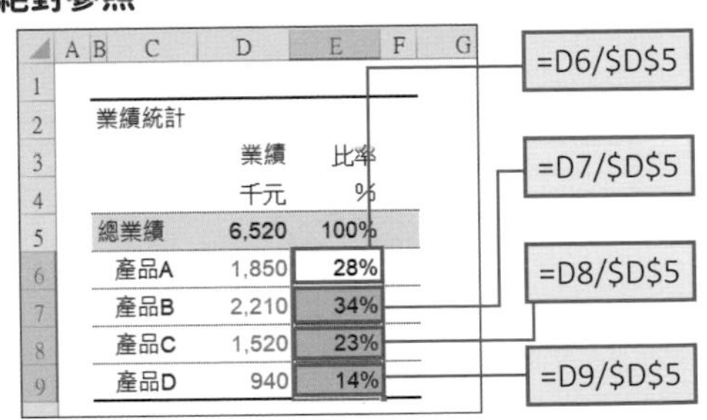

	C	D	E
2	業績統計		
3		業績	比率
4		千元	%
5	總業績	6,520	100%
6	產品A	1,850	28%
7	產品B	2,210	34%
8	產品C	1,520	23%
9	產品D	940	14%

將儲存格 D5 設定為絕對參照再填滿。可發現絕對參照部分固定不變，只有相對參照的部分隨著儲存格的位置改變。

相關項目
■ 儲存格的範圍指定與個別指定 ⇨ p.70
■ 複合參照 ⇨ p.126 ■ 參照其他工作表 ⇨ p.128

CHAPTER 4

08

避免不該犯的錯誤

利用複合參照迅速建立矩陣

固定列或欄其中一邊

前一篇介紹的絕對參照可固定儲存格，其實，是讓列與欄同時固定（p.124）。

本篇提到的**複合參照**則是**只固定列或欄其中之一的參照方式**。在業績一覽表中，將銷售數量配置在縱軸，而產品價格配置在橫軸，也就是**將計算所需的數值分別配置在列與欄，再於列與欄交錯之處顯示計算結果**（換言之就是矩陣），而此時最方便的參照方式就是**複合參照**了。

接下來以實例說明複合參照的使用方法。下圖在 C 欄配置了「銷售數量」，再於第 4 列配置了「價格」，製作出業績試算表。在兩種資料交錯的儲存格範圍 D5:G10 輸入了「銷售數量 × 價格」的公式。這個儲存格範圍的公式是**複製儲存格 D5 的複合參照公式，再一次性填滿完成**。換言之，只要使用複合參照，即使是下列的矩陣，也只需要輸入一次公式，剩下的儲存格範圍的公式都能立即帶入。具體的指定方法將於下一頁說明。

■ **利用複合參照製作的業績一覽表**

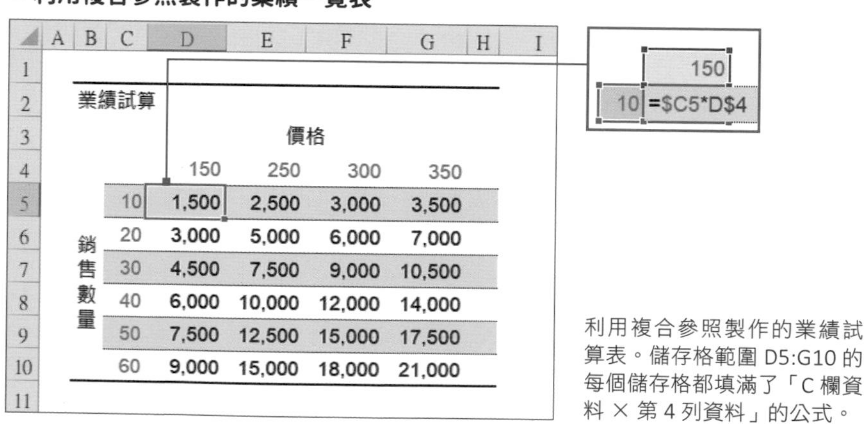

業績試算

		價格			
		150	250	300	350
銷售數量	10	1,500	2,500	3,000	3,500
	20	3,000	5,000	6,000	7,000
	30	4,500	7,500	9,000	10,500
	40	6,000	10,000	12,000	14,000
	50	7,500	12,500	15,000	17,500
	60	9,000	15,000	18,000	21,000

利用複合參照製作的業績試算表。儲存格範圍 D5:G10 的每個儲存格都填滿了「C 欄資料 × 第 4 列資料」的公式。

連按 F4 鍵，調整參照方式

要將參照方式設定為複合參照可先選取要變更參照方式的位置再連按 F4 鍵。此時參照方式會依照「**相對參照**」→「**絕對參照**」→「**複合參照（只固定列）**」→「**複合參照（只固定欄）**」的順序變更。請連按 F4 鍵，直到切換成需要的參照方式。

在製作前一頁的業績試算表之際，可先在儲存格 D5 輸入「=C5*D4」的公式，接著將 C5 設定為「$C5」（只固定欄），再將 D4 設定為「D$4」（只固定列），之後再將這個儲存格複製到儲存格範圍 D5:G10 即可。

■ 指定複合參照，建立矩陣的方法

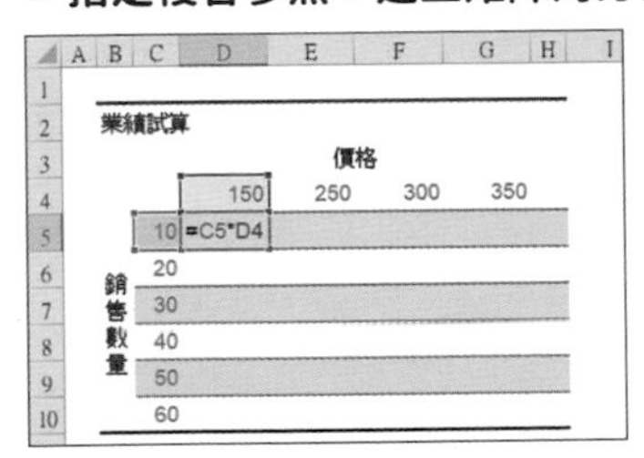

❶ 輸入「=C5*D4」的公式。

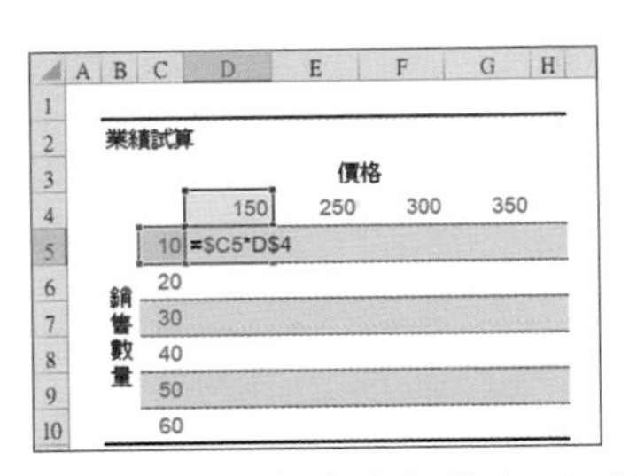

❷ 按下 F4 鍵，設定為「=$C5*D$4」，固定 C 欄與第 4 列的部分。

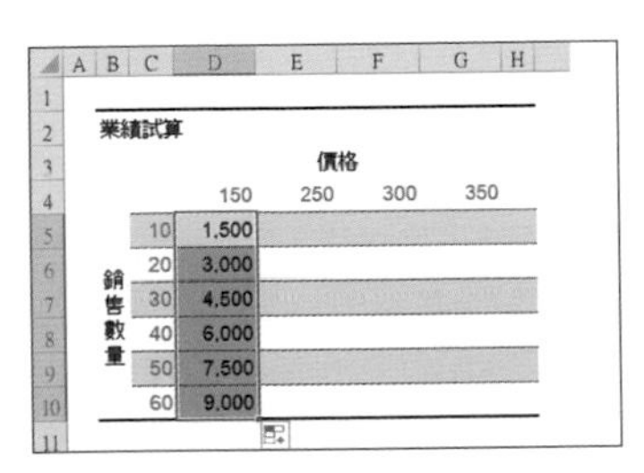

❸ 沿著垂直方向自動填滿。

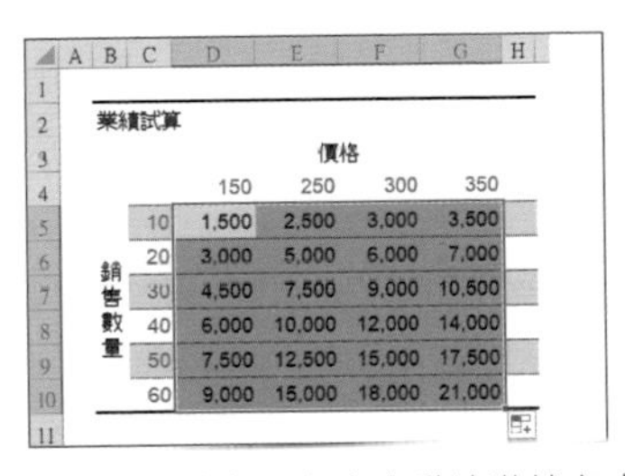

❹ 再沿著水平方向自動填滿就完成了。

▼這點也很重要！▼

為什麼固定參照的符號會是「$」

不論是絕對參照或是複合參照，都是在需要固定的參照位置輸入「$」，但為什麼是輸入「$」呢？有一說是「$」的外觀很像「船錨」，也就是「用錨固定船」的意思。

相關項目　■ 絕對參照、相對參照 ⇨ p.124　■ 參照其他工作表 ⇨ p.128

CHAPTER 4

09

避免不該犯的錯誤

參照其他工作表

將重複使用的資料整理成專用的工作表

製作工作表時，也可以參照其他工作表的值。**在儲存格輸入公式時，切換至其他工作表，選擇需要的儲存格即可參照**。如此一來，就會以「**sheet1!B4**」（「工作表名稱！儲存格編號」）格式指定要參照的儲存格，除了點選外，也可以用鍵盤直接輸入上述公式指定儲存格編號。此外，即使是參照其他工作表的儲存格，也可以利用絕對參照（p.124）或複合參照（p.126）指定儲存格。

下圖是利用「報價表」工作表的 VLOOKUP 函數（p.100）參照「商品」工作表的商品名稱與價格。

=VLOOKUP($B5, 商品 !$B$4:$D$9,2,FALSE)

└參照「商品」工作表的儲存格範圍 B4:D9

■ 參照其他工作表的值的公式範例

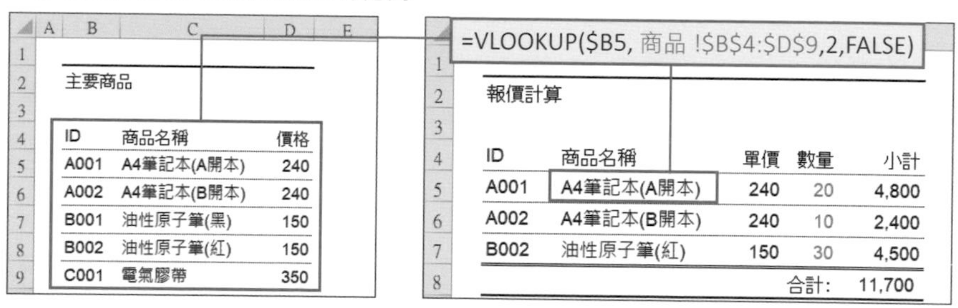

讓其他工作表也使用「商品」工作表的商品名稱與價格。

▼這點也很重要！▼

工作表名稱若以數字為開頭，必須以「"」括起來

若是遇到工作表名稱是「1 月業績」以數字為開頭的情況，必須以「"1 月業機 "!A1」的形式，用「"」括住工作表名稱來輸入。

常見錯誤與處置方式

輸入錯誤文字、錯誤數值，或拼寫錯誤，是再怎麼注意，都有可能發生；即使發現「統計結果好像有問題」，也得耗費許多時間找出錯誤並且修正。

例如「A4 筆記本」（半形 A）與「Ａ４筆記本」（全形 A）雖然相似，但在 Excel 的環境下卻是不同的資料。是無法被視為 SUMIF 函數（p.80）的計算對象。

■ 常見錯誤

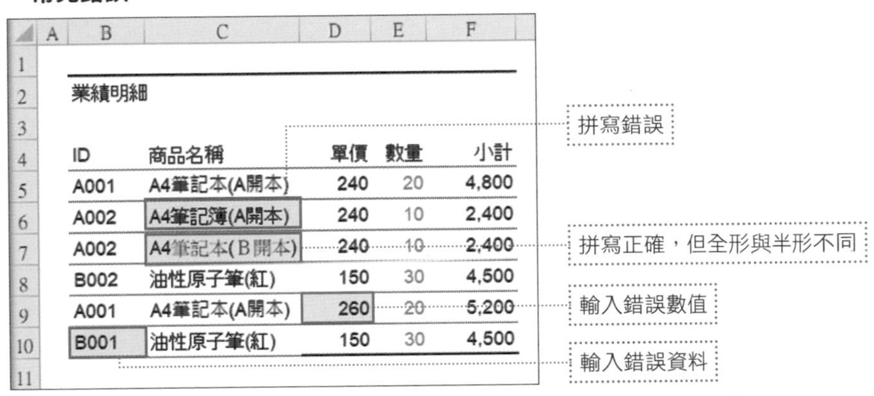

業績明細

ID	商品名稱	單價	數量	小計
A001	A4筆記本(A開本)	240	20	4,800
A002	A4筆記簿(A開本)	240	10	2,400
A002	Ａ4筆記本(Ｂ開本)	240	10	2,400
B002	油性原子筆(紅)	150	30	4,500
A001	A4筆記本(A開本)	260	20	5,200
B001	油性原子筆(紅)	150	30	4,500

拼寫錯誤與輸入錯誤值是難以察覺的，若是在計算之後才發現「好像哪裡不對勁」，就必須花時間找出原因，相對也會浪費不少時間。

為了避免上述不該犯的錯誤，建議將**各種資料表 / 表格都會用到的資料（例如商品或服務的一覽表）整理在獨立的工作表，就可被其他工作表使用**。如此一來，就能避免不小心輸入錯誤的名稱或價格。

此外，當手上資料表 / 表格有參照其他工作表時，若遇上需要變更名稱或價格，只要修正參照目標的工作表，就會連帶修改手上的資料表 / 表格了。假如每張工作表的資料都是手動輸入，就必須逐步搜尋活頁簿裡每個記載商品名稱的位置再修改。此時，就有可能發生「某些地方忘記修改」的失誤。

想要快速製作正確的資料表 / 表格，就必須盡量減少失誤。若輸入的資料有誤，那麼後續的結果當然也會有誤。

相關項目
■ 儲存格的範圍指定與個別指定 ⇨ p.70
■ 絕對參照、相對參照 ⇨ p.124　■ 複合參照 ⇨ p.126

CHAPTER 4

10

避免不該犯的錯誤

替常用的數字命名——設定儲存格名稱

指定時，以「名稱」取代儲存格編號

Excel 可替任何的儲存格或儲存格範圍設定「**名稱**」，這個名稱可直接在公式上使用。

假設儲存格 A1 輸入了日本消費稅率的「0.1」，在儲存格 B1 則輸入了業績。在以儲存格編號指定的情況下，公式會是「=B1*A1」。若是將儲存格 A1 命名為「消費稅」，公式就會是「=B1* 消費稅」，是不是比「B1*A1」更容易理解？

■ **替儲存格命名**

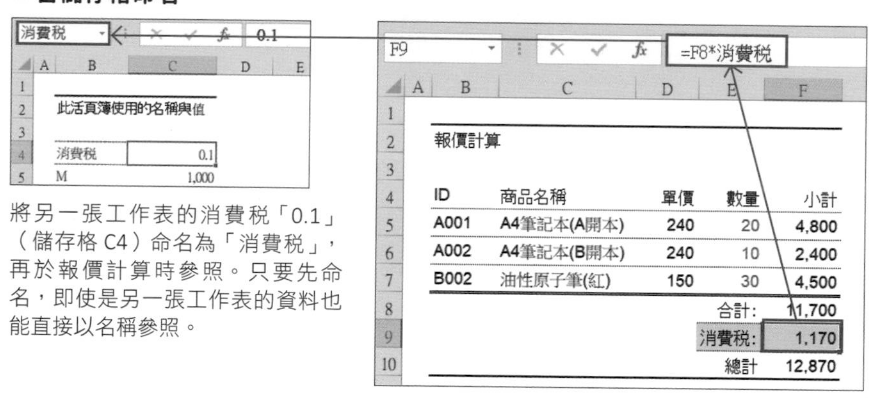

將另一張工作表的消費稅「0.1」（儲存格 C4）命名為「消費稅」，再於報價計算時參照。只要先命名，即使是另一張工作表的資料也能直接以名稱參照。

除了上述日本消費稅率範例之外，還有很多可以用命名方式來設定的數值，例如**代表位數的數值**（千元、百萬元）或是**換匯的金額**、以及**批量**（例如 1 批量 300 個）等獨立的單位（可參照下頁的圖）。

替這些重複使用的數值命名，可讓公式變得更淺顯易懂。

統一在第一張工作表設定「名稱」

儲存格的名稱可在任一工作表、任一儲存格來設定，但，若是在不同的工作表設定儲存格的名稱，這樣會不好管理，甚至還有可能不小心設定成相同名稱，因此，建議大家將**儲存格的名稱統一整理在第一張工作表**。

此外，**不管從哪張工作表都可參照設定的名稱**，所以在多張工作表設定名稱的方式可說是百害無一利。只要沒有特別理由，都建議將名稱集中在第一張工作表設定。

要替儲存格設定「名稱」可先選取要命名的儲存格，再於左上角的「名稱」方塊輸入名稱，然後按下 Enter 鍵。

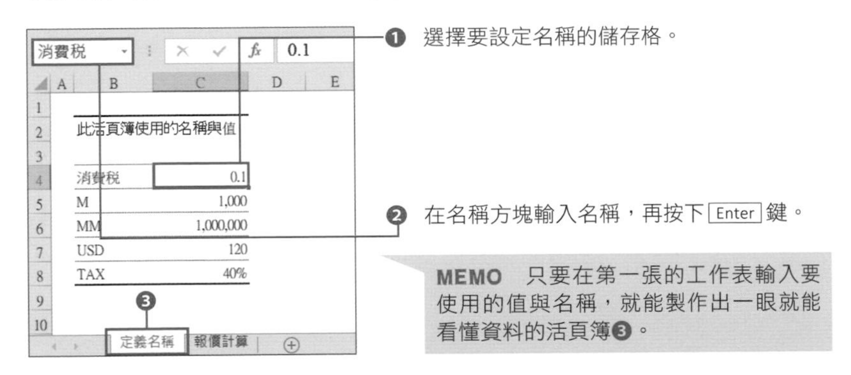

▼這點也很重要！▼

值也可以輸入名稱

Excel 除了可替輸入數值的儲存格命名，還可替「儲存格內容」命名。

要替儲存格內容命名時，請點選「公式」索引標籤的「定義名稱」，再於「名稱」欄位輸入數值的名稱❶，接著在「參照到」欄位輸入數值❷，最後點選「確定」即可。

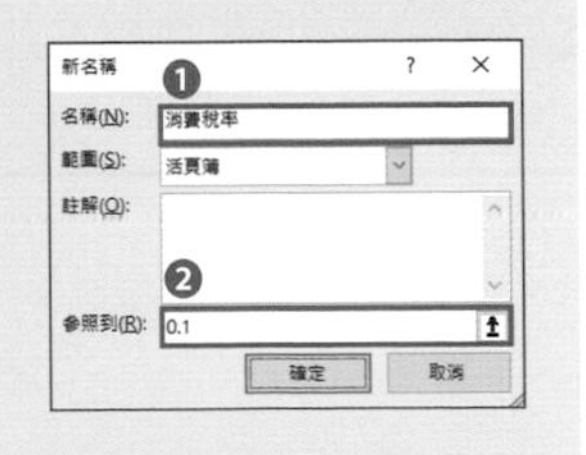

不過，使用這個方法的話，第三者很難了解名稱與值的關係，並不建議使用。建議使用前述的「名稱全部在第一張工作表定義」規則，替儲存格命名。如此一來，誰都能看懂這張活頁簿的內容。

相關項目 ■ 在儲存格加上附註 ⇨ p.41 ■ 刪除儲存格名稱 ⇨ p.132

CHAPTER 4

11

避免不該犯的錯誤

刪除儲存格的名稱

「名稱」是透過對話框來管理

想要編輯活頁簿所使用的「名稱」（p.130），可點選「**公式**」索引標籤裡的「**名稱管理員**」，開啟**「名稱管理員」對話框**（參考下圖）。尤其是將有公式使用了「名稱」的工作表複製到其他活頁簿或新增的活頁簿時，請務必先確認「名稱」的狀態。

若工作表含有使用「名稱」的公式，將工作表複製到其他的活頁簿或新活頁簿，「名稱」的資訊就會在**與原始活頁簿建立連動的狀態下**，一起被複製到其他活頁簿。但是，**請盡可能不要使用活頁簿之間的連動，而是各自獨立使用會比較安全**（p.138）。若是其他的活頁簿設定了連動的「名稱」，建議透過「名稱管理員」對話框編輯這個名稱，或是乾脆直接刪除。

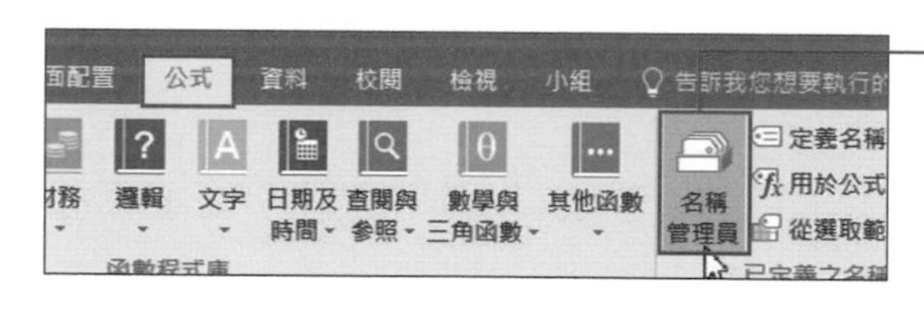

❶ 點選「公式」索引標籤「名稱管理員」。

名稱管理員

新增(N)... 編輯(E)... 刪除(D)...

名稱	值	參照到	領域
M	1,000	=定義名稱!$C$5	活頁簿
MM	1,000,000	=定義名稱!$C$6	活頁簿
TAX	40%	=定義名稱!$C$8	活頁簿
USD	120	=定義名稱!$C$7	活頁簿
消費稅率	0.1	=0.1	活頁簿
消費稅	0.1	=定義名稱!$C$4	活頁簿

❷ 開啟「名稱管理員」對話框之後，可確認、編輯或刪除這張活頁簿的「名稱」。

編輯與刪除「名稱」

在「名稱管理員」對話框選擇「名稱」，再點選對話框上方的**「編輯」按鈕**或**「刪除」按鈕**即可編輯或刪除所選定的名稱。點選「編輯」按鈕再重新指定儲存格或儲存格範圍，就能變更「名稱」所屬的位置。

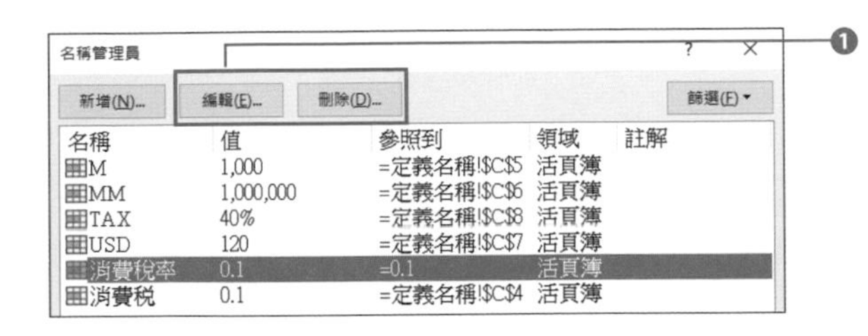

❶ 從列表選擇「名稱」，再點選「編輯」按鈕與「刪除」按鈕。

刪除名稱之後，公式使用「名稱」的儲存格就會顯示「#NAME?」錯誤訊息，這代表找不到「名稱」的定義。可重新定義剛剛刪除的「名稱」，或是將公式的「名稱」改寫為儲存格編號，就能修正這個錯誤。

■ 刪除名稱之後，使用該名稱的公式就會出現錯誤

商品名稱	單價	數量	小計
A4筆記本(A開本)	240	20	4,800
A4筆記本(B開本)	240	10	2,400
油性原子筆(紅)	150	30	4,500
		合計:	11,700
		消費稅:	1,170
		總計	12,870

➔

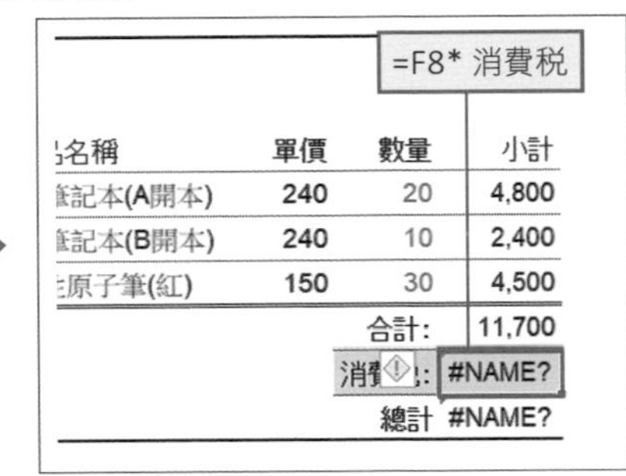

刪除「消費稅」這個名稱之後，使用該「名稱」的公式還在，但是名稱的定義已經遺失，所以會顯示「#NAME?」錯誤訊息。

▼這點也很重要！▼

自動命名的名稱

若是定義列印範圍，這個範圍就會自動被命名為「Print_Area」。此外，使用「表格」功能或是從外部載入資料，Excel 有時會自動替這些資料命名。

相關項目 ■ 在儲存格加上附註 ⇨ p.41　■ 替儲存格命名 ⇨ p.130

CHAPTER 4 - 12

避免不該犯的錯誤

從「輸入」到「選擇」——「資料驗證」功能

建立輸入值的列表，從列表選擇需要的值

為避免輸入錯誤、計算錯誤或標記不統一的問題，不應該一直讓輸入資料的人「**輸入文字**」，而是先將這些輸入做成文字列表，再讓輸入資料的人從中「**選取文字**」。

如果能從列表選擇文字，而不是直接手動輸入文字，就能避免輸入資料時常見的錯漏字問題，也能避免「業績」與「業績額」、「印表」與「印表機」，或是半形的「Excel」與全形的「Ｅｘｃｅｌ」這種標記方式不一致的問題。

要限制儲存格可接受的值，可使用**「資料驗證」功能**。若是將平日常會輸入的值套用此功能，就能正確與迅速地輸入需要的值。

■ 利用資料驗證功能限制儲存格可輸入的值

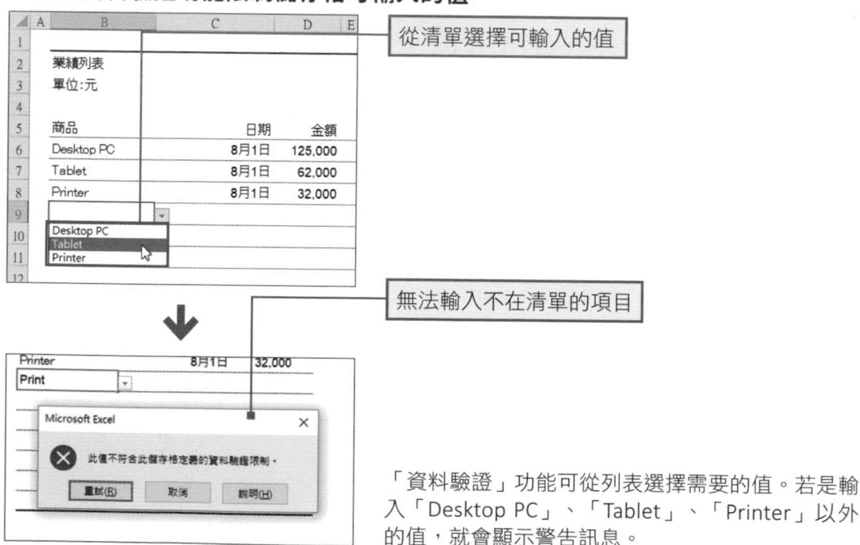

「資料驗證」功能可從列表選擇需要的值。若是輸入「Desktop PC」、「Tablet」、「Printer」以外的值，就會顯示警告訊息。

資料驗證的設定步驟

在儲存格或儲存格範圍設定資料驗證規則，該儲存格就只能輸入指定的值。

「資料驗證」功能的設定步驟如下。

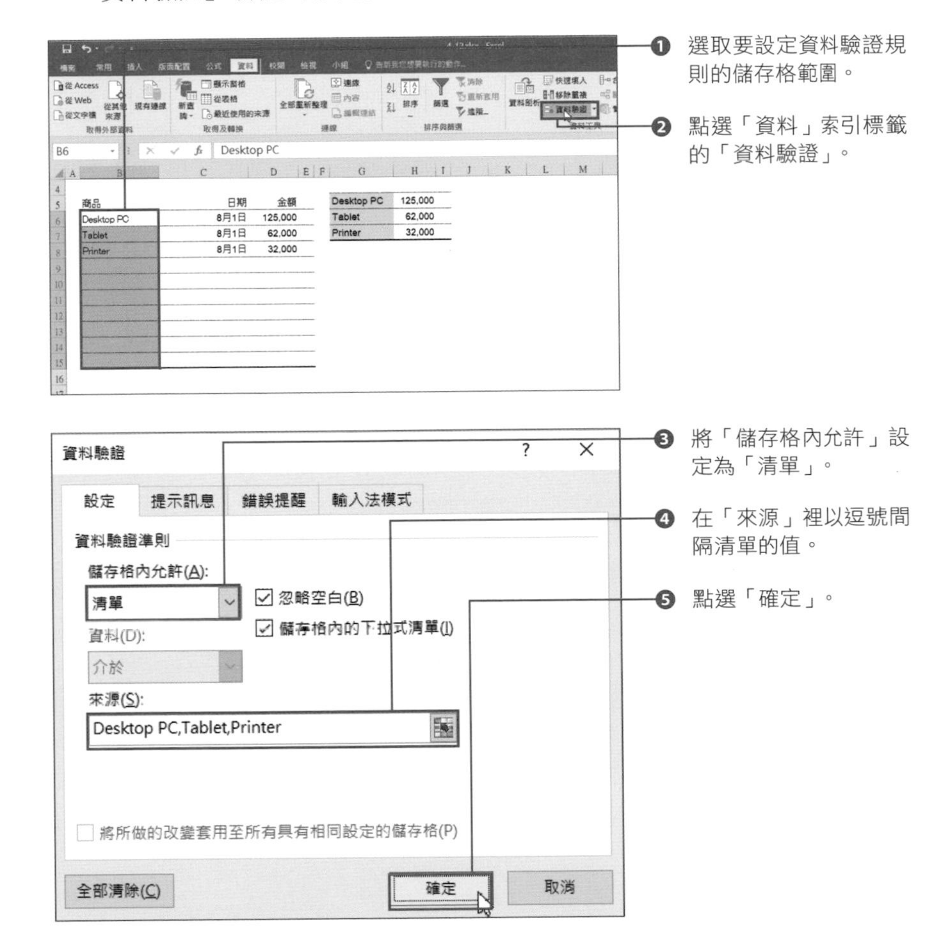

▼這點也很重要！▼

清除資料驗證規則的方法

想要清除「資料驗證規則」可點選「資料驗證」對話框左下角的「全部清除」按鈕（參考上圖）。

根據儲存格的值建立清單

除了以逗號間隔清單值，直接輸入清單值的方法（參考前一頁），也可將儲存格的值指定為清單值。

要將儲存格的值指定為清單值，可在「資料驗證」對話框的「來源」以**絕對參照**（p.124）的方式指定清單值的儲存格範圍。

也可先替儲存格命名（p.130），再於「來源」指定。

■ 利用儲存格的值建立清單

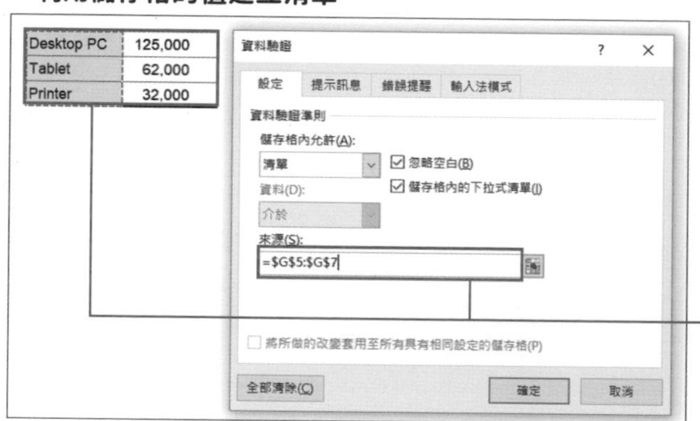

在「來源」指定儲存格範圍。若以相對參照的方式指定，第二列之後的儲存格之參照位置就會隨著列的增加而往下移，因此得以絕對參照的方式指定

9	Tablet	8月2日	228,000
10	Printer	8月2日	64,000
11	Desktop PC	8月3日	85,000
12	Desktop PC	8月4日	85,000
13	Tablet	8月4日	62,000
14			
15	Desktop PC		
16	Tablet		
	Printer		

剛剛指定的儲存格範圍的值成為清單值

利用鍵盤選擇清單值

▼這點也很重要！▼

設定「資料驗證」規則的儲存格可利用 Alt 鍵 + ↓ 展開清單，再利用 ↑ 、↓ 鍵選擇值。選擇完畢後，點選 Enter 鍵確定輸入。

此外，若在未設定「資料驗證」規則的儲存格執行相同的操作，Excel 會自動根據同欄的值顯示「輸入候選清單」。這個功能也很方便，大家不妨先記下來。

設定輸入值的容許度

設定「資料驗證」規則之後，預設是不能輸入清單以外的值。不過，有時候會遇到「**想利用清單輸入顧客的姓名，但也想輸入其他新顧客的資料**」的情況。

此時變更錯誤提醒的「**樣式**」，就能輸入清單以外的值，錯誤提醒的「樣式」可透過下列的步驟設定。

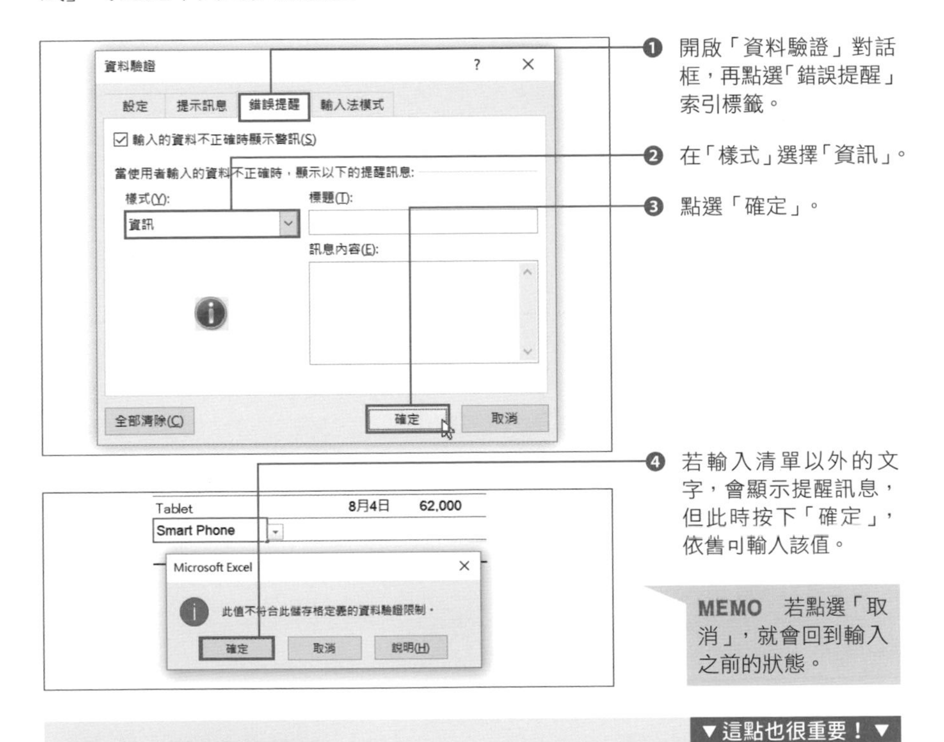

❶ 開啟「資料驗證」對話框，再點選「錯誤提醒」索引標籤。

❷ 在「樣式」選擇「資訊」。

❸ 點選「確定」。

❹ 若輸入清單以外的文字，會顯示提醒訊息，但此時按下「確定」，依舊可輸入該值。

MEMO 若點選「取消」，就會回到輸入之前的狀態。

▼這點也很重要！▼

「樣式」可設定的項目

「錯誤提醒」索引標籤的「樣式」除了「資訊」之外，還有「停止」與「警告」可選擇。若設定為「**停止**」就無法輸入清單以外的值，若設定為「**警告**」，則會顯示具有「是」、「否」、「取消」按鈕的對話框。點選「是」可輸入無效值（其代表不符合原先條件），點選「否」會回到編輯無效值的狀態，點選「取消」可取消輸入，讓儲存格恢復原狀。

相關項目
■ 儲存格的範圍指定與個別指定 ⇨ p.70
■ 絕對參照、相對參照 ⇨ p.124 ■ 複合參照 ⇨ p.126

CHAPTER 4 - 13

檔案參照與原始資料

不參照其他的活頁簿

「活頁簿只能單獨使用」是基本原則

Excel 可透過下列的操作參考其他活頁簿的儲存格的值。

- **開啟兩張活頁簿，再於輸入公式時候，選擇其他活頁簿的儲存格**
- **以「[' 活頁簿名稱 .xlsx] 工作表名稱 '! 儲存格編號」的格式指定參照的儲存格**
- **如同利用 VLOOKUP 函數查詢資料**（p.100）**，將參考其他工作表的表格複製到另一張活頁簿**

參照其他活頁簿的功能（連結功能）看似方便，但只要被參照的活頁簿消失，或是活頁簿被重新命名就會發生錯誤。此外，每次開啟活頁簿都會顯示「外部參照」的警告訊息，有時候甚至會被要求確認或修正連結資訊。

因此，**不太建議參照其他的活頁簿**，基本上，**建議大家單獨使用活頁簿**。

■ 參照其他活頁簿的情況

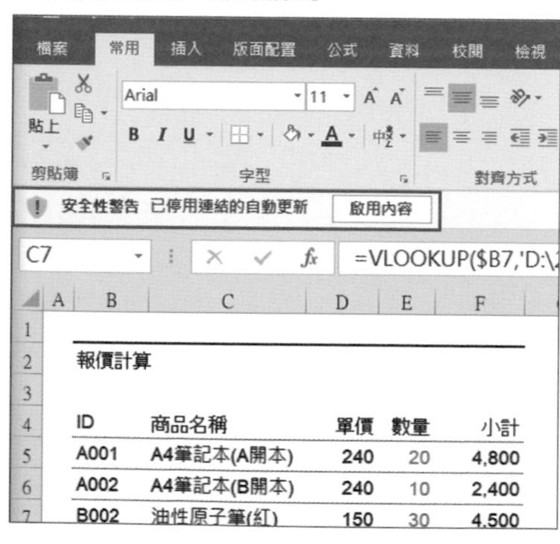

參照其他活頁簿時，開啟該活頁簿會顯示警告訊息。

在活頁簿內先輸入其他活頁簿的值即可參照

雖然建議不要參照其他活頁簿的值，但，**有時候還是會需要使用其他活頁簿的資料或統計的結果**，而且使用其他活頁簿已經驗算過的資料，總比從頭輸入資料更為正確。

此時，不妨將其他活頁簿的值直接複製到活頁簿上使用。若是不需要沿用公式，可利用「**貼上**」功能（p.176）貼入值再使用，也就能在安全的狀態下使用資料。

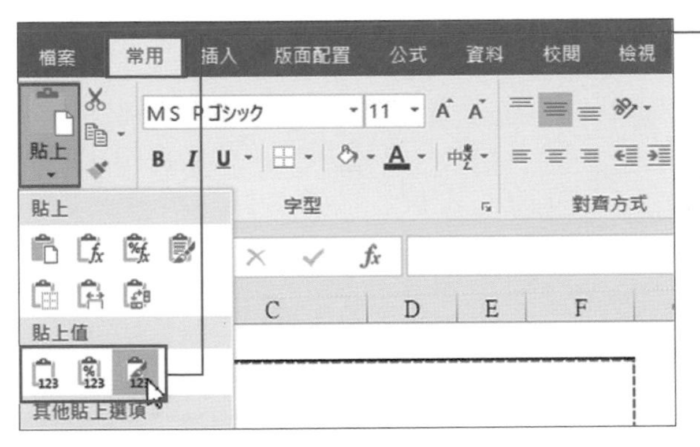

❶ 複製其他活頁簿的儲存格範圍，再從「常用」索引標籤的「貼上值」選擇「值」。

MEMO 「貼上值」的三個圖示各有不同的功能，請大家參考 p.177 的說明再使用。此時不管點選哪個圖示都可以。

ID	商品名稱	單價	數量	小計
A001	A4筆記本(A開本)	240	20	4,800
A002	A4筆記本(B開本)	240	10	2,400
B002	油性原子筆(紅)	150	30	4,500
			合計:	11,700

報價計算

❷ 直接複製內容，再貼入活頁簿的任何一張工作表。

▼這點也很重要！▼

沿用公式的方法

若想在活頁簿沿用其他活頁簿的公式，可將公式參照的工作表整張複製到活頁簿。例如想複製其他活頁簿的「報價計算」工作表的值，可將「報價計算」與「報價計算」工作表的公式所參照的「商品」工作表，全部複製到活頁簿裡。

相關項目 ■ 絕對參照、相對參照 ⇨ p.124 ■ 參照其他工作表 ⇨ p.128

CHAPTER 4 - 14

檔案參照與原始資料

確認是否參照其他的活頁簿

利用「尋找與取代」確認是否參照其他的活頁簿

若發現錯誤是因為參照其他活頁簿時，要一一確認活頁簿裡的所有公式是否參照了「**其他活頁簿**」可是件很麻煩的事。

參照其他活頁簿的公式通常會使用「**'[活頁簿 .xlsx] 工作表名稱 '! 儲存格編號**」的格式，因此，可使用 Excel 的「尋找與取代」功能搜尋「[」（括號）。也因為平常輸入資料時，很少使用「[」，應該可以快速找出參照其他活頁簿的公式。

■ **參照其他活頁簿的公式**

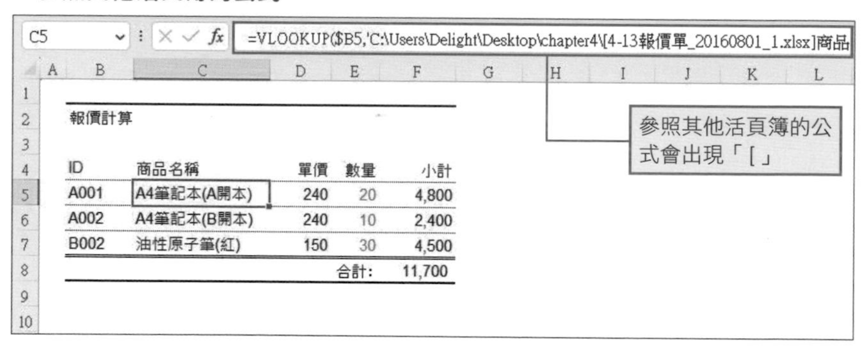

▼這點也很重要！▼

請一併確認「名稱」的定義

若已替儲存格「命名」（p.124），請在「名稱管理員」對話框確認名稱的定義內容（p.132）。

在活頁簿 A 輸入使用「名稱」的公式後，將公式貼至活頁簿 B，就會連同「名稱」一併貼入活頁簿 B，但這個「名稱」此時仍參照活頁簿 A。假設修正了公式還是顯示警告訊息，請確認「名稱」是否參照其他的工作表。

搜尋「整張活頁簿」

要確認是否參照其他活頁簿可按下 Ctrl + F 鍵，開啟「尋找及取代」對話框，再設定「**尋找範圍：活頁簿**」、「**搜尋：公式**」，或是取消「**儲存格內容須完全相符**」選項。

完成上述設定之後，在「尋找目標」輸入「[」，然後點選「全部尋找」，就會顯示「參照其他活頁簿的儲存格」的清單。若想保留這些公式，可先將參照位置的工作表複製到這張活頁簿，再刪除參照位置的活頁簿名稱，設定成參照其他活頁簿的儲存格。

點選清單，還可移動到搜尋結果的儲存格。這是能快速完成修正作業的功能之一。

■「尋找及取代」對話框的設定內容

移除連結

▼這點也很重要！▼

從「資料」索引標籤的「編輯連結」可解除所有參照其他活頁簿的連結，而被解除連結的儲存格會只剩下原本的值。若不需要保留儲存格的公式，使用這項功能刪除會比較簡單。

相關項目
■ 絕對參照、相對參照 ⇨ p.124　■ 參照其他工作表 ⇨ p.128
■ 參照其他活頁簿 ⇨ p.138

CHAPTER 4 - 15

檔案參照與原始資料

釐清資料來源

保留確認數值適當性與根據的資訊

在資料表 / 表格輸入資料時，請盡可能養成記載「數值出處」的習慣。計算所得的資料、從財務資料引用的資料、從政府發表的資料都是不同的資料來源，若不記載來源，之後就無法確認數值的適當性。尤其是**直接輸入數值時**，請務必載明來源。記載資料來源的資料表 / 表格才是「可信度較高的資料表 / 表格」。

記載來源時，可另外新增「來源」欄位，如果字數較多，還可在欄位之外的位置輸入註解，讓資料表 / 表格更容易閱讀。

■ 記載資料的來源

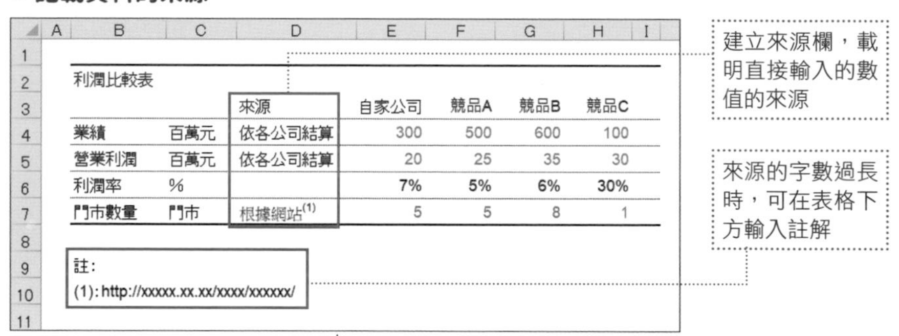

利潤比較表

		來源	自家公司	競品A	競品B	競品C
業績	百萬元	依各公司結算	300	500	600	100
營業利潤	百萬元	依各公司結算	20	25	35	30
利潤率	%		7%	5%	6%	30%
門市數量	門市	根據網站(1)	5	5	8	1

註：
(1): http://xxxxx.xx.xx/xxxx/xxxxxx/

▼這點也很重要！▼

上標文字的設定步驟

要將註解編號「(1)」這類文字設定為上標文字時，可先拖曳選取編號，再於「儲存格格式」對話框的「字型」索引標籤的「特殊效果」勾選「上標」。

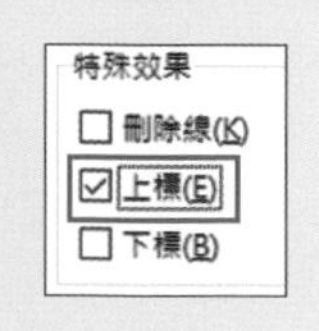

相關項目 ■ 以顏色標示數字 ⇨ p.26 ■ 參照其他工作表 ⇨ p.128

CHAPTER 5

大幅提升作業速度的快速鍵技巧

CHAPTER 5
01

必須學會的精選快速鍵

快速鍵是必修的工作技巧

記住快速鍵，作業效率急遽提升

Excel 內建了許多提升作業效率的功能，其中最重要的就屬「**快速鍵**」了。只要記住本書介紹的重點快速鍵，就能比別人快 10 倍甚至 20 倍來完成作業。而且，是真的會「**急遽**」地提升呢！

很常聽見「**擅長使用 Excel 的人，是不用滑鼠的**」，但確實是如此。只是簡單的動作卻要浪費時間用滑鼠點選，不管有多少時間都不夠用。若你是長時間使用 Excel 的人，請儘量少用滑鼠來操作。

快速鍵就是**利用特定鍵盤按鍵以代替滑鼠操作的組合鍵**。最具代表性的就是 Ctrl + C 的「複製」以及 Ctrl + V 的「貼上」。快速鍵（Shortcut）又可譯為「捷徑」或「抄近路」等意思。

Excel 替各種操作設置了快速鍵，**只要學會一些常用功能的快速鍵，就能單以鍵盤完成許多作業**。

■ **連內容選單也能利用鍵盤叫出**

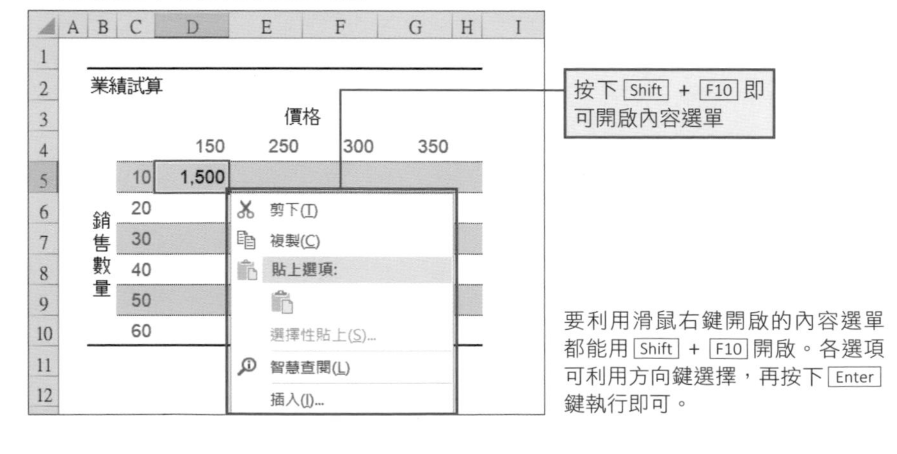

要利用滑鼠右鍵開啟的內容選單都能用 Shift + F10 開啟。各選項可利用方向鍵選擇，再按下 Enter 鍵執行即可。

改善作業效率等於減少失誤

使用快速鍵的最大優點雖然是**提升作業效率**，但是製作資料表的時間縮短，也等於多出時間確認與修正輸入內容，更能製作正確且零失誤的資料表了。

■ 新增活頁簿絕對是用快速鍵比較快

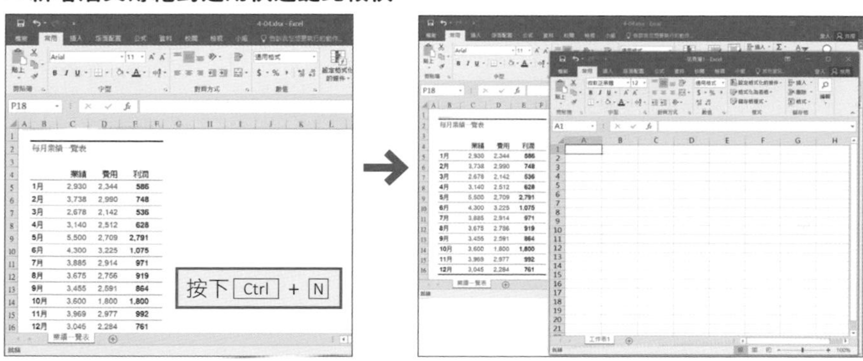

若是要用滑鼠點選來新增活頁簿，必須先點選功能區的「檔案」，再按下「新增」→「空白活頁簿」，總共需要三個動作，但是使用快速鍵只需要按下 Ctrl + N 一個動作就好了。

此外，許多快速鍵也能提升**資料表的易讀性**。讓人不可思議的是，連「直接輸入與公式的標色規則」（p.26）或「框線的設定」（p.22）等麻煩的操作，都能利用快速鍵完成設定與變更，還能提升易讀性，實在沒有不用的道理啊！若是能讓這些作業變成「理所當然」的操作，你將會是別人眼中的高手。

本章精選了一些「**絕對該學會的必修快速鍵**」，請大家務必記住與活用，而本書沒介紹的快速鍵也不妨視業務需求而記下來，以備日後使用吧。

▼這點也很重要！▼

靈活地使用右邊的 Ctrl 鍵

一般桌上型電腦的鍵盤右側設有 Ctrl 鍵。單靠左手難以操作的 Ctrl + W 的快速鍵，不妨試著用右手按住 Ctrl 鍵，再以左手按下 W 鍵，快速完成操作吧。

相關項目 ■ Alt 鍵的使用方法 ⇨ p.146　■ 讓步驟與失誤都銳減的快速鍵 ⇨ p.168

CHAPTER 5 - 02

必須學會的精選快速鍵

Alt 鍵是最強的夥伴

快速鍵的起點是 Ctrl 鍵與 Alt 鍵

大致上，Excel 的快速鍵可分成與 Ctrl 鍵搭配以及與 Alt 鍵搭配這兩種。

Ctrl 系列的快速鍵可在「**按住 Ctrl 鍵的同時按下其他鍵**」（需同時按下 Ctrl 鍵與其他鍵）執行特定功能，例如 Ctrl ＋ C 就是「按住 Ctrl 鍵再按下 C 鍵」的意思。

■ **Ctrl 系列的快速鍵範例**

快速鍵	功能與說明
Ctrl + C	複製。「Copy」的 C 。此外，「貼上」是搭配右側的 V ，「剪下」是左側的 X
Ctrl + S	儲存。「Save」的 S 。「另存新檔」則是 F12
Ctrl + F	尋找。「Find」的 F 。「取代」則是右邊隔一個鍵的 H
Ctrl + :	輸入目前時刻。像是「12:00」這樣的時間會使用 : 。若要輸入日期可搭配左側的 ;
Ctrl + Home	移動至儲存格 A1。此為「Home Position（基本位置）」的意思。若要移動到使用中的最後儲存格可搭配 End

從上方表格可以了解，Ctrl 系列的快速鍵有「**通常是功能的首字或符號**」的特徵。舉例來說，複製（Copy）的快速鍵是 C 鍵，尋找（Find）的快速鍵是 F 。此外，主要快速鍵附近的鍵也通常是相關的快速鍵，例如複製（ C 鍵）的右側是「貼上」的 V 鍵，左側則是「剪下」的 X 鍵。同理可證，「輸入時間」的是 : 鍵，左側則是「輸入日期」的 ; 鍵。

按下 Alt 鍵可顯示快速鍵的提示

Alt 系列的快速鍵具有「**呼叫功能區功能**」的特徵。按下 Alt 鍵，功能區的索引標籤會如下圖顯示按鍵輔助畫面，此時按下按鍵，就能顯示該索引標籤的各按鍵的輔助鍵。

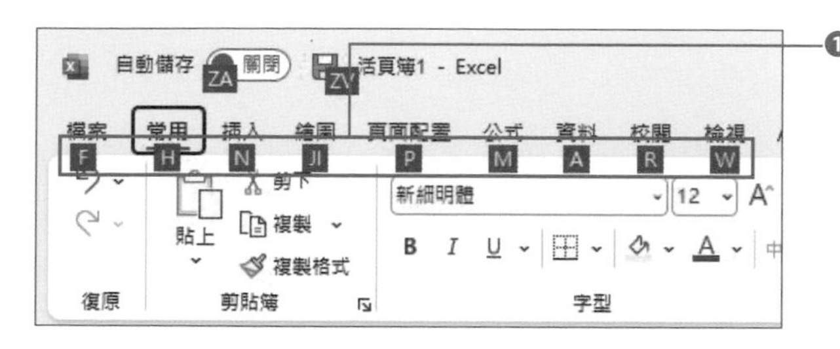

❶ 按下 Alt 鍵，功能區的索引標籤將顯示輔助鍵。

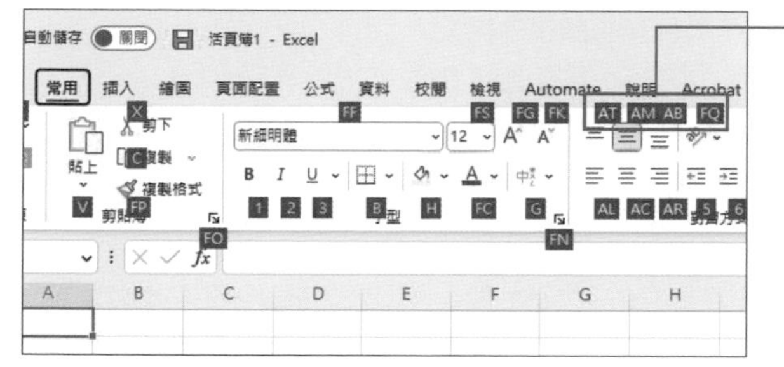

❷ 按下「常用」索引標籤的 H 鍵，就能顯示索引標籤內各命令的輔助鍵。

❸ 按下對應的按鍵就能執行該功能。

例如要在 Excel 2021 的環境下變更「常用」索引標籤的「字型」時，可按下 Alt → H → F → F 鍵。

需要注意的是，Alt 系列的快速鍵必須「**依序按下每個鍵**」。Ctrl 系列的快速鍵是「同時按下組合鍵」，請大家務必記住這個差異。本書都是以「＋」標記 Ctrl 系列的快速鍵，而 Alt 系列的快速鍵則是使用「→」標記。如果想在輸入 Alt 系列的快速鍵時取消快速鍵，可按下 Esc 鍵。

Alt 系列快速鍵的最大特徵就是不需要記住組合鍵。若是還不太習慣使用 Alt 系列的快速鍵，只要先記住「先按下 Alt 鍵」再說，後續再從功能區呼叫需要的功能即可。熟悉之後，就不用一直看著功能區裡的輔助鍵了。

相關項目　■ 操作資料表外觀的快速鍵 ⇨ p.148　■ 操作列與欄的快速鍵 ⇨ p.152

CHAPTER 5 - 03

更上一層樓的必修快速鍵

操作資料表外觀的必修快速鍵 6 選

選取整張資料表／所有儲存格 —— Ctrl + A 鍵

選取已輸入值的儲存格再按下 Ctrl + A 鍵，就能選擇「**與該儲存格相鄰且已輸入值的儲存格**」。如果再按一次 Ctrl + A 鍵，就能選取所有的儲存格。

■ 選取整張資料表 / 表格／所有儲存格的快速鍵

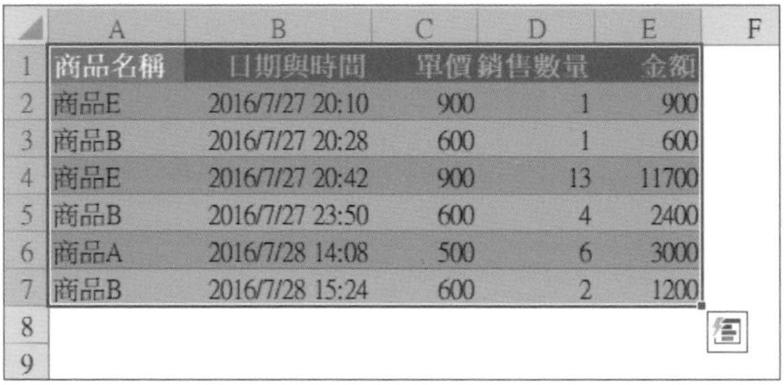

	A	B	C	D	E	F
1	商品名稱	日期與時間	單價	銷售數量	金額	
2	商品E	2016/7/27 20:10	900	1	900	
3	商品B	2016/7/27 20:28	600	1	600	
4	商品E	2016/7/27 20:42	900	13	11700	
5	商品B	2016/7/27 23:50	600	4	2400	
6	商品A	2016/7/28 14:08	500	6	3000	
7	商品B	2016/7/28 15:24	600	2	1200	
8						
9						

先點選表格內輸入值的某個儲存格（儲存格 A1），再按下 Ctrl + A 鍵，就能選取周邊「已輸入值的儲存格」。

MEMO 再按一次 Ctrl + A 鍵可選取所有儲存格

靠右對齊／靠左對齊 —— Alt + H + A + L 鍵／Alt + H + A + R 鍵

要讓文字靠左／靠右對齊可按下 Alt + H + A + L 鍵（Excel 2019 或之前的版本為 Alt + H + L + 1）鍵（靠左）或 Alt + H + A + R 鍵（Excel 2019 或之前的版本為 Alt + H + R）鍵（靠右）。在 Excel 製作資料表時，若讓「**文字的欄位靠左對齊**」、「**數字的欄位靠右對齊**」，就能製作出方便閱讀的資料表（p.14）。

■ 靠右／靠左對齊的快速鍵

	A	BC	D	E	F	G	H	I	J
1									
2			營業計畫						
3						計畫A	計畫B	計畫C	
4			業績	元	320,000	480,000	640,000		
5			單價	元	800	800	800		

選取輸入數值的欄位，再按下 Alt → H → A → R 鍵即可統一靠右對齊。

變更文字顏色 —— Alt → H → F → C 鍵

變更文字顏色可先按下 Alt + H + F + C 鍵（Excel 2019 或之前的版本為 Alt + H + F + 1 ）開啟調色盤，再利用方向鍵選擇顏色，然後按下 Enter 鍵確定。一開始會先選取**「自動」**，按下「 ↓ 」鍵即可移動到調色盤再選取顏色。

■ 變更背景色

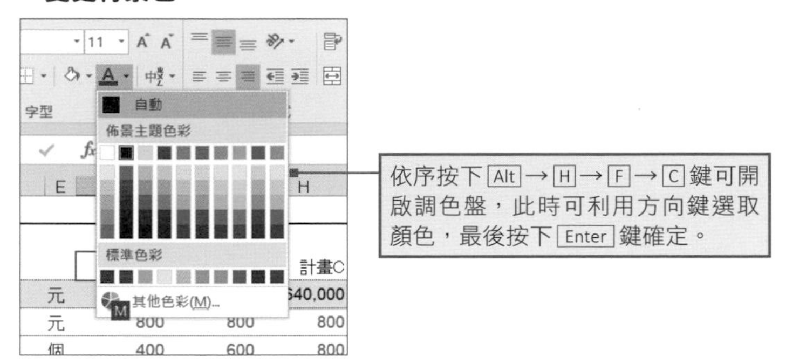

變更背景色 —— Alt → H → H 鍵

若要設定儲存格的背景色可點選 Alt + H → H 鍵開啟調色盤，再利用方向鍵選擇顏色，最後按下 Enter 鍵確定。**建議儘量選擇淺色的背景色**（p.29），若選擇接近原色的顏色，資料表就會變得不易閱讀。

■ 變更背景色

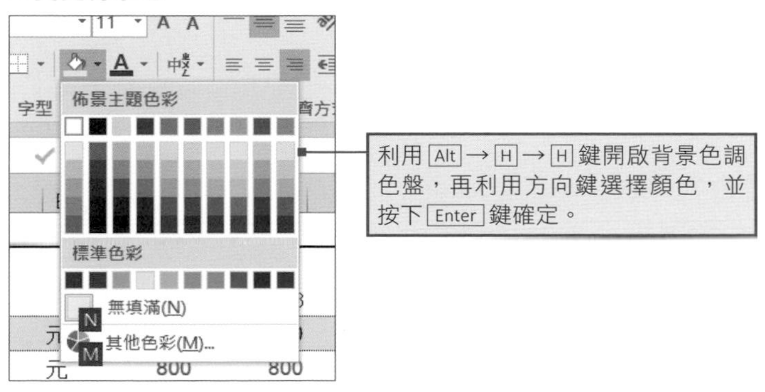

變更字型 —— Alt → H → F → F 鍵

要變更字型可按下 Alt + H + F → F 鍵。此時將選取**「字型」下拉式選單**，按下 ↓ 鍵即可開啟清單，從中選取需要的字型再按下 Enter 鍵即可。

開啟列表後，輸入文字，可移動到以該文字為首的字型。例如，開啟列表時按下 H 鍵可移動到「HGP Gothic」字型。當然也可以不開啟清單，直接輸入字型名稱。

■ **變更字型**

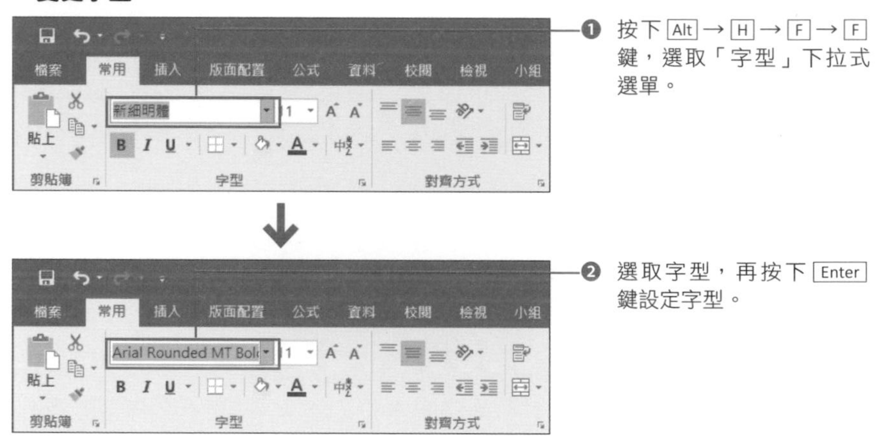

當全形文字（中文）與半形文字（英數字）設定不同的字型時，請記得變更字型。舉例來說，全形文字設定為「微軟正黑體」、半形文字設定為「Arial」時（p.8），若在該輸入數值的儲存格輸入中文，該儲存格的字型就會轉換成微軟正黑體。

此時，請務必在資料表製作完成後，按下 Ctrl + A 鍵選取所有儲存格，再重新設定「Arial」字型。Arial 沒有全形文字的字型，因此，只有半形文字才會變更為 Arial。

■ **輸入中文後，字型就改變了**

10	每人平均人事費	元	9,600	9,600	9,600
11	租金	元	4,000	6,000	10,000
12	利潤	元	296,800	445,200	測試
13					

輸入中文後，字型就改變了，之後就算再輸入數值，也一樣會使用微軟正黑體。

開啟「儲存格格式」對話框 —— Ctrl + 1 鍵

要開啟設定框線等格式的「儲存格格式」對話框，可按下 Ctrl + 1 鍵。對話框內的各種設定也能利用快速鍵操作。具體的操作方式請參考下圖。

■ 開啟「儲存格格式」對話框與相關操作

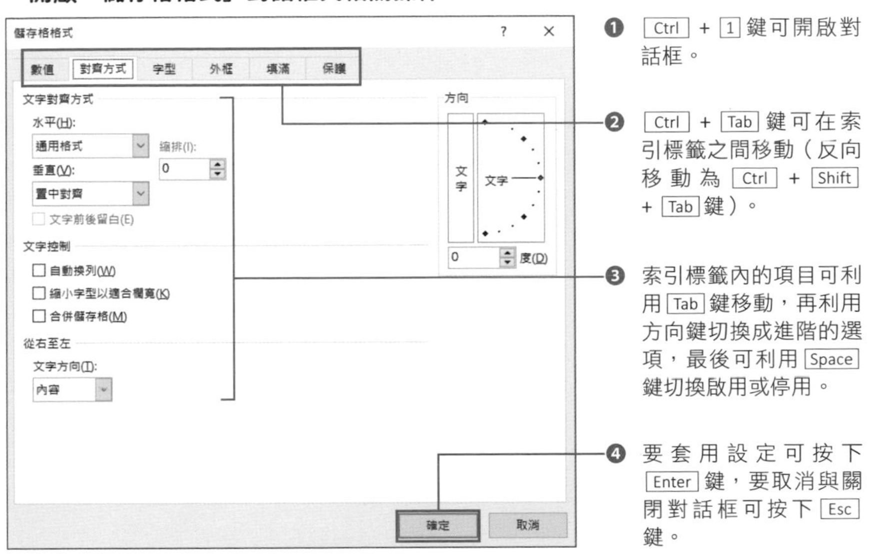

上述看起來有些複雜，可能有些人覺得「使用滑鼠操作還比較簡單吧？」但仔細一看會發現，**基本的按鍵操作只有 3 ～ 4 種**，只要上手了，就能輕鬆利用快速鍵完成作業。一開始或許會覺得使用滑鼠比較快，還是希望大家能慢慢習慣快速鍵的操作。

▼這點也很重要！▼

右側數字鍵的 1 不會有任何反應

Ctrl + 1 鍵的 1 是鍵盤左上角的 1 鍵（ㄅ鍵），若是按下右側數字鍵盤的 1 是不會有任何反應的。因此，當按下右側的數字鍵，有可能不會有任何反應，也有可能會執行預期之外的操作，還請大家務必注意。

相關項目
■ 操作列與欄的快速鍵 ⇨ p.152
■ 讓步驟與失誤都銳減的快速鍵 ⇨ p.168

更上一層樓的必修快速鍵

操作列與欄的快速鍵 8 選

選取整列／整欄 —— Shift + Space 鍵／Ctrl + Space 鍵

要選取整列可按下 Shift + Space 鍵，選取整欄可按下 Ctrl + Space 鍵。**這個快速鍵常用於設定格式**。因為欄與列常會使用相同格式（例如靠右對齊、靠左對齊），請大家務必記住這兩個快速鍵。

編註：要使用以上的快捷鍵，請務必將鍵盤的語言設定為全英文輸入法。

■ 選取整列／整欄

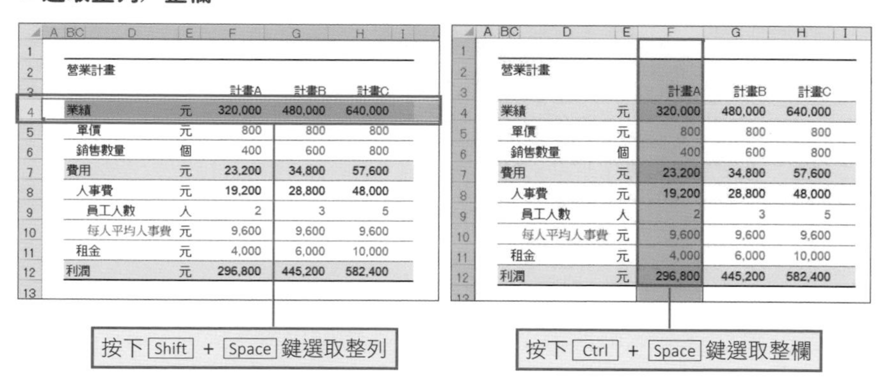

營業計畫		計畫A	計畫B	計畫C
業績	元	320,000	480,000	640,000
單價	元	800	800	800
銷售數量	個	400	600	800
費用	元	23,200	34,800	57,600
人事費	元	19,200	28,800	48,000
員工人數	人	2	3	5
每人平均人事費	元	9,600	9,600	9,600
租金	元	4,000	6,000	10,000
利潤	元	296,800	445,200	582,400

插入儲存格／列／欄 —— Ctrl + + 鍵

要插入儲存格可使用 Ctrl + +（+ 為右側數字區的 +），開啟**「插入」對話框**。再使用方向鍵或輔助鍵（I、D、R、C）指定插入儲存格。最後按下 Enter 鍵確定選擇。

■ 開啟「插入」對話框

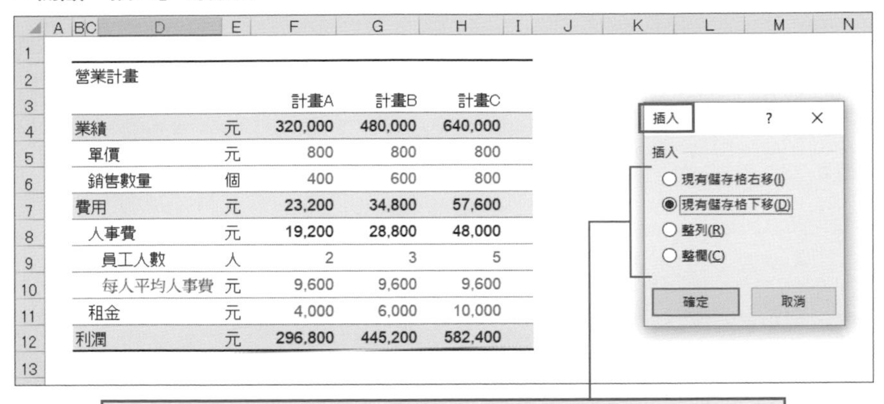

營業計畫

		計畫A	計畫B	計畫C
業績	元	320,000	480,000	640,000
單價	元	800	800	800
銷售數量	個	400	600	800
費用	元	23,200	34,800	57,600
人事費	元	19,200	28,800	48,000
員工人數	人	2	3	5
每人平均人事費	元	9,600	9,600	9,600
租金	元	4,000	6,000	10,000
利潤	元	296,800	445,200	582,400

按下 Ctrl + + 鍵開啟「插入」對話框，選擇插入方式再按下 Enter 鍵。

刪除整列 —— Shift + Space + Ctrl + - 鍵

按下 Ctrl + - 鍵可開啟**「刪除」對話框**。可在該對話框選擇刪除的方式。若是先以 Shift + Space 鍵選取整列（p.152），Excel 就會自動判斷是要刪除整列而跳過對話框，直接刪除整列。

刪除整欄 —— Ctrl + Space + Ctrl + - 鍵

若要刪除整欄可按下 Ctrl + Space 鍵選取整欄（p.152）再按下 Ctrl + - 鍵。

這種**「選取整列或整欄」→「操作儲存格」**跳過「刪除」對話框的流程也可應用在插入儲存格的時候。按下 Ctrl + Space 鍵，選取整欄之後，按下 Ctrl + + 鍵，就能跳過「插入」對話框，直接插入整欄。

▼這點也很重要！▼

插入列與欄的其他快速鍵

除了上述選取整列或整欄的方法，Excel 也內建了插入整列或整欄的快速鍵。Alt → I → R 可插入整列，Alt → I → L → C 鍵可插入整欄。這兩個快速鍵雖然是舊版 Excel 的功能，但是為了確保相容性，Excel 2013 之後的版本也能使用。

由於不是正式的快速鍵，所以按下 Alt **鍵也不會顯示相關的輔助鍵**，不過這兩種快速鍵能在任何輸入法底下插入列或欄，請大家務必記下來喔。

從文字移動到文字 —— Ctrl + 方向鍵

選取輸入文字的儲存格之後，按下 Ctrl + 方向鍵，**可移動到該方向的最後一個相鄰的儲存格**。例如在資料表／表格左上角的儲存格按下 Ctrl + ↓ 鍵，可選取該欄最下方的儲存格，按下 Ctrl + → 可選取該列最右端的儲存格。

此外，若旁邊的儲存格為空白儲存格，將會跳到**「輸入下一筆資料的儲存格」**。所以，若是將欄標題設定為「內縮」的格式（p.19），就能利用這個快速鍵在各標題之間移動。

■ 以「內縮」格式輸入欄標題會更容易操作

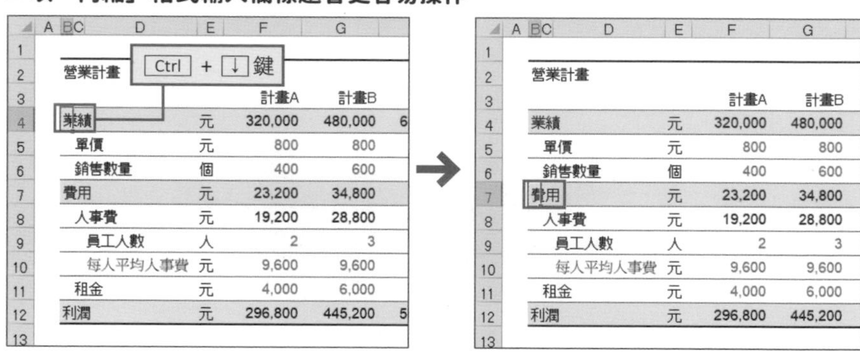

	D	E	F	G
1				
2	營業計畫			
3			計畫A	計畫B
4	業績	元	320,000	480,000
5	單價	元	800	800
6	銷售數量	個	400	600
7	費用	元	23,200	34,800
8	人事費	元	19,200	28,800
9	員工人數	人	2	3
10	每人平均人事費	元	9,600	9,600
11	租金	元	4,000	6,000
12	利潤	元	296,800	445,200
13				

利用 Ctrl + 方向鍵移動到「邊緣的儲存格」。假設挾雜著空白儲存格，將移動到「下一筆資料」的儲存格。

此外，假設列或欄未輸入資料，使用這個快速鍵將一口氣移動到工作表最邊緣的儲存格，但這樣會造成不便，因此，請在資料表／表格的右端或下方輸入「▼」這類替代值，如此一來，就不會移動到工作表的邊緣，而是會停留在這個位置。

完成資料表／表格後，可利用「取代」功能一口氣刪除這個替代值（p.160）。

■ 在資料表／表格的邊緣中入替代值，避免移動到工作表的邊緣處

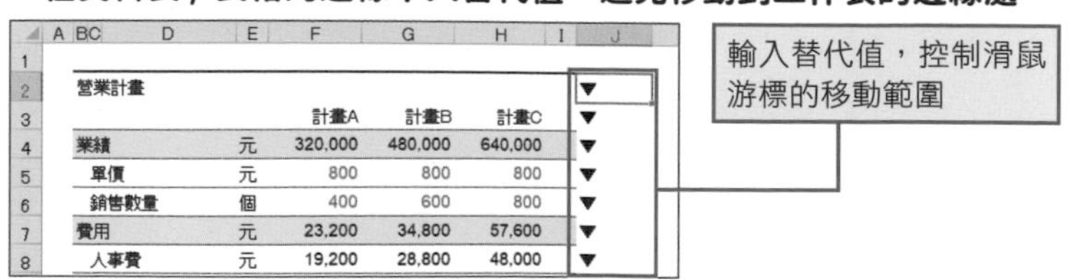

	D	E	F	G	H	I	J
1							
2	營業計畫						▼
3			計畫A	計畫B	計畫C		▼
4	業績	元	320,000	480,000	640,000		▼
5	單價	元	800	800	800		▼
6	銷售數量	個	400	600	800		▼
7	費用	元	23,200	34,800	57,600		▼
8	人事費	元	19,200	28,800	48,000		▼

選取資料直到末端 —— Shift + Ctrl + 方向鍵

要移動選取範圍可使用方向鍵，但如果此時再搭配 Shift 鍵，就能選取**連續的儲存格範圍**。例如選取儲存格 F5 之後，按住 Shift 鍵再按下 ↓ → → ，就能選取以儲存格 F5 為起點，2 列 3 欄的儲存格範圍，也就是儲存格範圍 F5:H6。

■ 按住 Shift 鍵再按下方向鍵，可建立儲存格範圍

Shift + ↓ → → 鍵

	A	BC	D	E	F	G	H	I
1								
2		營業計畫						
3					計畫A	計畫B	計畫C	
4		業績		元	320,000	480,000	640,000	
5		單價		元	800	800	800	
6		銷售數量		個	400	600	800	
7		費用		元	23,200	34,800	57,600	
8		人事費		元	19,200	28,800	48,000	
9		員工人數		人	2	3	5	
10		每人平均人事費		元	9,600	9,600	9,600	

「利用 Shift 鍵選取儲存格範圍」再搭配 Ctrl ＋方向鍵的**「移動到資料末端」**快速鍵，就能一口氣從**連續資料的開頭選取到結尾處**。換言之，按下 Ctrl ＋ Shift ＋方向鍵，可選取列或欄方向的連續資料。

此外，按下 Ctrl ＋ Shift ＋ ↓ 之後，按住 Ctrl ＋ Shift 鍵不放再按下 → 鍵，可一口氣選取已輸入資料的連續儲存格。

■ 一口氣從資料的開頭選取到結尾處

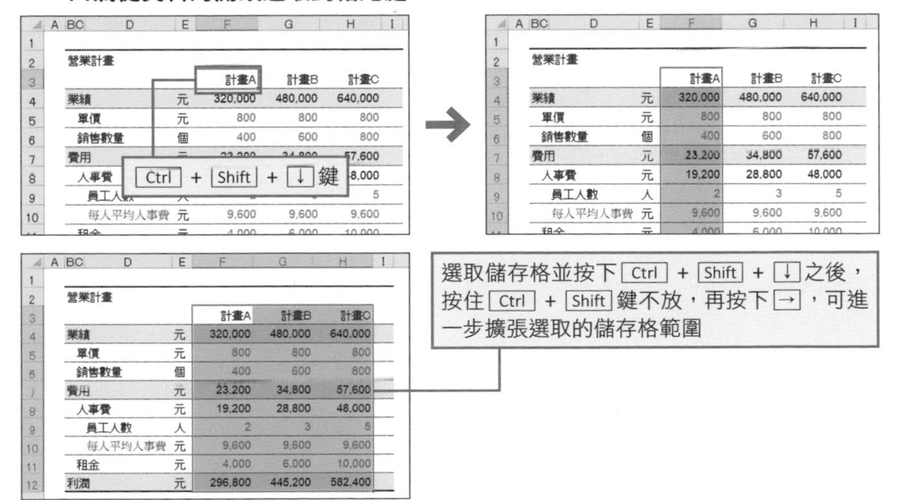

自動調整欄寬——Alt→H→O→I鍵

若要依照儲存格的字數調整欄寬，可按下Alt→H→O→I鍵。這個快速鍵也可在選取多個儲存格的時候使用。

不過，自動調整的欄寬不一定方便閱讀，請參考自動調整的欄寬，再設定稍微寬一點的欄寬。

■ **自動調整欄寬**

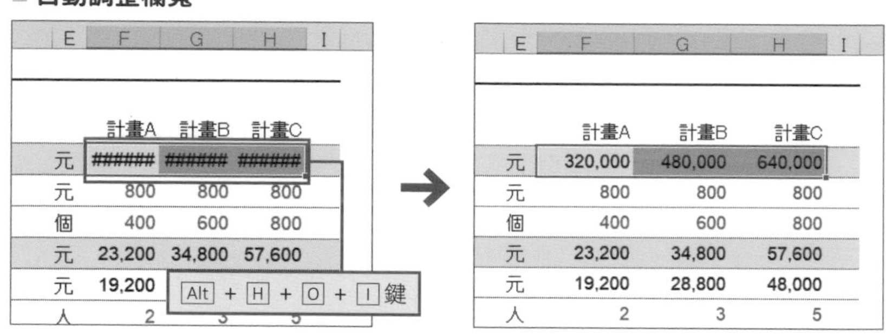

移動到儲存格 A1——Ctrl + Home鍵

要將 Excel 活頁簿寄給客戶或非公司內部的人之前，請先**將選取位置移動到儲存格 A1**。如此一來，對方開啟 Excel 時，滑鼠游標會配置在最容易看到的位置。

按下Ctrl + Home鍵可選取儲存格 A1。只要按下這個快速鍵，不論滑鼠游標在工作表的哪個位置，都能瞬間移動到儲存格 A1，而且捲動列也會回到預設位置。十分適合用於從頭確認大型資料表 / 表格的時候。

■ **移動至儲存格 A1**

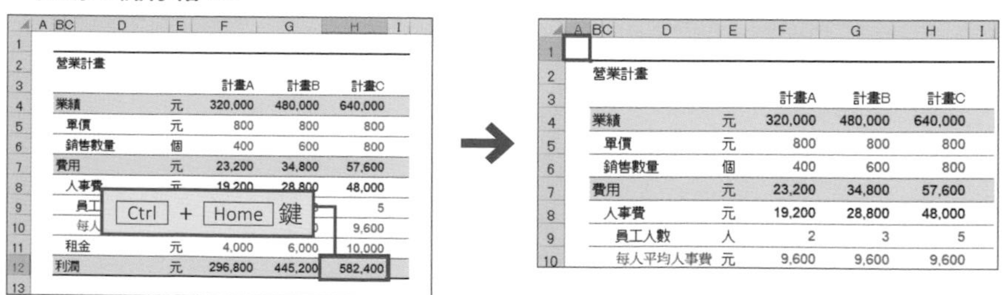

群組化 —— Shift + Alt + → 鍵

要利用快速鍵將儲存格群組化（p.37），可先選取儲存格範圍，再按下 Shift + Alt + → 鍵。此時將開啟**「組成群組」對話框**，選擇欄（R）或列（C）再按下 Enter 鍵即可。

此外，若一開始就按下 Alt 鍵，會辨識為 Alt 系列的快速鍵（p.146），所以請先按下 Shift 鍵再按下 Alt 鍵。

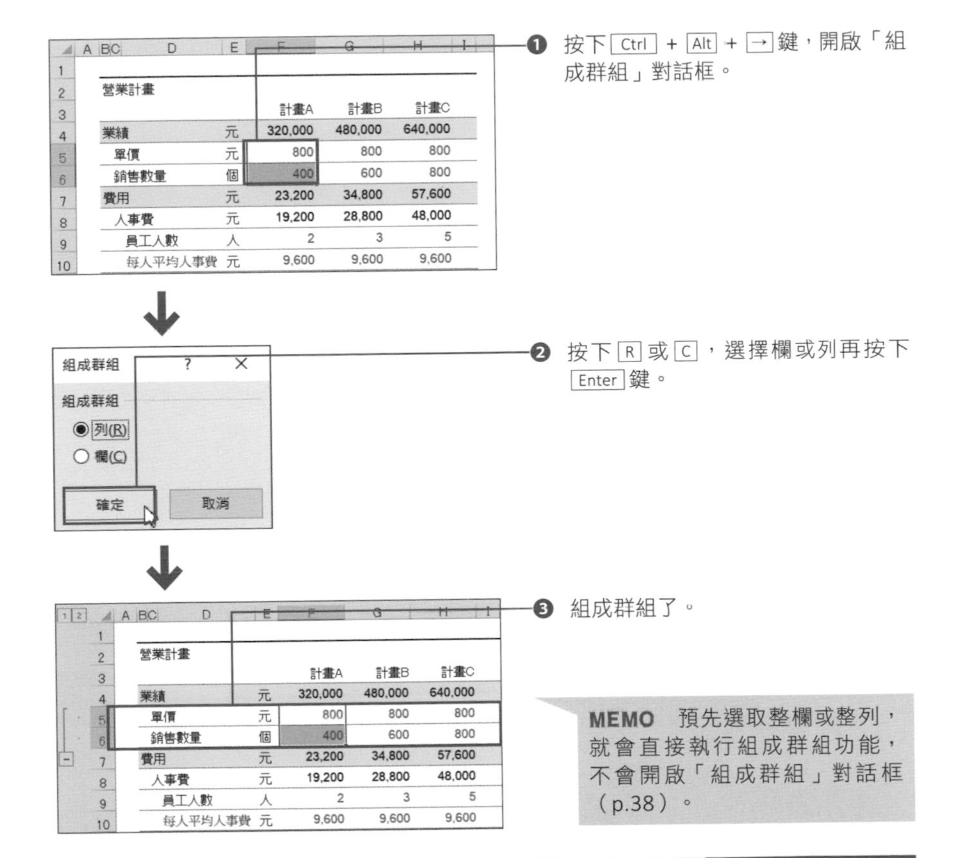

❶ 按下 Ctrl + Alt + → 鍵，開啟「組成群組」對話框。

❷ 按下 R 或 C，選擇欄或列再按下 Enter 鍵。

❸ 組成群組了。

MEMO 預先選取整欄或整列，就會直接執行組成群組功能，不會開啟「組成群組」對話框（p.38）。

▼這點也很重要！▼

解除群組化可使用反向的 Shift + Alt + ← 鍵

解除群組化的快速鍵為 Shift + Alt + ← 鍵，與設定群組化的方向鍵是相反的。

相關項目
■ 操作資料表外觀的快速鍵 ⇨ p.148
■ 操作資料的快速鍵 ⇨ p.158

CHAPTER 5 - 05

更上一層樓的必修快速鍵

操作資料的快速鍵 10 選

在數值設千分位的逗號 —— Ctrl + Shift + 1 鍵

要在數值設千分位的「，」（逗號）可按下 Ctrl + Shift + 1 鍵（不可按下右側數字區的 1 ）。這個快速鍵非常方便，尤其在數值超過四位數的時候最該使用，這可是大幅提升作業效率的重要快速鍵，請大家務必記住它。

■ 在數值輸入千分位的逗號

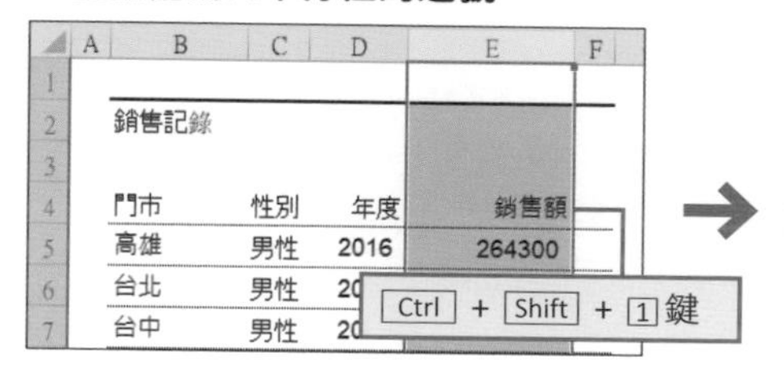

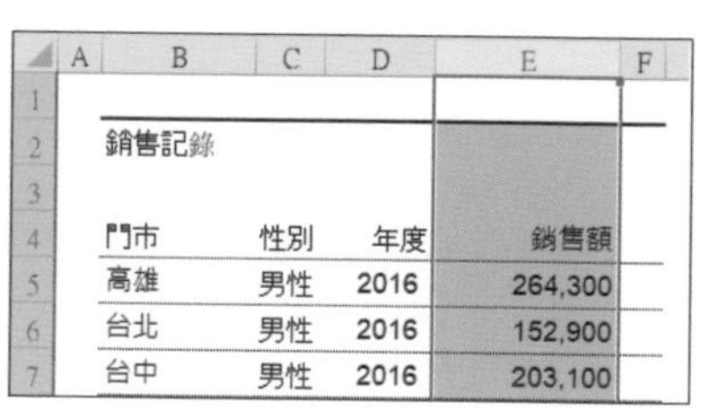

在數值的結尾處加上「%」 —— Ctrl + Shift + 5 鍵

要在數值的結尾處加上「%」（百分比）可按下 Ctrl + Shift + 5 鍵。若是搭配 Shift + 方向鍵這種選取儲存格範圍的快速鍵或是 Shift + Space 鍵、 Ctrl + Space 鍵這種選取整列或整欄的快速鍵會更好用。

■ 在數值的結尾處追加「%」

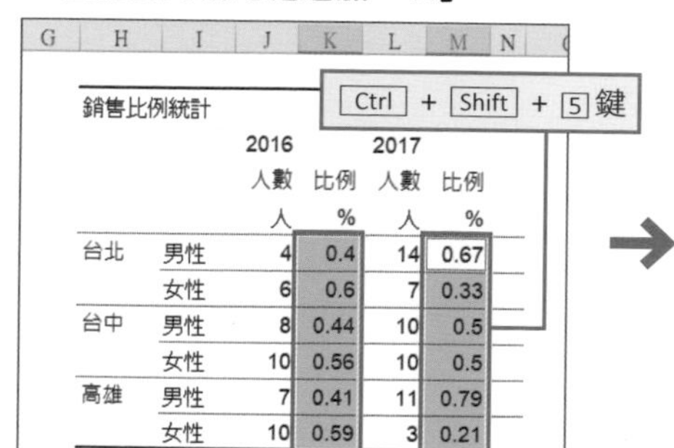

銷售比例統計

		2016		2017	
		人數	比例	人數	比例
		人	%	人	%
台北	男性	4	40%	14	67%
	女性	6	60%	7	33%
台中	男性	8	44%	10	50%
	女性	10	56%	10	50%
高雄	男性	7	41%	11	79%
	女性	10	59%	3	21%

增減小數點的位數 —— Alt → H → 0 ／ 9 鍵

要增加小數點的位數可按下 Alt → H → 0 鍵。因為是有關格式的快速鍵，所以起點是 Alt → H （p.146）。由於是「**調整 0 以下的小數點位數**」（即 0 代表整數），所以是按下 0 ，這麼想就很好記了吧？

相同的，若要減少小數點的位數，可按下 Alt → H → 9 鍵。 9 位於增加位數的 0 旁邊，所以請將 0 當成起點，然後記住「要增加位數時按下 0 ，要減少位數時，按下左邊的按鍵」的規則。

■ **調整小數點以下的位數**

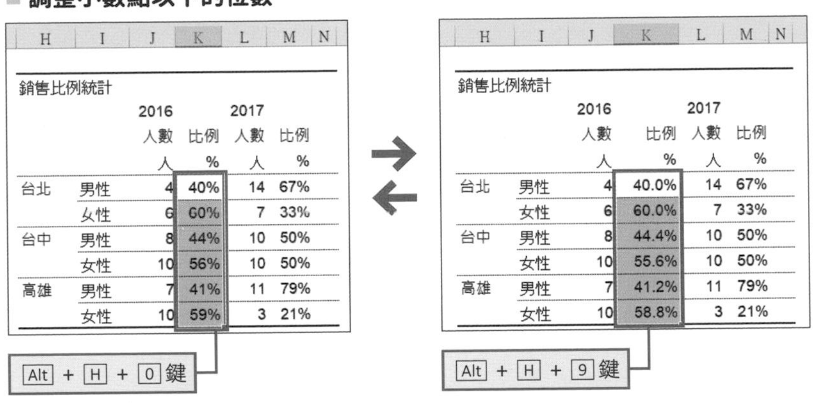

		2016 人數 (人)	比例 (%)	2017 人數 (人)	比例 (%)
台北	男性	4	40%	14	67%
	女性	6	60%	7	33%
台中	男性	8	44%	10	50%
	女性	10	56%	10	50%
高雄	男性	7	41%	11	79%
	女性	10	59%	3	21%

		2016 人數 (人)	比例 (%)	2017 人數 (人)	比例 (%)
台北	男性	4	40.0%	14	67%
	女性	6	60.0%	7	33%
台中	男性	8	44.4%	10	50%
	女性	10	55.6%	10	50%
高雄	男性	7	41.2%	11	79%
	女性	10	58.8%	3	21%

取消操作／重做操作 —— Ctrl ＋ Z ／ Y 鍵

若要取消（UNDO）前一次的操作可按下 Ctrl ＋ Z 鍵。如果是「雖然取消了操作，但仍想要回復到剛才的情況」，換言之，就是想重做剛才所取消的操作，可按下 Ctrl ＋ Y 鍵。

此外，Excel 2021 的「常用」功能區也有復原／取消復原的按鈕，Excel 2019 與之前的版本則是內建於 Excel 視窗最上方的「快速存取工具列」（預設值）。

■ **復原／取消復原操作**

檔案 常用 插入 繪圖 頁面配置 公式 資料 校閱 檢視
新細明體 12 貼上

Excel 2021 的「常用」功能區也有復原／取消復原的按鈕

尋找活頁簿或工作表的內容 —— Ctrl + F 鍵

若要尋找活頁簿或工作表的內容可按下 Ctrl + F 鍵開啟「尋找及取代」對話框。熟悉這個對話框的使用方法可快速找到需要的資料。

■ 「尋找及取代」對話框

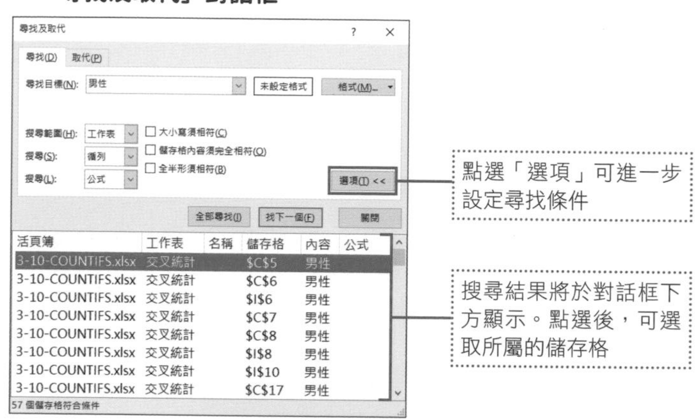

■ 「尋找及取代」對話框的設定項目

設定項目	內容
尋找目標	輸入要尋找的值。
格式	將儲存格的格式設定為尋找條件。
搜尋範圍	可設定在「工作表」或「活頁簿」。若只想在開啟的工作表之內尋找，可設定為「工作表」。
搜尋方向	可選擇「循列」、「循欄」這兩種搜尋方向。可根據資料的方向交替使用。
搜尋對象	可從「公式」、「內容」、「附註」(p.41)之中選擇搜尋的資料種類。
三個勾選選項	勾選後，可限定搜尋目標。取消「儲存格內容須完全相符」選項後，只要儲存格的內容含有部分的搜尋字串，就會被納入搜尋。

▼這點也很重要！▼

選取列表

要從「尋找及取代」對話框下方的搜尋結果列表選擇多個儲存格時，可按住 Shift + 點選或是按住 Alt + 點選。此外，按下 Ctrl + A 鍵可選取所有的搜尋結果。

統一取代特定文字 —— Ctrl ＋ H 鍵

要局部取代儲存格的值或公式，可按下 Ctrl ＋ H 鍵。此時會開啟「尋找及取代」對話框的「取代」索引標籤。

■「尋找及取代」對話框的「取代」索引標籤

尋找及取代

尋找(D)　取代(P)

尋找目標(N):　男性　未設定格式　格式(M)...

取代成(E):　女性　未設定格式　格式(M)...

搜尋範圍(H):　工作表　□大小寫須相符(C)

搜尋(S):　循列　□儲存格內容須完全相符(O)

搜尋(L):　公式　□全半形須相符(B)

選項(T) <<

全部取代(A)　取代(R)　全部尋找(I)　找下一個(F)　關閉

按下 Ctrl ＋ H 鍵，「尋找及取代」對話框會在「取代」標籤開啟的狀態下開啟。

在「**尋找目標**」輸入要取代的目標，再於「**取代成**」輸入用來取代的文字，然後點選「全部取代」，就能取代成需要的值。點選「選項」就像尋找文字一樣，進一步設定搜尋範圍或搜尋方向（p.160）。

■將「男性」全部換成「女性」

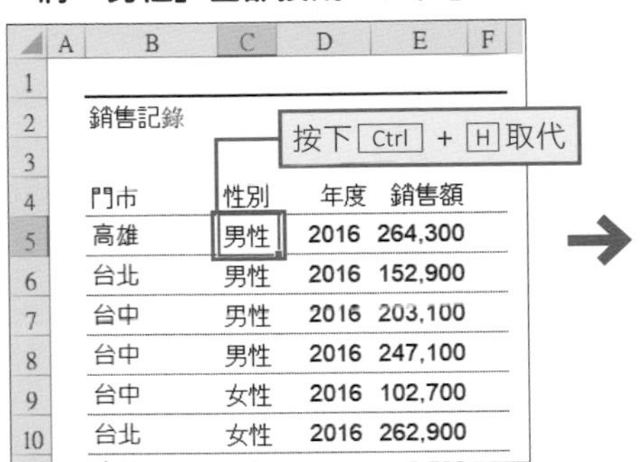

銷售記錄

門市	性別	年度	銷售額
高雄	男性	2016	264,300
台北	男性	2016	152,900
台中	男性	2016	203,100
台中	男性	2016	247,100
台中	女性	2016	102,700
台北	女性	2016	262,900

→

銷售記錄

門市	性別	年度	銷售額
高雄	女性	2016	264,300
台北	女性	2016	152,900
台中	女性	2016	203,100
台中	女性	2016	247,100
台中	女性	2016	102,700
台北	女性	2016	262,900

▼這點也很重要！▼

同時刪除含有特定值的儲存格

讓「尋找及取代」的「取代成」欄位保持空白，就能讓符合搜尋字串的儲存格轉換成空白。換言之，就是刪除符合搜尋條件的儲存格的值或公式。

選擇性貼上 —— Alt → H → V → S 鍵

一般而言，要複製時就按下 Ctrl ＋ C 鍵；若要貼上複製的值就按下 Ctrl ＋ V ，不過這個方法除了會複製**值**，也會複製**格式**與**公式**（但不會複製欄寬）。**若只想貼上值**，可按下 Alt → H → V 鍵，顯示「貼上」選項（「貼上」選項請參考 p.174～185）。

■ 利用快速鍵開啟「貼上」選項

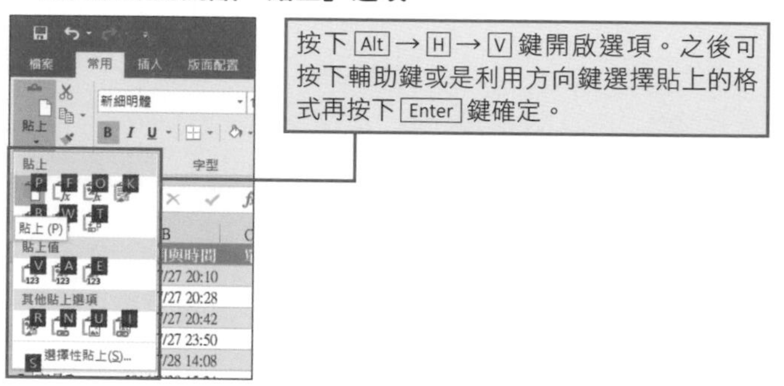

在按下 Alt → H → V 鍵之後，按下 S 鍵，可開啟**「選擇性貼上」對話框**（p.174），從中可進一步指定貼上何種值。 Ctrl ＋ Alt ＋ V 鍵或是 Alt → E → S 鍵都可以開啟對話框。

■ 「選擇性貼上」對話框

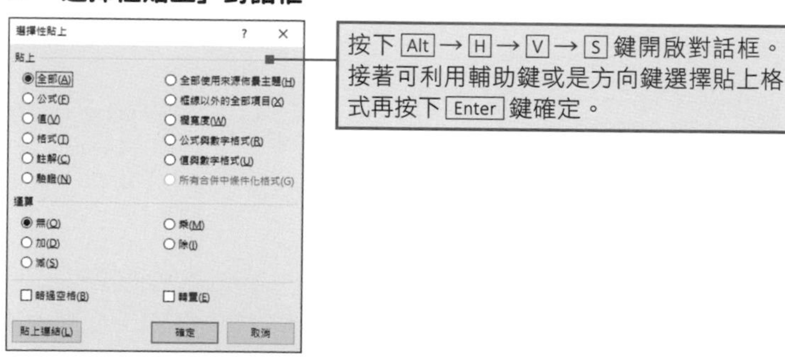

▼這點也很重要！▼

以 Ctrl ＋ C → Ctrl ＋ V → Ctrl 選擇

利用 Ctrl ＋ V 鍵貼上之後，立刻按下 Ctrl 鍵，即可顯示貼上選項。接著可利用方向鍵選擇需要的格式，再按下 Enter 鍵確定。這種方法也非常方便好用。

在資料表設定篩選 —— Ctrl + Shift + L 鍵

要在資料表設定篩選（p.196），可先將滑鼠游標移入一覽表，再按下 Ctrl ＋ Shift ＋ L 鍵。出現篩選的箭頭後，按下 Alt → ↓ 鍵，就能尋找該欄的篩選條件。

■ 套用篩選

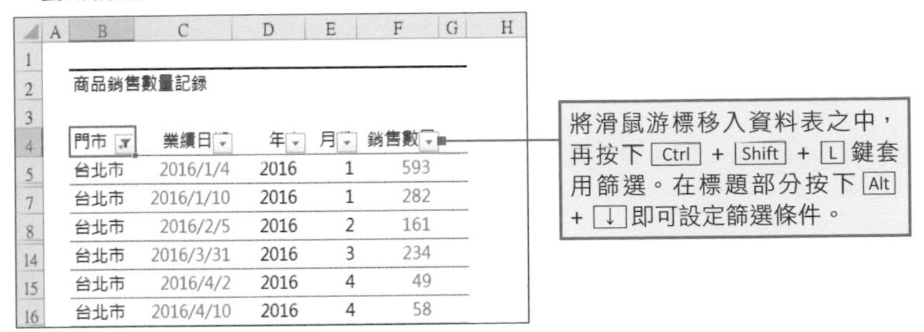

商品銷售數量記錄

門市	業績日	年	月	銷售數
台北市	2016/1/4	2016	1	593
台北市	2016/1/10	2016	1	282
台北市	2016/2/5	2016	2	161
台北市	2016/3/31	2016	3	234
台北市	2016/4/2	2016	4	49
台北市	2016/4/10	2016	4	58

建立折線圖 —— Alt → N → N → 1 鍵

要製作**折線圖**時，可按下 Alt → N → N → 1（Excel 2019 之前為 Alt → N → N）鍵，開啟折線圖種類選單，再利用方向鍵選擇折線圖的種類。按下 Enter 鍵之後，就會新增折線圖。按下 Alt → N → C → 1（Excel 2019 之前為 Alt → N → C）鍵可繪製**直條圖**，按下 Alt → N → Q 鍵可繪製**圓餅圖**。只要學會 Alt 鍵的使用方法，就能利用快速鍵繪製各種圖表。

■ 繪製折線圖

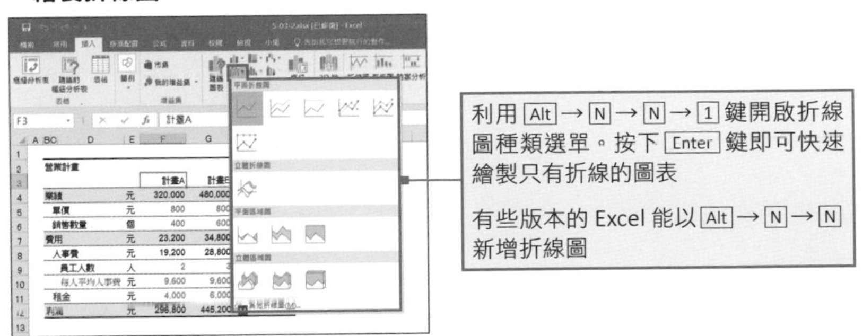

相關項目
■ 操作資料表外觀的快速鍵 ⇨ p.148
■ 縮短檔案操作流程的快速鍵 ⇨ p.164

CHAPTER 5
06

更上一層樓的必修快速鍵

縮短檔案操作流程的快速鍵 8 選

移動至其他工作表 —— Ctrl + PageDown ／ PageUp 鍵

若活頁簿之內有多張工作表，按下 Ctrl ＋ PageDown 鍵可往右側的工作表移動， Ctrl ＋ PageUp 鍵可往左側的工作表移動。

■ **移動至其他工作表的快速鍵**

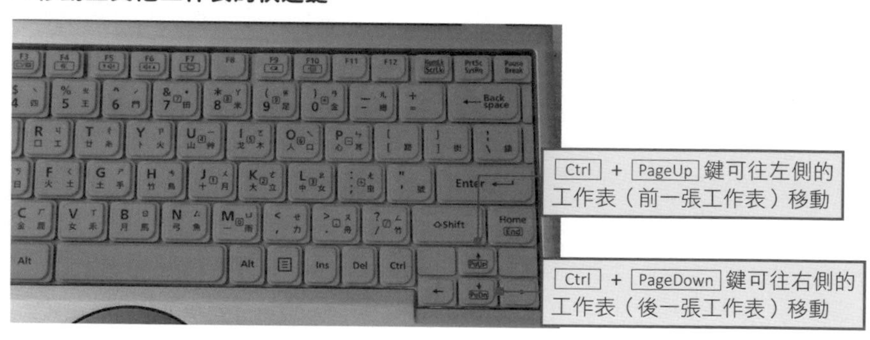

切換成另一張活頁簿 —— Ctrl + Tab 鍵

若同時開啟多張活頁簿，可利用 Ctrl ＋ Tab 鍵切換活頁簿。若是開啟超過三張活頁簿，可利用 Ctrl ＋ Tab 鍵**依照開啟順序切換活頁簿**，按下 Shift ＋ Ctrl ＋ Tab 鍵則可反向切換活頁簿。

▼這點也很重要！▼

鍵盤的種類會大幅影響作業效率

有些鍵盤沒有右側數字鍵或 PageDown 、 PageUp 鍵，若是要輸入大量數值與資料時，沒有上述的按鍵會讓作業效率大幅下滑，而且越是 Excel 的高手，下滑的幅度越是明顯。若你很常使用 Excel，建議所操作的鍵盤上需要具備上述按鍵喔。

另存新檔——F12鍵

若想「**另存新檔**」而不是覆寫檔案可按下F12鍵。

請在作業告一段落的時候或是定期執行「另存新檔」備份檔案（p.120）。

■「另存新檔」對話框

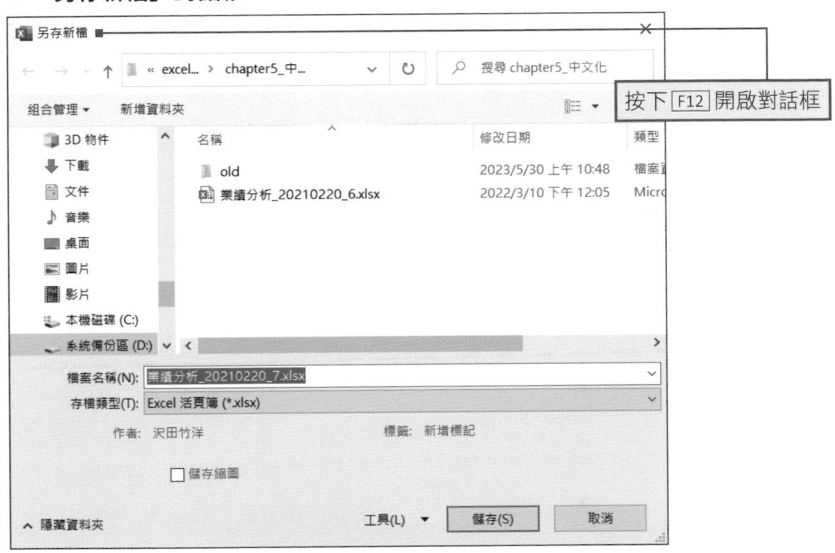

覆寫檔案——Ctrl＋S鍵

想必有許多人知道這個很具代表性的快速鍵，不過要「**覆寫檔案**」請按下Ctrl＋S鍵。只要頻繁地儲存檔案，就能在Excel突然因為某些緣故當掉時，回到之前的狀態，重新開始作業。

▼這點也很重要！▼

設定「另存新檔」的圖示顯示格式

「另存新檔」對話框的圖示與檔案總管一樣，可設定為「中圖示」或「詳細資料」。要變更顯示格式可在對話框的空白處按下滑鼠右鍵，再點選選單裡的「檢視」。

關閉一張活頁簿 —— Ctrl + W 鍵

在開啟多張活頁簿之後，若只想關閉目前使用的活頁簿（啟用中活頁簿）可按下 Ctrl + W 鍵。若是活頁簿尚未儲存就會顯示確認訊息。

■ 關閉一張活頁簿

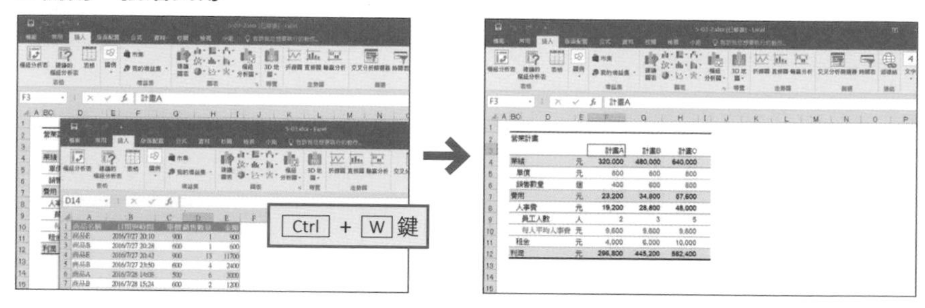

關閉所有的活頁簿 —— Alt → F → X 鍵

開啟了多張活頁簿之後，想關閉所有的活頁簿與結束 Excel，可按下 Alt → F → X 鍵。

■ 結束 Excel

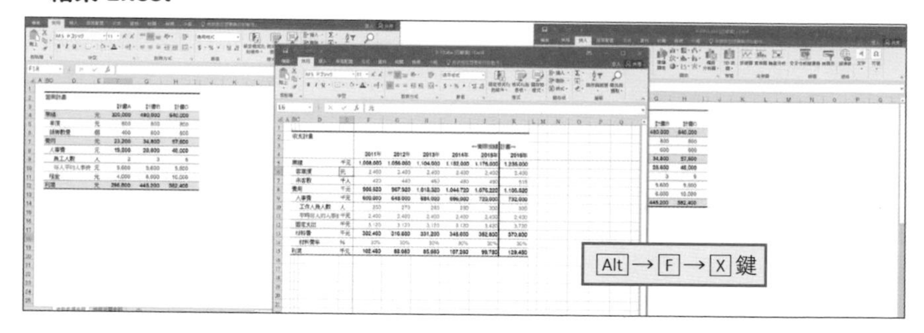

▼這點也很重要！▼

在啟動 Excel 之後，關閉所有活頁簿的方法

若不想結束 Excel，只想關閉所有活頁簿，可連續按下 Ctrl + W 鍵，如此一來，就算最後一張活頁簿關閉，也會留下空白的 Excel。這個方法可於開始新的作業使用。關閉所有活頁簿之後，若想開啟之前操作的活頁簿可按下 Ctrl + O 鍵。

新增活頁簿 —— Ctrl + N 鍵

要新增活頁簿可按下 Ctrl + N 鍵。而這個 N 可記成「New 的首字 N」。此外，在新活頁簿還沒儲存的時候按下 Ctrl + S 鍵（儲存檔案）也只會開啟「另存新檔」對話框。

按下 Ctrl + N 鍵新增活頁簿時，建議在新增之後連帶按下 Ctrl + S 鍵儲存檔案。

■ 新增活頁簿

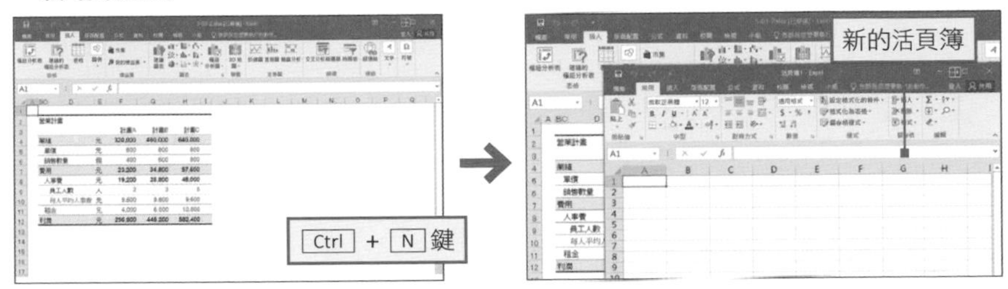

切換應用程式 —— Alt + Tab 鍵

同時啟動 Excel 與 PowerPoint 之後，若想要將 Excel 的資料表 / 表格貼入 PowerPoint 時，可按下 Alt + Tab 鍵切換應用程式。

按下 Alt + Tab 鍵可顯示啟動中的所有應用程式，此時按住 Alt 鍵，就能以 Tab 切換應用程式，然後放開 Alt 鍵顯示選擇的應用程式。

■ 切換應用程式

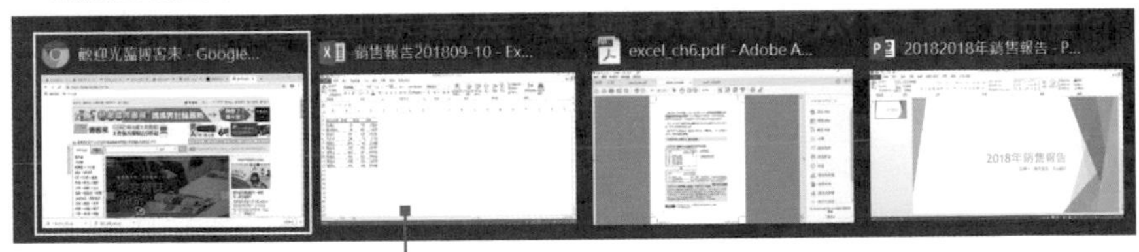

按下 Alt + Tab 鍵可顯示所有啟用中的應用程式。按下 Tab 鍵不放，可選擇應用程式。放開按鍵後，會顯示所選的應用程式（有些作業系統的畫面不一樣）

相關項目
■ 操作資料表外觀的快速鍵 ⇨ p.148
■ 操作資料的快速鍵 ⇨ p.158

CHAPTER 5

07

更上一層樓的必修快速鍵

讓步驟與失誤都銳減的快速鍵

縮放表格 —— Ctrl + 滑鼠滾輪

希望放大資料表的局部或是縮小資料表，以便一覽全貌時，可按住 Ctrl 鍵再滾動滑鼠滾輪。

■ 縮放表格

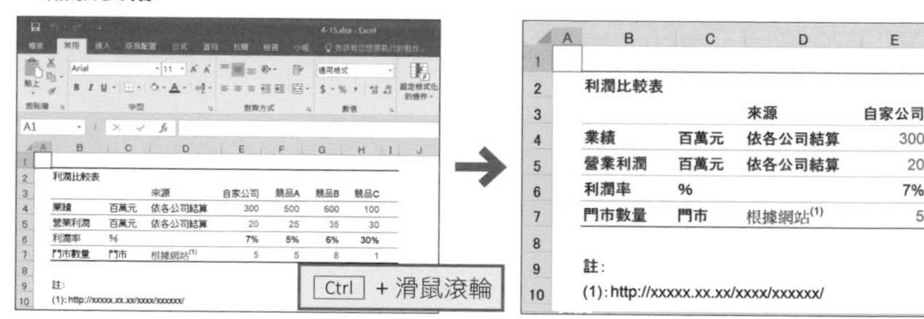

凍結窗格 —— Alt → W → F → F 鍵

若希望凍結窗格（p.50），顯示資料表的標題，可先**選取標題列下方一列的儲存格**，再按下 Alt → W → F → F 鍵。若想解除凍結窗格，可再次按下 Alt → W → F → F 鍵。

■ 凍結窗格

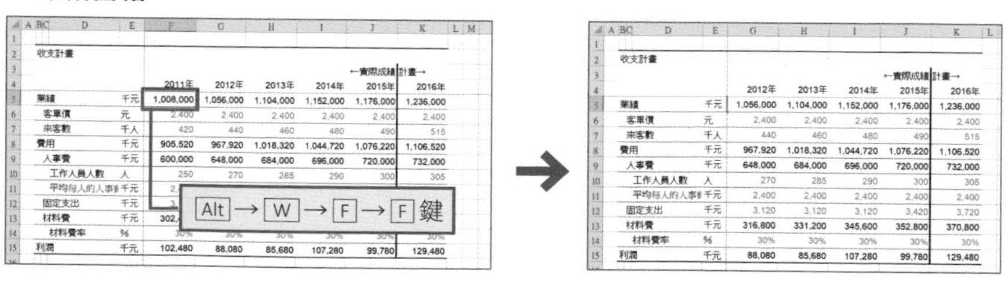

重複相同的操作 —— F4 鍵

若想重複相同的操作可按下 F4 鍵。例如選取儲存格範圍，開啟調色盤，將背景色設定為淡藍色（p.29）之後，若選取其他的儲存格範圍再按下 F4 鍵，就能將背景色設定為相同的淡藍色。只要記住 F4 鍵這個快速鍵，他是能一次省略重複操作的時間。大部分的人都是利用滑鼠操作調色盤，因此，**只要記住 F4 鍵，就能用 10 倍以上的速度完成作業**。請大家務必記住這個快速鍵。

■ 利用 F4 鍵重複相同的操作

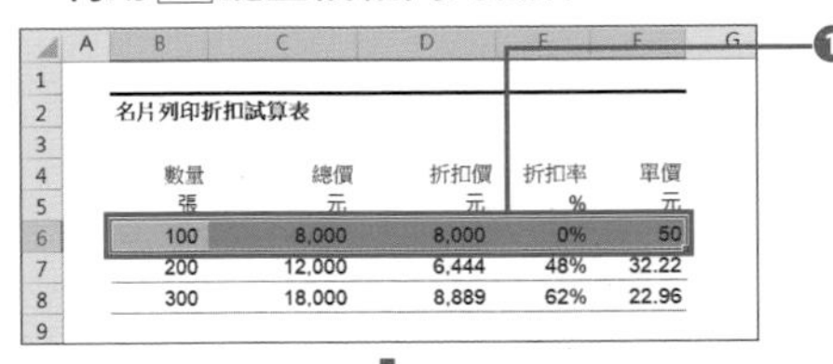

名片列印折扣試算表

數量 張	總價 元	折扣價 元	折扣率 %	單價 元
100	8,000	8,000	0%	50
200	12,000	6,444	48%	32.22
300	18,000	8,889	62%	22.96

❶ 設定某個儲存格的背景色。

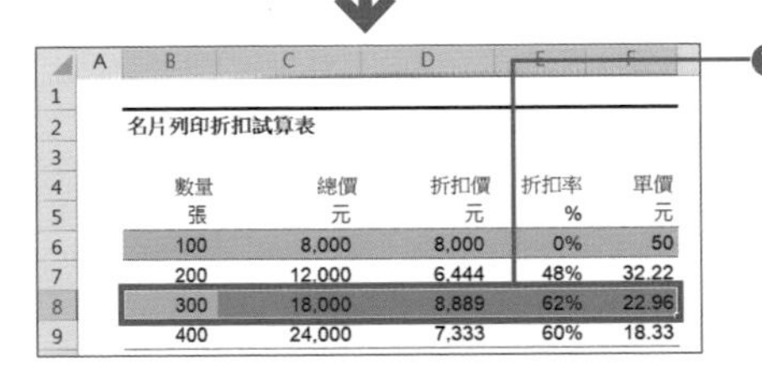

名片列印折扣試算表

數量 張	總價 元	折扣價 元	折扣率 %	單價 元
100	8,000	8,000	0%	50
200	12,000	6,444	48%	32.22
300	18,000	8,889	62%	22.96
400	24,000	7,333	60%	18.33

❷ 選取其他的儲存格範圍再按下 F4 鍵，就能重複相同的操作，設定相同的背景色。

▼這點也很重要！▼

設定「快速存取工具列」的快速鍵

功能區沒有的部分功能（例如縮放表格）就沒有指派快速鍵。要替這些功能設定快速鍵可在 Excel 畫面的左上角的**快速存取工具列**按下滑鼠右鍵，再點選「**自訂功能區**」（Excel 2019 以前的版本為點選快速存取工具列的其他命令）。
從「不在功能區的命令」新增功能，就能從快速存取工具列使用該功能。新增的按鈕也將自動指派 Alt → 1 ～ 9 的快速鍵。

從「由此選擇命令」點選「不在功能區的命令」❶，點選要追加的命令❷，再點選「新增」，該命令就會新增至快速存取列。

選擇前導參照的儲存格 —— Ctrl + [鍵

選取輸入公式的儲存格後，再按下 Ctrl + [，即可選取**前導參照的儲存格**（該公式參照的儲存格）。若是參照多個儲存格，則將同時選取多個儲存格。

若是按下 Ctrl +] 鍵，則會選擇**從屬參照的儲存格**（該公式內部使用的儲存格）。

■ **選取前導參照的儲存格**

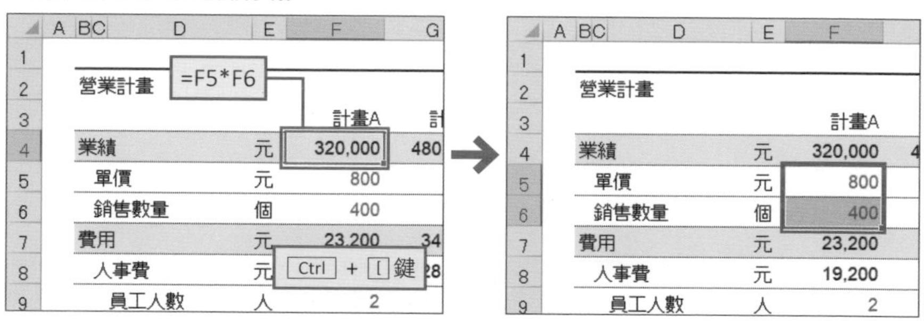

追蹤前導參照 —— Alt → M → P 鍵

要追蹤前導參照（p.115）可按下 Alt → M → P 鍵。此外，必須替**每一格儲存格指定追蹤前導參照**。要注意的是，無法利用 F4 鍵重複這項操作（p.169）。

■ **顯示追蹤前導參照**

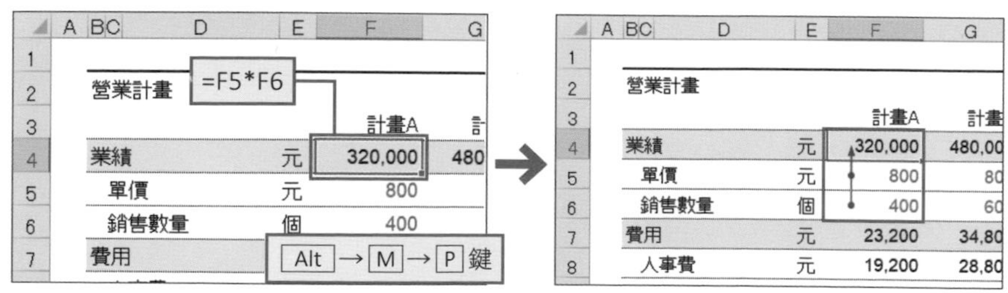

追蹤從屬參照 —— Alt → M → D 鍵

要顯示追蹤從屬參照（p.117）可按下 Alt → M → D 鍵。這項功能可在確認稅率這種固定值，或是檢查是否在正確的地方使用該用的值。

■ 顯示追蹤從屬參照

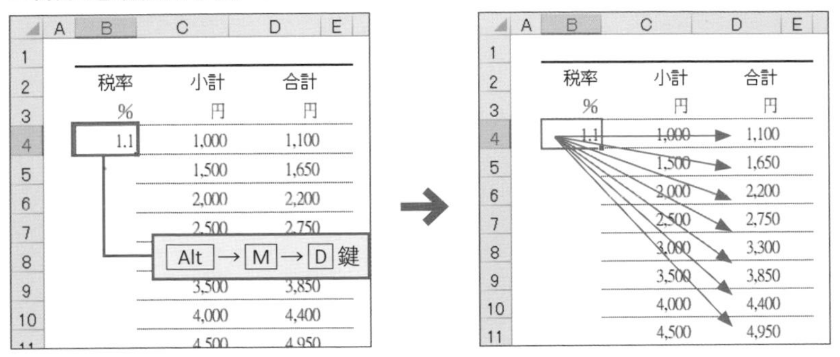

刪除追蹤 —— Alt → M → A → A 鍵

要刪除追蹤箭頭可按下 Alt → M → A → A 鍵。這個快速鍵不需選取顯示追蹤箭頭的儲存格或儲存格範圍就能執行。不管滑鼠游標位於何處，只要按下這個快速鍵，就能移除工作表內所有追蹤箭頭。

■ 刪除追蹤箭頭

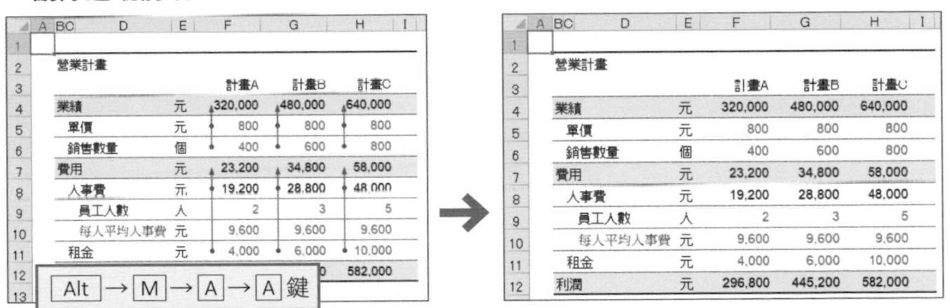

▼這點也很重要！▼

只移除選取範圍的追蹤箭頭

若只想移除選取範圍的追蹤箭頭，而不是移除所有的追蹤箭頭，可按下 Alt → M → A → P 鍵（移除前導參照的追蹤箭頭）。此外，也可按下 Alt → M → A → D 鍵（移除從屬參照的追蹤箭頭）。

列印 —— Ctrl + P 鍵

要列印工作表可按下 Ctrl + P 鍵，開啟「列印」對話框。完成各項目的設定後，按下 Enter 鍵或是點選「列印」按鈕即可開始列印。這個對話框可設定列印範圍或用紙大小，請完成設定之後再開始列印（p.310）。

■ 列印工作表

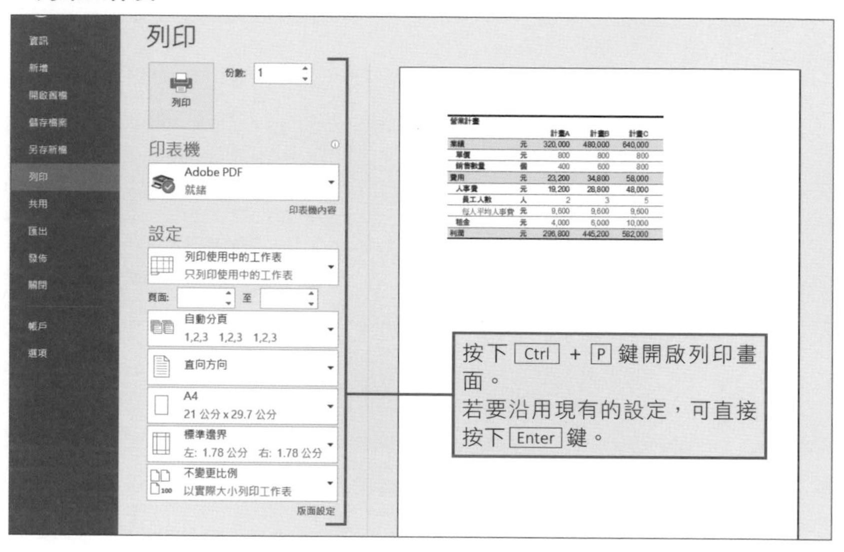

指定列印範圍 —— Alt → P → R → S 鍵

若要指定列印範圍可先選取儲存格，再按下 Alt → P → R → S 鍵。**不論是自己需要列印工作表還是要將活頁簿交給客戶時，建議都先設定列印範圍**，如此一來，客戶只需要按下「列印」按鈕就能印出所需資料。一點點的體貼會是大大的心意。

開啟「版面設定」對話框 —— Alt → P → S → P 鍵

要變更列印的設定可按下 Alt → P → S → P 鍵，之後就會開啟「**版面設定**」對話框。如果覺得 Ctrl + P 鍵開啟的「列印」對話框不夠友善，可改用這個對話框設定。

相關項目 ■ 操作列與欄的快速鍵 ⇨ p.152 ■ 縮短檔案操作流程的快速鍵 ⇨ p.164

CHAPTER 6

複製、貼上、自動填滿、排序都超方便

CHAPTER 6 - 01

徹底解說複製 & 貼上的奧祕

熟悉複製 & 貼上，讓作業效率急遽提升

Excel 的各式各樣「複製 & 貼上」

Excel 的儲存格設定十分多樣，以值為例，就包含文字、數值、公式、日期等；而且還可以設定格式、儲存格的背景色、框線、字型、文字大小、欄寬等。因此，「**複製 & 貼上儲存格**」可不是那麼簡單的事情。有時候只想貼上值，有時候想要連背景色與框線的設定一併貼上。

若是簡單的複製 & 貼上（Ctrl + C → Ctrl + V），將會貼上**所有設定**，有可能會發生「好不容易統一了表格的格式，卻不小心套用複製來源的格式」、「明明只想貼上公式的結果，卻連公式一併貼上」這種預期之外的結果。

■ **不小心貼上預期之外的設定**

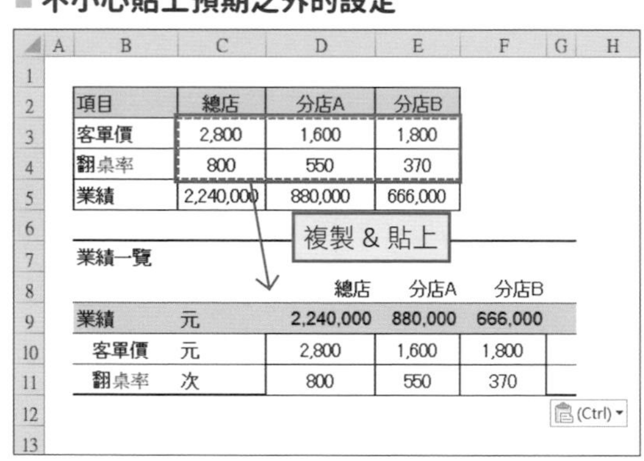

複製 & 貼上格式不同的資料表 / 表格，導致資料表 / 表格的格式錯亂。

為了解決這些複製 & 貼上的問題，讓自己可以更順暢的操作，就必須了解 Excel 的複製 & 貼上功能。Excel 內建了許多「**從儲存格的各種設定之中，選擇要貼上的設定**」功能。

該貼上什麼呢？

Excel 內建的貼上方法可點選「常用」索引標籤的「**貼上**」下方的「▼」確認。基本上，點選**「貼上」選項**或是點選「選擇性貼上」，開啟「**選擇性貼上**」對話框，就能指定貼上的方法。

■ **「貼上」選項（左圖）與「選擇性貼上」對話框（右圖）**

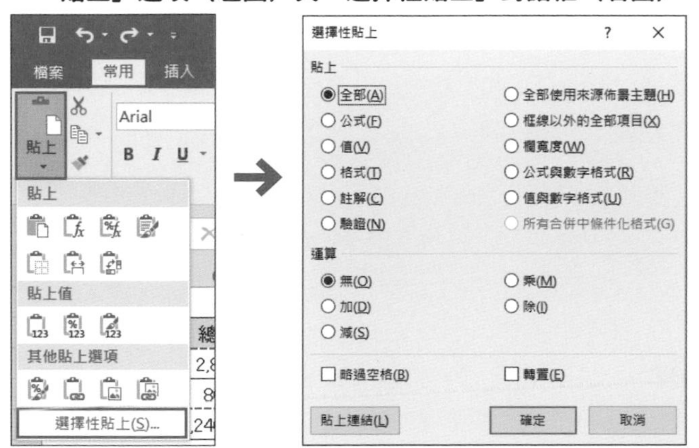

將儲存格複製 & 貼上至其他位置時，首先要**思考想要貼上什麼**，是要貼上「值」？還是「格式」？若是要貼上「值」，是要貼上「直接輸入的內容」還是「公式」。若要貼上格式，那麼想要貼上「儲存格的背景色」、「數值的顯示格式」、「框線」，還是有哪些不想貼上的。

一開始或許覺得很麻煩，但習慣之後就能建立「常用的模式」，快速選出符合目的選項。從下一篇開始，將**詳盡解說一定要記住的基本且經典的貼上方法**。請試著從本書介紹的貼上方法開始學習吧。

▼這點也很重要！▼

儲存格的寬度無法複製

一般的複製 & 貼上（Ctrl + C → Ctrl + V）雖然能複製所有格式，但，唯獨儲存格的寬度（欄寬）是無法複製的。若想複製 & 貼上儲存格的欄寬，必須另外在「選擇性貼上」對話框選擇「欄寬度」。雖然得多花一道手續，但是請大家務必記住這個方法。

CHAPTER 6
02

徹底解說複製 & 貼上的奧祕
先了解「貼上值」

不破壞格式，只貼上文字或數值

想要複製 & 貼上設計、格式不同的資料表 / 表格或是網頁上的資料時，若不想破壞貼上位置的格式，只想貼入值的話，可使用**「貼上值」**功能。

執行「貼上值」功能可以只貼上純文字或數字。舉例來說，若是以「貼上值」功能貼上輸入公式的儲存格，就會**貼上計算結果的數值**而不是公式（Ctrl + C → Ctrl + V 會貼上公式而不是計算結果）。

■ 以「貼上值」貼上資料

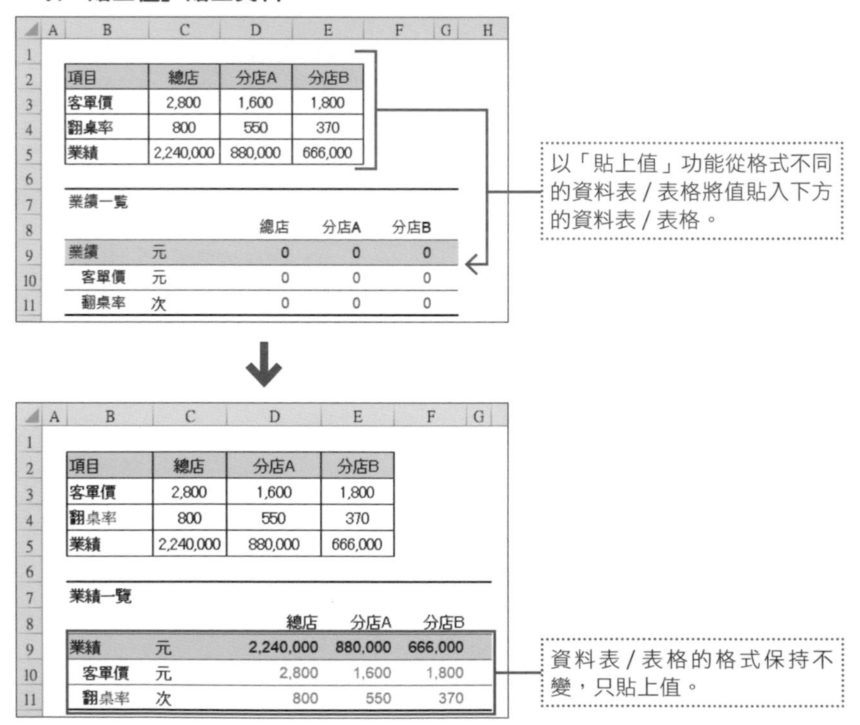

執行「貼上值」功能的方法

要執行「貼上值」功能可先選取目標儲存格，再從「貼上」選項的**「貼上值」欄位**的三個按鈕之中，點選左側兩個按鈕的其中一個，也可以按下 Ctrl + Alt + V 鍵，開啟「選擇性貼上」對話框，再點選「值」然後按下「確定」。

■「貼上值」

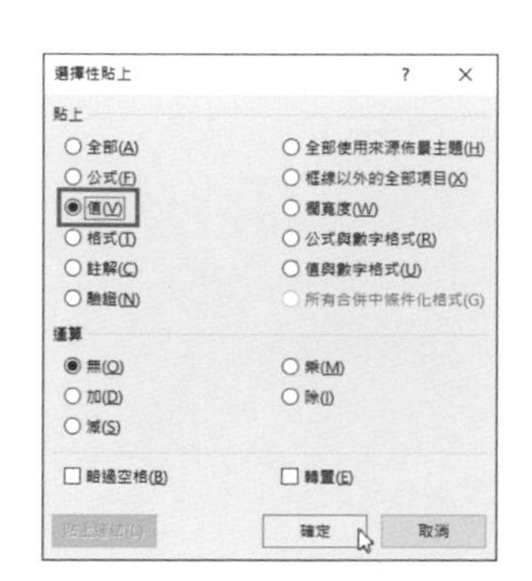

■「貼上值」的三個按鈕

按鈕	說明
值	只貼入儲存格的值。數值的顯示格式、儲存格的文字顏色、背景色以及其他格式都沿用貼入目的地之儲存格的設定。
值與數字格式	貼上儲存格的值與數值的顯示格式。儲存格的文字顏色、背景色以及其他格式都沿用貼入目的地的儲存格的設定。
值與來源格式設定	貼入儲存格的值與儲存格的格式。

■ 可以只複製公式的計算結果

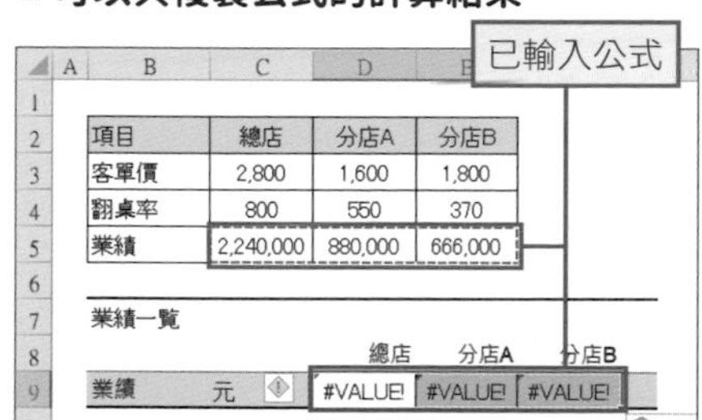

一般的複製 & 貼上會連同公式一併複製，所以參照位置會走位，因此顯示錯誤訊息。

已貼入直接輸入的值

項目	總店	分店A	分店B
客單價	2,800	1,600	1,800
翻桌率	800	550	370
業績	2,240,000	880,000	666,000

業績一覽

		總店	分店A	分店B
業績	元	2,240,000	880,000	666,000

執行「貼上值」功能，就只會貼入純粹的數值。就算客單價或翻桌率有所變動，值也不會更新。

相關項目　■ 貼上格式 ⇨ p.178　■ 貼上公式 ⇨ p.180　■ 貼上除法 ⇨ p.182

徹底解說複製 & 貼上的奧祕

「貼上格式」的超便利方法

不貼上值，只沿用格式

若希望資料表 / 表格或儲存格的值維持原狀，只套用字型、文字顏色、儲存格的背景色、框線等格式，可使用**「貼上格式」功能**。這項功能很適合在更新定期報告的資料或是製作多張格式相同的資料表 / 表格時使用。

■ 以「貼上格式」功能沿用格式

分店A業績

	業績	費用	利潤
1月	2,930	2,344	586
2月	3,738	2,990	748
3月	2,678	2,142	536
4月	3,140	2,512	628
5月	5,500	2,709	2,791
6月	4,300	3,225	1,075
7月	3,885	2,914	971
8月	3,675	2,756	919
9月	3,455	2,591	864
10月	3,600	1,800	1,800
11月	3,969	2,977	992
12月	3,045	2,284	761

分店B業績

	業績	費用	利潤
1月	4394	3047	1347
2月	3738	3289	449
3月	3749	2142	1607
4月	4709	2512	2197
5月	8250	2709	5541
6月	5160	3870	1290
7月	5828	4371	1457
8月	4778	3859	919
9月	4491	3627	864
10月	4320	2520	1800
11月	4366	4167	199
12月	4263	3197	1066

希望資料維持不變，只讓左側資料表 / 表格的文字顏色、框線套用至右側的資料表 / 表格。

分店A業績

	業績	費用	利潤
1月	2,930	2,344	586
2月	3,738	2,990	748
3月	2,678	2,142	536
4月	3,140	2,512	628
5月	5,500	2,709	2,791
6月	4,300	3,225	1,075
7月	3,885	2,914	971
8月	3,675	2,756	919
9月	3,455	2,591	864
10月	3,600	1,800	1,800
11月	3,969	2,977	992
12月	3,045	2,284	761

分店B業績

	業績	費用	利潤
1月	4,394	3,047	1,347
2月	3,738	3,289	449
3月	3,749	2,142	1,607
4月	4,709	2,512	2,197
5月	8,250	2,709	5,541
6月	5,160	3,870	1,290
7月	5,828	4,371	1,457
8月	4,778	3,859	919
9月	4,491	3,627	864
10月	4,320	2,520	1,800
11月	4,366	4,167	199
12月	4,263	3,197	1,066

執行「貼上格式」功能，可保留原先的資料，只套用複製來源的格式。

執行「貼上格式」的方法

想要「貼上格式」可先複製儲存格或資料表／表格，再點選欲貼上的目的地儲存格，從「貼上」選項的**「其他貼上選項」欄位**點選**「格式設定」**按鈕，也可以按下 Ctrl ＋ Alt ＋ V 鍵，開啟「選擇性貼上」對話框，再點選**「格式」**，然後點選「確定」。

■ 執行「貼上格式」的方法

此外，除了上述所教的「貼上格式」功能，還可使用「常用」索引標籤的**「複製格式」按鈕**。這個方法可先選取複製來源的儲存格或儲存格範圍，再點選「複製格式」按鈕，然後點選目的地儲存格即可貼上格式。**與其他方法的差異在於，只需要在複製格式的時候點選按鈕，再去點選要貼上的儲存格或儲存格範圍**。

■ 「複製格式」按鈕

先點選複製來源的儲存格或儲存格範圍，接著使用「常用」索引標籤的「複製格式」按鈕，最後點選複製目的地的儲存格，即可只貼上格式。

相關項目 ■ 貼上值 ⇨ p.176 ■ 貼上公式 ⇨ p.180 ■ 貼上除法 ⇨ p.182

徹底解說複製 & 貼上的奧祕

利用「貼上公式」功能只貼上公式

只複製儲存格的公式

想複製使用現有的公式，卻又想維持格式時，可使用「貼上公式」功能。

此外，如果公式含有參照其他儲存格，參照位置會隨著參照格式（p.124）自動調整。

以「貼上公式」貼入直接輸入的值時，會貼入值。若是選取範圍含有直接輸入值的儲存格，請在以貼上公式的方式貼入公式時，特別注意這點。

■ 只貼上公式（不包含格式）

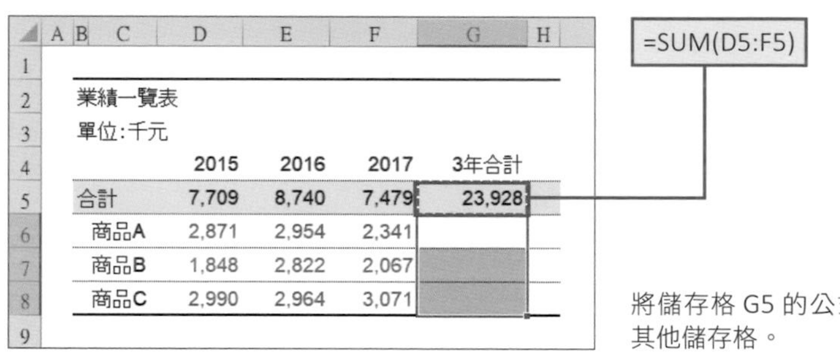

	2015	2016	2017	3年合計
合計	7,709	8,740	7,479	23,928
商品A	2,871	2,954	2,341	
商品B	1,848	2,822	2,067	
商品C	2,990	2,964	3,071	

將儲存格 G5 的公式複製 & 貼上至其他儲存格。

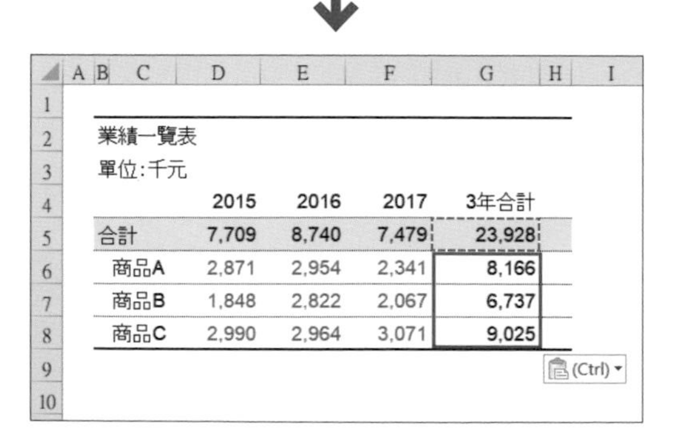

	2015	2016	2017	3年合計
合計	7,709	8,740	7,479	23,928
商品A	2,871	2,954	2,341	8,166
商品B	1,848	2,822	2,067	6,737
商品C	2,990	2,964	3,071	9,025

執行「貼上公式」，就能在保持原有格式的情況下只貼入公式。

同時貼入值的顯示格式與公式

要執行「貼上公式」時，可先複製目標儲存格或是儲存格範圍，再從「貼上」選項的**「貼上」欄位**點選**「公式」按鈕**。也可以按下 Ctrl ＋ Alt ＋ V 鍵開啟「選擇性貼上」對話框，再於對話框選擇「公式」，然後按下「確定」。

■ 執行「貼上公式」的方法

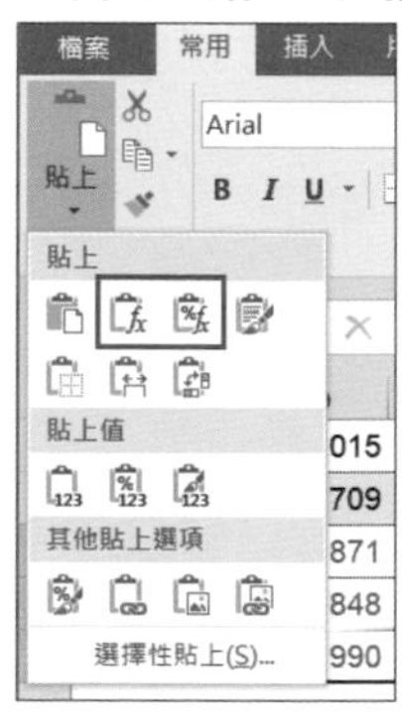

貼入公式之餘，若想連帶貼入計算結果的顯示格式（如 % 或千分位等設定），可點選「公式」按鈕旁邊的**「公式與數字設定」按鈕**，或是在「選擇性貼上」對話框選擇**「公式與數字格式」**，執行複製 & 貼上。**這個方法會忽略儲存格的背景色或框線的設定，只貼入公式與顯示格式**。

▼這點也很重要！▼

使用自動填滿功能時，可選擇「填滿但不填入格式」

想利用自動填滿功能（p.186）複製公式時，可選擇「填滿但不填入格式」。

相關項目 ■ 貼上值 ⇨ p.176 ■ 貼上格式 ⇨ p.178 ■ 貼上除法 ⇨ p.182

CHAPTER 6 - 05

徹底解說複製 & 貼上的奧祕

以「貼上除法」調整資料表 / 表格的單位

將一元單位的數值轉換成千元單位

「貼上除法」、**「貼上乘法」**功能可讓輸入的數值立刻轉換成單位。

「貼上除法」就是**將輸入的值除以某個數值，以取代原先的數值功能**。舉例來說，先複製輸入「1000」的儲存格，再以「貼上除法」功能貼入以一元為單位輸入的數值，儲存格的值就會轉換成 1/1000，其單位也轉換成千元單位。

「貼上乘法」則是**將輸入的值乘以某個數值，以取代原先的數值功能**。這項功能與「貼上除法」相反，可讓千元單位的數值轉換成一元單位的值。

■ 瞬間轉換數值的單位

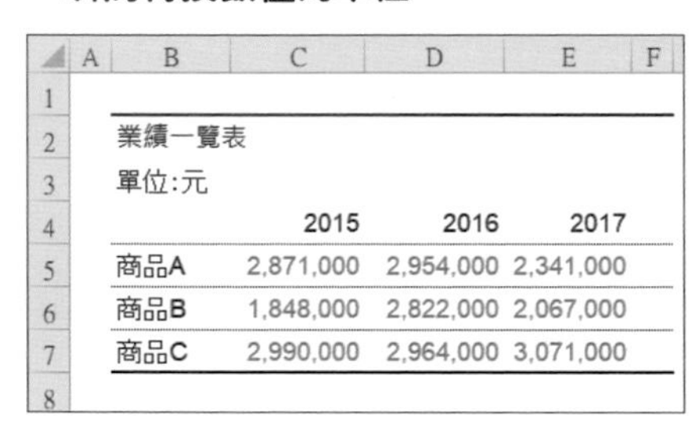

業績一覽表

單位:元

	2015	2016	2017
商品A	2,871,000	2,954,000	2,341,000
商品B	1,848,000	2,822,000	2,067,000
商品C	2,990,000	2,964,000	3,071,000

若是以一元單位的數值，資料表 / 表格內數字的位數太多，也變得不易閱讀。才會將數值轉換成千元單位，以減少位數。

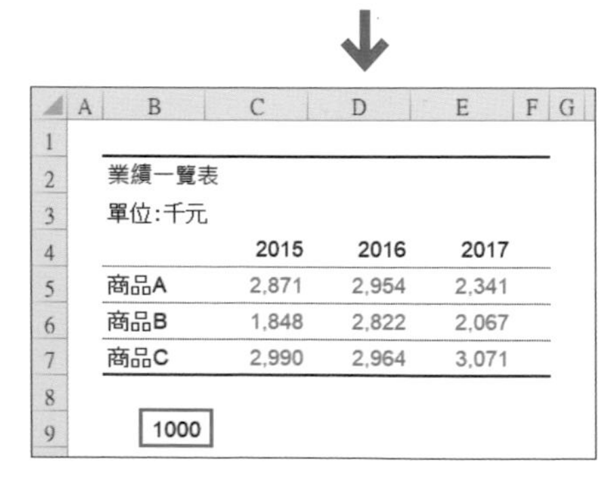

業績一覽表

單位:千元

	2015	2016	2017
商品A	2,871	2,954	2,341
商品B	1,848	2,822	2,067
商品C	2,990	2,964	3,071

1000

利用儲存格 B9 的「1000」執行「貼上除法」，就能讓所有數值轉換成 1/1000，單位也轉換成千元單位。

執行「貼上除法」的方法

執行「貼上除法」功能時，可先在儲存格輸入除數（1000 或 1000000）再複製；接著，選擇要變更單位的儲存格或儲存格範圍，再從「選擇性貼上」對話框選擇**「值」**與**「除」**，然後按下「確定」即可。

單位變更後，請記得修改表格裡的單位標記。此外，也可以刪除當成除數使用的「1000」。

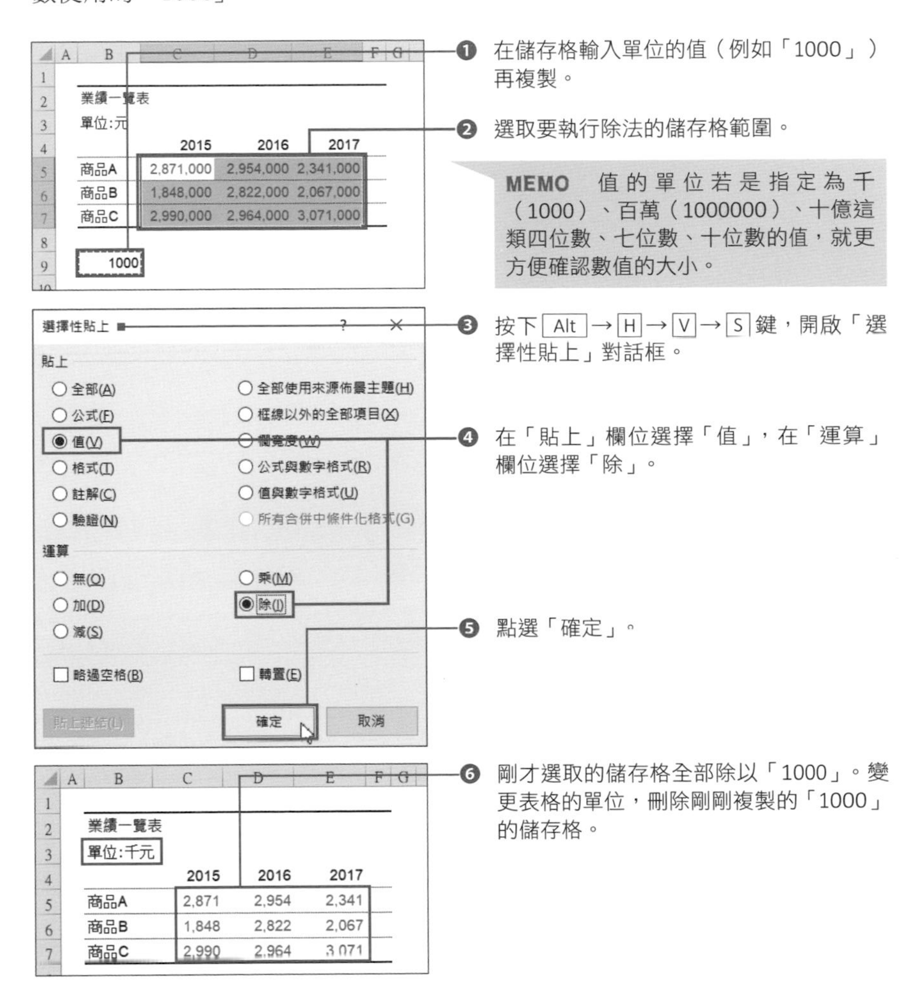

相關項目　■ 貼上值 ⇨ p.176　■ 貼上格式 ⇨ p.178　■ 貼上公式 ⇨ p.180

CHAPTER 6
06

只要學會這一招就能加速作業

只要簡單操作就能讓資料表的列與欄互換位置

列與欄互換位置會有新發現

讓垂直排列的資料改為水平方向，或是**讓水平排列的資料改為垂直方向**，別於以往的方式檢視資料，有時更能確認資料的正確性，還能察覺之前所忽略掉的盲點。除此之外，有時會因為作業內容、目的或用途，才會以篩選功能（p.195）將篩選的項目沿著垂直方向排列，或是變更資料的方向。

此時可使用「選擇性貼上」對話框的**「轉置」選項**。

■ **讓表格的列與欄互換位置**

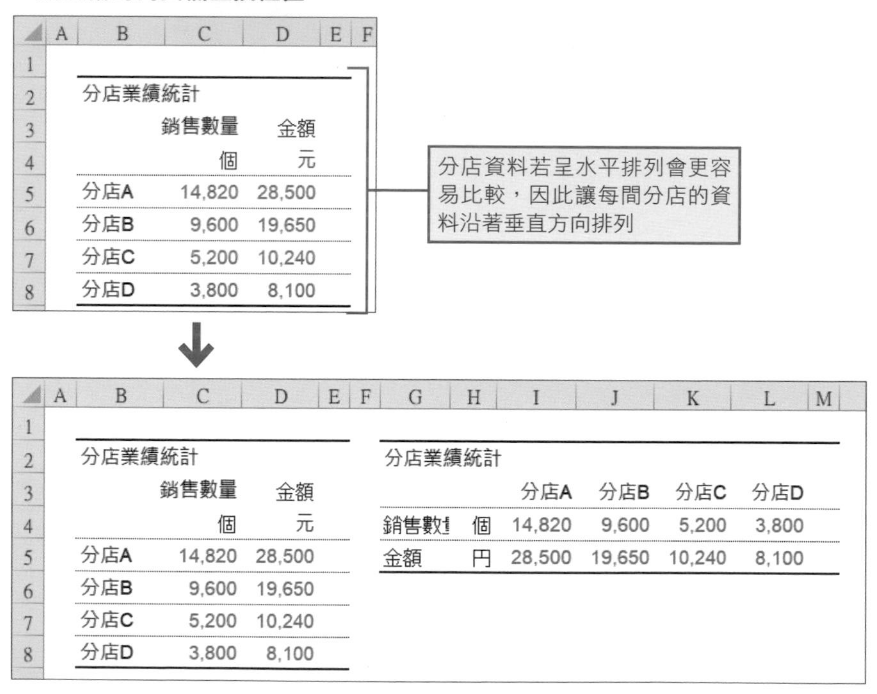

分店業績統計		
	銷售數量	金額
	個	元
分店A	14,820	28,500
分店B	9,600	19,650
分店C	5,200	10,240
分店D	3,800	8,100

分店業績統計					
		分店A	分店B	分店C	分店D
銷售數量	個	14,820	9,600	5,200	3,800
金額	円	28,500	19,650	10,240	8,100

使用「轉置」選項可調整資料的方向再貼上資料。

勾選「轉置」選項

要在貼入資料時，讓資料表的列與欄互調位置，可先複製目標儲存格範圍，開啟「選擇性貼上」對話框，再勾選**「轉置」選項**，然後按下「確定」。

複製儲存格範圍時請不要包含資料表的標題，請複製資料就好。資料表的框線也請在貼上之後重新設定。

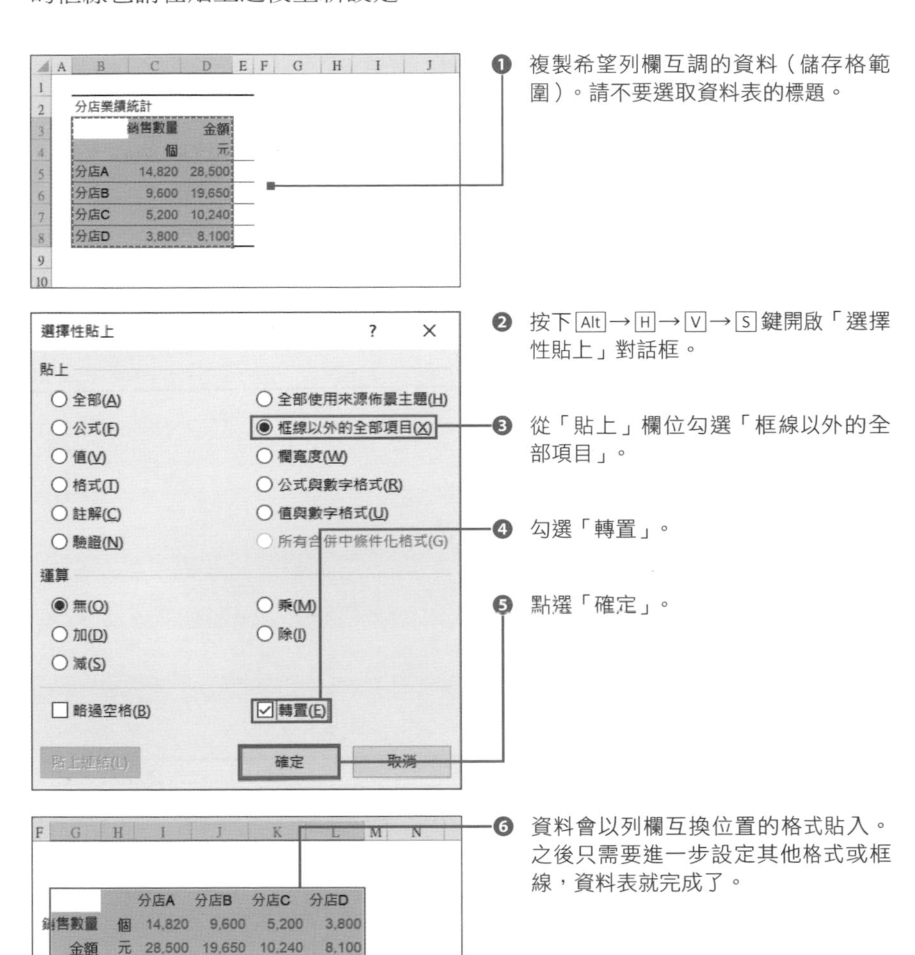

❶ 複製希望列欄互調的資料（儲存格範圍）。請不要選取資料表的標題。

❷ 按下 Alt → H → V → S 鍵開啟「選擇性貼上」對話框。

❸ 從「貼上」欄位勾選「框線以外的全部項目」。

❹ 勾選「轉置」。

❺ 點選「確定」。

❻ 資料會以列欄互換位置的格式貼入。之後只需要進一步設定其他格式或框線，資料表就完成了。

相關項目
■ 自動填滿功能的基本操作 ⇨ p.186 ■ 排序功能 ⇨ p.191
■ 篩選功能⇨ p.195

CHAPTER 6
07

只要學會這一招就能加速作業

自動填滿功能的基本操作

Excel 最方便的輸入功能

「自動填滿」功能是 Excel 內建功能之中，特別便利的輸入功能之一。只要使用這項功能，就能利用滑鼠輕鬆完成下列操作。

- **從 5 到 100，連續輸入以 5 為間隔的編號**
- **將相同的公式或格式複製到整欄**

使用「自動填滿」功能時，一開始必須先輸入作為**「基本規則」**的資料，例如想輸入以 5 為間隔的編號，需要先輸入「5」、「10」兩筆資料，如果想以 100 為間隔，則需要輸入「100」、「200」，之後就會根據這個基本規則輸入第三筆以後的資料。

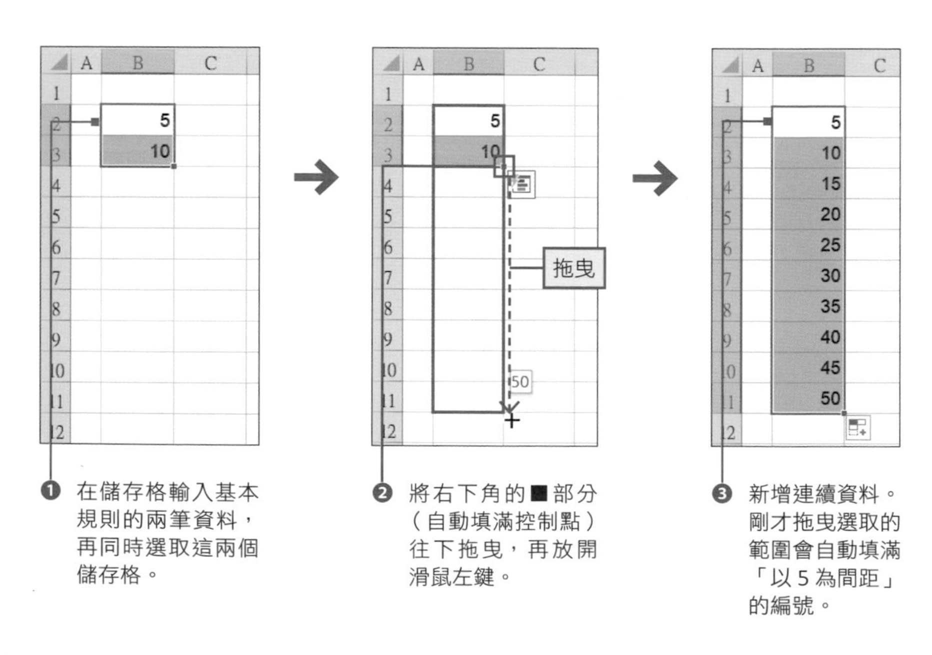

❶ 在儲存格輸入基本規則的兩筆資料，再同時選取這兩個儲存格。

❷ 將右下角的■部分（自動填滿控制點）往下拖曳，再放開滑鼠左鍵。

❸ 新增連續資料。剛才拖曳選取的範圍會自動填滿「以 5 為間距」的編號。

快速將公式或格式自動填滿到整欄

使用「自動填滿」功能複製參照了其他儲存格的公式之後，會與複製公式的情況一樣，其儲存格會隨著**參照方式**（p.124）而改變。

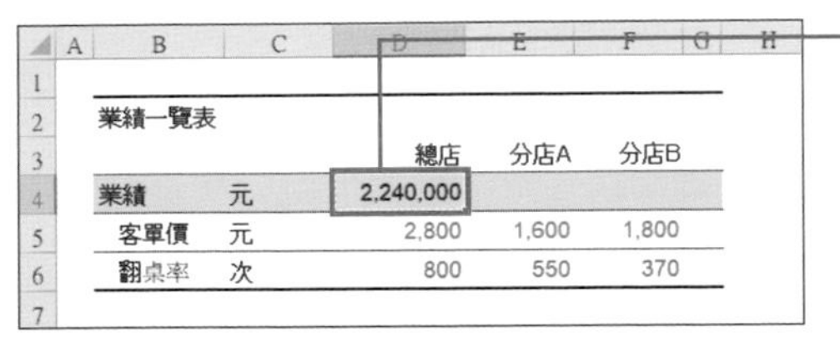

❶ 選取輸入公式的儲存格。

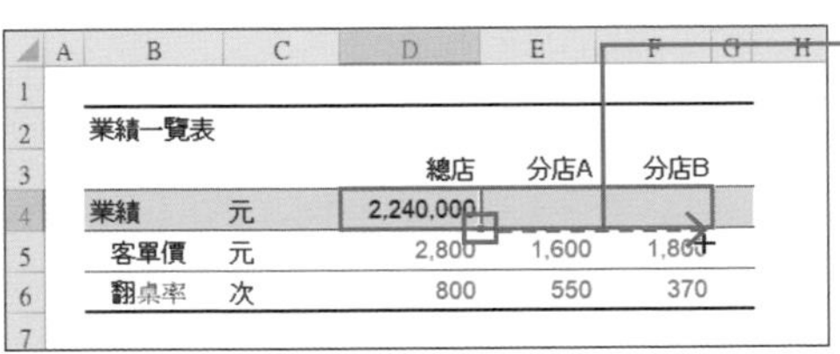

❷ 將右下角的■（自動填滿控制點）往右拖曳，再放開滑鼠左鍵。

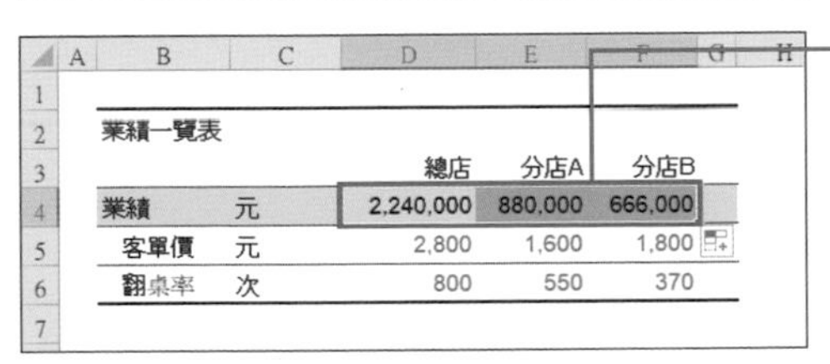

❸ 填滿公式後，計算結果也會更新。公式內的儲存格參照位置也會跟著更新。

▼這點也很重要！▼

「自動填滿」功能的「僅以格式填滿」與「填滿但不填入格式」

若依正常操作使用自動填滿功能輸入資料，**會同時複製格式與資料**。如果只想複製格式，或是不想複製格式，可在自動填滿資料後，點選選項選單❶，再選擇「**僅以格式填滿**」（p.190），或是「**填滿但不填入格式**」。

此外，如果點選「快速填入」，Excel會找出資料的排序規則，自動填滿相關資料。這項功能也很適合用在讓不同欄位的姓與名合併。

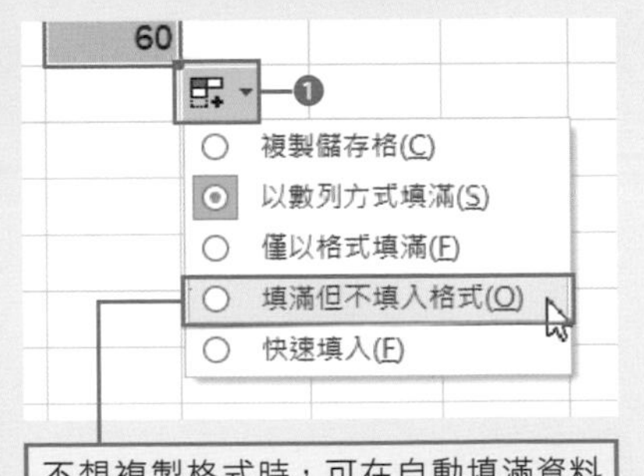

不想複製格式時，可在自動填滿資料後，點選「自動填滿選項」，再選擇「填滿但不填入格式」

相關項目
■ 列欄互調 ⇨ p.184　■ 瞬間輸入年月日與星期 ⇨ p.188
■ 篩選功能 ⇨ p.195

CHAPTER 6 - 08

只要學會這一招就能加速作業

瞬間輸入年月日與星期

「自動填滿」還有一項便利功能

「自動填滿」功能（p.186）也能瞬間輸入日期與星期，而且是百分之百正確。若是輸入日期，即使是跨月的日期，也會自動輸入下個月的一號；如果是跨年的日期，則會自動輸入新年的一月一號，而且還能計算閏年的日期。輸入星期時，若是超過「星期日」，下一筆資料就會自動輸入「星期一」。

製作每日業績表、營業額表格、工作輪值表時，**請使用「自動填滿」功能輸入連續的年月日或星期**。這樣才能既迅速又正確地輸入資料。

■ **以「自動填滿」功能輸入日期與星期**

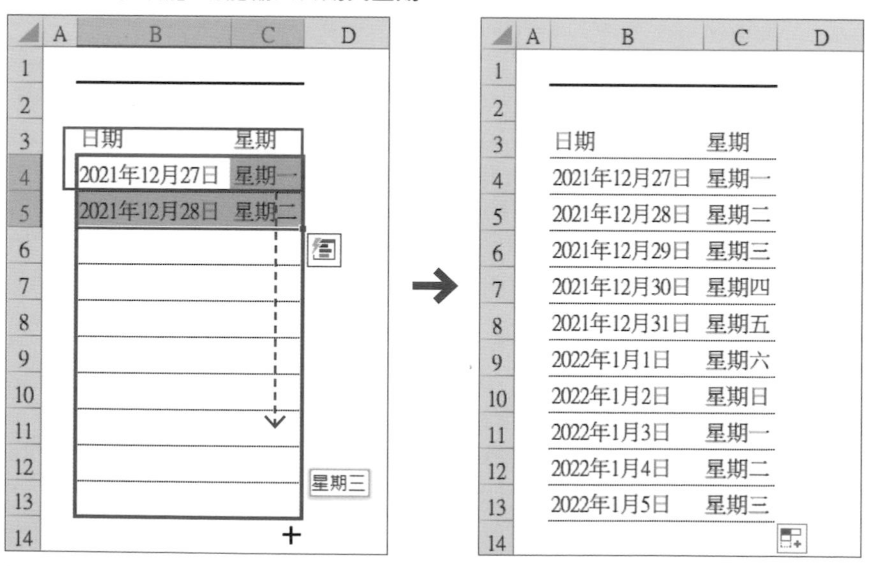

以自動填滿功能輸入代表日期與星期的文字。若是跨月的日期，會自動輸入下個月的值。若是輸入星期，超過「星期日」時就會自動轉換成「星期一」。

瞬間輸入月底日期的應用技巧

利用「自動填滿」功能輸入日期之後，點選「自動填滿選項」，開啟選單後，有**「以天數填滿」**、**「以月填滿」**、**「以年填滿」**等選項，我們就能以特定條件輸入日期。

舉例來說，輸入「1 月 31 日」、「2 月 29 日」等月底日期，再利用自動填滿功能輸入資料，然後選擇「以月填滿」，就能瞬間輸入好每個月的月底日期。

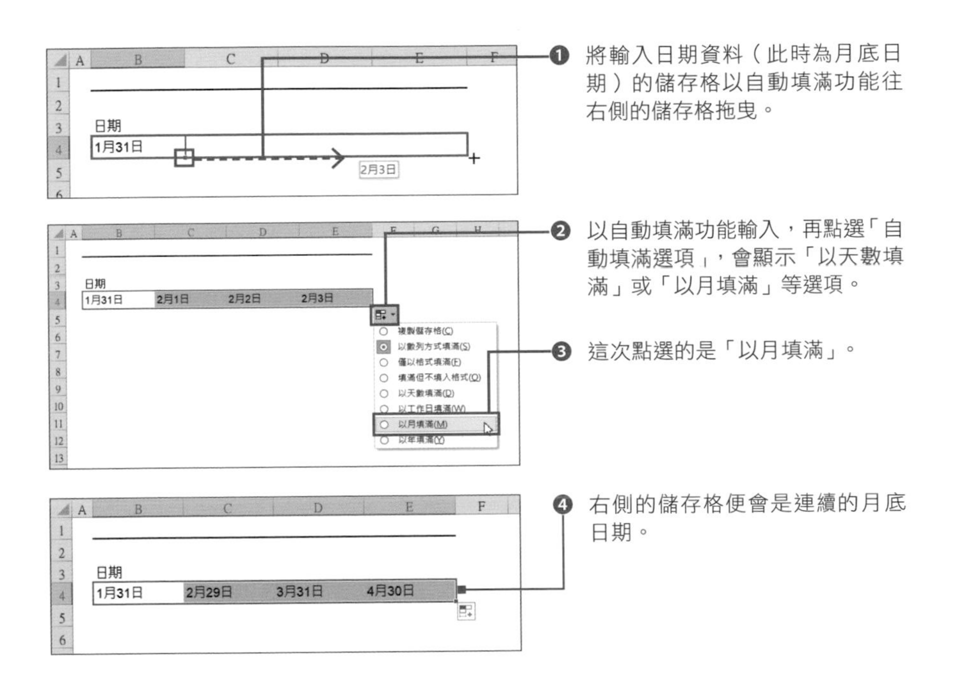

▼這點也很重要！▼

以滑鼠右鍵拖曳，顯示選項

拖曳「自動填滿」功能的自動填滿功能控制點時，若以滑鼠右鍵拖曳，而不是滑鼠左鍵的話，放開按鍵的同時會顯示選項選單。如果一定需要在選單裡挑選必要的選項，那麼利用滑鼠右鍵絕對比較有效率。

相關項目
■ 自動填滿功能的基本操作 ⇨ p.186
■ 排序功能 ⇨ p.191 ■ 篩選功能 ⇨ p.195

只要學會這一招就能加速作業

設定每列交錯的儲存格背景色

自動填滿功能只複製格式

「自動填滿」功能也能**只複製格式**（不複製值）。例如，若希望讓儲存格的背景色每列交錯變化，可利用下列步驟來設定。

■ 利用自動填滿功能只複製格式

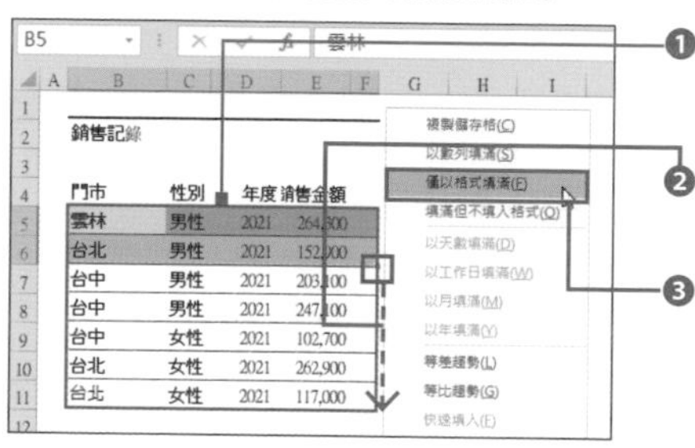

❶ 同時選取設定背景色的列（第 5 列）與未設定背景色的列（第 6 列）。

❷ 以滑鼠右鍵往下拖曳自動填滿控制點。

❸ 放開滑鼠右鍵，開啟選單之後，選擇「僅以格式填滿」。

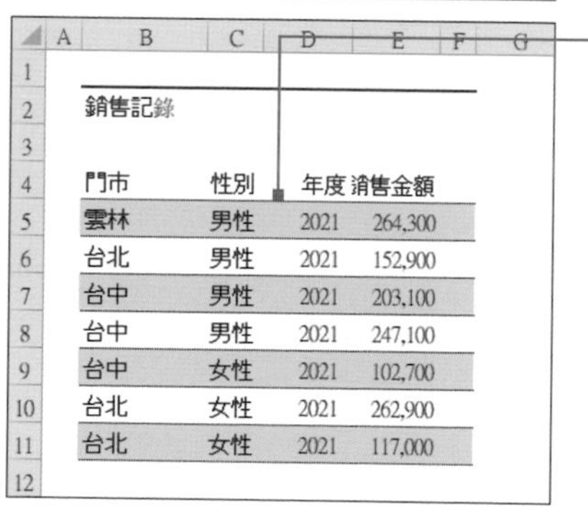

❹ 儲存格設定成顏色交錯如條紋般的背景色。

▼這點也很重要！▼

排序時，有一些需要注意的事項

將儲存格的背景色設定為一條一條交錯的顏色，若是重新排序資料，背景色就會錯亂，甚至會變得不易閱讀。此時，建議不要設定成條紋般的背景色，或是使用格式化條件來設定交錯條紋的背景色（p.47）。

只要學會這一招就能加速作業

徹底學會「排序」功能

依照目的排序資料

將門市、商品名稱、銷售日期、銷售金額、顧客屬性以及多種資料整理成一張資料表時，**排列資料的順序可大幅提升資料表的易讀性**。在毫無規則的狀態下，很難理解資料的關聯性。此外，若是能依照門市順序、日期順序、商品名稱排序，才能理解「資料之間的關聯性」。排序，有助於大家獲得更多資訊。

Excel 內建了許多高階的**「排序」功能**，可將各種值當成排序的基準值再排序資料。不論是在何種業種，只要有使用 Excel 的人，「排序」功能是必須學會的技巧之一。

■ 資料經過排序後，易讀性也大幅提升

	A	B	C	D	E	F	G
1							
2		銷售記錄					
3							
4		門市名稱	商品名稱	銷售日期	顧客屬性	銷售金額	
5		彰化	ZYL-233qbd	2021/2/1	10幾歲女性	2,920	
6		台中	SQB-176ymx	2021/2/4	30幾歲男性	3,340	
7		宜蘭	NTC-116tgu	2021/2/20	50幾歲女性	1,660	
8		雲林	ZYL-233qbd	2021/2/15	20幾歲男性	2,920	

這是排序之前的資料表。順序毫無規則可言，難以判讀資料的關聯性。

	A	B	C	D	E	F	G
1							
2		銷售記錄					
3							
4		門市名稱	商品名稱	銷售日期	顧客屬性	銷售金額	
5		彰化	ZYL-233qbd	2021/2/1	10幾歲女性	2,920	
6		彰化	KRE-254yee	2021/2/3	40幾歲女性	2,170	
7		台中	SQB-176ymx	2021/2/4	30幾歲男性	3,340	
8		高雄	ZYL-233qbd	2021/2/4	10幾歲男性	2,920	
9		雲林	KRE-254yee	2021/2/5	20幾歲女性	2,170	

依照門市名稱排序，再依照銷售日期排序。如此一來，就能輕易看出「各門市的銷售記錄與趨勢」。

採用升冪（由小至大的順序）

要讓資料表的資料以升冪（由小至大的順序）排列，可先選取作為排序基準的欄位的**「標題儲存格」**，接著點選「資料」索引標籤的**「由 A 到 Z 排序」按鈕**，表格的資料就會以**列為單位**排序。

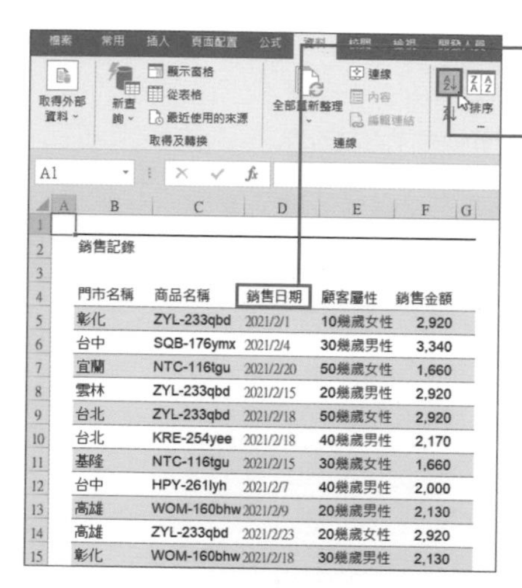

門市名稱	商品名稱	銷售日期	顧客屬性	銷售金額
彰化	ZYL-233qbd	2021/2/1	10幾歲女性	2,920
台中	SQB-176ymx	2021/2/4	30幾歲男性	3,340
宜蘭	NTC-116tgu	2021/2/20	50幾歲女性	1,660
雲林	ZYL-233qbd	2021/2/15	20幾歲男性	2,920
台北	ZYL-233qbd	2021/2/18	50幾歲女性	2,920
台北	KRE-254yee	2021/2/18	40幾歲男性	2,170
基隆	NTC-116tgu	2021/2/15	30幾歲女性	1,660
台中	HPY-261lyh	2021/2/7	40幾歲男性	2,000
高雄	WOM-160bhw	2021/2/9	20幾歲男性	2,130
高雄	ZYL-233qbd	2021/2/23	20幾歲女性	2,920
彰化	WOM-160bhw	2021/2/18	30幾歲男性	2,130

❶ 選取作為排序基準的欄標題儲存格。

❷ 點選「資料」索引標籤的「由 A 到 Z 排序」按鈕。

MEMO 點選「由 A 到 Z 排序」按鈕底下的「由 Z 到 A 排序」按鈕，就能以降冪（由大至小的順序）排序資料。

MEMO 以日期排序之後，再以門市名稱排序，資料表的資料就會以門市名稱排序，若是相同門市的資料則會以日期排序。

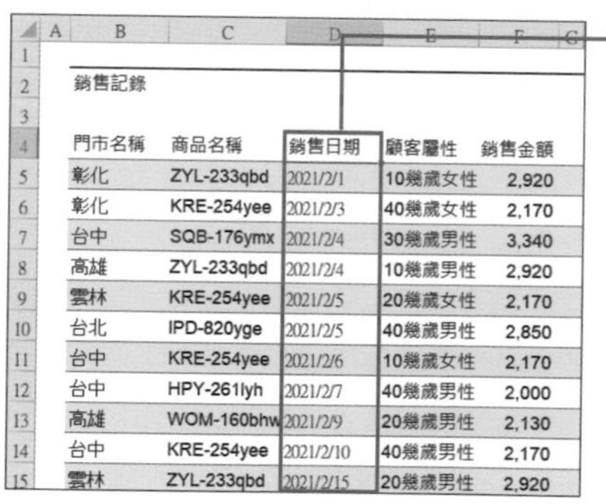

門市名稱	商品名稱	銷售日期	顧客屬性	銷售金額
彰化	ZYL-233qbd	2021/2/1	10幾歲女性	2,920
彰化	KRE-254yee	2021/2/3	40幾歲女性	2,170
台中	SQB-176ymx	2021/2/4	30幾歲男性	3,340
高雄	ZYL-233qbd	2021/2/4	10幾歲男性	2,920
雲林	KRE-254yee	2021/2/5	20幾歲女性	2,170
台北	IPD-820yge	2021/2/5	40幾歲男性	2,850
台中	KRE-254yee	2021/2/6	10幾歲女性	2,170
台中	HPY-261lyh	2021/2/7	40幾歲男性	2,000
高雄	WOM-160bhw	2021/2/9	20幾歲男性	2,130
台中	KRE-254yee	2021/2/10	40幾歲男性	2,170
雲林	ZYL-233qbd	2021/2/15	20幾歲男性	2,920

❸ 選取的欄位依照升冪排序，整張資料表的資料也以列為單位排序。

MEMO 更高階的排序功能將在下一頁說明。在此請先了解「排序」功能的基本操作與特徵。

▼這點也很重要！▼

務必保留原始資料！

排序資料之前，**請先「另存新檔」或是備份檔案，保留原始資料**。這點非常重要，某些表格會在排序之後無法還原為原始狀態。如果是使用他人製作的表格，早已看不出資料的原始順序是否具有意義。為了避免發生**「後來才知道表格的原始用意，卻已經無法還原」**的問題，請平常就養成「保留原始資料」的習慣。

在「排序」對話框指定更細膩的排序方式

要進一步指定排序的條件時，可點選「資料」索引標籤的**「排序」按鈕**，開啟**「排序」對話框**，再依照下列的流程設定。

❶：指定排序的基準欄（Key 欄）
❷：指定基準欄的排序規則（升冪／降冪）
❸：若想指定多個基準欄，可點選「新增層級」按鈕新增輸入欄位
❹：以「▲」、「▼」按鈕調整基準欄的優先順序

此外，若只想排序部分資料，可先**選取目標儲存格範圍**再開啟「排序」對話框。

■ **「排序」對話框的基本操作**

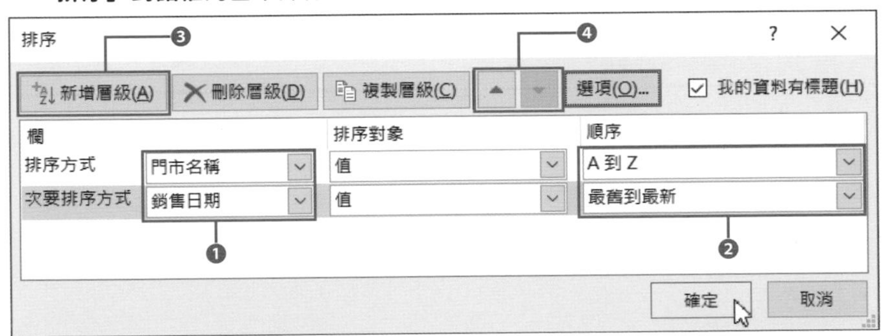

▼這點也很重要！▼

排序時，是否包含標題列

若資料表有標題列，通常不會將開頭列（標題列）納入排序範圍。如果資料表沒有標題列，開頭列也會被納入排序範圍。若希望開頭列被納入排序範圍，請取消「排序」對話框右上角的**「我的資料有標題」選項**。

▼這點也很重要！▼

排列含有注音假名的欄位

數字、英文字母、注音符號都有明確的升冪與降冪的順序，所以能順利排序，但是含有**注音符號的欄位（主要是漢字）**在排序時，必須設定是否在排序的基準裡加入注音符號。這個設定可點選「排序」對話框上方的「選項」按鈕，開啟**「排序選項」對話框**再設定。

排序的快速鍵與注意事項

「排序」功能的快速鍵如下。

■「排序」功能的快速鍵

排序方法	快速鍵
「由 A 到 Z 排序」按鈕的功能	Alt → A → S → A 鍵
「由 Z 到 A 排序」按鈕的功能	Alt → A → S → D 鍵
「排序」按鈕的功能（開啟對話框）	Alt → A → S → S 鍵

由上表可知，Alt → A 鍵可選擇「資料」索引標籤，接著的 S 可選擇「排序」功能，最後的按鍵則是選擇升冪（Ascending 的 A ）、降冪（Descending 的 D ）或開啟對話框（Sort 的 S ）。

此外，排序資料時，有幾點需要注意的事項。

第一點是**資料若含有「參照其他儲存格的公式」，經過排序之後，計算結果可能有誤**。如果有參照其他儲存格的公式，事先確認參照格式（p.124）是非常重要的。

第二點是 **Excel 的「排序」功能是將列當成「一整塊的資料」**。因此，若如下圖排序欄方向的資料，資料表就會崩壞，此時，必須視情況讓列與欄的資料調換位置（p.184）。

■ 沿著欄方向排列的資料無法排序

	A	B	C	D	E	F	G
1							
2		業績一覽表					
3				分店A	分店B	分店C	分店D
4		業績	元	880,000	666,000	880,000	666,000
5		客單價	元	1,600	1,800	1,600	1,800
6		翻桌率	次	550	370	550	370
7							

欄方向（垂直方向）排列了一堆相關資料的表格。

	A	B	C	D	E	F	G
1							
2		翻桌率	次	550	370	550	370
3		客單價	元	1,600	1,800	1,600	1,800
4		業績	元	#VALUE!	#VALUE!	#######	#VALUE!
5				分店A	分店B	分店C	分店D
6		業績一覽表					
7							

「排序」功能只能處理列方向的資料，所以替欄方向的資料經過排序後，資料就錯亂了。

相關項目
■ 貼上值 ⇨ p.176 ■ 自動填滿功能的基本操作 ⇨ p.186
■ 篩選功能 ⇨ p.195

只要學會這一招就能加速作業

「篩選」功能與 SUBTOTAL 函數的使用方法

只顯示滿足特定條件的資料

Excel 內建的**「篩選」功能**可以從**龐雜的資料之中，挑出符合特定條件的資料**。篩選條件可指定為多個欄位。例如可指定門市欄位 = 台北、年度欄位 =2021 年度、性別欄位 = 女性這些條件，篩選出需要的資料（參考下圖）。

■ 利用「篩選」功能顯示必要的資料

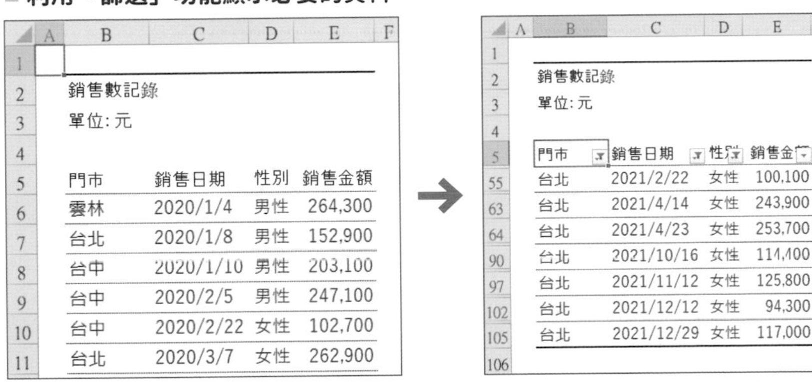

	A	B	C	D	E	F
1						
2		銷售數記錄				
3		單位: 元				
4						
5		門市	銷售日期	性別	銷售金額	
6		雲林	2020/1/4	男性	264,300	
7		台北	2020/1/8	男性	152,900	
8		台中	2020/1/10	男性	203,100	
9		台中	2020/2/5	男性	247,100	
10		台中	2020/2/22	女性	102,700	
11		台北	2020/3/7	女性	262,900	

	A	B	C	D	E	F
1						
2		銷售數記錄				
3		單位: 元				
4						
5		門市	銷售日期	性別	銷售金額	
55		台北	2021/2/22	女性	100,100	
63		台北	2021/4/14	女性	243,900	
64		台北	2021/4/23	女性	253,700	
90		台北	2021/10/16	女性	114,400	
97		台北	2021/11/12	女性	125,800	
102		台北	2021/12/12	女性	94,300	
105		台北	2021/12/29	女性	117,000	
106						

使用「篩選」功能從大量的資料之中挑出門市 = 台北、銷售日期 =2021 年度、性別 = 女性的資料。

「篩選」功能充其量是**「暫時挑出必要資料的功能」**，換言之**「只是隱藏不符合條件的列」**，不是真正刪除不符合條件的資料。只要觀察篩選之後的表格就會發現，列編號是不連續的，這也代表有些資料被隱藏了，隨時都可以恢復原狀。

「篩選」功能的基本使用方法

要利用「篩選」功能篩選資料可先點選「資料」索引標籤的**「篩選」按鈕**。此時表格的標題儲存格將顯示**「篩選箭頭」按鈕**。按下按鈕，就能指定該欄的篩選條件（快速鍵請參考 p.163）。

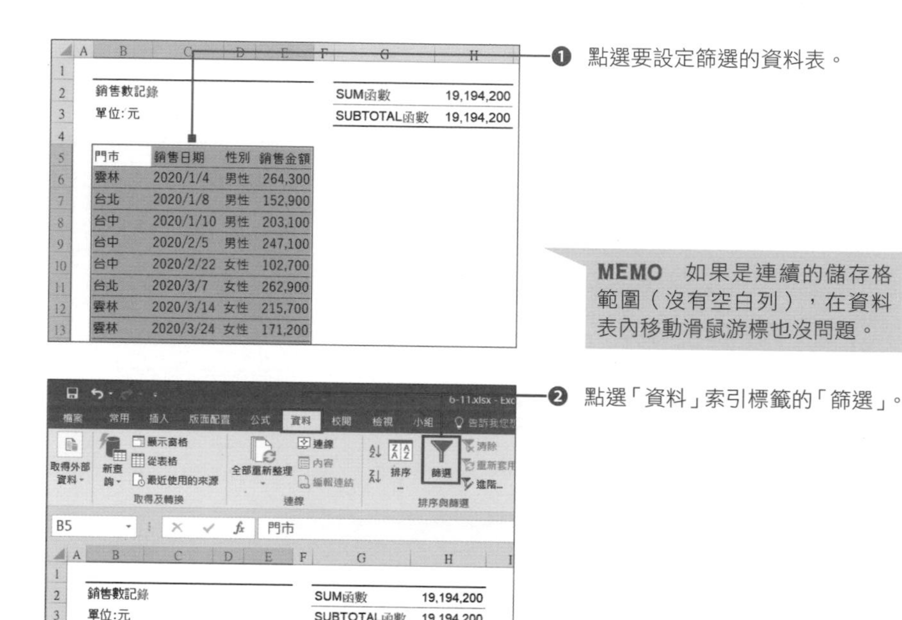

❸ 點選標題欄的「▼」，勾選要篩選的項目。

❹ 完成設定後，按下「確定」鈕。

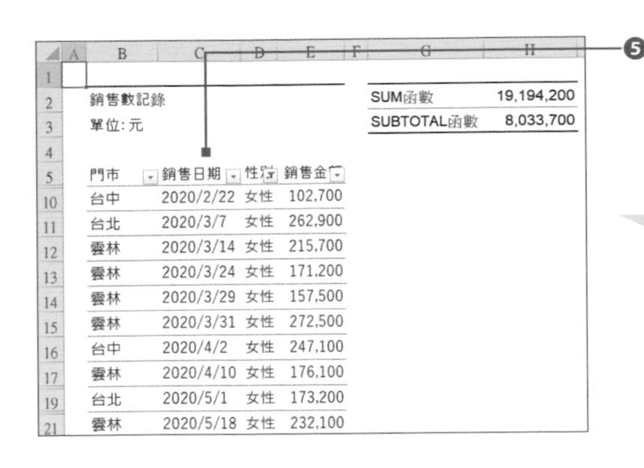

❺ 顯示步驟❸選擇的項目。其他欄位也能依照相同的步驟設定篩選條件。

MEMO 要清除篩選條件可點選「資料」索引標籤的「清除」按鈕。
此外，若要解除篩選，可再點選一次「資料」索引標籤的「篩選」按鈕。

設定更詳細的篩選條件

若是輸入日期或數值的欄位，就能設定更細膩的篩選條件。以「銷售金額」欄位為例，除了可篩選出大於指定數值的資料，還能篩選出「前 10 項」、「高於平均」等相對條件。如果是「銷售日期」欄位，則可利用「本週」、「上個月」、「上一季」來篩選。

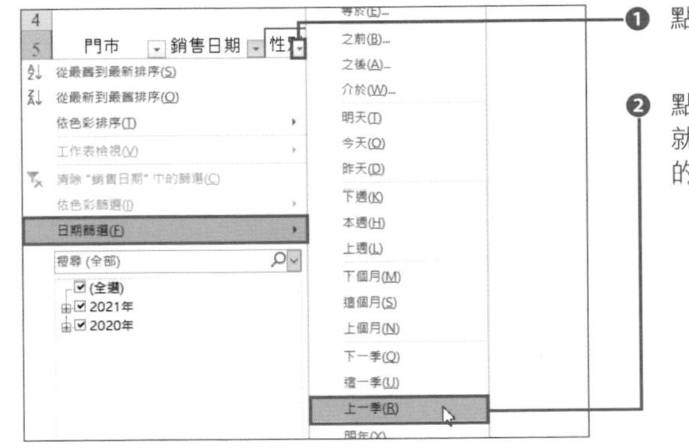

❶ 點選標題欄的「▼」。

❷ 點選「日期篩選」→「上一季」，就能只篩選出銷售日期為上一季的資料。

「篩選」功能的超方便機制

要將「篩選」功能挑出的資料複製到其他的工作表，可先選擇顯示的儲存格，再直接複製 & 貼上。此時不會複製隱藏的儲存格。

另一方面，**若是要統計篩選的資料，就需要注意一下了**。利用 SUM 函數（p.66）或 COUNT 函數（p.93）統計資料之後，**除了挑出來的資料之外，連隱藏的資料都是統計對象**。若只想統計挑出的資料，必須先複製資料，將資料貼至其他位置，然後重新使用 SUM 函數或 COUNT 函數統計。

否則，也可使用 **SUBTOTAL 函數**這種具備 SUM 函數與 COUNT 函數功能，又能只統計篩選所得的資料。

SUBTOTAL 函數的第 1 個引數可指定為「**計算方法**」，第 2 個引數可指定為「**統計的儲存格範圍**」。

=SUBTOTAL(計算方法 , 儲存格範圍)

■ SUBTOTAL 函數與 SUM 函數產生不同的統計結果

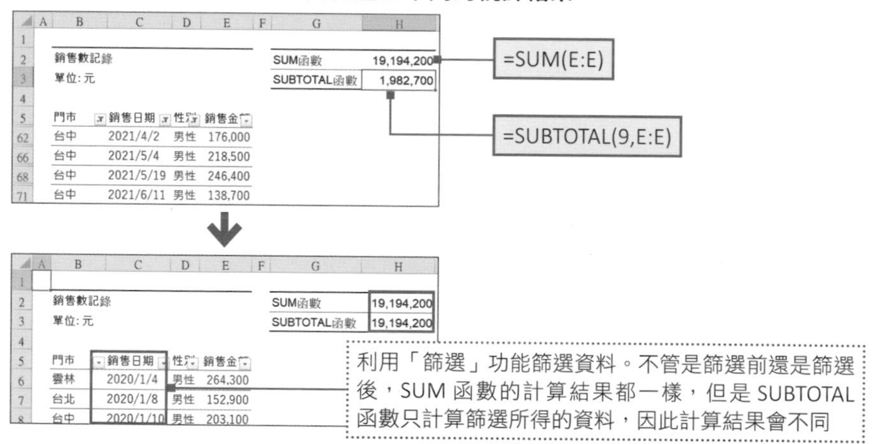

SUBTOTAL 函數的第 1 個引數（計算方法）的意義

▼這點也很重要！▼

SUBTOTAL 函數的第 1 個引數可指定為「計算方法」，總共可使用 1~11 的數值指定。例如想執行與 SUM 函數同樣的處理（計算合計值）可指定為「9」（參考前述）；若想執行與 COUNT 函數同樣的處理（計算資料筆數）可指定為「2」。SUBTOTAL 函數就是能以一個函數進行多種處理。
其他編號的計算方法請參考 Excel 的說明或是 Microsoft 的網站。

■ 貼上值 ⇨ p.176 ■ 自動填滿功能的基本操作 ⇨ p.186
■ 排序功能 ⇨ p.191

CHAPTER 7

資料分析的實用技法

CHAPTER 7

01

運算列表的專業技巧

運算列表是最強的分析工具——第一次敏感度分析

用多重條件來分析資料

訂立下一季的營業目標，或是比較辦公室內機器租賃費用時，**必須一邊調整多個相關條件，一邊計算最划算的結果**。此時，就一定使用「**運算列表**」了。這項功能能輕鬆完成**敏感度分析**（可分析多種條件變動之後的結果）。

為了說明運算列表的基本操作，特別試算從銀行貸款之後，每個月的還款金額。貸款條件有下列三種。

- **貸款期間為 3、4、5 年，取其中之一**
- **貸款金額為 1000 萬元、1300 萬元、1500 萬元，取其中之一**
- **利息為年利率 2%、每月還款金額必須低於 30 萬元**

由於貸款欺間有三種，貸款金額也有三種，所以總計有九種償還計畫。如果希望**每月還款金額低於 30 萬，又要貸到最高的金額的話，該選擇哪種償還計畫比較好呢？**

■ **償還計畫的模式**

	貸款金額（年利率為 2%）		
	1,000 萬元	**1,300 萬元**	**1,500 萬元**
3 年	1,000 萬元三年償還	1,300 萬元三年償還	1,500 萬元三年償還
4 年	1,000 萬元四年償還	1,300 萬元四年償還	1,500 萬元四年償還
5 年	1,000 萬元五年償還	1,300 萬元五年償還	1,500 萬元五年償還

要根據上述條件分析，可如下圖分別輸入各銀行的條件再比較結果，否則就無法選出最佳方案。

■ **貸款期間 4 年、貸款金額 1,000 萬的方案**

	A	B	C	D	E	F	G
1							
2		貸款償還計畫					
3							
4		每月還款金額			元	216,951	
5			貸款金額		元	10,000,000	
6			利息		%	2.0%	
7			貸款期間		年	4	

這是貸款期間 4 年、貸款金額 1,000 萬的試算結果。要計算其他方案的結果，必須修改「貸款金額」與「貸款期間」。

不過，這個方法**一次只能確認一種還款計畫的結果**，若要確認其他還款計畫的結果，就必須不斷變更儲存格的內容，還得寫出計畫的差異之處，著實不太方便，而且沒有效率。因此，Excel 內建了可快速完成這類試算的功能，那就是「**運算列表**」。

列出多重條件的計算結果

運算列表可列出**公式裡的一個值或兩個值變動時的所有計算結果**。以這次的範例而言，可將兩個變動值（貸款期間、貸款金額）組合成的九種償還計畫全部整理在同一張資料表裡（具體設定方法將在下一頁說明）。

■ **利用運算列表試算償還計畫**

G	H	I	J	K	L
	貸款償還計畫				
	元			貸款金額(千元)	
			10,000,000	13,000,000	15,000,000
	貸款期間	3	286,426	372,354	429,639
	(年)	4	216,951	282,037	325,127
		5	175,278	227,861	262,916

使用運算列表可將九種試算結果整理在同一張資料表。

製作運算列表的方法

接著，就來實際製作運算列表吧！

在製作運算列表時，一開始要先建立「**某個條件的試算結果**」的資料表，再從中選擇「**試算時，值會有所變動的儲存格**」。這次要變更儲存格 F5 與儲存格 F7 的數值，試算不同的結果。

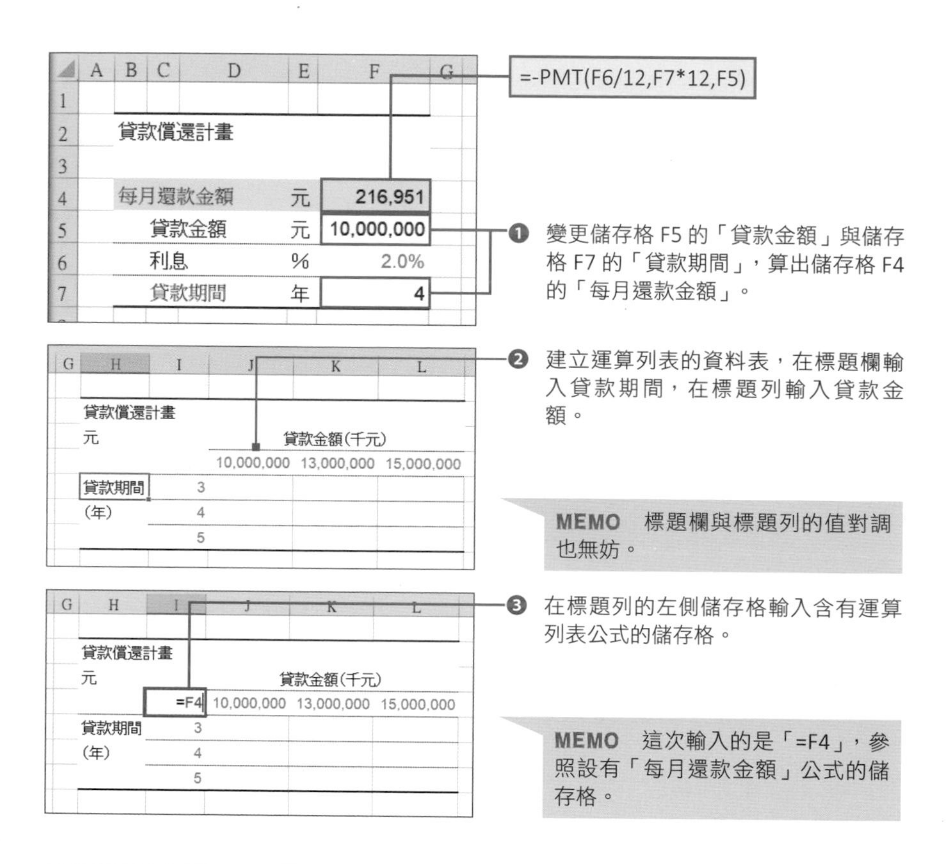

▼這點也很重要！▼

每月還款金額的計算方法

PMT 函數可在指定貸款利率（第 1 個引數）、支付次數（第 2 個引數）、目前的貸款金額（第 3 個引數），算出每次的支付金額。PMT 函數的結果都是負值（因為這是還款的關係），所以要轉換成正值時，可在「=」的後面加上「-」的符號。

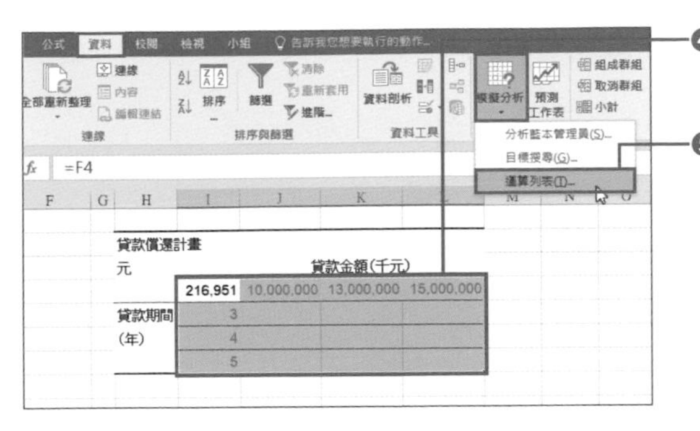

❹ 選取範圍時，需連同標題列、標題欄一併選取。

❺ 點選「資料」索引標籤的「模擬分析」→「運算列表」。

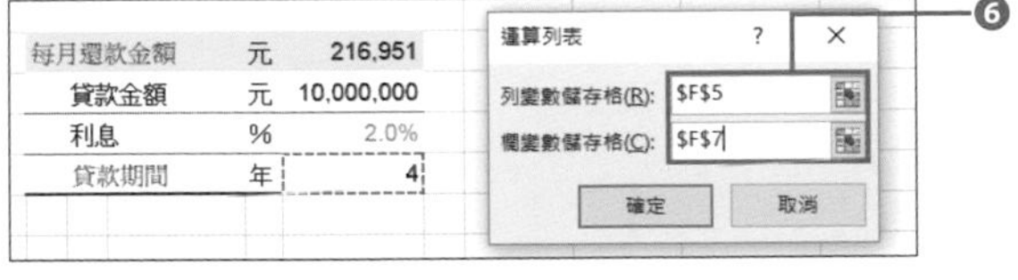

❻ 在「列變數儲存格」輸入與標題列數值對應的儲存格編號；在「欄變數儲存格」輸入與標題欄對應的儲存格編號。輸入時，請使用絕對參照格式，再按下「確定」。

MEMO　絕對參照的說明請參考 p.125。

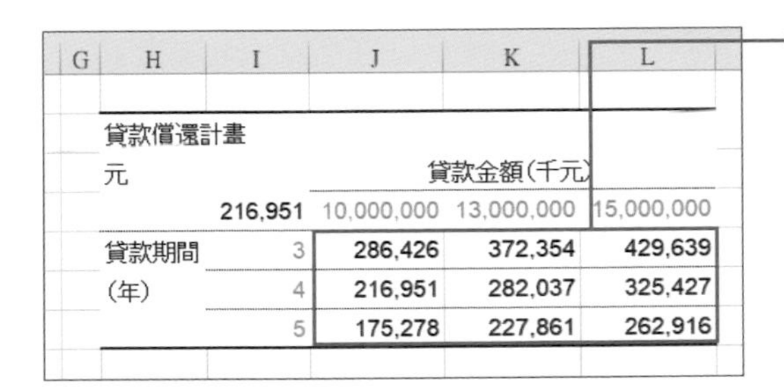

貸款償還計畫

元		貸款金額(千元)		
	216,951	10,000,000	13,000,000	15,000,000
貸款期間	3	286,426	372,354	429,639
(年)	4	216,951	282,037	325,427
	5	175,278	227,861	262,916

❼ 顯示運算列表的計算結果。以範例而言，在符合每月還款金額低於 30 萬的情況下，可選擇貸款金額 1,500 萬元，貸款期間為 5 年的計畫。

▼這點也很重要！▼

若在乎左側的數值

若覺得步驟❸在標題列左側輸入的數值很礙眼，請將文字顏色設定為白色，不要刪除這個儲存格的值。若是刪除，運算列表的計算結果會變動。

貸款償還計畫

元		貸款金額(千元)		
		10,000,000	13,000,000	15,000,000
貸款期間	3	286,426	372,354	429,639
(年)	4	216,951	282,037	325,427
	5	175,278	227,861	262,916

相關項目　■ 利潤預測的模擬 ⇨ p.204　■ 變動風險的評估 ⇨ p.208

運算列表的專業技巧

模擬營業利潤、收益預測

該提高單價還是增加銷售數量？

運算列表也能模擬**營業利潤**或**收益預測**。假設我們已製作出下圖「收益計畫表」，從表格可以發現 2019 年、2020 年、2021 年的銷售數量呈正成長，但是平均單價卻不斷下滑。

■ **收益計畫表**

	A	B	C	D	E	F	G	H	I
1									
2		收益計畫							
3						2019年	2020年	2021年	
4		業績			元	56,000,000	66,696,000	79,248,000	
5			銷售數量		個	11,200	15,880	19,812	
6				成長率	%	N/A	42%	25%	
7			平均單價		元	5,000	4,200	4,000	
8		費用			元	30,000,000	39,000,000	48,000,000	
9			人事費		元	15,000,000	24,000,000	33,000,000	
10				員工人數	人	5	8	11	
11				平均人數費	元	3,000,000	3,000,000	3,000,000	
12			固定費用		元	15,000,000	15,000,000	15,000,000	
13		利潤			元	26,000,000	27,696,000	31,248,000	

之後應該增加銷售數量還是提升平均單價呢？不如利用運算列表來試算看看。

在上述情況裡，可利用下列步驟製作運算列表，模擬**該調降平均單價，增加銷售數量，還是調升平均單價**，以確認日後的收益狀況。

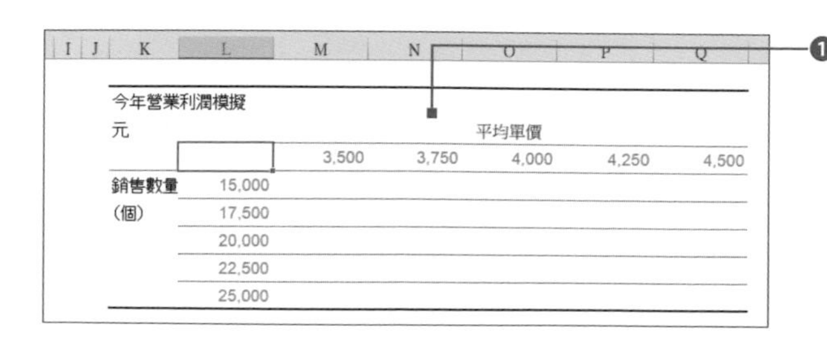

今年營業利潤模擬

元		平均單價				
		3,500	3,750	4,000	4,250	4,500
銷售數量 (個)	15,000					
	17,500					
	20,000					
	22,500					
	25,000					

❶ 製作運算列表所需的表格，再於標題欄輸入銷售數量（個）、標題列輸入平均單價（元）。標題欄與標題列的值互調也無妨。

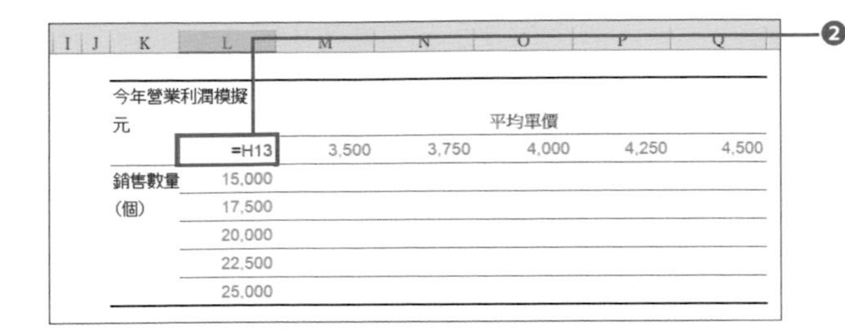

❷ 在標題列的左側儲存格輸入含有運算列表公式的儲存格。這次指定的是輸入了 2021 年的「利潤」算式的儲存格（H13）（請參考前一頁的收益計畫表）。

❸ 選取範圍時，連同標題列、標題欄一併選取（儲存格範圍 L18:Q23）。

❹ 點選「資料」索引標籤的「模擬分析」→「運算列表」。

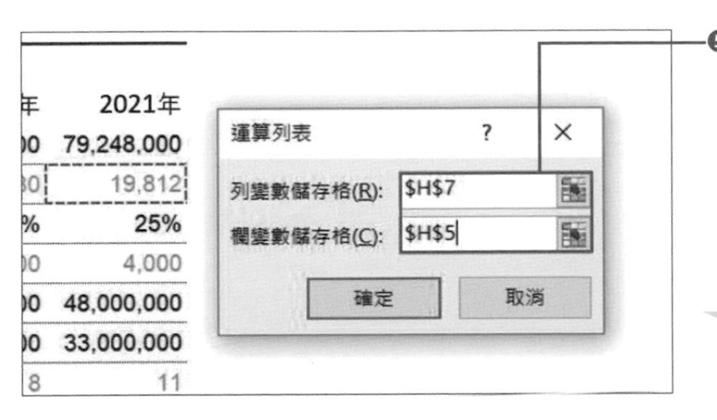

❺ 在「列變數儲存格」輸入與標題列對應的儲存格編號，並在「欄變數儲存格」輸入與標題欄對應的儲存格編號。輸入時，請使用絕對參照格式，再按下「確定」。

MEMO　絕對參照的說明請參考 p.125。

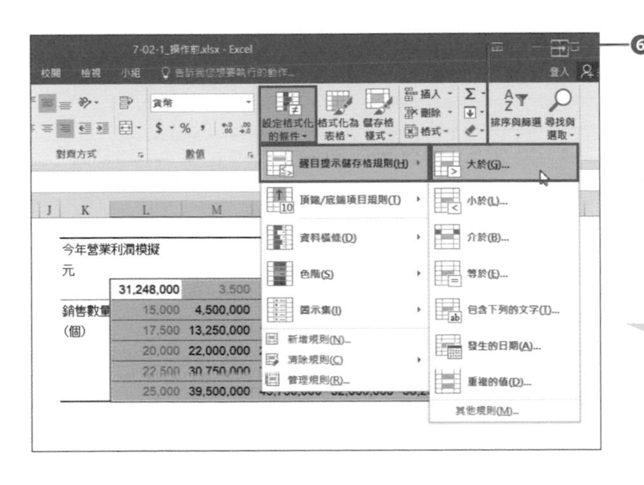

❻ 在運算列表的計算結果為選取狀態下，從「常用」索引標籤的「設定格式化的條件」點選「醒目提示儲存格規則」→「大於」。

MEMO　設定格式化條件（p.42）之後，運算列表會變得更容易閱讀。

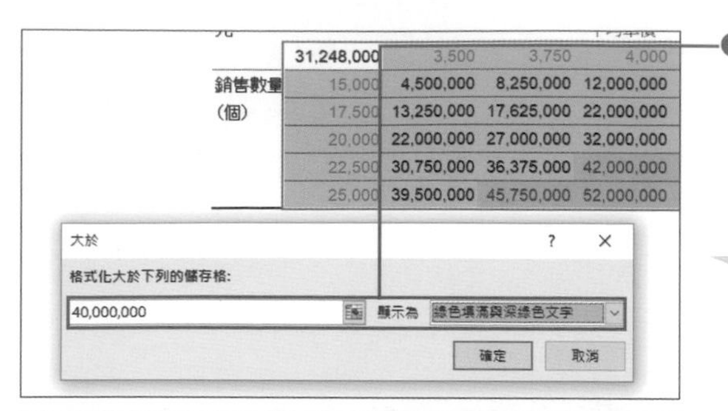

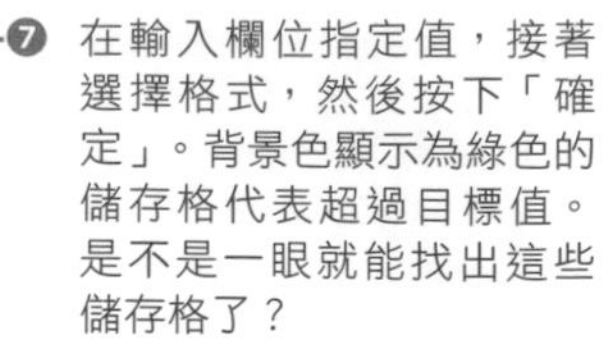

❼ 在輸入欄位指定值，接著選擇格式，然後按下「確定」。背景色顯示為綠色的儲存格代表超過目標值。是不是一眼就能找出這些儲存格了？

MEMO 這次是將計算結果超過「四千萬元」的儲存格，其文字顏色設定為深綠色、背景色設定為綠色。

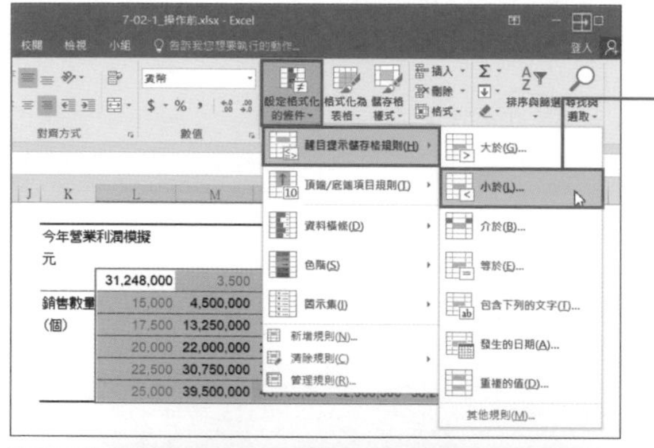

❽ 接著再設定一個格式化條件。在選取運算列表的計算結果下，從「常用」索引標籤的「設定格式化的條件」點選「醒目提示儲存格規則」→「小於」。

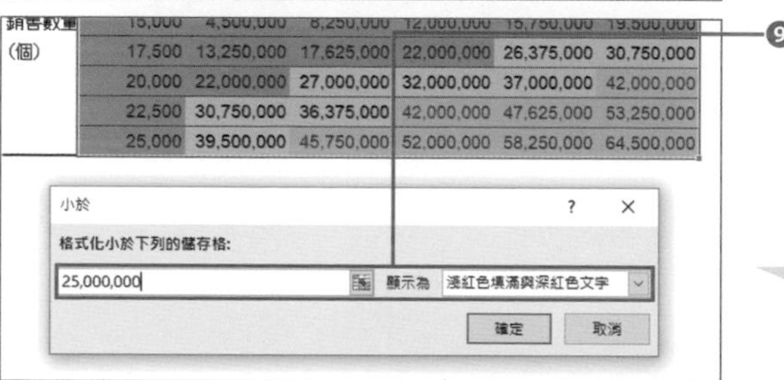

❾ 在輸入欄位指定值，接著選擇格式，然後按下「確定」。背景色顯示為紅色的儲存格代表數值低於容許度，立即就能找出這些儲存格了。

MEMO 這次是將計算結果低於「二千五百萬元」的儲存格，其文字顏色設定為深紅色、背景色設定為淺紅色。

今年營業利潤模擬

元 平均單價

銷售數量(個)	31,248,000	3,500	3,750	4,000	4,250	4,500
	15,000	4,500,000	8,250,000	12,000,000	15,750,000	19,500,000
	17,500	13,250,000	17,625,000	22,000,000	26,375,000	30,750,000
	20,000	22,000,000	27,000,000	32,000,000	37,000,000	42,000,000
	22,500	30,750,000	36,375,000	42,000,000	47,625,000	53,250,000
	25,000	39,500,000	45,750,000	52,000,000	58,250,000	64,500,000

❿ 運算列表完成了。在這次的試算裡，銷售數量減至15,000個之後，調升平均單價也會造成赤字，所以與其調升平均單價，不如致力於提升銷售數量，才能有助於增加利潤。

使用運算列表時的注意事項

運算列表可調整資料表內的兩個數值，完成各種情況下的試算。雖然可在「運算列表」的對話框指定要調整哪些數值，但要注意的是，別指定輸入**公式**的儲存格。只有**直接輸入數值的儲存格**可當成運算列表的變數使用。

此外，**運算列表資料表與原始資料表必須同在一張工作表**，無法參照其他工作表的值。

令人頭痛的是運算列表的位置。若是配置在原始資料表的右側，原始資料表的列一旦增減，就容易發生問題；若配置在原始資料表的下方，之後就很難調整欄寬。

為了解決上述問題，將運算列表配置在**原始資料表的右下方**是最佳選擇（參考下圖）。配置在右下方後，就算原始資料表的列或欄有所增減，運算列表表格也不會受到影響，還能隨意設定欄寬。使用 Excel 分析資料時，請一併考慮「**維護的方便性**」也是十分重要。

■ 在原始資料表的右下角製作運算列表資料表

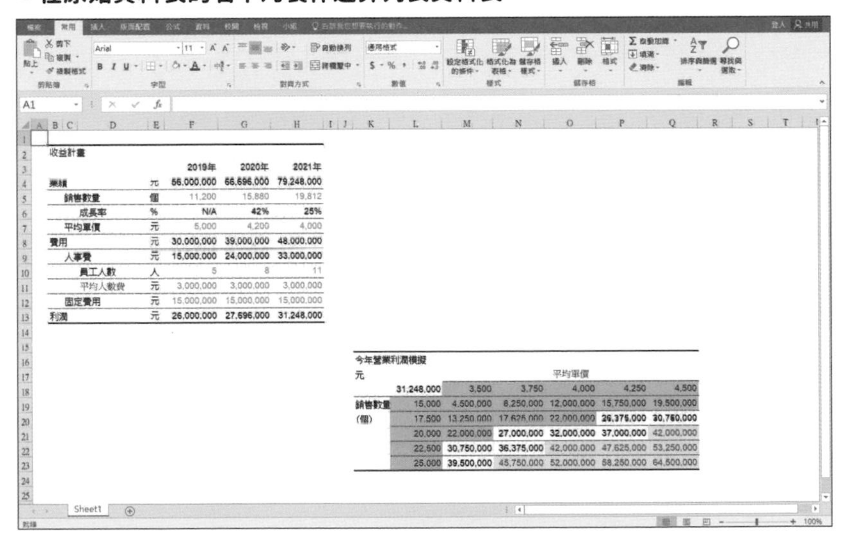

收益計畫

		2019年	2020年	2021年
業績	元	56,000,000	66,696,000	79,248,000
銷售數量	個	11,200	15,880	19,812
成長率	%	N/A	42%	25%
平均單價	元	5,000	4,200	4,000
費用	元	30,000,000	39,000,000	48,000,000
人事費	元	15,000,000	24,000,000	33,000,000
員工人數	人	5	8	11
平均人數費	元	3,000,000	3,000,000	3,000,000
固定費用	元	15,000,000	15,000,000	15,000,000
利潤	元	26,000,000	27,696,000	31,248,000

今年營業利潤模擬

元		平均單價				
	31,248,000	3,500	3,750	4,000	4,250	4,500
銷售數量	15,000	4,500,000	8,250,000	12,000,000	15,750,000	19,500,000
(個)	17,500	13,250,000	17,625,000	22,000,000	26,375,000	30,750,000
	20,000	22,000,000	27,000,000	32,000,000	37,000,000	42,000,000
	22,500	30,750,000	36,375,000	42,000,000	47,625,000	53,250,000
	25,000	39,500,000	45,750,000	52,000,000	58,250,000	64,500,000

相關項目

■ 運算列表（敏感度分析）的基本操作 ⇨ p.200
■ 變動風險的評估 ⇨ p.208

運算列表的專業技巧

根據營銷成本與商品單價評估變動風險

材料費增加後，該調升多少商品單價？

零售業或餐飲業的營銷成本（製造成本、材料費）佔售價比例相當高，常因氣候變動或匯率變動使得營銷成本飆漲，造成營運上的危機。當營銷成本提高，利潤相對就會減少，也就必須評估售價是否必須調漲，或是開發高單價的商品，以便提高商品單價或客單價。

在此將利用運算列表確認「**商品單價或客單價變動後，利潤會如何變化**」。使用運算列表功能可輕鬆確認這些內容，請大家務必以目前銷售的商品或人事費試作看看。

■ 使用運算列表的原始表格

	A	B	C	D	E	F	G	H
1								
2		收益計畫						
3							←實際成績	計畫→
4						2020年	2021年	2022年
5		業績			千元	12,480,000	12,760,000	14,260,000
6			客單價		元	2,400	2,200	2,300
7			來客數		千人	5,200	5,800	6,200
8		費用			千元	9,514,000	10,104,000	11,404,000
9			人事費		千元	2,650,000	2,856,000	3,406,000
10				員工人數	人	1,060	1,190	1,310
11				平均人事費	千元	2,500	2,400	2,600
12			固定費用		千元	3,120,000	3,420,000	3,720,000
13			材料費		千元	3,744,000	3,828,000	4,278,000
14				材料費率	%	30%	30%	30%
15		利潤			千元	2,966,000	2,656,000	2,856,000
16								
17								

「客單價」與「材料費率」有所變動後，「利潤」會如何變化呢？在此將試算 2022 年的結果。

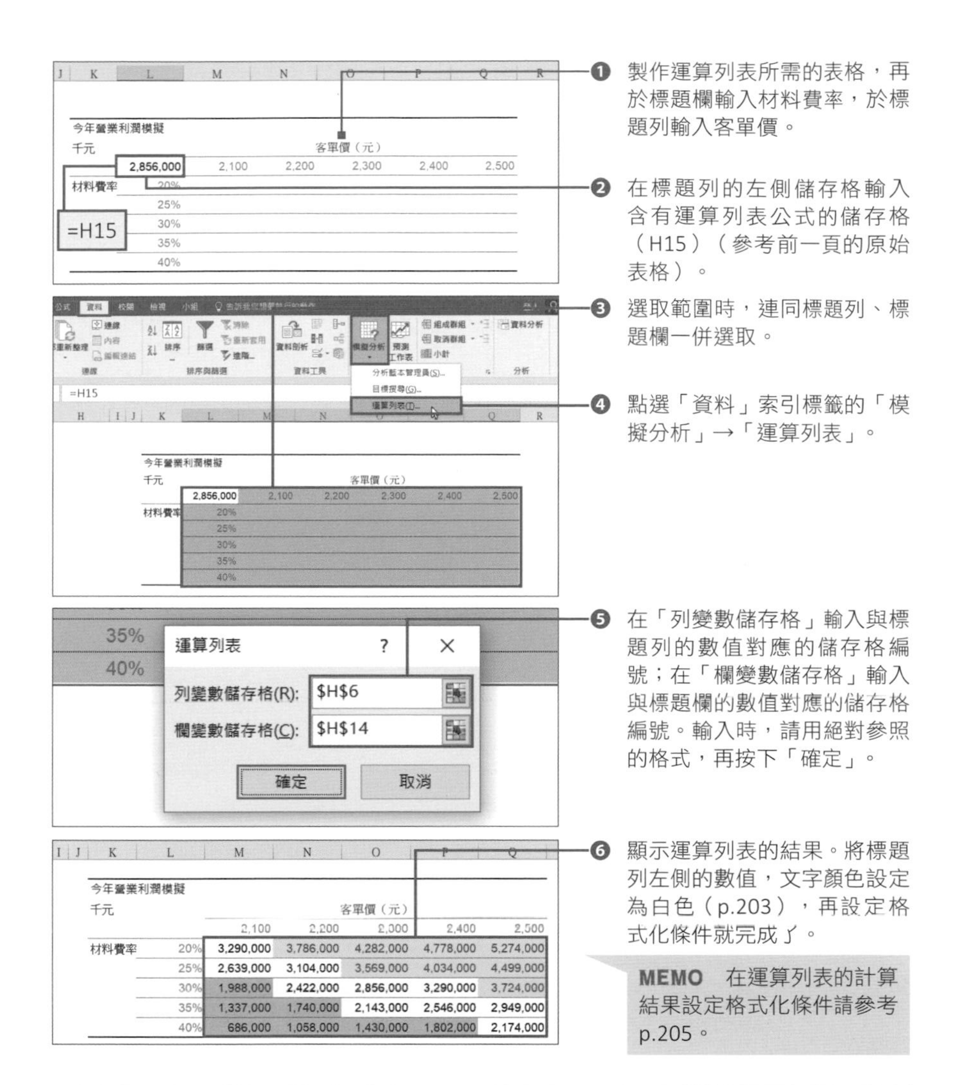

❶ 製作運算列表所需的表格，再於標題欄輸入材料費率，於標題列輸入客單價。

❷ 在標題列的左側儲存格輸入含有運算列表公式的儲存格（H15）（參考前一頁的原始表格）。

❸ 選取範圍時，連同標題列、標題欄一併選取。

❹ 點選「資料」索引標籤的「模擬分析」→「運算列表」。

❺ 在「列變數儲存格」輸入與標題列的數值對應的儲存格編號；在「欄變數儲存格」輸入與標題欄的數值對應的儲存格編號。輸入時，請用絕對參照的格式，再按下「確定」。

❻ 顯示運算列表的結果。將標題列左側的數值，文字顏色設定為白色（p.203），再設定格式化條件就完成了。

MEMO　在運算列表的計算結果設定格式化條件請參考 p.205。

▼這點也很重要！▼

運算列表與格式化條件是好搭檔

根據儲存格的值自動變更儲存格格式的**「格式化條件」功能**（p.42），很適合用來確認運算列表的計算結果。這兩項功能可說是絕佳拍檔。上述範例也是在運算列表的計算結果設定格式化條件，讓資料分析變得更簡單。實際分析資料時，請務必使用這兩個功能。

相關項目

■ 運算列表（敏感度分析）的基本操作 ⇨ p.200
■ 利潤預測的模擬 ⇨ p.204

CHAPTER 7 - 04

運算列表的專業技巧

當運算列表的資料太龐大，可改由手動計算

只要更新表格資料，Excel 就當掉？

運算列表固然是非常方便的功能，但是條件增加後，計算量也跟著增加，Excel 的運算也跟著吃重。假設在標題列輸入 10 個條件，又在標題欄輸入 10 個條件，運算列表就得計算一百次，而且在計算結束之前，Excel 會陷入無法操作的狀態。雖然這種計算只會在製作運算列表資料表時出現一次，但，只要原始資料表的數值一有更動，所有的計算就得重來。由此可知，建立條件過多的運算列表，就會導致 Excel 無法運轉的時間變得更長。

■ 運算列表的計算量太多

	J	K	L	M	N	O	P	Q	R	S	T	U	V	W
17														
18		今年營業利潤模擬												
19		千元						客單價（元）						
20				1,500	2,050	2,100	2,150	2,200	2,250	2,300	2,350	2,400	2,450	2,500
21		材料費率	20%	314,000	3,042,000	3,290,000	3,538,000	3,786,000	4,034,000	4,282,000	4,530,000	4,778,000	5,026,000	5,274,000
22			22%	128,000	2,787,800	3,029,600	3,271,400	3,513,200	3,755,000	3,996,800	4,238,600	4,480,400	4,722,200	4,964,000
23			24%	-58,000	2,533,600	2,769,200	3,004,800	3,240,400	3,476,000	3,711,600	3,947,200	4,182,800	4,418,400	4,654,000
24			26%	-244,000	2,279,400	2,508,800	2,738,200	2,967,600	3,197,000	3,426,400	3,655,800	3,885,200	4,114,600	4,344,000
25			28%	-430,000	2,025,200	2,248,400	2,471,600	2,694,800	2,918,000	3,141,200	3,364,400	3,587,600	3,810,800	4,034,000
26			30%	-616,000	1,771,000	1,988,000	2,205,000	2,422,000	2,639,000	2,856,000	3,073,000	3,290,000	3,507,000	3,724,000
27			32%	-802,000	1,516,800	1,727,600	1,938,400	2,149,200	2,360,000	2,570,800	2,781,600	2,992,400	3,203,200	3,414,000
28			34%	-988,000	1,262,600	1,467,200	1,671,800	1,876,400	2,081,000	2,285,600	2,490,200	2,694,800	2,899,400	3,104,000
29			36%	-1,174,000	1,008,400	1,206,800	1,405,200	1,603,600	1,802,000	2,000,400	2,198,800	2,397,200	2,595,600	2,794,000
30			38%	-1,360,000	754,200	946,400	1,138,600	1,330,800	1,523,000	1,715,200	1,907,400	2,099,600	2,291,800	2,484,000
31			40%	-1,546,000	500,000	686,000	872,000	1,058,000	1,244,000	1,430,000	1,616,000	1,802,000	1,988,000	2,174,000
32														

若是這張資料表，需要計算 121 次。

若想要解決這個問題，可參考下一頁的步驟，**關掉運算列表的自動計算功能**。如此一來，運算列表就會停止自動更新資料表的內容。

此外，Excel 的其他功能也會自動更新。除了運算列表，所有功能的自動更新都能停用，請大家視情況決定是否使用自動更新功能。

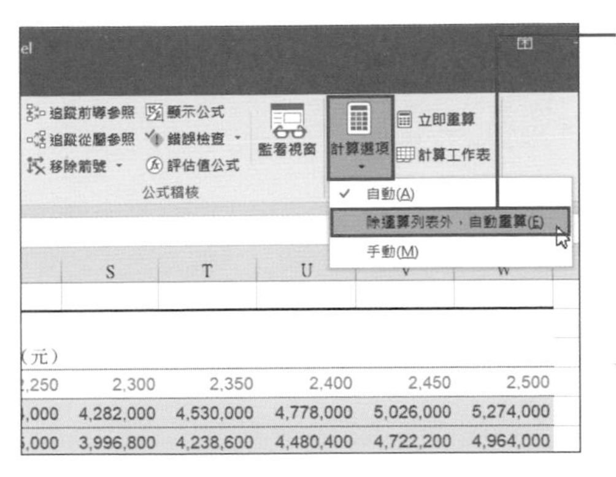

❶ 開啟想要關閉自動計算的活頁簿，從「公式」索引標籤的「計算選項」點選「除運算列表外，自動重算」。

MEMO　若要停止 Excel 所有的自動更新功能，可點選「手動」。

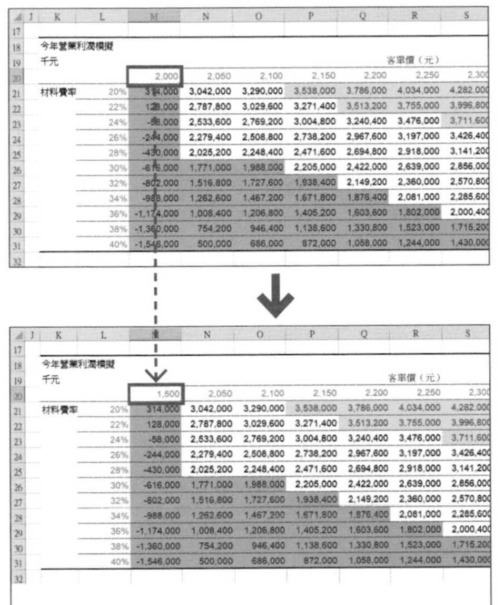

	K	L	M	N	O	P	Q	R	S
17									
18	今年營業利潤模擬								
19	千元							客單價（元）	
20			2,000	2,050	2,100	2,150	2,200	2,250	2,300
21	材料費率	20%	314,000	3,042,000	3,290,000	3,538,000	3,786,000	4,034,000	4,282,000
22		22%	128,000	2,787,800	3,029,600	3,271,400	3,513,200	3,755,000	3,996,800
23		24%	-58,000	2,533,600	2,769,200	3,004,800	3,240,400	3,476,000	3,711,600
24		26%	-244,000	2,279,400	2,508,800	2,738,200	2,967,600	3,197,000	3,426,400
25		28%	-430,000	2,025,200	2,248,400	2,471,600	2,694,800	2,918,000	3,141,200
26		30%	-616,000	1,771,000	1,988,000	2,205,000	2,422,000	2,639,000	2,856,000
27		32%	-802,000	1,516,800	1,727,600	1,938,400	2,149,200	2,360,000	2,570,800
28		34%	-988,000	1,262,600	1,467,200	1,671,800	1,876,400	2,081,000	2,285,600
29		36%	-1,174,000	1,008,400	1,206,800	1,405,200	1,603,600	1,802,000	2,000,400
30		38%	-1,360,000	754,200	946,400	1,138,600	1,330,800	1,523,000	1,715,200
31		40%	-1,546,000	500,000	686,000	872,000	1,058,000	1,244,000	1,430,000
32									

	K	L	M	N	O	P	Q	R	S
17									
18	今年營業利潤模擬								
19	千元							客單價（元）	
20			1,500	2,050	2,100	2,150	2,200	2,250	2,300
21	材料費率	20%	314,000	3,042,000	3,290,000	3,538,000	3,786,000	4,034,000	4,282,000
22		22%	128,000	2,787,800	3,029,600	3,271,400	3,513,200	3,755,000	3,996,800
23		24%	-58,000	2,533,600	2,769,200	3,004,800	3,240,400	3,476,000	3,711,600
24		26%	-244,000	2,279,400	2,508,800	2,738,200	2,967,600	3,197,000	3,426,400
25		28%	-430,000	2,025,200	2,248,400	2,471,600	2,694,800	2,918,000	3,141,200
26		30%	-616,000	1,771,000	1,988,000	2,205,000	2,422,000	2,639,000	2,856,000
27		32%	-802,000	1,516,800	1,727,600	1,938,400	2,149,200	2,360,000	2,570,800
28		34%	-988,000	1,262,600	1,467,200	1,671,800	1,876,400	2,081,000	2,285,600
29		36%	-1,174,000	1,008,400	1,206,800	1,405,200	1,603,600	1,802,000	2,000,400
30		38%	-1,360,000	754,200	946,400	1,138,600	1,330,800	1,523,000	1,715,200
31		40%	-1,546,000	500,000	686,000	872,000	1,058,000	1,244,000	1,430,000
32									

❷ 運算列表的自動計算停用了。

❸ 調整標題列的數值，也不會重新計算。

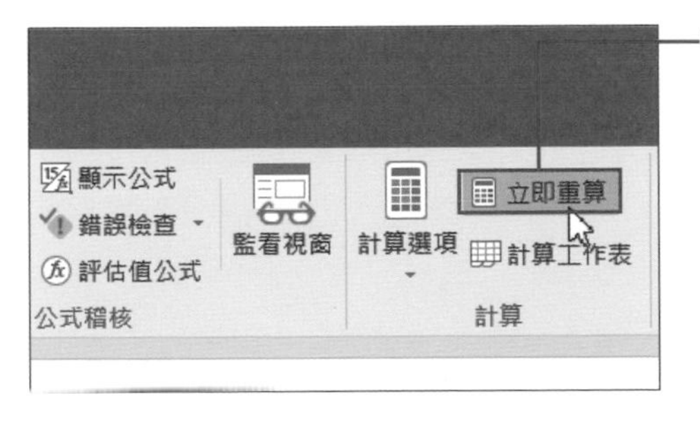

❹ 要重新計算，可點選「公式」索引標籤的「立即重算」。

■ 運算列表（敏感度分析）的基本操作 ⇨ p.200
■ 利潤預測的模擬 ⇨ p.204

CHAPTER 7

05

目標搜尋的應用方法

開始使用目標搜尋！

從結果逆推的「目標搜尋」

目標搜尋可先決定希望的計算結果，再逆推要得到這個結果的必要值。

這種說明可能有點難懂，不如以餐廳業績為例進一步說明。假設平均客單價為 500 元，來客數為 200 人，單日業績就是 10 萬元（=500 元 ×200 人）。那麼，當平均客單價設定為 500 元時，希望業績能達到 12 萬元的話，來客數必須達到幾人呢？要算出這種結果時，最方便的就是使用目標搜尋功能。

■ **一般的 Excel 計算**

平均客單價「500 元」× 來客數「200 人」= 業績「？？？元」

通常會先決定平均客單價、來客數這種公式的元素

■ **利用目標搜尋模擬**

平均客單價「500 元」× 來客數「？？？人」= 業績「12 萬元」

要先決定公式的結果，再逆推公式的元素時，最適合使用目標搜尋功能

目標搜尋的應用範圍相當廣泛，可憑藉著創意完成各種計算，例如，可用來算出「**為達目標利潤所需的翻桌率**」（p.215）或是「**算出總預算（利潤）可調配的人員**」（p.220）。而這個範例的重點在於「為了得到希望的計算結果，逆推必要值」。請大家可以稍微留心，試著思考會在何種情況下使用這項功能。

製作目標搜尋所需的資料表

要使用目標搜尋功能，一開始先製作「**輸入逆推公式的資料表**」。就範例而言，就是要製作「來客平均單價」、「來客數」以及兩者相乘的「業績」的表格。來客數可輸入預估的「200」。

■ **目標搜尋所需的資料表**

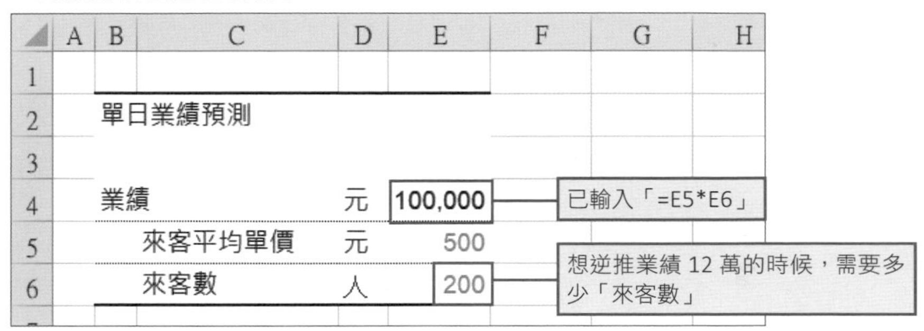

目標搜尋的資料表完成後，接著點選「資料」索引標籤的**「模擬分析」→「目標搜尋」**，開啟**「目標搜尋」對話框**。這個對話框有三個欄位，請務必了解這三個欄位分別該輸入哪些值。

■ **「目標搜尋」對話框的設定項目**

▼這點也很重要！▼

「目標值」欄位能否指定為儲存格參照

「目標搜尋」對話框的第二個欄位「目標值」**不能輸入儲存格**。看起來似乎可以，但只能直接輸入數值。

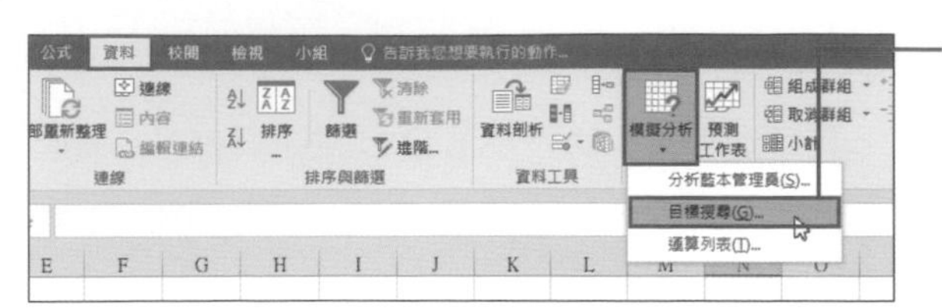

❶ 點選「資料」索引標籤的「模擬分析」→「目標搜尋」。

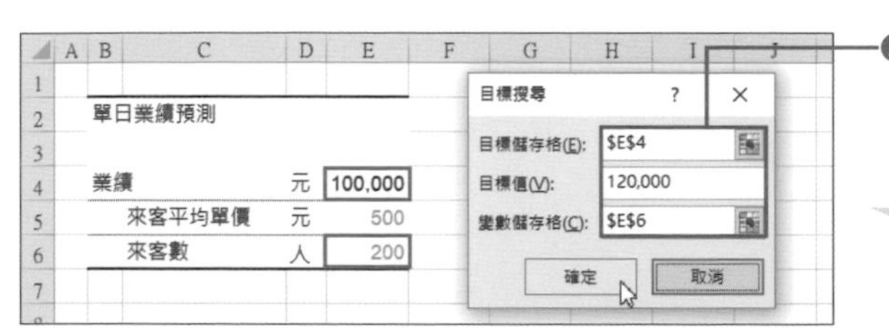

❷ 開啟「目標搜尋」對話框之後，在三個欄位輸入儲存格參照與數值，再按下「確定」。

MEMO 三個欄位的值請參考前一頁的說明。

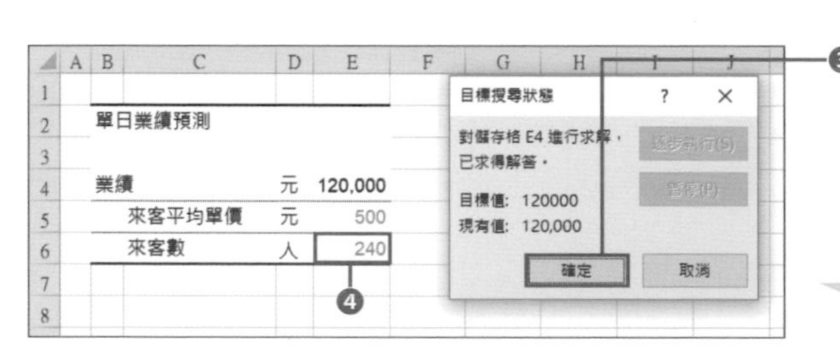

❸ 找到適當的值之後，對話框就會顯示「已求得解答」的訊息。點選「確定」，「來客數」的儲存格（$E$6）的數值就會變更❹。

MEMO 若不想在表格套用目標搜尋的結果，可點選對話框的「取消」。

▼這點也很重要！▼

使用目標搜尋的注意事項

目標搜尋雖然是很方便的功能，卻有兩項規定。一個是「目標值」不能輸入儲存格；另一個是「變數儲存格」不能指定為**輸入有公式的儲存格**。以這次而言，若以公式計算「來客數」，就會產生錯誤。

此時，請將資料表複製到新的工作表，再於目標儲存格（右例為「來客數」）直接輸入數值，再執行目標搜尋。

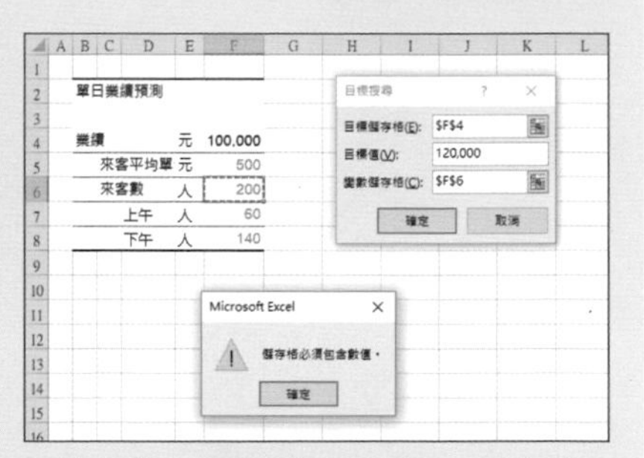

在儲存格 F6 輸入「=F7+F8」公式之後，就無法在「變數儲存格」指定這個儲存格。

相關項目

■ 運算列表（敏感度分析）的基本操作 ⇨ p.200
■ 規劃求解的基本操作與啟用 ⇨ p.222

目標搜尋的應用方法

從目標利潤算出必要的翻桌率

目標搜尋在複雜的計算上特別好用

前一篇說明了目標搜尋的基本操作，但內容好像稍嫌簡單一些，可能會有人認為「不如直接以除法計算比較快？」實際上，也確實如此。前一篇求得的「來客數」只要以 12 萬元 ÷500 元就能算出，好像不一定要使用目標搜尋功能才行。不妨就上一篇當做是目標搜尋基本操作的入門範例。

目標搜尋功能真正派得上用場的是，需要進行複雜計算的時候。在商場上驗證數值時，往往需要考慮關係更複雜、影響更交錯的多個元素。

接著，就以某間餐廳的營業計畫為例。在下列的資料表裡，要達到每月營業利潤達 1,000 千元，翻桌率需要提升多少 % 呢？在翻到下一頁之前，讓我們一起想想看吧。

■ **計算必要的翻桌率**

	A	B	C	D	E	F	G	H	I
1									
2		2021年12月的營業計畫							
3							2021/12		
4		業績				千元	4,080		
5			來客數			人	2,040		
6				座位數		席	40		
7				翻桌率		%	170%		
8			客單價			元	2,000		
9		費用				千元	3,538		
10			材料費			千元	1,428		
11				平均來客材料費		元	700		
12					原材料費率	%	35%		
13			人事費			千元	1,020		
14				業績相對比率		%	25%		
15			店租			千元	510		
16			其他			千元	580		
17		營業利潤				千元	542		

翻桌率要提升多少 %，營業利潤才能達到 1,000 千元呢？

「翻桌率」與各種數值有關

翻桌率上揚，客人增加，業績也跟著提升，但，客人增加了，代表材料費與人事費也會跟著增加（供餐量增，材料費不增不是很奇怪嗎？）

換言之，**翻桌率上升，業績與成本都會增加**，因此，營業利潤不會只是單純地與業績成正比（成本會使營業利潤下滑）。

就這次的範例而言，翻桌率變動時，會影響下列六個數值，請大家稍微想像一下會造成哪些影響。

- **「翻桌率」會影響「來客數」**
- **「來客數」會影響「業績」與「材料費」**
- **「業績」會影響「人事費」（假設業績的 25% 必須充作人事費使用）**
- **「人事費」與「材料費」會影響「成本」**
- **「營業利潤」由「業績」與「成本」的差距決定**

要根據這些元素的關聯性逆推需要的翻桌率是非常耗時的，而且難以手動算出。

在一個數值會影響其他數值的情況下，這時候就該使用目標搜尋。接下來讓我們實際使用目標搜尋功能算出需要的翻桌率吧。請執行下列的步驟。

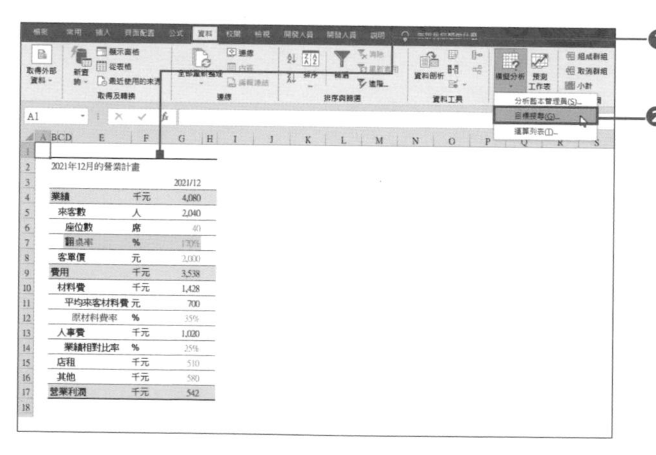

❶ 建立要逆推的資料表。

❷ 點選「資料」索引標籤的「模擬分析」→「目標搜尋」。

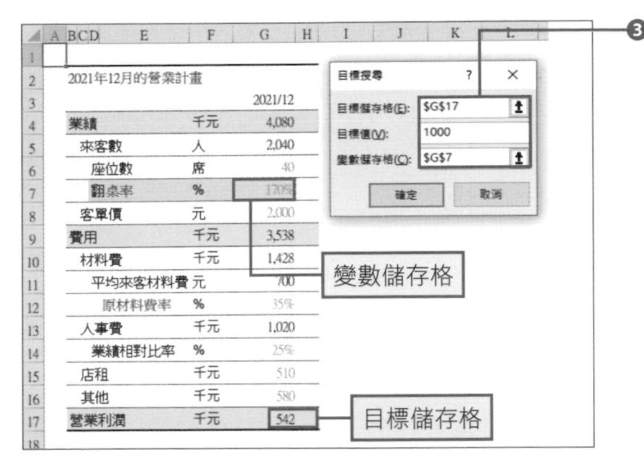

❸ 開啟「目標搜尋」對話框之後，在「目標儲存格」輸入「$G$17」（營業利潤的儲存格），在「目標值」輸入「1000」，在「變數儲存格」輸入「$G$7」（翻桌率的儲存格）再按下「確定」。

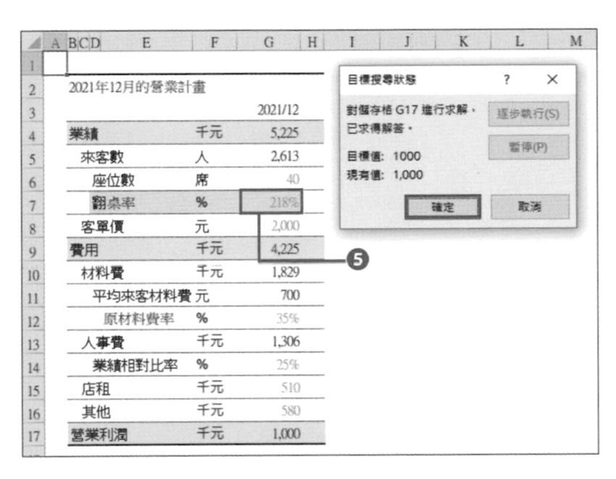

❹ 找到適當的值之後，對話框會顯示「已求得解答」，也可從中看出，營業利潤要達到「1,000（千元）」，翻桌率必須達到 218% ❺。點選「確定」之後，翻桌率儲存格（儲存格 G7）的數值就會修正。

利用「分析藍本管理員」功能比較多種計畫

訂立事業計畫時，時常需要一邊修正影響利潤的各種元素（例如商品單價、銷售數量、材料費、人事費），然後不斷地重複試算。這次介紹的**「分析藍本管理員」功能**可將這些「**多重條件的組合**」新增至 Excel。只要呼叫儲存的藍本，就能瞬間在資料表設定多種條件。

要新增藍本可透過下列步驟。

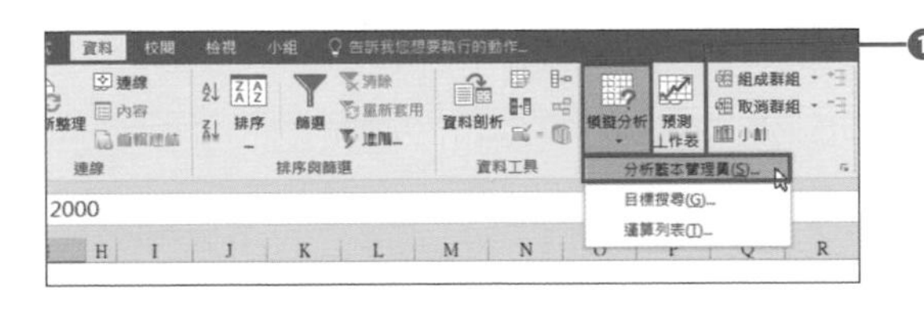

❶ 點選「資料」索引標籤的「模擬分析」→「分析藍本管理員」。

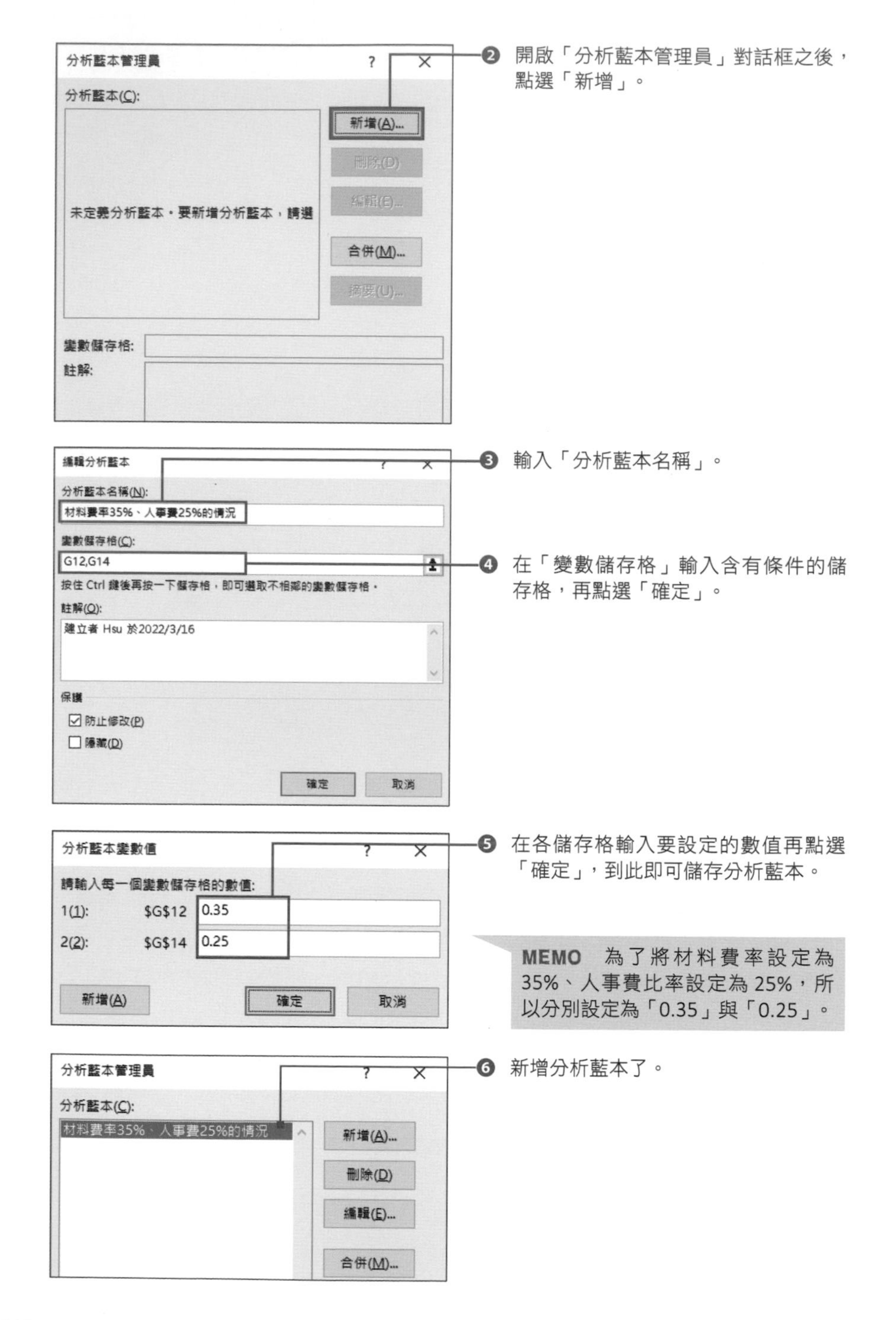
分析藍本管理員
分析藍本(C):
新增(A)...
刪除(D)
編輯(E)...
合併(M)...
摘要(U)...
未定義分析藍本。要新增分析藍本，請選
變數儲存格:
註解:
❷ 開啟「分析藍本管理員」對話框之後，點選「新增」。
編輯分析藍本
分析藍本名稱(N):
材料費率35%、人事費25%的情況
變數儲存格(C):
G12,G14
按住 Ctrl 鍵後再按一下儲存格，即可選取不相鄰的變數儲存格。
註解(O):
建立者 Hsu 於2022/3/16
保護
防止修改(P)
隱藏(D)
確定
取消
❸ 輸入「分析藍本名稱」。
❹ 在「變數儲存格」輸入含有條件的儲存格，再點選「確定」。
分析藍本變數值
請輸入每一個變數儲存格的數值:
1(1): $G$12 0.35
2(2): $G$14 0.25
新增(A)
確定
取消
❺ 在各儲存格輸入要設定的數值再點選「確定」，到此即可儲存分析藍本。
MEMO 為了將材料費率設定為35%、人事費比率設定為25%，所以分別設定為「0.35」與「0.25」。
分析藍本管理員
分析藍本(C):
材料費率35%、人事費25%的情況
新增(A)...
刪除(D)
編輯(E)...
合併(M)...
❻ 新增分析藍本了。

若要呼叫新增的分析藍本可透過下列步驟。

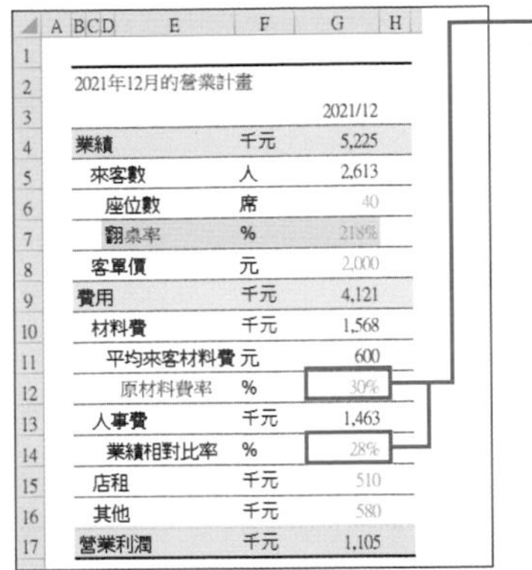

2021年12月的營業計畫		
		2021/12
業績	千元	5,225
來客數	人	2,613
座位數	席	40
翻桌率	%	218%
客單價	元	2,000
費用	千元	4,121
材料費	千元	1,568
平均來客材料費	元	600
原材料費率	%	30%
人事費	千元	1,463
業績相對比率	%	28%
店租	千元	510
其他	千元	580
營業利潤	千元	1,105

❶ 左圖試著將「材料費率」從 35% 調降至 30%，相對的，將人事費的「業績相對比率」從 25% 調升至 28%。
接著，要在這個狀態下呼叫剛剛新增的分析藍本，說明還原「材料費率」與「業績相對比率」的步驟。

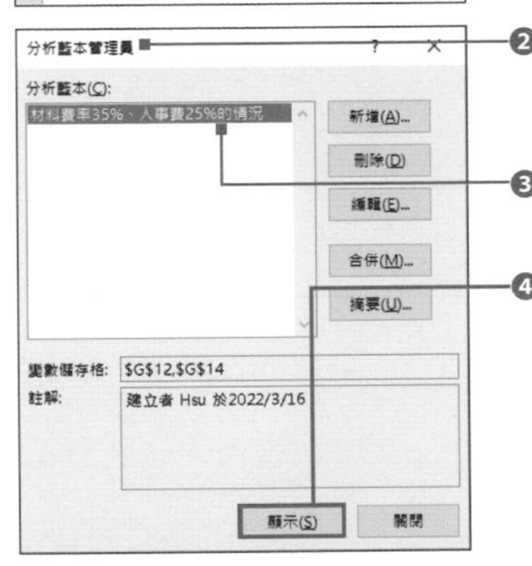

❷ 點選「資料」索引標籤的「模擬分析」→「分析藍本管理員」，開啟對話框（p.217）。

❸ 點選前一頁新增的分析藍本。

❹ 點選「顯示」按鈕。

2021年12月的營業計畫		
		2021/12
業績	千元	5,225
來客數	人	2,613
座位數	席	40
翻桌率	%	218%
客單價	元	2,000
費用	千元	4,225
材料費	千元	1,829
平均來客材料費	元	700
原材料費率	%	35%
人事費	千元	1,306
業績相對比率	%	25%
店租	千元	510
其他	千元	580
營業利潤	千元	1,000

❺ 呼叫分析藍本，「材料費率」與人事費的「業績相對比率」全部還原（回到新增分析藍本時的狀態）。

相關項目 ■ 開始使用目標搜尋 ⇨ p.212 ■ 規劃求解的基本操作與啟用 ⇨ p.222

CHAPTER 7 - 07

目標搜尋的應用方法

從總預算（利潤）算出可調度的人員

從預算逆推到可用資源

在預算有限，考慮該如何確保可用資源時，目標搜尋絕對是能派上用場的功能。下列表格是某企業2022年度的營運計畫。雖然創造了相當的利潤，但是後勤員工陷入長期不足的狀態。因此，希望人事費的總額低於業績的30%，又能增加後勤的員工人數。接著，就以目標搜尋功能算出適當的後勤員工人數。

■ 求出適當的員工人數

	A	BCDE F	G	H	I
1					
2		2022年度 營業計畫			
3				2022年度	
4		業績	千元	480,000	
5		總訂單數	元	240	
6		每人平均訂單數	件	12	
7		客單價	千元	2,000	
8		費用	千元	262,000	
9		人事費	千元	108,000	
10		員工人數	人	27	
11		外務人數	人	20	
12		後勤人數	人	7	
13		每人平均人事費	千元	4,000	
14		業績相對比率	%	23%	
15		租金	千元	10,000	
16		其他	千元	144,000	
17		業績相對比率	%	30%	
18		營業利潤	千元	218,000	

希望儘可能增加

希望壓低在 30% 之內

人事費的「業績相對比率」壓在30% 之內，同時讓後勤人數放至最大。

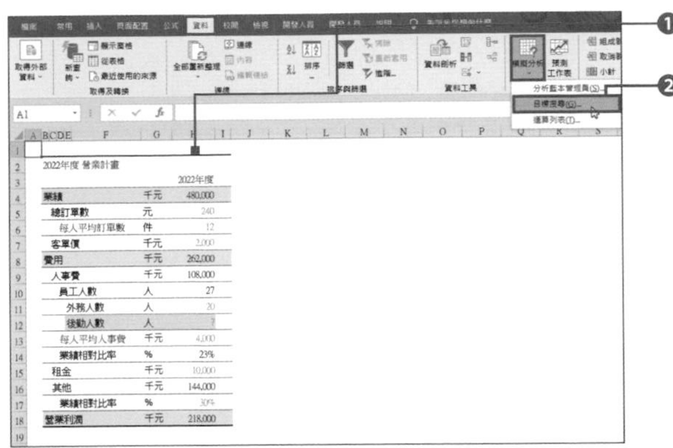

❶ 製作逆推的表格。

❷ 點選「資料」索引標籤的「模擬分析」→「目標搜尋」。

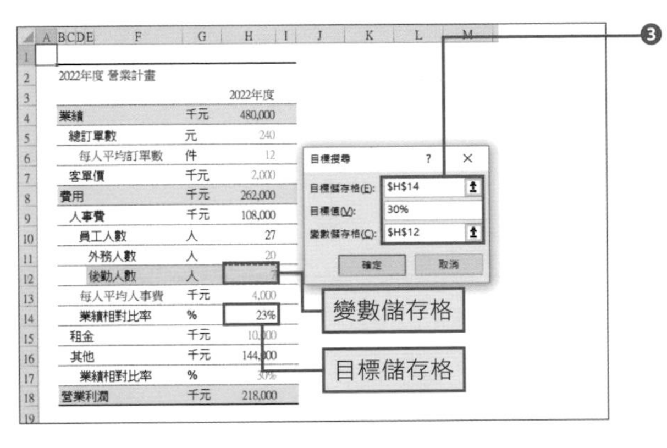

❸ 開啟「目標搜尋」對話框之後，在「目標儲存格」輸入「$H$14」（業績相對比率的儲存格），於「目標值」輸入「30%」，最後在「變數儲存格」輸入「$H$12」（後勤人數的儲存格），再點選「確定」。

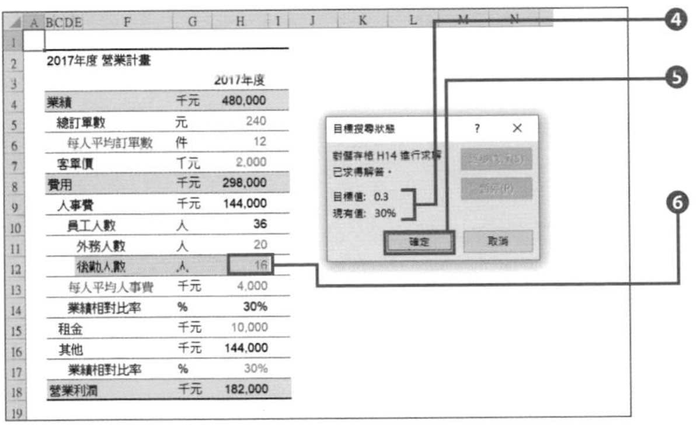

❹ 對話框將顯示結果。

❺ 點選「確定」之後，後勤人數的儲存格（H12）的數值會變動。

❻ 選取儲存格 H12 之後，資料編輯列會顯示「16」這個數值，代表後勤人員最多可聘至 16 個人。
可參考這個數值，決定實際聘雇人數。

相關項目　■ 開始使用目標搜尋 ⇨ p.212　■ 規劃求解的基本操作與啟用 ⇨ p.222

CHAPTER 7

08

了解模擬分析的基本操作

規劃求解的基本操作與啟用

目標搜尋無法得出兩個以上的解答

目標搜尋（p.212）最常用在「要達成 30 萬業績，翻桌率需要達到幾 %」這種**設了目標值，希望能得到多少的數值**，但**無法用在希望得到多種數值選擇，也無法在特定條件下算出最佳值**。

就以到京都出差，買伴手禮的預算只有一萬元的情況為例。如果只買一種伴手禮會很單調，因而設定了下列條件。

- **商品為八橋麻糬（500 元）、紅豆大福（600 元）、蕨餅（450 元）**
- **每種伴手禮的變動量在 3 盒之內**
- **盡可能買多一點伴手禮（在預算 1 萬元之內）**

在上述條件下，伴手禮應該各買幾盒比較好呢？由於這次要計算的數值有三個（八橋麻糬、紅豆大福、蕨餅的盒數），便無法使用目標搜尋功能計算。

此時能派上用場的就是「**規劃求解**」功能。

利用規劃求解功能自動算出伴手禮的購買數量

	A	B	C	D	E	F	G	H	I	J
1										
2		限制條件								
3		①預算在一萬元以內								
4		②伴手禮的數量在三個差距之內								
5										
6		伴手禮個數計算								
7										
8					八橋麻糬	紅豆大福	蕨餅	合計		
9		金額		元	1,500	2,400	2,250	6,150		
10			單價	元	500	600	450	1,550		變動量
11			個數	個	3	4	5	12	<=	2

在「預算在一萬元之內」、「盒數的變動量在 3 盒之內」的條件之下，最多能購買多少盒伴手禮。

何謂規劃求解

規劃求解可在左頁伴手禮盒數計算的範例使用，**能在固定的條件之下，算出讓某個量最大化（或最小化）的選項或數值的組合**。使用規劃求解時，只需要在對話框指定條件，就能立刻算出最佳值，**完全不需要任何數學的知識**（在數學裡，這類手法稱為「數學規劃」或「最佳化問題」）。

此外，規劃求解屬於「增益集」的功能，預設是無法使用的，必須先啟用，之後才能使用。

可透過下列的步驟啟用規劃求解的增益表。

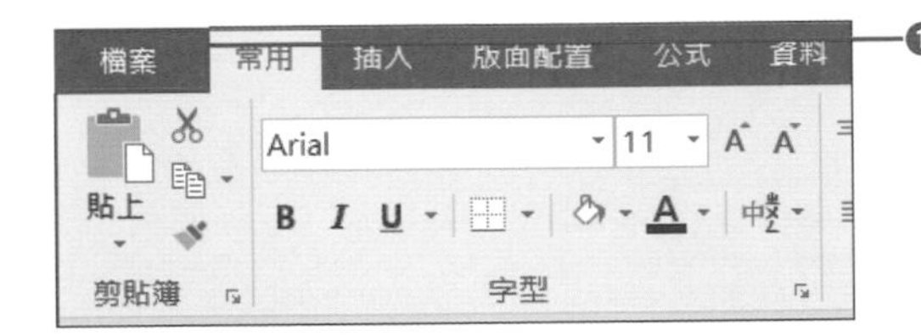

❶ 點選功能區的「檔案」。

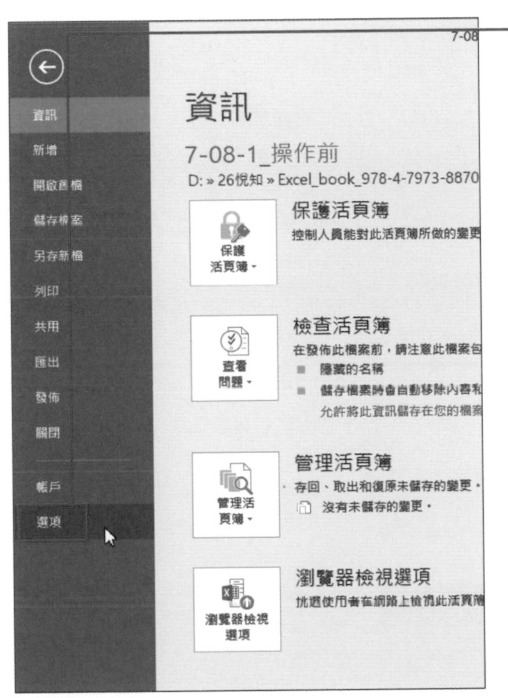

❷ 開啟後台後，點選「選項」。

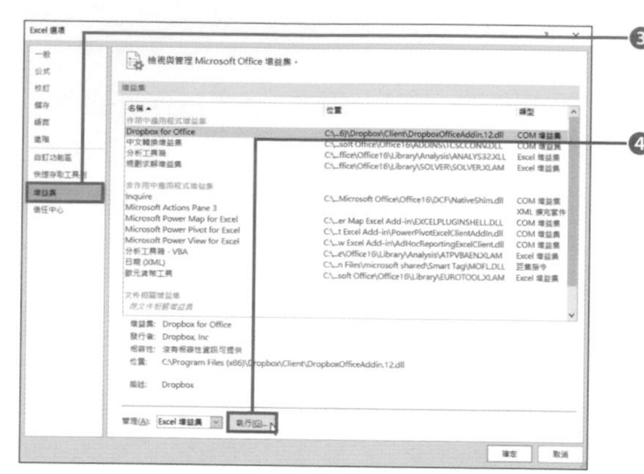

❸ 開啟「Excel 選項」對話框之後，點選「增益集」。

❹ 點選「執行」。

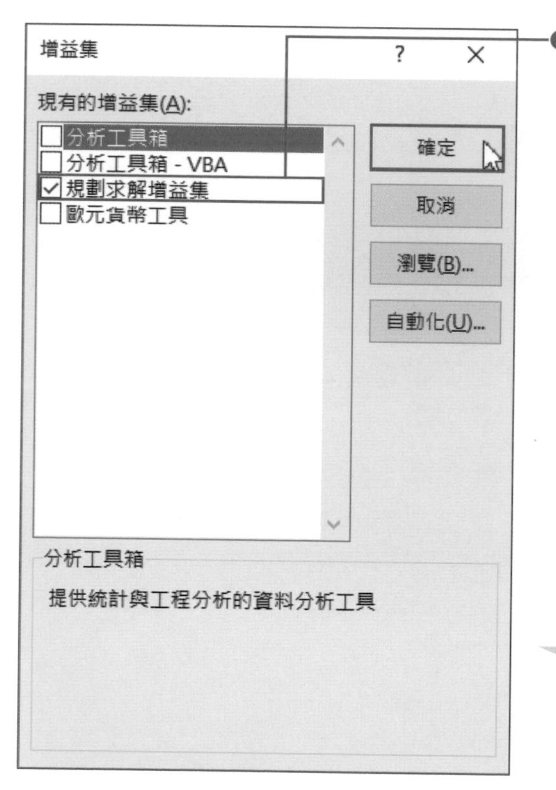

❺ 勾選「規劃求解增益集」再點選「確定」，就能使用規劃求解功能。

MEMO 若想停用規劃求解功能，只需要再次開啟這個對話框，取消「規劃求解增益集」再點選「確定」即可。

❻ 開啟「資料」索引標籤之後，就會發現新增「規劃求解」的選項。

建立規劃求解的資料表

在使用規劃求解功能之前，必須先將**分析對象的資料表調整成規劃求解的格式**。需要注意事項如下。

- **將所有的限制條件整理在資料表上方**
- **與限制條件有關的數值全部記載在「計算結果的儲存格」**

將所有的限制條件整理在資料表上方這點非常重要，之後才能確認是根據哪些條件來分析。

此外，與限制條件有關的數值一定要記載在計算結果的儲存格。以這次的範例而言（參考下表），是將條件①「預算在一萬元之內」記載在儲存格 H9，條件②「伴手禮的變動量在 3 盒之內」寫在儲存格 J11。

這次**當然也建立了輸入規劃求解公式的儲存格**（在這次的範例裡是「伴手禮的合計盒數，也就是儲存格 H11」）。

規劃求解使用的表格

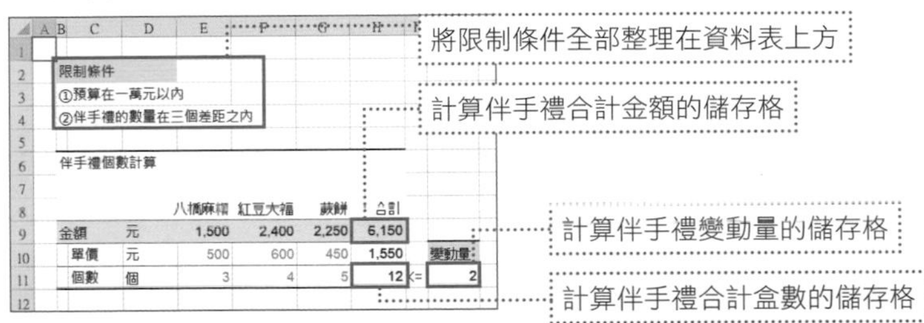

▼這點也很重要！▼

儲存格 J11 的「計算變動量」的內容

儲存格 J11 的「伴手禮變動量」是利用 MAX 函數（p.70）與 MIN 函數（p.70）算出。兩個函數的引數都指定了儲存格範圍「E11:G11」，然後以最大值減最小值算出變動量。

利用規劃求解計算最佳盒數

規劃求解的資料表建立完成後，接著使用規劃求解功能計算伴手禮盒數。執行下列步驟後，不需要輸入任何複雜的公式，也能瞬間算出結果。

❶ 點選「資料」索引標籤的「規劃求解」。

❷ 在「設定目標式」輸入個數總和的儲存格「H11」，再於「至：」選擇「最大值」。如此一來，規劃求解就會計算儲存格 H11 的最大值。

❸ 在「藉由變更變數儲存格：」的欄位拖曳選取個數儲存格的「E11:G11」。

❹ 點選「新增」，指定限制條件。

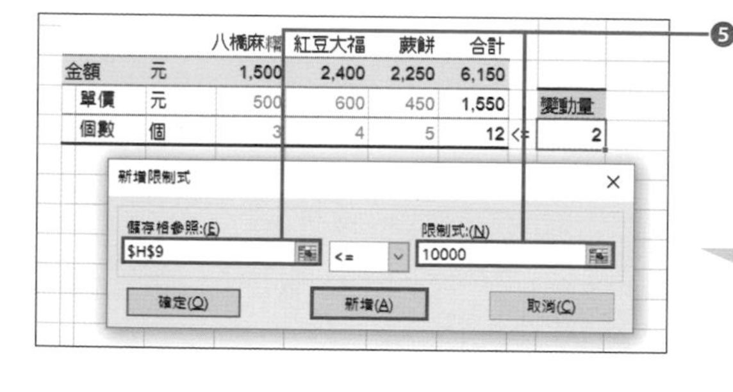

❺ 首先要設定的是不讓金額合計儲存格超過一萬元。

點選儲存格「H9」，在「儲存格參照」輸入儲存格參照，再於「限制式」輸入「10000」（元），然後點選「新增」。

MEMO 點選「確定」會回到步驟❷的畫面。若點選「新增」則可從步驟❻開始作業。

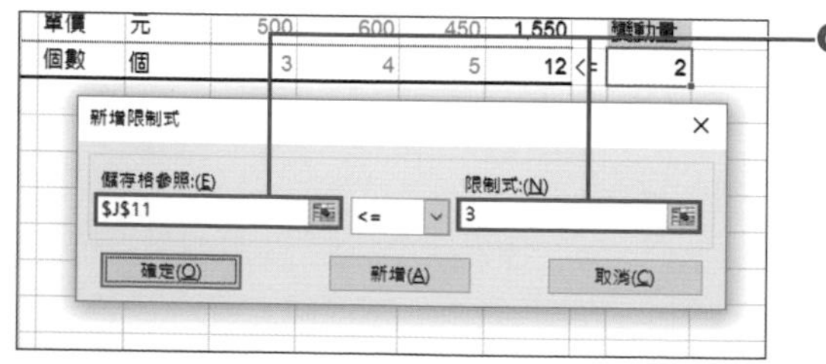

❻ 接著要將個數的變動量設定在 3 盒之內。

點選「J11」，在「儲存格參照」輸入儲存格參照，再於「限制式」輸入「3」，然後點選「新增」。

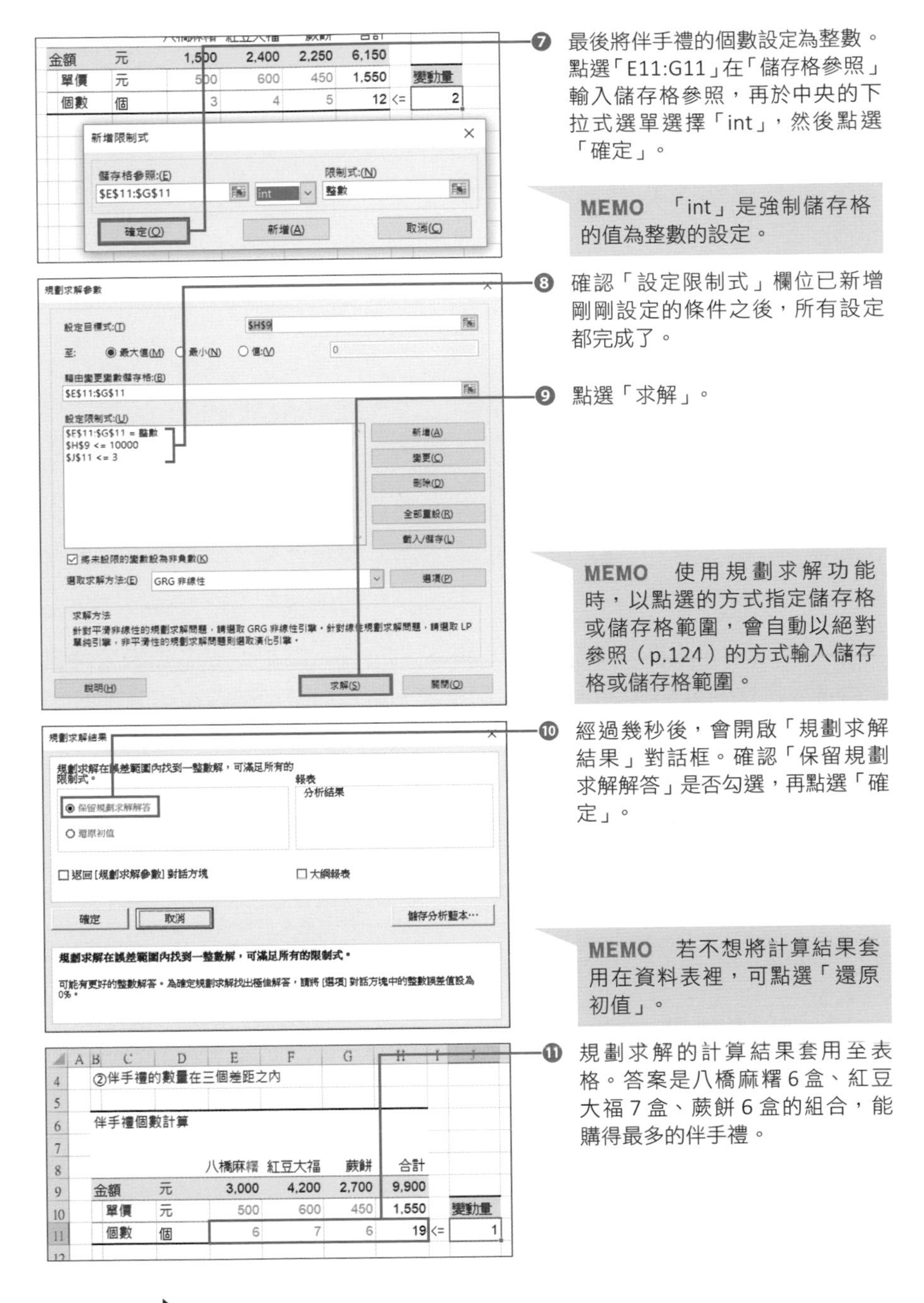

❼ 最後將伴手禮的個數設定為整數。點選「E11:G11」在「儲存格參照」輸入儲存格參照，再於中央的下拉式選單選擇「int」，然後點選「確定」。

MEMO 「int」是強制儲存格的值為整數的設定。

❽ 確認「設定限制式」欄位已新增剛剛設定的條件之後，所有設定都完成了。

❾ 點選「求解」。

MEMO 使用規劃求解功能時，以點選的方式指定儲存格或儲存格範圍，會自動以絕對參照（p.124）的方式輸入儲存格或儲存格範圍。

❿ 經過幾秒後，會開啟「規劃求解結果」對話框。確認「保留規劃求解解答」是否勾選，再點選「確定」。

MEMO 若不想將計算結果套用在資料表裡，可點選「還原初值」。

⓫ 規劃求解的計算結果套用至表格。答案是八橋麻糬 6 盒、紅豆大福 7 盒、蕨餅 6 盒的組合，能購得最多的伴手禮。

相關項目 ■ 開始使用目標搜尋 ⇨ p.212 ■ 分析費用的組合 ⇨ p.228

CHAPTER 7 - 09

了解模擬分析的基本操作

分析費用的組合

利用規劃求解處理困難的「配送問題」

前一篇利用規劃求解的基本操作計算了「伴手禮的最佳盒數」，但是採買伴手禮算是件小事，一般人應該不太會使用規劃求解，因此，本篇要利用規劃求解計算更實務的問題。

下表是**工廠配送到各門市的成本表**。工廠 A 與工廠 B 每天能生產的商品數量分別為 60 個與 40 個，總共有 100 個商品必須依照各門市的訂單量在當天送達足量的商品。

門市 A、B、C 的訂單數量分別為 20 個、30 個、50 個。**從各工廠配送到各門市的配送成本都不同時，能將配送成本降至最低的個數組合為何呢？**讓我們利用規劃求解算看看，同時請一邊思考，一邊繼續閱讀本節內容。

■ 計算配送成本的規劃求解資料表

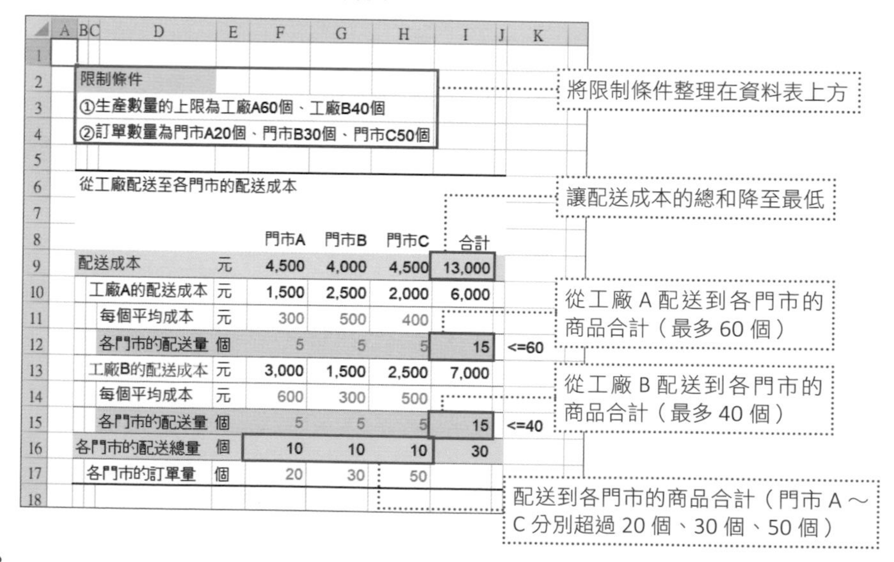

限制條件

①生產數量的上限為工廠A60個、工廠B40個

②訂單數量為門市A20個、門市B30個、門市C50個

從工廠配送至各門市的配送成本

		門市A	門市B	門市C	合計	
配送成本	元	4,500	4,000	4,500	13,000	
工廠A的配送成本	元	1,500	2,500	2,000	6,000	
每個平均成本	元	300	500	400		
各門市的配送量	個	5	5	5	15	<=60
工廠B的配送成本	元	3,000	1,500	2,500	7,000	
每個平均成本	元	600	300	500		
各門市的配送量	個	5	5	5	15	<=40
各門市的配送總量	個	10	10	10	30	
各門市的訂單量	個	20	30	50		

拆解複雜的條件，再於規劃求解設定

這次要計算的儲存格與限制條件比較多，看起來似乎很難，但基本邏輯與前一篇介紹的「伴手禮盒數」是相同的，只要按部就班地輸入每個設定，就能順利算出需要的答案。基本上，各項目的設定都可在規劃求解的對話框完成。只要正確輸入，Excel 就會幫我們算出最佳答案。

■ 利用規劃求解計算配送至各門市的商品數量

❶ 點選「資料」索引標籤的「規劃求解」。

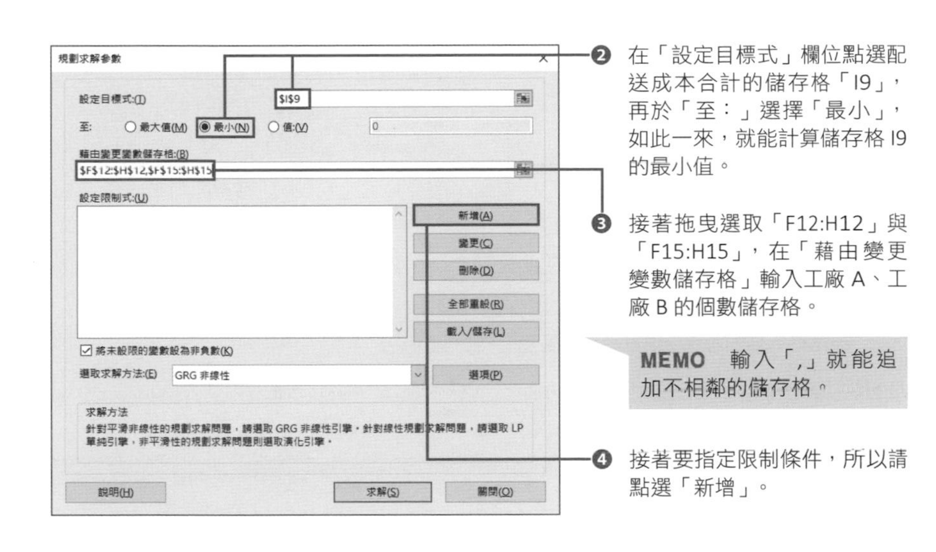

❷ 在「設定目標式」欄位點選配送成本合計的儲存格「I9」，再於「至：」選擇「最小」，如此一來，就能計算儲存格 I9 的最小值。

❸ 接著拖曳選取「F12:H12」與「F15:H15」，在「藉由變更變數儲存格」輸入工廠 A、工廠 B 的個數儲存格。

MEMO　輸入「,」就能追加不相鄰的儲存格。

❹ 接著要指定限制條件，所以請點選「新增」。

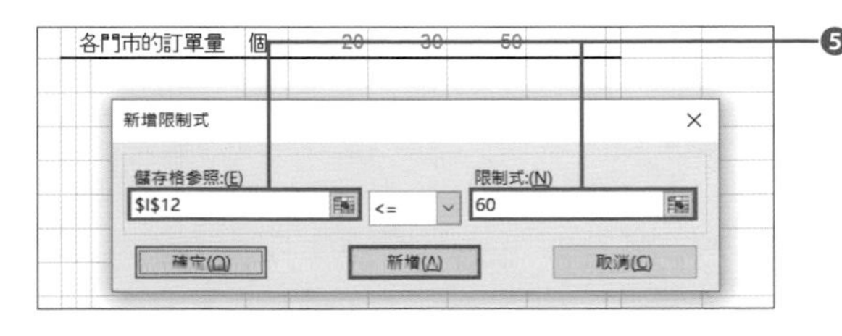

❺ 首先讓工廠 A 的配送數合計低於 60 個。點選「I12」，在「儲存格參照」輸入儲存格參照後，在「限制式」欄位輸入「60」，再點選「新增」。

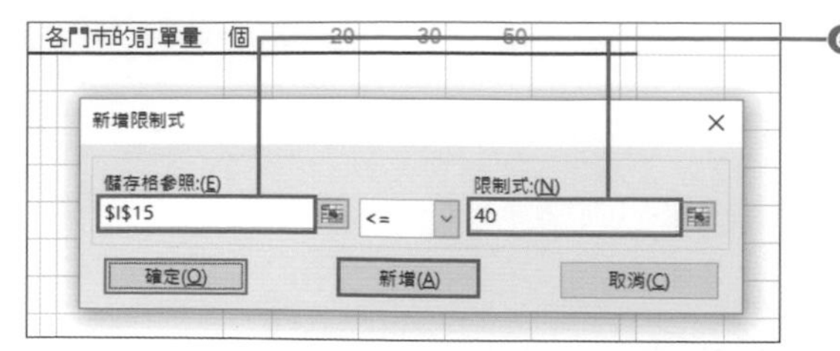

❻ 接著要讓工廠 B 的配送數合計低於 40 個。點選「I15」，在「儲存格參照」輸入儲存格參照後，在「限制式」欄位輸入「40」，再點選「新增」。

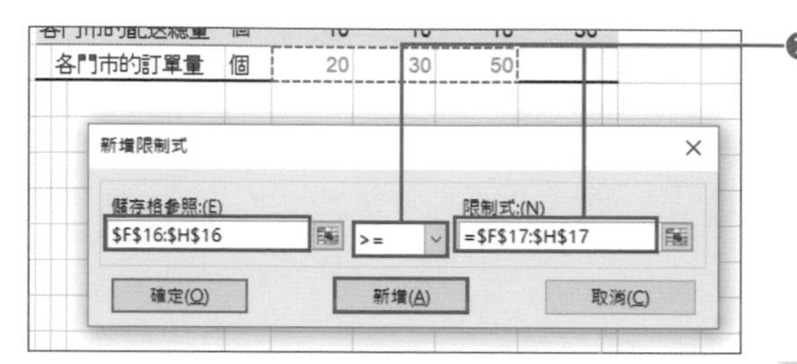

❼ 接著要設定各門市的配送數合計高於各門市的訂單數。拖曳選取儲存格「F16:H16」，在「儲存格參照」輸入儲存格參照，再於中間的下拉式選單選擇「>=」，然後在「限制式」輸入儲存格「F17:H17」，然後點選「新增」。

MEMO 「限制式」也可指定為儲存格範圍。若是指定為儲存格範圍，「儲存格參照」與「限制式」指定的儲存格數量必須相同。

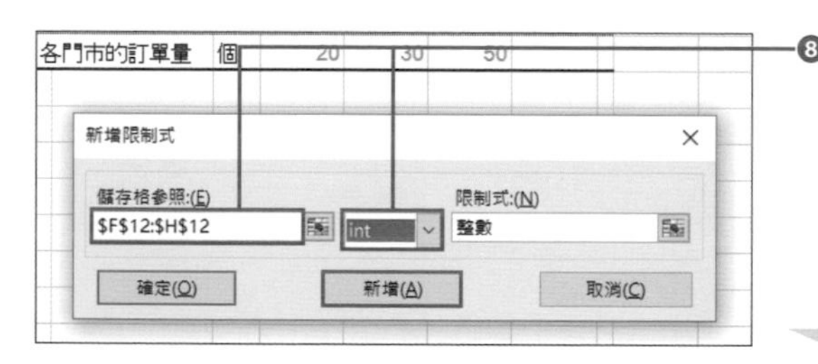

❽ 接著要將工廠 A「各門市配送數」的值設定為整數。
拖曳選取儲存格「F12:H12」，在「儲存格參照」輸入儲存格參照之後，在中間的下拉式選單選擇「int」，再點選「新增」。

MEMO 「int」是指定儲存格必須為整數的制約條件。

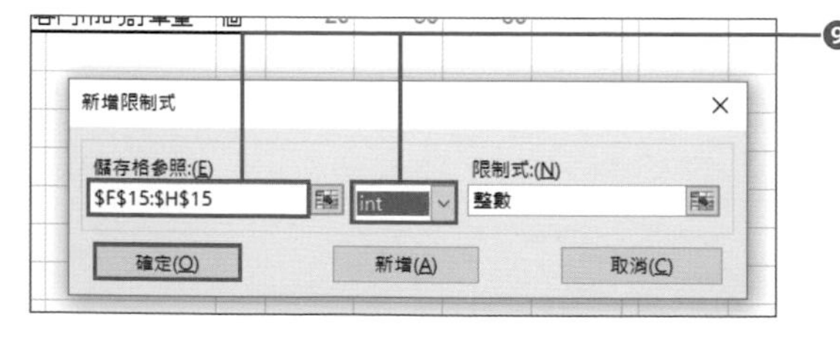

❾ 接著要將工廠 B「各門市配送數」的值設定為整數。
拖曳選取儲存格「F15:H15」，在「儲存格參照」輸入儲存格參照之後，在中間的下拉式選單選擇「int」，再點選「確定」。

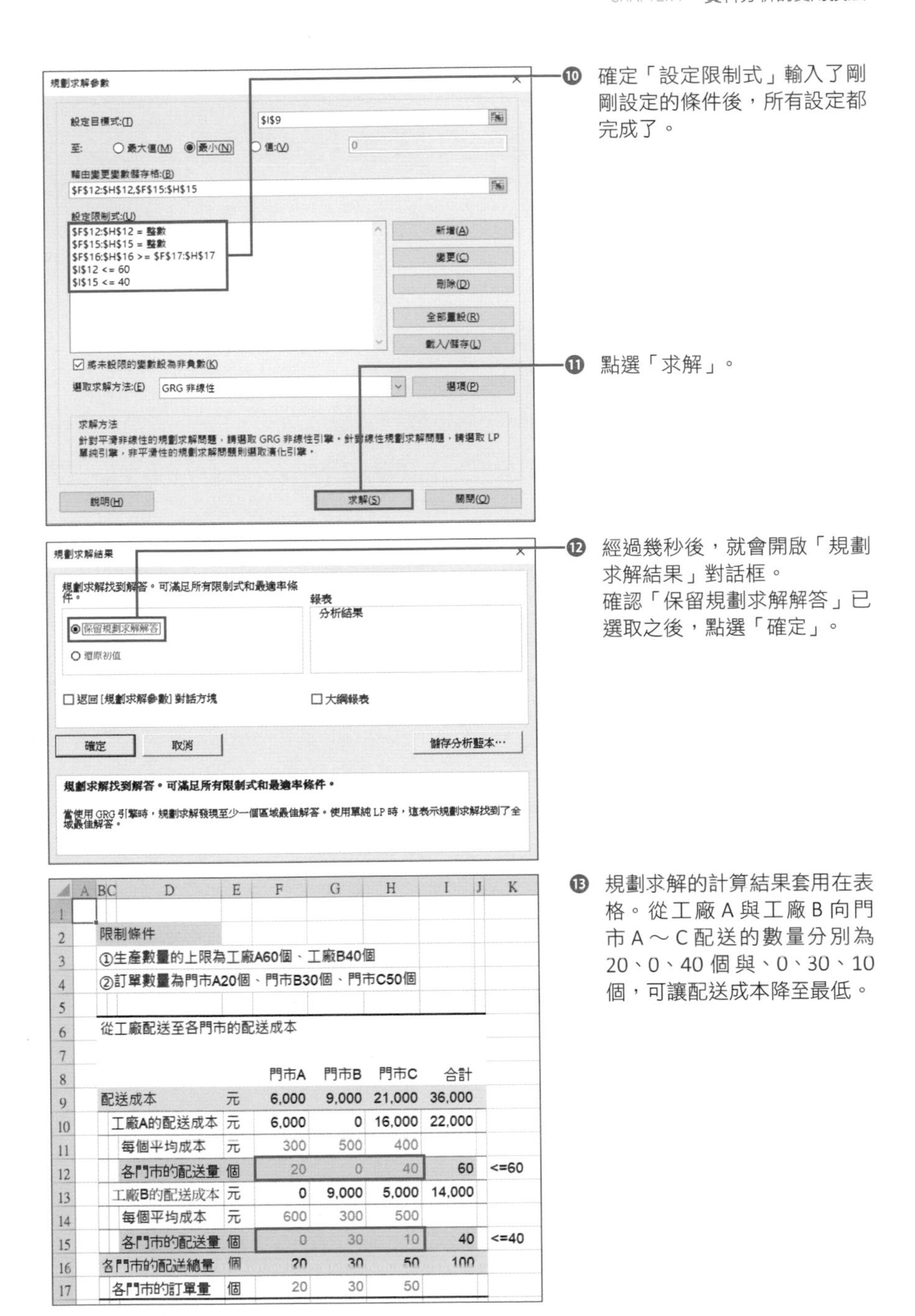

⑩ 確定「設定限制式」輸入了剛剛設定的條件後，所有設定都完成了。

⑪ 點選「求解」。

⑫ 經過幾秒後，就會開啟「規劃求解結果」對話框。
確認「保留規劃求解解答」已選取之後，點選「確定」。

	A	BC	D	E	F	G	H	I	J	K
1										
2		限制條件								
3		①生產數量的上限為工廠A60個、工廠B40個								
4		②訂單數量為門市A20個、門市B30個、門市C50個								
5										
6		從工廠配送至各門市的配送成本								
7										
8					門市A	門市B	門市C	合計		
9		配送成本		元	6,000	9,000	21,000	36,000		
10			工廠A的配送成本	元	6,000	0	16,000	22,000		
11			每個平均成本	元	300	500	400			
12			各門市的配送量	個	20	0	40	60		<=60
13			工廠B的配送成本	元	0	9,000	5,000	14,000		
14			每個平均成本	元	600	300	500			
15			各門市的配送量	個	0	30	10	40		<=40
16		各門市的配送總量		個	20	30	50	100		
17			各門市的訂單量	個	20	30	50			

⑬ 規劃求解的計算結果套用在表格。從工廠 A 與工廠 B 向門市 A～C 配送的數量分別為 20、0、40 個與、0、30、10 個，可讓配送成本降至最低。

相關項目　■ 開始使用目標搜尋 ⇨ p.212　■ 規劃求解的基本操作與啟用 ⇨ p.222

CHAPTER 7

10

交叉統計的驚人實力

樞紐分析表的基本操作

利用交叉統計看穿資料的「謊言」

在欄標題輸入年度，在列標題輸入產品名稱，然後在表格的交錯處輸入該年度的商品銷售數量 —— 這種在縱軸輸入兩個項目其中之一的項目，再於橫軸輸入另一個項目，然後在兩者相交的儲存格輸入資料，這叫做「**交叉統計**」。

■ **交叉統計範例**

年度	銷售數量			
	商品 A	商品 B	商品 C	合計
2020 年度	400	400	400	1200
2021 年度	300	300	650	1250

製作交叉統計表之後，可分別確認每筆資料，也能更正確做資料分析。

交叉統計在分析資料時，必要的技巧之一，因為未經過交叉分析的資料，如下表這種「未經整理的資料」可能會招致誤解。

下表將所有的商品整理成單一項目之後，發現 2021 年度的狀況似乎比 2020 年度好，但是除了商品 C 之外，其餘商品的銷售數量都是下滑的（請參照上表）。

■ **未經整理的資料**

年度	銷售數量
2020 年度	1200
2021 年度	1250

單看所有商品的銷售數量總和，會以為今年的業績高於去年。

這種「商品 A 與商品 B 的銷量都下滑，但商品 C 的銷量撐起業績」的狀況若是符合預期，那還無所謂，最怕的是並非所預想的狀況，因而才需要徹底分析。不過，單從上述表格來看，是看不出細節的。

Excel 進行交叉分析的「樞紐分析表」

交叉分析是分析資料非常有效的方法之一，但是，要從零開始手動輸入資料卻很麻煩，而且還可能會不小心輸入錯誤的資料。**只要多花一點時間與體力，手動輸入也是可行的，但請千萬別這麼做**。

要在 Excel 執行交叉分析可使用「**樞紐分析表**」。這個功能相當有名，很多人可能都聽過。使用樞紐分析表就能根據一堆資料，再迅速繪製出如下圖的交叉分析表，而且還能**利用滑鼠切換分析項目**。

■ 利用樞紐分析表執行交叉統計

	A	B	C	D	E	F	G
1	ID	商品名稱	開始日期	商品單價	銷售數量	金額	
2	1	商品D	2019/12/25T9:15	200	3	600	
3	2	商品C	2019/12/25T9:15	700	1	700	
4	3	商品B	2019/12/25T9:16	600	14	8400	
5	4	商品A	2019/12/25T9:16	500	1	500	
6	5	商品C	2019/12/25T9:16	700	9	6300	
7	6	商品D	2019/12/25T9:17	200	14	2800	
8	7	商品C	2019/12/25T9:17	700	4	2800	
9	8	商品A	2019/12/25T9:17	500	5	2500	
10	9	商品B	2019/12/25T9:15	600	12	7200	
11	10	商品E	2019/12/26T13:47	900	15	13500	
12	11	商品A	2019/12/26T13:48	500	3	1500	
13	12	商品A	2019/12/26T13:53	500	10	5000	

此為統計前的資料。所有資料都是分開輸入的，要根據這些資料完成有效的資料分析是有難度的。

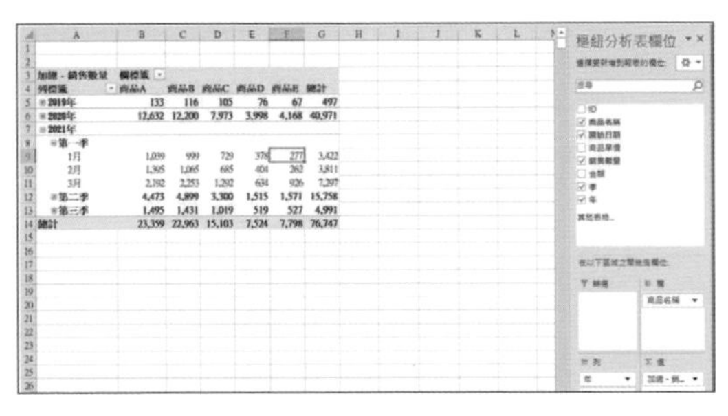

這是利用樞紐分析表統計之後的資料。樞紐分析表可將整堆資料整理成有意義的資訊。

本節將詳盡地解說樞紐分析表的基本操作，而下一節將介紹更為實用的技巧。

建立樞紐分析表專用的表格

要使用樞紐分析表必須先建立「**樞紐分析表專用的資料表**」。具體而言，必須建立成下列的資料表。

- **資料表的第一列（標題列）必須是項目名稱**
- **數值、日期都必須設定成 Excel 可載入的格式**

首先，請大家記住「**資料表的第一列（標題列）必須輸入項目名稱**」，即使是空白欄位也會發生錯誤。

接著，要以具體的例子解說「**數值、日期都必須設定成 Excel 可載入的格式**」這點。

例如這種直接在儲存格輸入「**1 個**」的單位數值或是「**2022-01-06T19:01**」這種本該只有日期與時間，卻還夾雜其他文字的日期，對 Excel 而言，都不是數值與日期，而是「**文字資料**」，所以無法使用這些值計算總和或是期間。大家或許覺得自己的表格不會有這種資料，但是**從 CSV 檔案匯入資料時，有可能會挾雜這類多餘的字元，請務必仔細檢查**。如果挾雜了多餘的文字，請依照下圖的方式，利用 Excel 的取代功能（p.161）刪除多餘文字，或是置換成半形空白字元。

■ 利用 Excel 的取代功能刪除多餘的文字

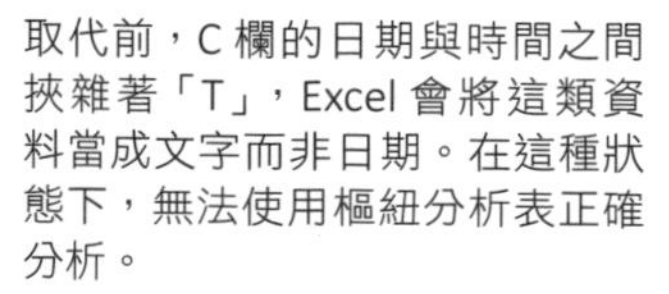

	A	B	C	D	E	F	G
1	ID	商品名稱	開始日期	商品單價	銷售數量	金額	
2	1	商品D	2019/12/25T9:15	200	3	600	
3	2	商品C	2019/12/25T9:15	700	1	700	
4	3	商品B	2019/12/25T9:16	600	14	8400	
5	4	商品A	2019/12/25T9:16	500	1	500	
6	5	商品C	2019/12/25T9:16	700	9	6300	
7	6	商品D	2019/12/25T9:17	200	14	2800	
8	7	商品C	2019/12/25T9:17	700	4	2800	
9	8	商品A	2019/12/25T9:17	500	5	2500	
10	9	商品B	2019/12/25T9:15	600	12	7200	
11	10	商品E	2019/12/26T13:47	900	15	13500	
12	11	商品A	2019/12/26T13:48	500	3	1500	
13	12	商品A	2019/12/26T13:53	500	10	5000	
14	13	商品A	2019/12/26T13:54	500	3	1500	
15	14	商品B	2019/12/26T13:58	600	3	1800	
16	15	商品E	2019/12/26T13:58	900	4	3600	
17	16	商品B	2019/12/26T13:58	600	13	7800	
18	17	商品A	2019/12/26T14:00	500	6	3000	
19	18	商品B	2019/12/26T14:01	600	14	8400	

取代前，C 欄的日期與時間之間挾雜著「T」，Excel 會將這類資料當成文字而非日期。在這種狀態下，無法使用樞紐分析表正確分析。

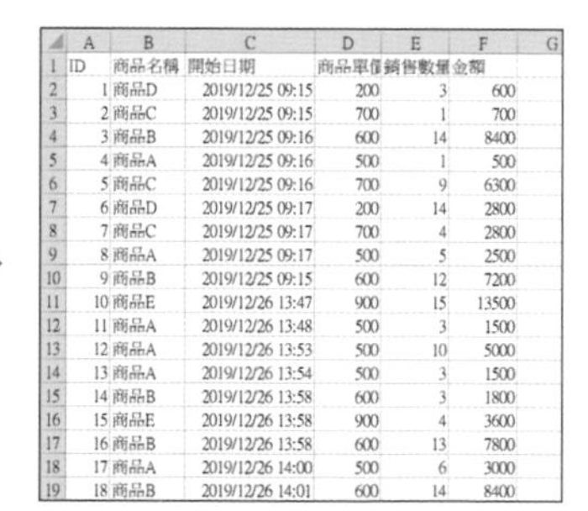

	A	B	C	D	E	F	G
1	ID	商品名稱	開始日期	商品單價	銷售數量	金額	
2	1	商品D	2019/12/25 09:15	200	3	600	
3	2	商品C	2019/12/25 09:15	700	1	700	
4	3	商品B	2019/12/25 09:16	600	14	8400	
5	4	商品A	2019/12/25 09:16	500	1	500	
6	5	商品C	2019/12/25 09:16	700	9	6300	
7	6	商品D	2019/12/25 09:17	200	14	2800	
8	7	商品C	2019/12/25 09:17	700	4	2800	
9	8	商品A	2019/12/25 09:17	500	5	2500	
10	9	商品B	2019/12/25 09:15	600	12	7200	
11	10	商品E	2019/12/26 13:47	900	15	13500	
12	11	商品A	2019/12/26 13:48	500	3	1500	
13	12	商品A	2019/12/26 13:53	500	10	5000	
14	13	商品A	2019/12/26 13:54	500	3	1500	
15	14	商品B	2019/12/26 13:58	600	3	1800	
16	15	商品E	2019/12/26 13:58	900	4	3600	
17	16	商品B	2019/12/26 13:58	600	13	7800	
18	17	商品A	2019/12/26 14:00	500	6	3000	
19	18	商品B	2019/12/26 14:01	600	14	8400	

這是取代後的結果。利用 Excel 的取代功能將日期與時間之間的「T」換成半形空白字元。如此一來，Excel 就會將 C 欄的值當成日期資料。

樞紐分析表的基本使用方法

接下來，一同實際操作樞紐分析表功能。步驟只有 5 個。這次要利用樞紐分析表功能計算**各商品的銷售數量**。原始資料共有 9000 筆。

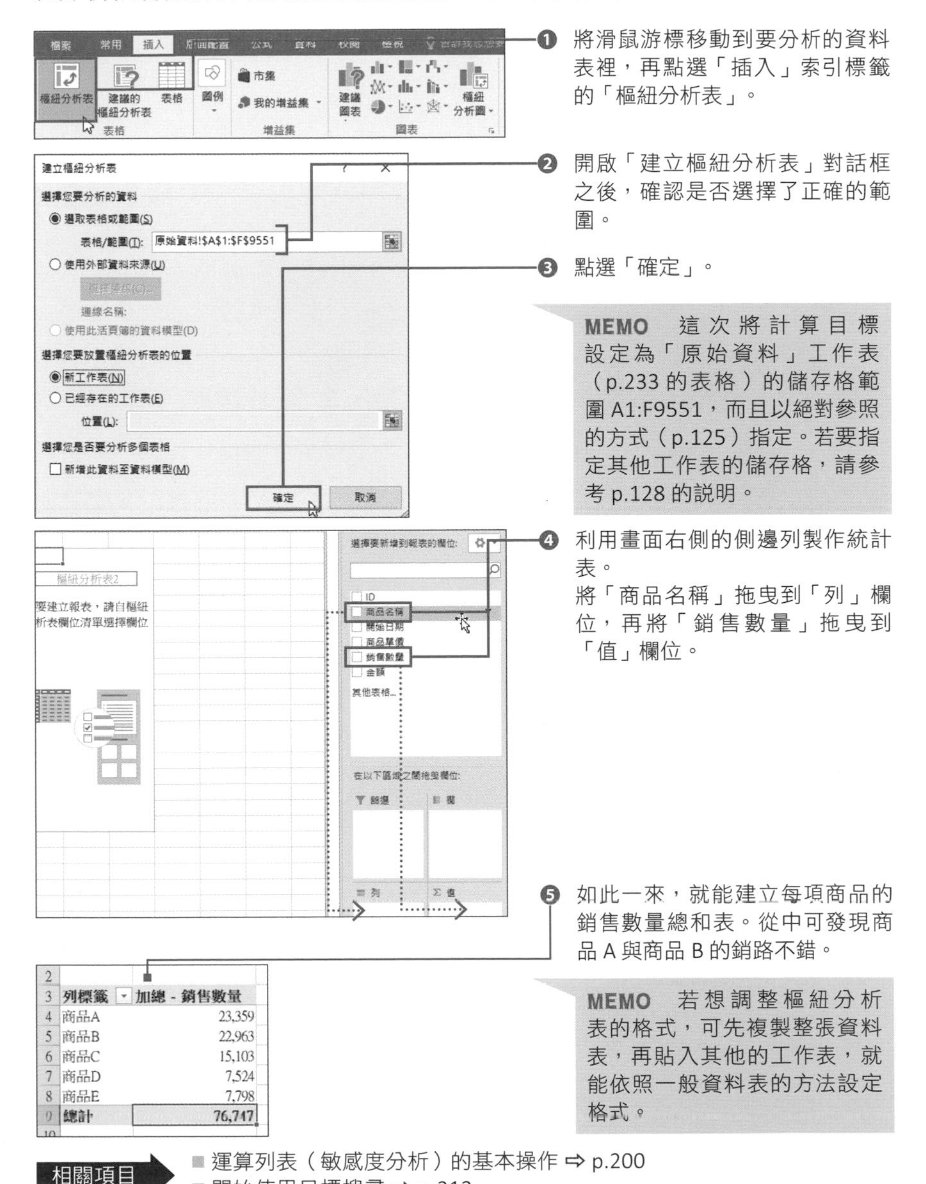

❶ 將滑鼠游標移動到要分析的資料表裡，再點選「插入」索引標籤的「樞紐分析表」。

❷ 開啟「建立樞紐分析表」對話框之後，確認是否選擇了正確的範圍。

❸ 點選「確定」。

MEMO 這次將計算目標設定為「原始資料」工作表（p.233 的表格）的儲存格範圍 A1:F9551，而且以絕對參照的方式（p.125）指定。若要指定其他工作表的儲存格，請參考 p.128 的說明。

❹ 利用畫面右側的側邊列製作統計表。
將「商品名稱」拖曳到「列」欄位，再將「銷售數量」拖曳到「值」欄位。

❺ 如此一來，就能建立每項商品的銷售數量總和表。從中可發現商品 A 與商品 B 的銷路不錯。

MEMO 若想調整樞紐分析表的格式，可先複製整張資料表，再貼入其他的工作表，就能依照一般資料表的方法設定格式。

相關項目

- 運算列表（敏感度分析）的基本操作 ⇨ p.200
- 開始使用目標搜尋 ⇨ p.212

CHAPTER 7
11

交叉分析的驚人實力

利用樞紐分析表從不同的角度統計與分析資料

觀察資料的方法會隨著統計方式改變

分析資料的重點在於確認兩種資料之間的關係。換言之，**就是釐清某方改變時，另一方會如何變化**。

舉例來說，從「負責人」與「商品種類」這兩個角度統計銷售數量時，或許可看出「**每位負責人擅長銷售的商品**」。此外，以「時期」與「商品種類」這兩個角度統計營業額的時候，能看出「**各商品暢銷的時期**」。

若利用樞紐分析表像這樣找出兩種資料之間的顯著關係，就能一邊重複修改統計表，一邊從不同的角度觀察統計結果，而且只需要幾個步驟就能重新製作下圖的表格。

■ **可輕鬆製作統計分析表**

列標籤	加總 - 銷售數量
商品A	23,359
商品B	22,963
商品C	15,103
商品D	7,524
商品E	7,798
總計	**76,747**

統計每位負責人在各商品的銷售數量。

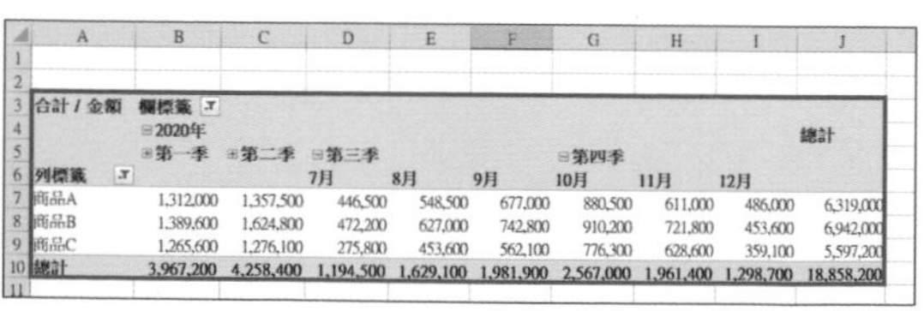

合計 / 金額	欄標籤								
	2020年								總計
	第一季	第二季	第三季			第四季			
列標籤			7月	8月	9月	10月	11月	12月	
商品A	1,312,000	1,357,500	446,500	548,500	677,000	880,500	611,000	486,000	6,319,000
商品B	1,389,600	1,624,800	472,200	627,000	742,800	910,200	721,800	453,600	6,942,000
商品C	1,265,600	1,276,100	275,800	453,600	562,100	776,300	628,600	359,100	5,597,200
總計	3,967,200	4,258,400	1,194,500	1,629,100	1,981,900	2,567,000	1,961,400	1,298,700	18,858,200

重新統計各商品每年的營業額。讓列與欄的項目以及統計資料互換位置，隨心所欲地重製統計表正是樞紐分析表的強項。

重新製作統計分析表的方法

這次要將**統計商品銷售數量的分析表**（樞紐分析表）重新製作成**每個銷售時期（每月、每季、每年）的銷售數量分析表**。若想知道樞紐分析表的基本操作請參考 p.235 的說明。

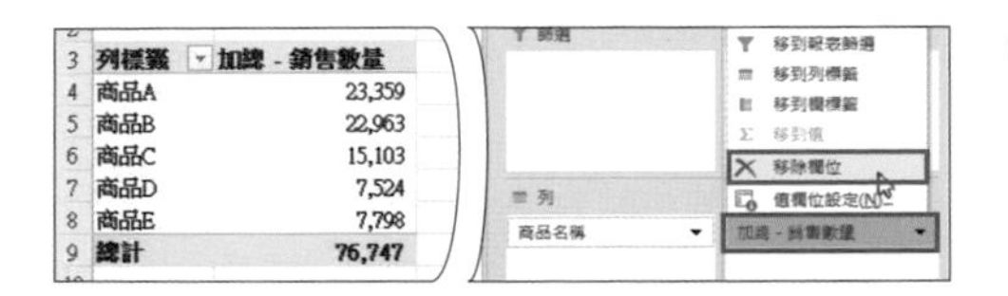

❶ 將滑鼠游標移入樞紐分析表，點選「值」欄位的「加總 - 銷售數量」，再點選「移除欄位」，刪除「銷售數量」欄位。

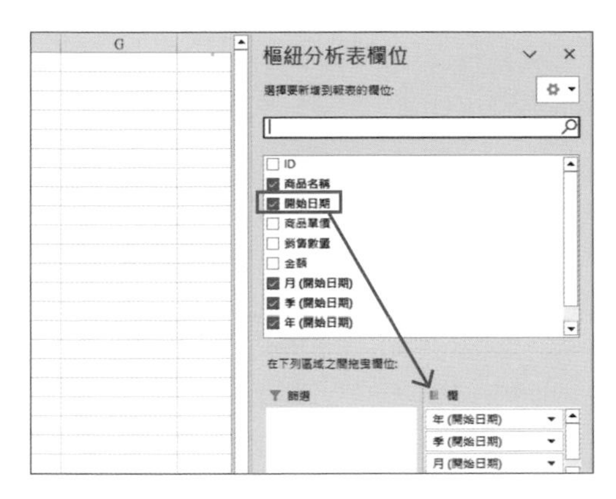

❷ 將「開始日期與時間」欄位拖曳到「欄」，此時將自動新增「年」、「季」欄位。

MEMO　在這次的範例裡，兩邊分析表的欄標題都是「商品名稱」，所以「列」欄的值（商品名稱）不會變更，只有列標題的值會變更。

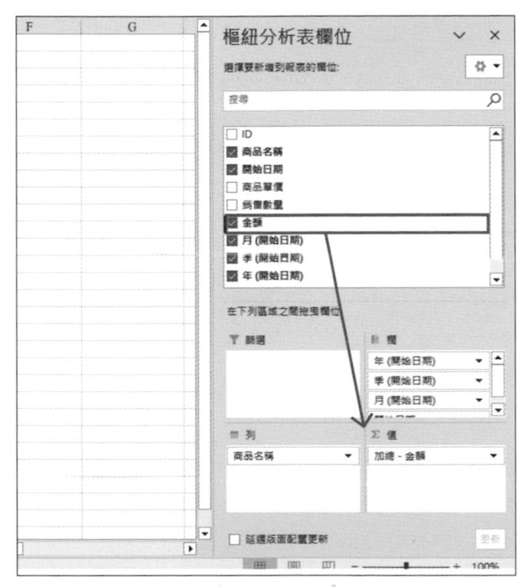

❸ 將「金額」欄位拖曳到「值」欄位。

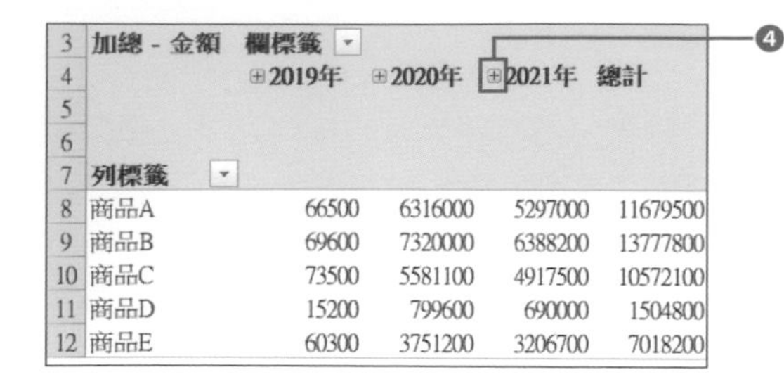

加總 - 金額	欄標籤			
	⊞2019年	⊞2020年	⊞2021年	總計
列標籤				
商品A	66500	6316000	5297000	11679500
商品B	69600	7320000	6388200	13777800
商品C	73500	5581100	4917500	10572100
商品D	15200	799600	690000	1504800
商品E	60300	3751200	3206700	7018200

❹ 可檢視「每年」、「每季」、「每月」各商品銷售數量的分析表完成了。點選年度前面的「+」就能確認每季與每個月的業績。

篩選要顯示的資料

若想「**從五項商品之中，針對三項商品的資料分析**」可使用**「交叉分析篩選器」功能**。這項功能可讓我們透過滑鼠選擇要顯示的資訊。

請執行下列步驟。

❶ 將滑鼠游標移入樞紐分析表，再從「樞紐分析表分析」（Excel 2019 之前為「分析」）索引標籤點選「插入交叉分析篩選器」。

❷ 開啟「插入交叉分析篩選器」對話框之後，勾選要篩選的資料的項目名稱（範例點選的是商品名稱），再點選「確定」。

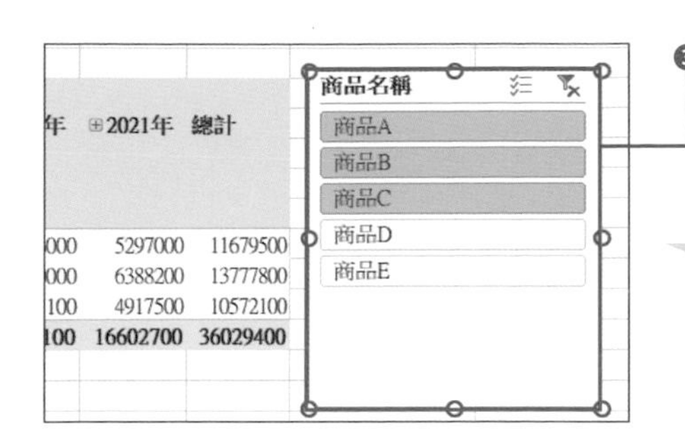

❸ 顯示交叉分析篩選器了。點選顯示的項目，就能篩選樞紐分析表的資料。

MEMO　若想解除篩選只需要點選「清除篩選」按鈕。若想刪除交叉分析篩選器，可在選取交叉分析篩選器之後，按下 Backspace 鍵。

如果要篩選的對象是日期與時間，則可使用**「時間表」功能**。

請執行下列的步驟。

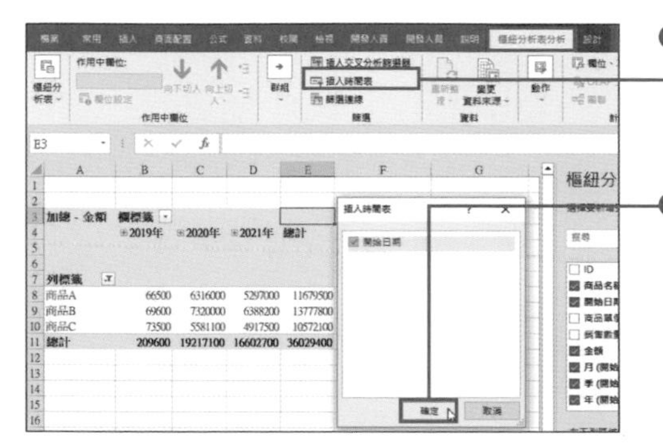

❶ 將滑鼠游標移入樞紐分析表，再從「樞紐分析表分析」（Excel 2019 之前為「分析」）索引標籤點選「插入交叉分析篩選器」。

❷ 在對話框勾選要篩選的項目，再點選「確定」。

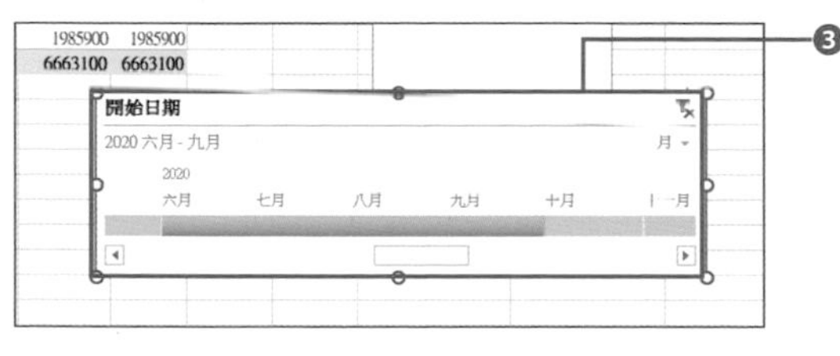

❸ 顯示時間表了。點選要顯示的期間，就能篩選樞紐分析表的資料。

▼這點也很重要！▼

調整篩選的單位

點選時間表的「月」，即可將篩選的單位變更為「天」、「季」、「年」這類單位。

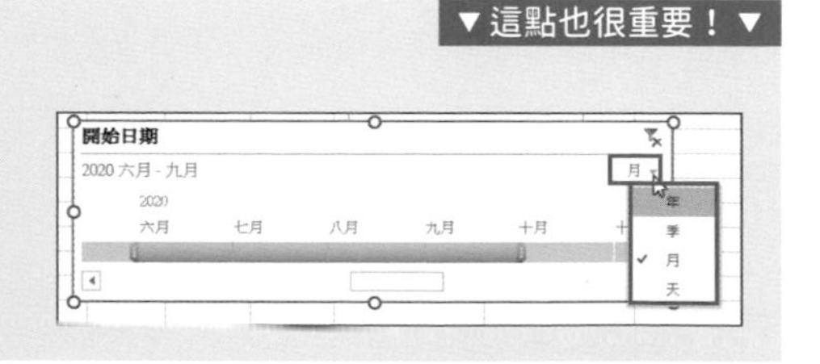

相關項目　■ 樞紐分析表的基本操作 ⇨ p.232　■ 樞紐分析圖的應用 ⇨ p.240

CHAPTER 7 - 12

交叉分析的驚人實力

利用樞紐分析圖將資料繪製成圖表

將資料繪製成圖表就能有新發現

有些資料會因為種類或內容的不同，光看數值是看不出整體的狀況以及統計值的變化，想要看出這些問題時，最好的方法就是將**資料繪製成圖表（視覺化）**。將數值繪製成圖表後，就能找出盯著資料看很久也沒發現的新問題。

Excel 內建了許多繪製圖表的方法，若是先建立了**樞紐分析表**（p.232），建議使用其中的**「樞紐分析圖」功能**繪製圖表。

樞紐分析圖與樞紐分析表是彼此連動的，所以圖表完成後，即使樞紐分析表的內容有所變動，或是利用篩選功能（p.238）篩選顯示的項目，圖表的內容也會跟著調整。由於可快速繪製各種統計模式的圖表，所以能輕鬆確認數值的變化。

■ 樞紐分析表與樞紐分析圖

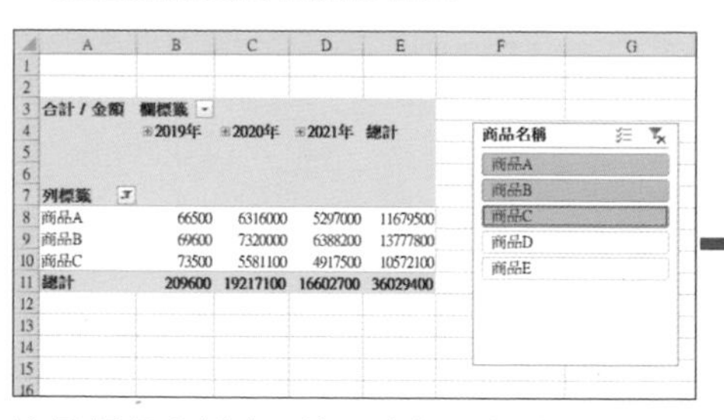

合計 / 金額	欄標籤			
	⊞2019年	⊞2020年	⊞2021年	總計
列標籤				
商品A	66500	6316000	5297000	11679500
商品B	69600	7320000	6388200	13777800
商品C	73500	5581100	4917500	10572100
總計	209600	19217100	16602700	36029400

這是樞紐分析表。這項功能可在統計資料之後，變更統計內容或是利用篩選功能指定要顯示的項目。

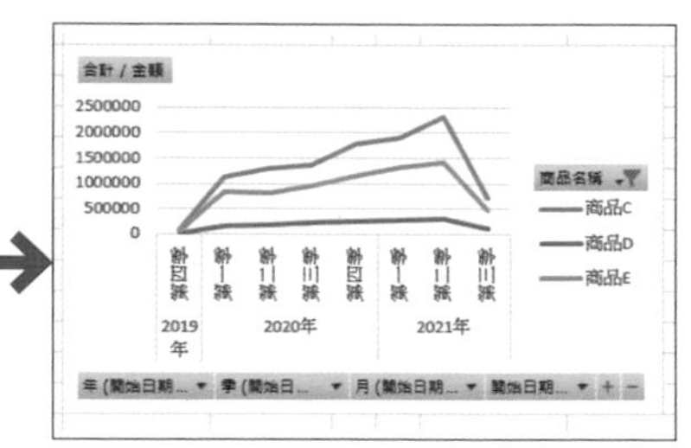

這是樞紐分析圖。樞紐分析圖可根據樞紐分析表的資料繪製圖表。

要繪製樞紐分析圖可先將滑鼠游標移入樞紐分析表，再執行下列的步驟。

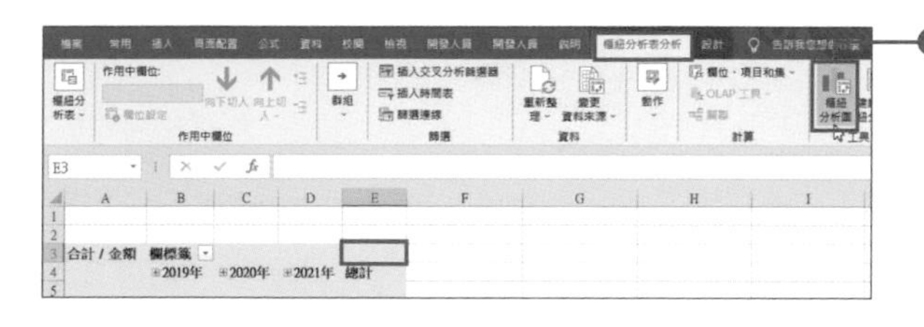

❶ 將滑鼠游標移入樞紐分析表，再點選「樞紐分析表分析」（Excel 2019之前為「分析」）索引標籤的樞紐分析圖。

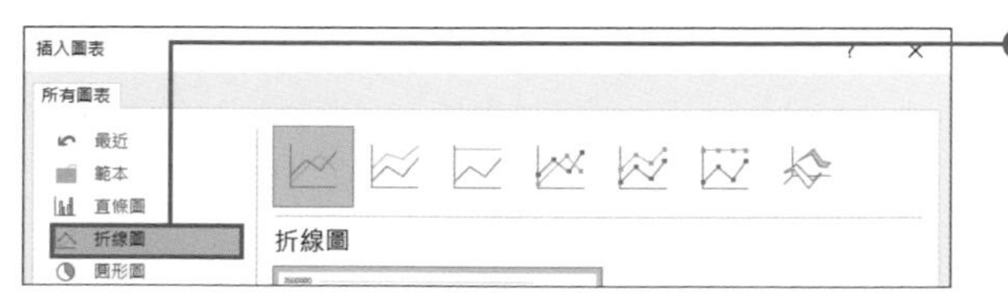

❷ 開啟「插入圖表」對話框之後，點選要繪製的圖表（這次點選的是「折線圖」），再點選「確定」。

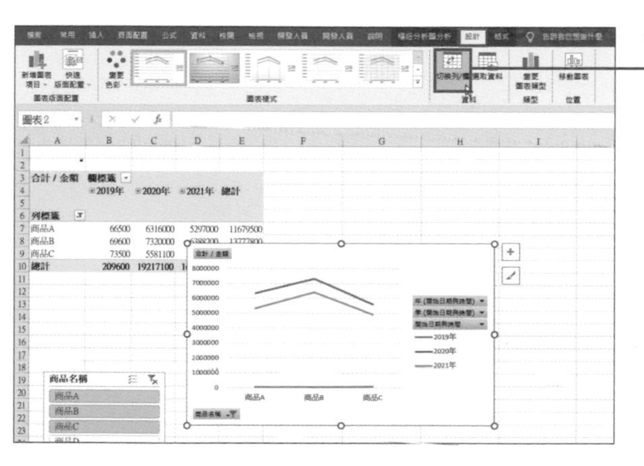

❸ 圖表完成後，若想讓縱軸與橫軸對調位置，可點選「設計」索引標籤的「切換列／欄」。

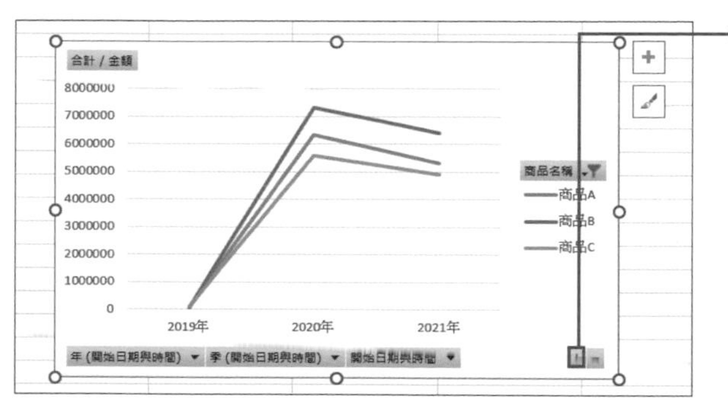

❹ 縱軸與橫軸對調位置了。以年為單位的統計資料不容易閱讀，讓我們將單位改成「季」。點選圖表右下角的「+」。

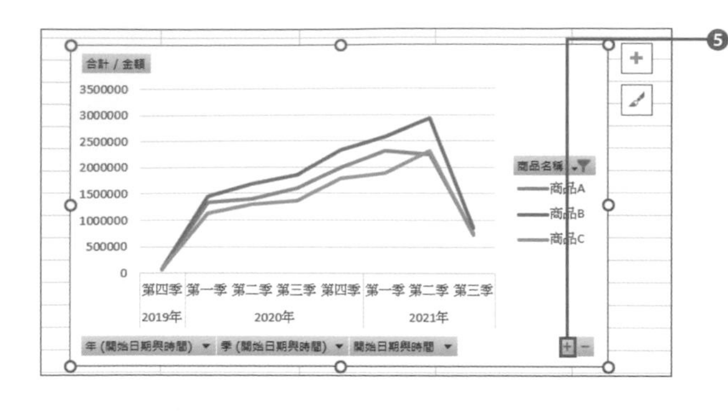

❺ 顯示每一季各項商品的業績了。如果再點選一次「+」，可切換成每月各商品的業績。

變更圖表的資料

變更樞紐分析的列項目、欄項目與統計資料，樞紐分析圖的內容也會跟著變動。這次要使用「交叉分析篩選器功能（p.238）篩選顯示的資料。請執行下列步驟。

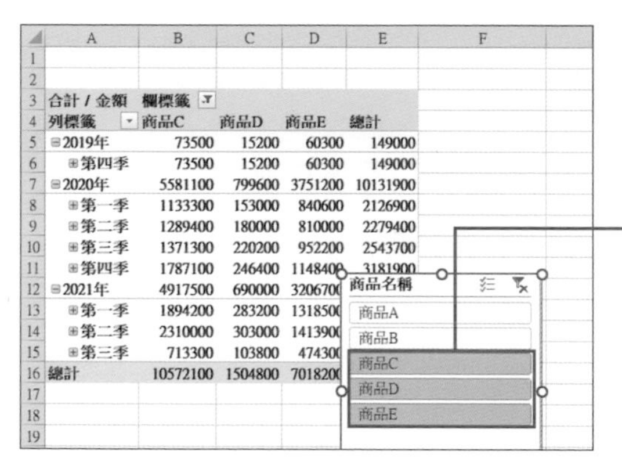

合計 / 金額	欄標籤			
列標籤	商品C	商品D	商品E	總計
⊟2019年	73500	15200	60300	149000
⊞第四季	73500	15200	60300	149000
⊟2020年	5581100	799600	3751200	10131900
⊞第一季	1133300	153000	840600	2126900
⊞第二季	1289400	180000	810000	2279400
⊞第三季	1371300	220200	952200	2543700
⊞第四季	1787100	246400	1148400	3181900
⊟2021年	4917500	690000	3206700	
⊞第一季	1894200	283200	1318500	
⊞第二季	2310000	303000	1413900	
⊞第三季	713300	103800	474300	
總計	10572100	1504800	7018200	

❶ 讓滑鼠游標移動到樞紐分析表裡，再點選「樞紐分析表分析」（Excel 2019 之前為「分析」）索引標籤的「插入交叉分析篩選器」（p.238）。

❷ 點選交叉分析篩選器，拖曳選取商品 C ～ E。

MEMO 如果想在交叉分析篩選器點選不相鄰的項目，可按住 Ctrl 鍵再點選。

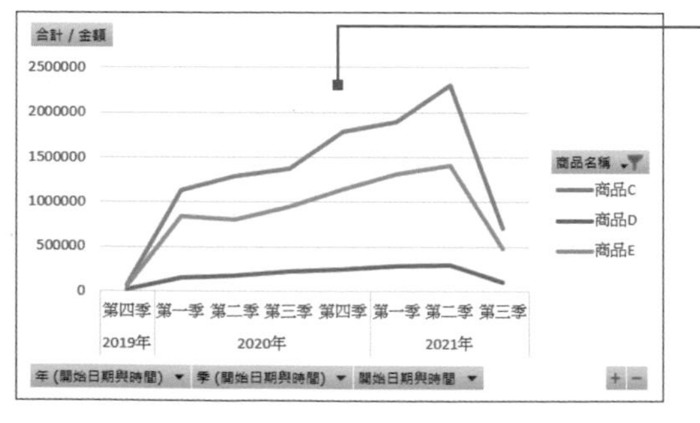

❸ 樞紐分析表的項目剩下商品 C～E，樞紐分析圖的內容也只剩下商品 C ～ E。

複製樞紐分析表，新增圖表

樞紐分析圖雖然是很方便的功能，但外觀十分樸實，建議別直接用於簡報或企劃書。要製作簡報或企劃書使用的圖表時，可先將樞紐分析表複製到其他工作表，再根據該表重新繪製圖表。

合計 / 金額	欄標籤			
列標籤	商品C	商品D	商品E	總計
⊟2019年	73500	15200	60300	149000
⊞第四季	73500	15200	60300	149000
⊟2020年	5581100	799600	3751200	10131900
⊞第一季	1133300	153000	840600	2126900
⊞第二季	1289400	180000	810000	2279400
⊞第三季	1371300	220200	952200	2543700
⊞第四季	1787100	246400	1148400	3181900
⊟2021年	4917500	690000	3206700	8814200
⊞第一季	1894200	283200	1318500	3495900
⊞第二季	2310000	303000	1413900	4026900
⊞第三季	713300	103800	474300	1291400
總計	10572100	1504800	7018200	19095100

❶ 選取樞紐分析表，再按下 Ctrl + C 複製。

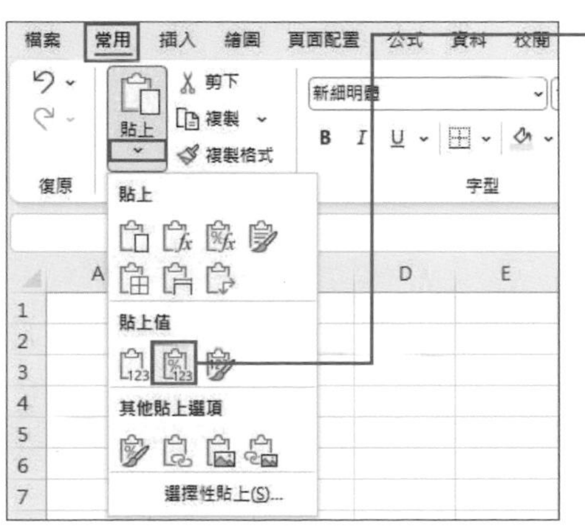

❷ 新增工作表，再從「常用」索引標籤的「貼上」按鈕點選下方的「▼」，然後點選「值與數字格式」。貼入資料後，調整分析表的格式。

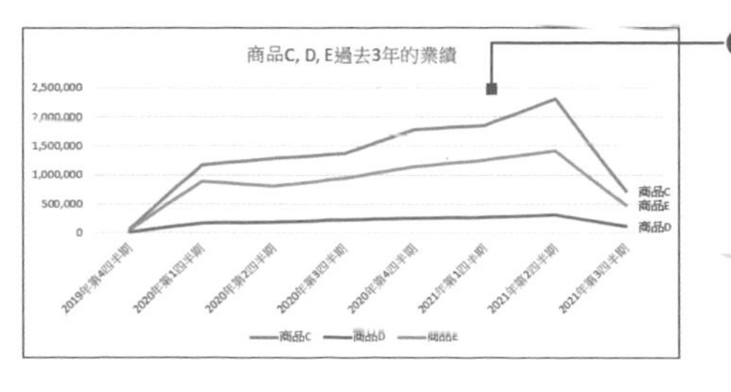

❸ 選取剛剛貼入的資料，再從「插入」索引標籤的「圖表」功能區點選要繪製的圖表。

MEMO　修正圖表設計的方法請參考本書的第 8 章。

相關項目　■ 樞紐分析表的基本操作 ⇨ p.232　■ 利用樞紐分析表分析資料 ⇨ p.236

CHAPTER 7 - 13

散佈圖的商業應用

利用散佈圖找出潛藏資料的相關性

驗證散佈圖的資料相關性

與樞紐分析表同樣常用於資料分析的就是「**散佈圖**」。散佈圖就是在**橫軸與縱軸設定不同的項目或單位，再於資料存在的位置植入點的圖表**，可用來調查橫軸與縱軸之間項目的相關性。

舉例來說，只要懂得使用散佈圖，就能從「會買咖啡的人，也可能購買高單價的雙層漢堡」、「在便利商店購買 iTunes Card 或 Google Play 禮品卡等預付卡的人，也會購買甜點或飲料」這之間看似毫無關係的資料中找出關聯性。

假設能得到上述的分析結果，就能施以具體的對策。舉例來說，可發送咖啡的免費兌換券，或是能增加預付卡的產品種類。

這些雖然只是單一例子，但，或許**你正在負責的商品或服務，說不定也忽略了之間的相關性**。請不要囿於先入為主的觀念，使用各種資料執行相關分析，找出有效的相關性。只要使用 Excel 就能立刻製作散佈圖。

此外，散佈圖也能用來驗證「業績」、「費用」相關性密切的資料。在餐飲業來說，業績越高，料理的製作成本就越高，所以「業績提升，成本相對也會增加」的關聯性必然成立。

在訂立營運計畫之際，也要徹底驗證這種「看似理所當然的相關性」，否則就無法訂立實用的營運計畫了。

若只是盯著一堆數值觀察，是很難找出資料之間的相關性。分析資料時，使用適當的圖表是非常重要的，而最適合用來找出資料關聯性的圖表就是散佈圖。

■ 收益計畫散佈圖範例

相關性高的計畫

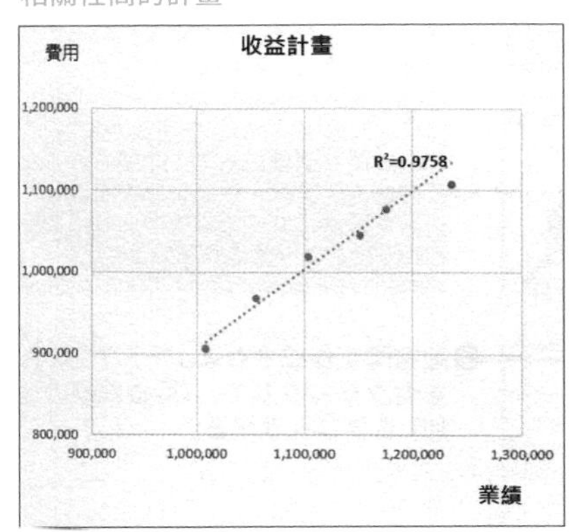

相關性低的計畫

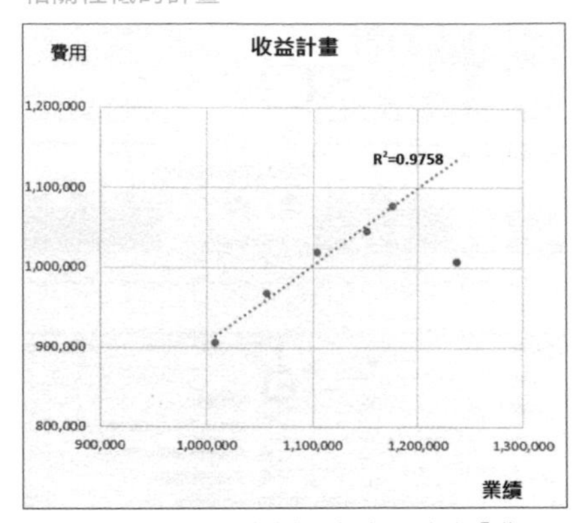

2017 年到 2021 年的實際成績為藍點，2022 年的預測為紅點。右側圖表的紅點的「費用」數值較小，代表與過去的實際成績較無相關性。

▼這點也很重要！▼

迴歸直線與相關係數

散佈圖裡的虛線稱為「**迴歸直線**」。迴歸直線可代表散佈圖裡的點的傾向，預測的資料越接近這條線，代表與過去符合的實際成績，而 Excel 則以「**趨勢線**」稱呼這條迴歸直線。

此外，圖表裡的「R^2=0.9758」稱為「相關係數」，當這個數值越接近「1」，代表這兩個資料的相關性越強。一般而言，相關係數大於 0.5 就算具有相關性，大於 0.7 則代表相關性極高。

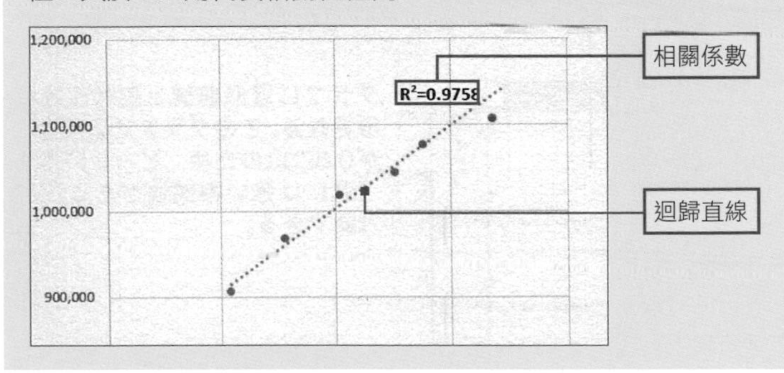

繪製散佈圖的方法

要知道 1 ～ 12 月的啤酒銷售數量與平均氣溫是否相關時，這時就可繪製散佈圖，可參考下列步驟，逐步繪製。

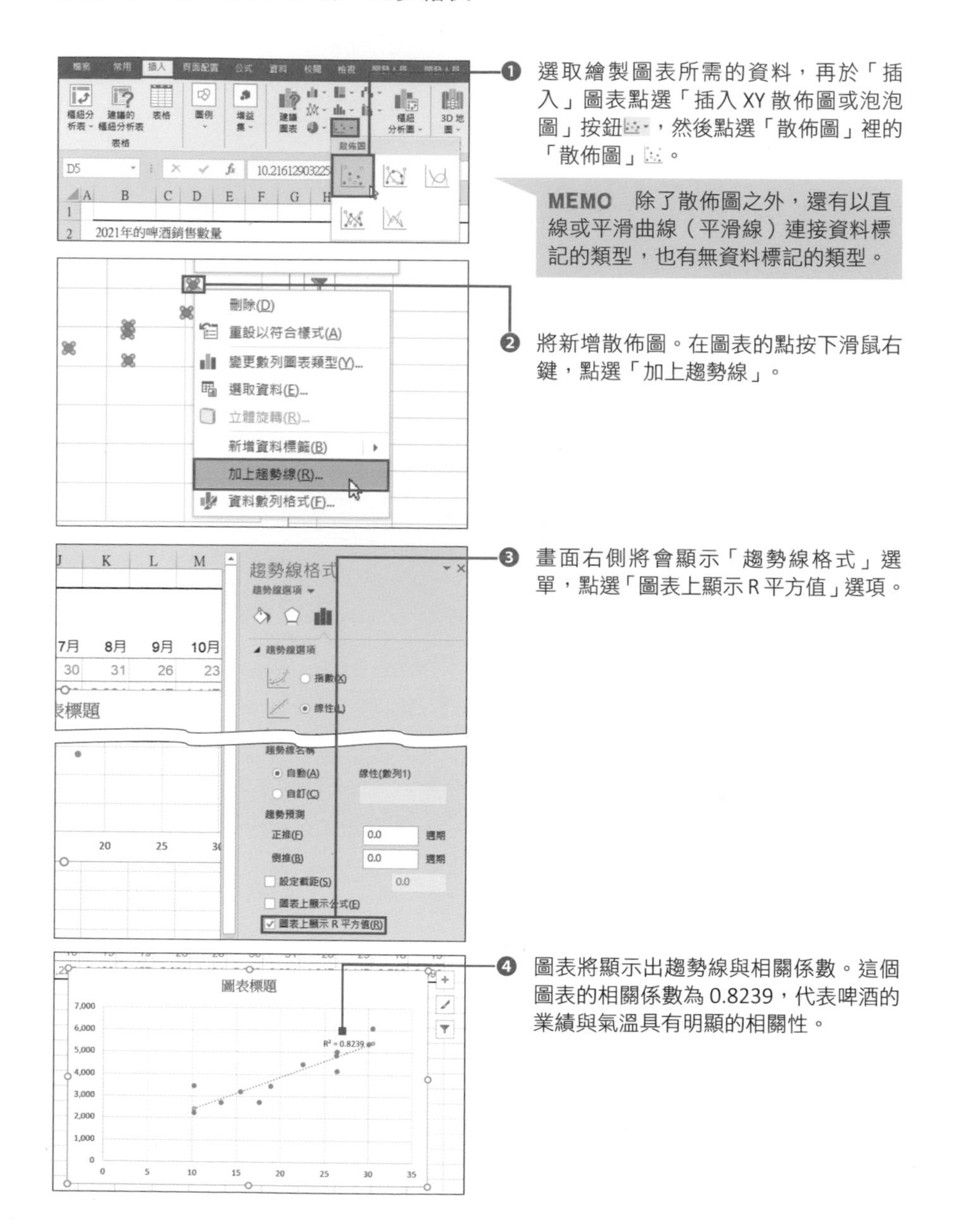

❶ 選取繪製圖表所需的資料，再於「插入」圖表點選「插入 XY 散佈圖或泡泡圖」按鈕，然後點選「散佈圖」裡的「散佈圖」。

MEMO 除了散佈圖之外，還有以直線或平滑曲線（平滑線）連接資料標記的類型，也有無資料標記的類型。

❷ 將新增散佈圖。在圖表的點按下滑鼠右鍵，點選「加上趨勢線」。

❸ 畫面右側將會顯示「趨勢線格式」選單，點選「圖表上顯示 R 平方值」選項。

❹ 圖表將顯示出趨勢線與相關係數。這個圖表的相關係數為 0.8239，代表啤酒的業績與氣溫具有明顯的相關性。

散佈圖的資料越多越好

繪製散佈圖時，有一點要注意的是「**資料量**」。就散佈圖的特性而言，資料越少，越難判斷相關性，例如手邊若有每天的啤酒銷售數量資料與當日氣溫資料，就能將這兩種資料繪製下列的圖表。

■ 資料越多越好

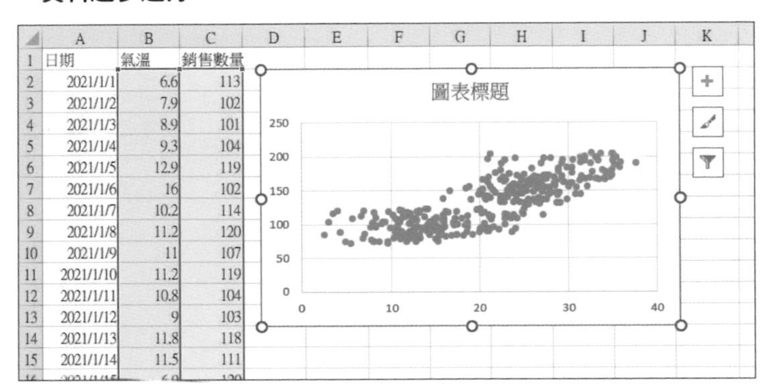

若能有上圖這麼多筆資料（365 天的資料），就能輕易辨別出相關性。

此外，若是下圖這種資料較少的情況，就很難看出顯著的相關性。建議用於分析的資料至少該有 10 筆。

■ 資料太少，很難找出相關性

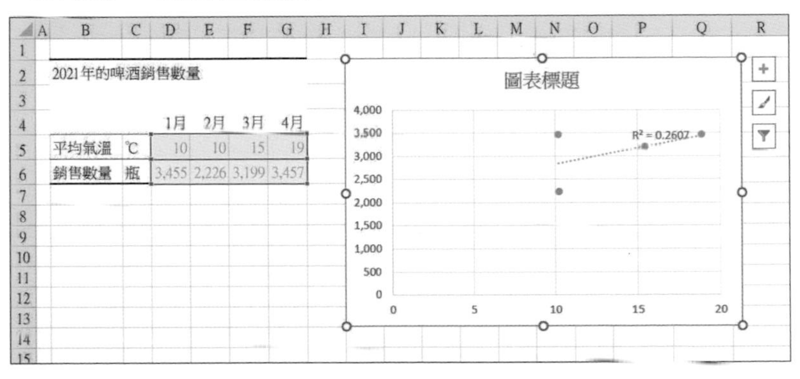

相關項目　■ 正相關與負相關 ⇨ p.248　■ 根據相關分析計算預測值 ⇨ p.249

CHAPTER 7

14 散佈圖的商業應用 也有趨勢向下才正確的資料——正相關與負相關

也有散佈圖趨勢向下的「負相關」

在兩種資料之中，若有一種的量或數值增加，另一種的資料也跟著增加，代表散佈圖的資料分佈呈趨勢向上，而這種相關性稱為「**正相關**」。

若一方的資料減少，另一方卻增加，代表散佈圖的資料分佈呈**趨勢向下**，而這種相關性稱為「**負相關**」。舉例來說，暖爐或即可拋暖暖包與氣溫的關係就呈負相關（氣溫下降，業績就增加）。

利用散佈圖確認相關性時，完全沒有正相關比較好，負相關比較不好的概念。許多與經營相關資料會將「趨勢向上」視為好事，但是散佈圖也常將趨勢向下的情況視為正確的相關性。

重點在於徹底了解資料的屬性，正確地判斷相關性。請大家記住，不管趨勢向上還是向下，都有其相關性。

■ 負相關的散佈圖

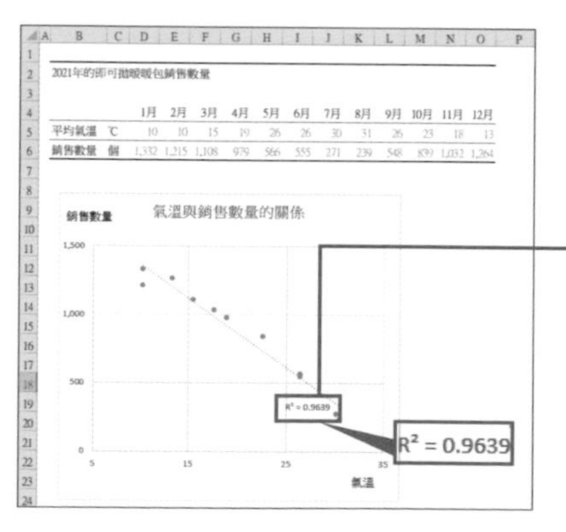

這是利用 1 ～ 12 月的平均氣溫與即可拋暖暖包銷售數量所繪製的散佈圖。呈現平均氣溫越高，銷售個數越低的負相關。

相關項目
■ 相關分析的基本 ⇨ p.244
■ 根據趨勢線排除「偏差值」的方法 ⇨ p.250

散佈圖的商業應用

根據相關分析的結果求出預測值

預測值可根據「趨勢線」的公式計算

當兩種資料如氣溫與啤酒的銷售數量般，具有**顯著的相關性**（p.245）時，就能算出「氣溫 30 度的時候，大概會有幾瓶的銷售數量」預測值。

預測值是根據散佈圖的**趨勢線**計算。當氣溫為變數 x，銷售數量為變數 y，趨勢線的公式可寫成「**y=ax+b**」。換言之，只要知道變數 a 與變數 b 的值，就能算出預測的銷售數量。變數 a 與變數 b 的值可利用下列步驟顯示趨勢線的公式。

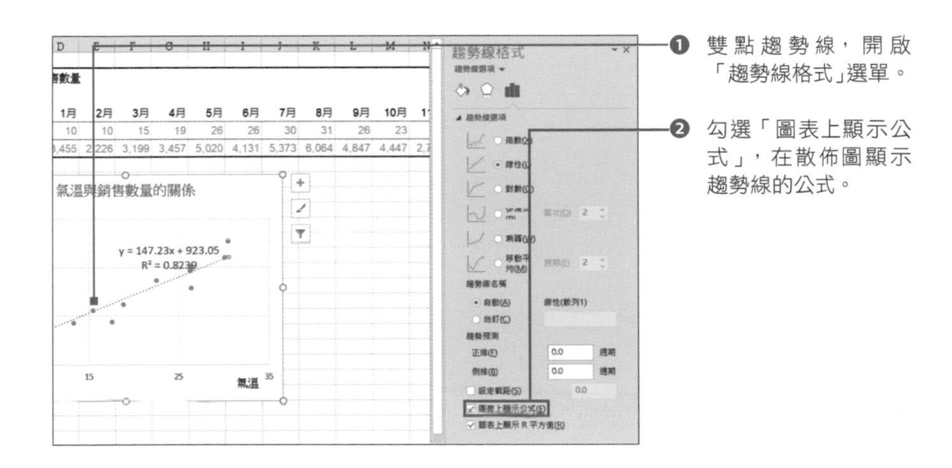

以這次的情況而言，可得到「y=147.23x+923.05」的趨勢線公式，所以氣溫 30 度的時候，銷售數量的預測值為「147.23×30+923.05」，也就是「5339.95 瓶／月」的結果。

相關項目 ■ 相關分析的基本 ⇨ p.244 ■ 在一張散佈圖兩個群組 ⇨ p.252

CHAPTER 7

16

散佈圖的商業應用

根據趨勢線排除「偏差值」的方法

擾亂相關係數的「偏差值」

從散佈圖來看，兩種資料明明具有相關性，但是相關係數卻很低的時候，請確認散佈圖的資料是否有「**偏差值**」。

偏差值就是**跳脫統計時預測範圍的值**，若是用「**因為異常因素而出現的數值**」的說法會比較容易理解。

- **因為電視節目介紹香蕉減肥法，所以香蕉在該月的銷路特別好**
- **因為消費稅調漲，所以當年的利潤明顯下滑**

繪製成散佈圖之後，偏差值會比其他點落在更大或更小的位置。**若是在摻雜著偏差值的狀態計算相關係數，相關係數就會比原本更小**。要算出正確的相關係數，就必須將偏差值整理成另一個群組，別讓偏差值對趨勢線造成影響。

偏差值與相關係數的關係

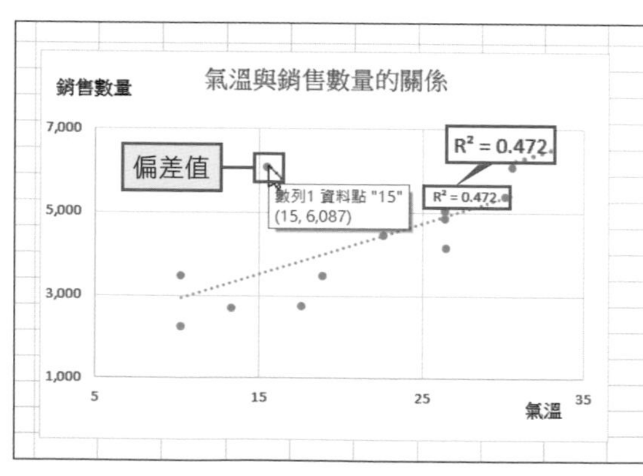

乍看之下雖然有顯著的相關性，但是因為挾雜著偏差值，相關係數只有「0.472」。讓滑鼠游標移動到圖表的點，就能確認原始資料的哪個數值是偏差值。

將偏差值整理為另一個群組的方法

要在計算相關係數的時候排除偏差值，最簡單的方法就是「從原始資料刪除偏差值」，但這樣會誤以為偏差值從一開始就不存在，並不建議這個方法。

若想列出偏差值，又想排除在相關係數的計算之外，可在**原始資料中新增一列**，再將偏差值挪到空白列。趨勢線會將每一列的資料視為不同的群組，所以移動到另一列，就能先排除偏差值，再計算趨勢線與相關係數。

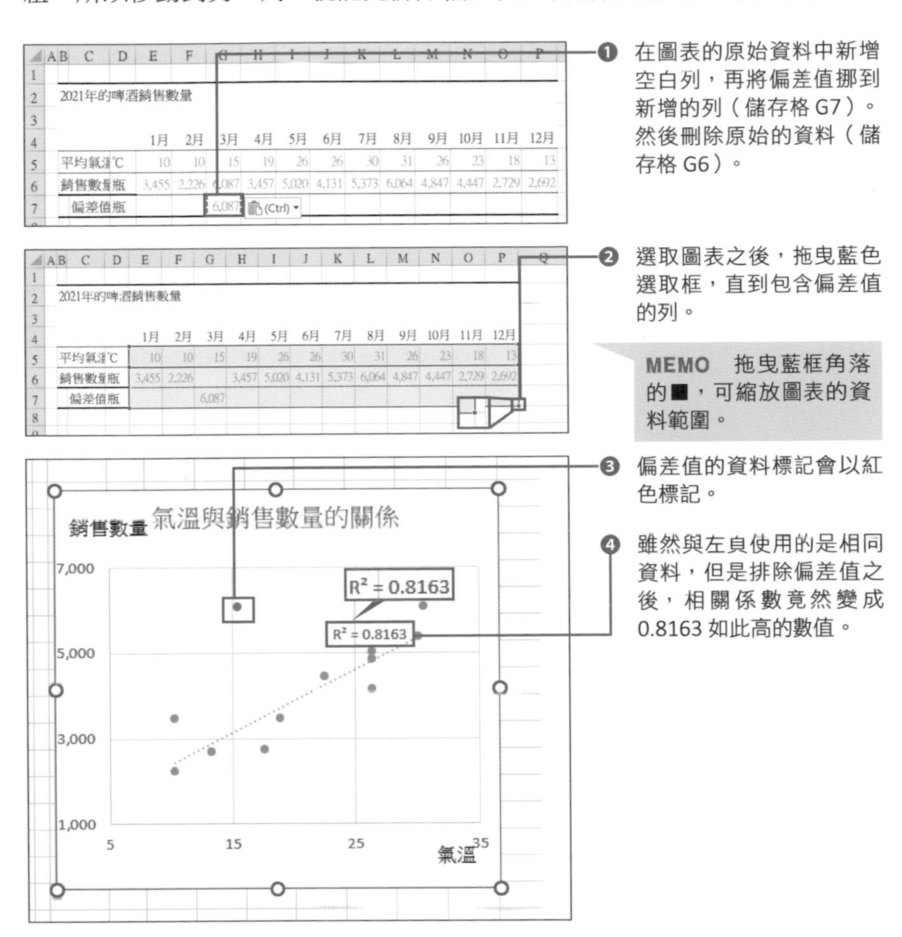

相關項目
■ 相關分析的基本 ⇨ p.244 ■ 正相關與負相關 ⇨ p.248
■ 根據相關分析計算預測值 ⇨ p.249

CHAPTER 7 — 17

散佈圖的商業應用

一張散佈圖上有兩個群組

將資料分成兩個群組再分析

不管資料是否藏有「偏差值」（p.250），當趨勢線的相關係數比預期低，**有可能是因為資料未正確地分組**。

舉例來說，調查全國分店的「顧客滿意度」與「業績」的相關性時，將顧客較多（業績較高）的台北地區與顧客較少（業績較低）的高雄地區放在同一張散佈圖之後，即使顧客滿意度一樣高，台北地區的業績也會大幅增漲，而高雄地區的業績卻會大幅縮小，這會導致數值的振盪幅度變大，相關係數也會跟著變小。

此時，應該將台北地區與高雄地區的業績分成不同列，分成「**台北地區的分店資料**」與「**高雄地區的分店資料**」，才能正確地算出相關係數。

■ 台北地區與高雄地區為同一群組的散佈圖

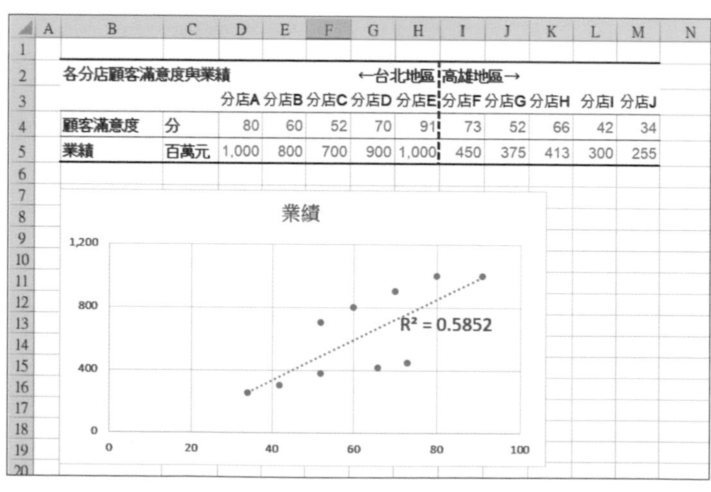
各分店顧客滿意度與業績 ←台北地區 | 高雄地區→

		分店A	分店B	分店C	分店D	分店E	分店F	分店G	分店H	分店I	分店J
顧客滿意度	分	80	60	52	70	91	73	52	66	42	34
業績	百萬元	1,000	800	700	900	1,000	450	375	413	300	255

將顧客人數差距明顯的兩個群組放在同一張散佈圖之後，就無法算出正確的相關係數。此時必須先替資料分組。

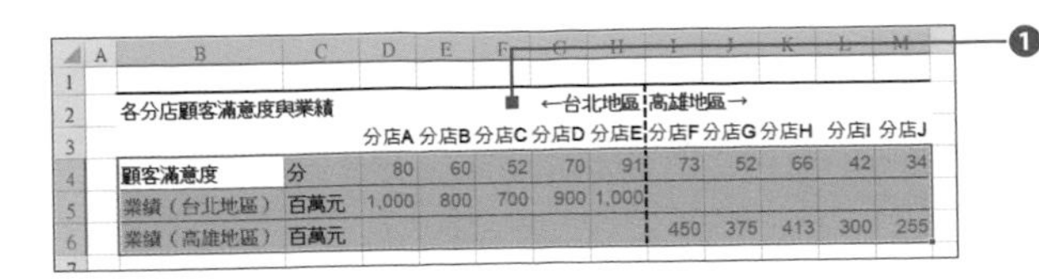

❶ 先將要分組的資料（台北地區與高雄地區的業績資料）分別輸入在不同列，再選取繪製圖表所需的資料範圍。

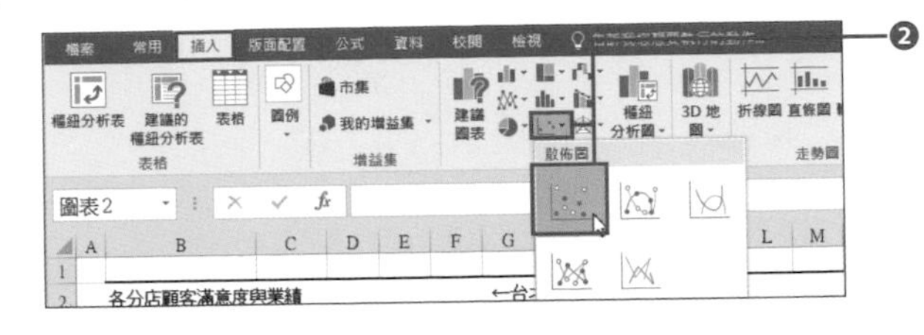

❷ 點選「資料」索引標籤的「插入 XY 散佈圖或泡泡圖」→「散佈圖」。

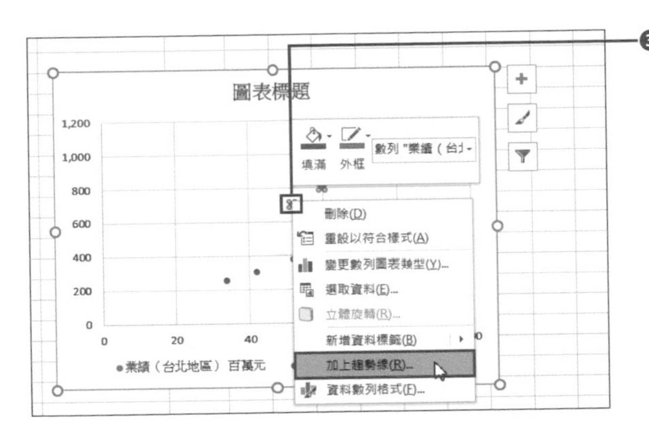

❸ 散佈圖繪製完成了。在圖表的點按下滑鼠右鍵，再點選「加上趨勢線」。

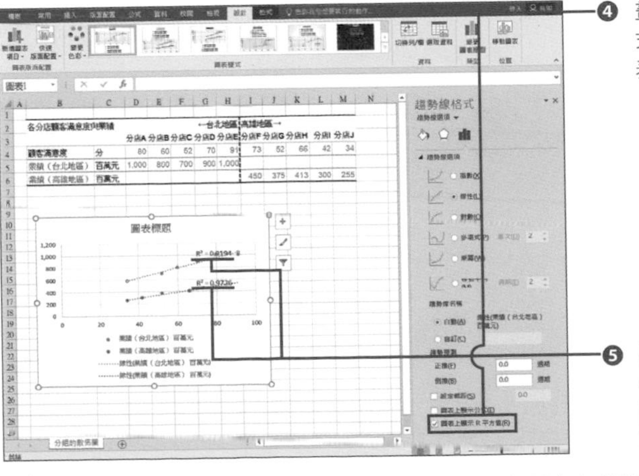

❹ 畫面右側開啟「趨勢線格式」選單之後，勾選「圖表上顯示 R 平方值」。

❺ 圖表裡顯示趨勢線與相關係數。另一個群組也以相同的步驟顯示趨勢線與相關係數。

相關項目

■ 相關分析的基本 ⇨ p.244　■ 正相關與負相關 ⇨ p.248
■ 根據趨勢線排除「偏差值」的方法 ⇨ p.250

CHAPTER 7 - 18

可透過數值說明與無法說明的部分

在不同情況選用平均值與中間值

平均值容易受到極端值影響

「這次考試的平均分數是？」、「這一季業務平均獲得訂單數是多少？」平均值是一種「**觀察資料整體傾向的數值**」，可適用於各種狀況。

不過，**平均值有容易被極端值影響的陷阱，使用時要多加注意**。下圖是某個網站的每日瀏覽率。8 月 1 日～ 10 日的平均瀏覽率以 AVERAGE 函數計算後，得到了「3,960」的結果，但是除了 8 月 8 日之外，其他的瀏覽率都低於平均瀏覽率。之所以會算出這樣的結果，完全是因為 8 月 8 日的瀏覽率比其他高出接近 10 倍。

■ **每日的瀏覽率與平均值**

	A	B	C	D	E	F
1						
2		瀏覽率趨勢			瀏覽率的代表值	
3		次			次	
4			瀏覽率			瀏覽率
5		8月1日	2,329		平均	3,960
6		8月2日	2,535		中位數	
7		8月3日	1,739			
8		8月4日	2,314			
9		8月5日	2,330			
10		8月6日	1,865			
11		8月7日	2,657			
12		8月8日	18,670			
13		8月9日	2,981			
14		8月10日	2,181			
15						

=AVERAGE(C5:C14)

8 月 8 日的瀏覽率極端地高，感覺上就是偏差值。

若是資料裡藏有極端大或極端小的數值，平均值就會有悖離事實的傾向。政府發表的「平均年收」或「平均儲蓄」會比感覺來得高也是這個理由。

使用代表正中央資料的「中位數」

若要計算接近事實「又能掌握資料整體傾向的數值」時，除了算出平均值之外，也應該計算「**中位數**」。

中位數就是**依資料大小順序排列之後，位於中央的值**。例如資料有五筆時，第三筆就是中位數；若資料有六筆，則第三與第四筆資料的平均值為中位數。中位數可使用 **MEDIAN 函數**計算（Median 就是中位數的英文）。

中位數的優點在於不容易受極端值影響。前一頁介紹的網站瀏覽率的中位數就是「2,330」，與平均值相差了 1,600 以上。在觀察整體資料時，應該可以感受到哪一邊的數值更能代表事實吧。

平均值與中位數都是很單純的代表值，會隨著使用方式計算出有意義的結果。使用的重點在於了解這兩個值的特性，再選用能代表資料的值。

■ 平均值與中位數

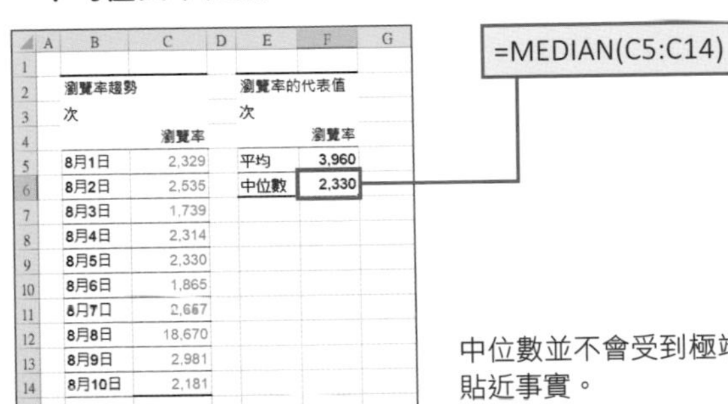

瀏覽率趨勢			瀏覽率的代表值	
次			次	
	瀏覽率			瀏覽率
8月1日	2,329		平均	3,960
8月2日	2,535		中位數	2,330
8月3日	1,739			
8月4日	2,314			
8月5日	2,330			
8月6日	1,865			
8月7日	2,667			
8月8日	18,670			
8月9日	2,981			
8月10日	2,181			

中位數並不會受到極端大或極端小的數值影響，反而更貼近事實。

▼ 這點也很重要！▼

利用「折線圖」找出偏差值

若是連續的資料藏有極端大或極端小的值，這些值就稱為「偏差值」。
要找出潛藏的偏差值，最簡單的方法就是以這些資料繪製「折線圖」。此時偏差值會落在與其他資料完全不同的位置，所以一眼就能找出來。這個技巧在資料越多時越好用（p.118）。

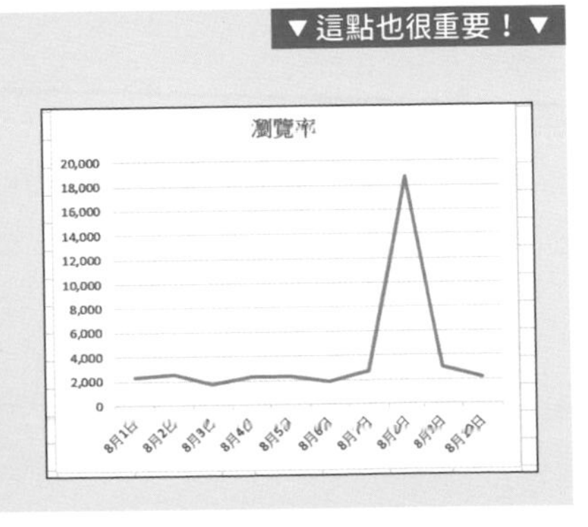

CHAPTER 7 - 19

可透過數值說明與無法說明的部分

了解加權平均

將資料分成兩組再分析

計算平均值的注意事項之一，就是「**不能使用個別的平均值計算整體的平均值**」。例如在男女整體 40 人的班級舉行數學考試，男學生的平均分數為 60 分，女學生的平均分數為 80 分時，全班的平均分數為幾分呢？

此時，你可能會隨口回答「70 分」（(60+80)÷2），但是這種算法只有在男女各 20 人的時候才正確，假設男學生有 30 人，女學生有 10 人的時候，平均分數應該為 65 分。

$$\frac{(60\times30)+(80\times10)}{40}=65\text{ 分}$$

像這種在個別的數量乘上「與重要度呈正比的數值」之後求得的平均值稱為「**加權平均**」。

■ **有誤差的平均值與正確的平均值**

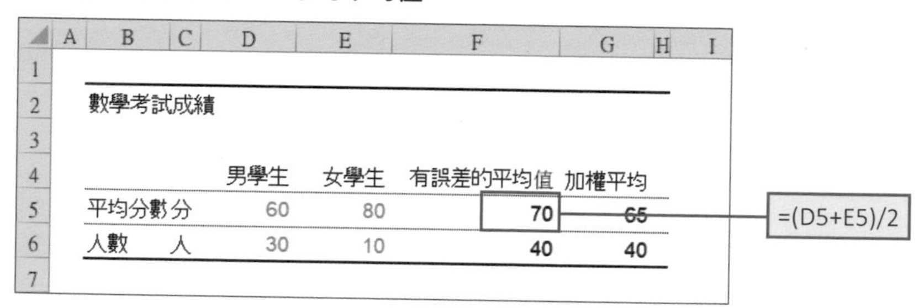

數學考試成績

		男學生	女學生	有誤差的平均值	加權平均
平均分數	分	60	80	70	65
人數	人	30	10	40	40

未考慮男女人數差異，直接以個別平均值計算整體平均值，就會算出有誤差的平均值。此時有必要計算加權平均值。

在 Excel 計算加權平均的方法

利用「**平均 × 個別人數，再以整體人數除以總和**」的方法雖然可算出加權平均，但只要「平均 × 人數」的數量一多，光是寫公式就會耗費太多時間，因而不太建議使用。

要在 Excel 計算加權平均可使用 **SUMPRODUCT 函數**。這個函數**可在引數指定兩個以上相同長度的陣列，再讓位於相同位置的每個元素相乘，最後加總相乘結果**。計算加權平均時，可利用班級人數除以 SUMPRODUCT 函數的結果。

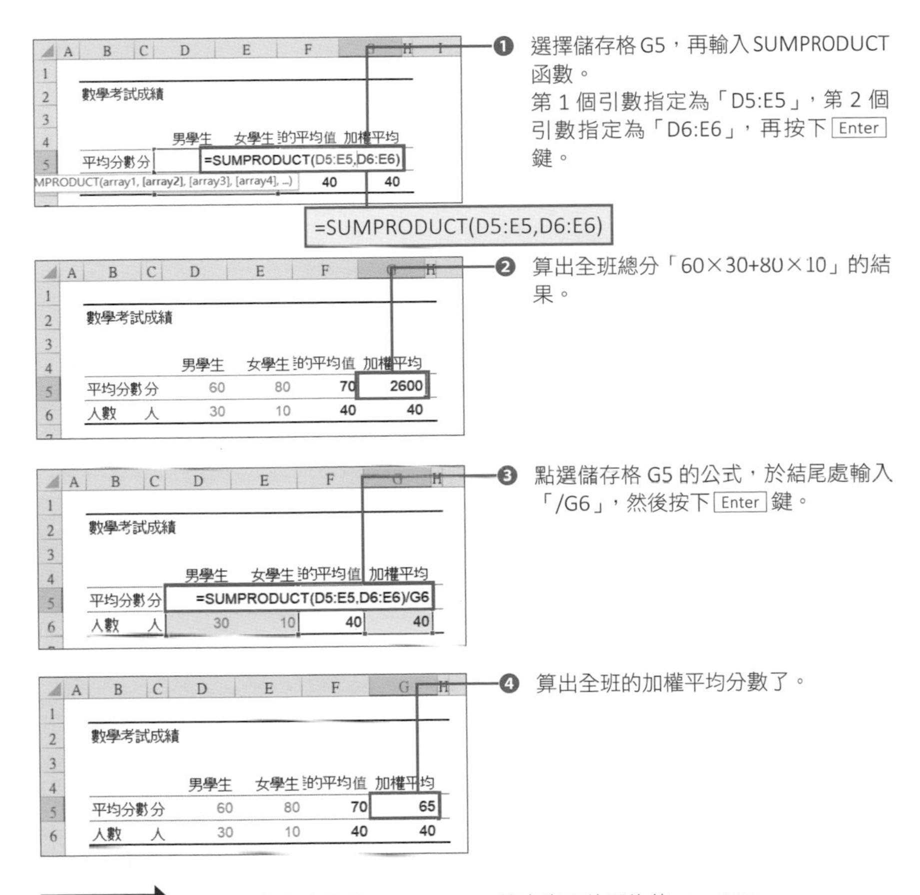

❶ 選擇儲存格 G5，再輸入 SUMPRODUCT 函數。第 1 個引數指定為「D5:E5」，第 2 個引數指定為「D6:E6」，再按下 Enter 鍵。

❷ 算出全班總分「60×30+80×10」的結果。

❸ 點選儲存格 G5 的公式，於結尾處輸入「/G6」，然後按下 Enter 鍵。

❹ 算出全班的加權平均分數了。

相關項目 ■ 平均值與中位數 ⇨ p.254 ■ 算出真正的平均值 ⇨ p.258

可透過數值說明與無法說明的部分

將購貨單價與採購量數值化並分析

利用加權平均避開「平均值」的陷阱

商場常使用的是加權平均，而非單純的平均值（算術平均）。例如，生鮮商品這種每天的採購價是浮動的商品，若只是加總每天的採購價，然後除以天數，是無法算出正確的採購價，因為每天採購的商品數量都不同。

此時，可使用 **SUMPRODUCT 函數**計算「每天進貨單價 × 採購數量」的總和，再除採購數量總和算出加權平均，藉此算出平均採購單價。

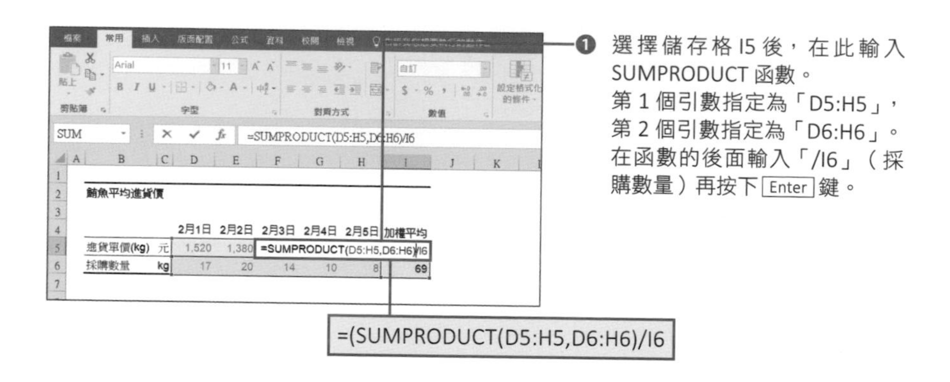

❶ 選擇儲存格 I5 後，在此輸入 SUMPRODUCT 函數。第 1 個引數指定為「D5:H5」，第 2 個引數指定為「D6:H6」。在函數的後面輸入「/I6」（採購數量）再按下 Enter 鍵。

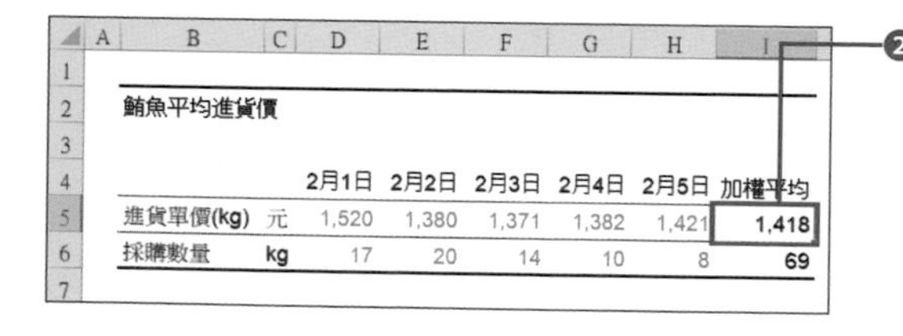

❷ 算出五天平均進貨單價了。

真正的平均售價是多少？

商品會因為地區或門市而有不同的售價（例如汽車或家電），此時所有門市的商品 A 平均售價到底是多少呢？

若是加總四筆售價然後除以 4，是無法算出正確的平均售價，必須在**各門市的售價乘上各門市的購買人數這種加權指數，算出加權平均**才能求出正確的平均售價。

若要完成上述的計算，可先利用 SUMPRODUCT 函數計算「各門市平均售價 × 購買人數」，再以總購買人數除以計算結果，藉此算出加權平均，也就是算出平均售價。

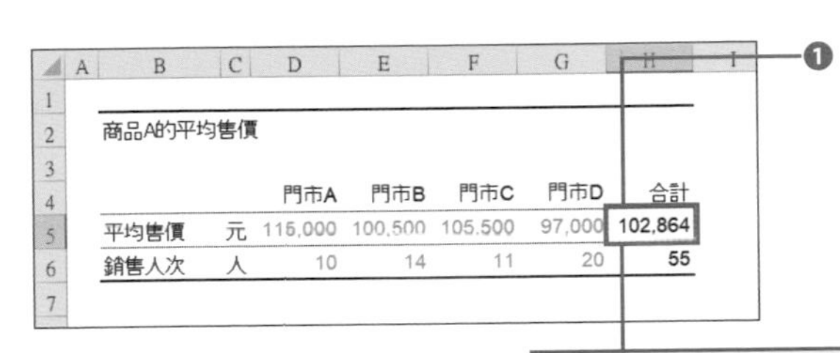

商品A的平均售價

		門市A	門市B	門市C	門市D	合計
平均售價	元	115,000	100,500	105,500	97,000	102,864
銷售人次	人	10	14	11	20	55

❶ 選擇儲存格 H5 後，在此輸入 SUMPRODUCT 函數。第 1 個引數指定為「D5:G5」，第 2 個引數指定為「D6:G6」。在函數後面輸入「/H6」（銷售人數）再按下 Enter 鍵。

=SUMPRODUCT(D5:G5,D6:G6)/H6

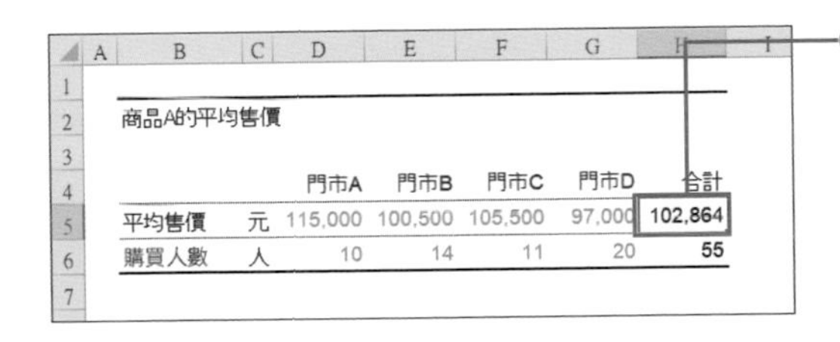

商品A的平均售價

		門市A	門市B	門市C	門市D	合計
平均售價	元	115,000	100,500	105,500	97,000	102,864
購買人數	人	10	14	11	20	55

❷ 算出全門市的平均銷售價格了。

▼這點也很重要！▼

加權平均也很適合用來計算良率

產品與原料之間的比例稱為「良率」，而計算良率時，也可使用加權平均。例如，生產 1,000 個產品的良率為 90%，生產 2,000 個產品的良率為 80% 時，平均良率就是「(1,000×90%+2,000×80%)÷(1,000+2,000)」，約為 83%。

相關項目　■ 平均值與中位數 ⇨ p.254　■ 了解加權平均 ⇨ p.256

CHAPTER 7 - 21

可透過數值說明與無法說明的部分

將日期資料整理成年度資料或月份資料再統計

利用 SUMIFS 函數統整資料再加總

想根據過去幾年的每日業績資料算出各商品的每月業績——這種情況雖然比較適合使用樞紐分析表統計（p.232），但是樞紐分析表有以下缺點。

- **無法自由調整分析表的設計**
- **無法製作散佈圖**

後續若需要變更分析表的設計或是想在統計之後繪製散佈圖，就不要使用樞紐分析表，可以改用這個「**利用 SUMIFS 函數完成交叉統計**」的方法。任何方法都有其優缺點，但都是很優異的統計方法。

■ 將業績資料整理成每月資料

	A	B	C	D	E	F	G	H	I	J	K	L	M
1	ID	商品名稱	開始日期與時間	商品單價	銷售數量	金額							
2	1	商品E	2021/1/5 16:08	900	2	1800		2021年的每月業績					
3	2	商品E	2021/1/5 16:27	900	11	9900							
4	3	商品E	2021/1/5 16:49	900	1	900				商品A	商品B	商品C	商品D
5	4	商品E	2021/1/5 16:54	900	15	13500		2021	1				
6	5	商品E	2021/1/5 16:58	900	7	6300		2021	2				
7	6	商品B	2021/1/5 17:01	600	9	5400		2021	3				
8	7	商品E	2021/1/5 17:03	900	9	8100		2021	4				
9	8	商品C	2021/1/5 17:11	700	15	10500		2021	5				
10	9	商品B	2021/1/5 17:39	600	11	6600		2021	6				
11	10	商品B	2021/1/5 19:04	600	13	7800		2021	7				
12	11	商品A	2021/1/5 19:32	500	2	1000		2021	8				
13	12	商品B	2021/1/5 19:36	600	1	600		2021	9				
14	13	商品A	2021/1/6 10:41	500	9	4500		2021	10				
15	14	商品C	2021/1/6 10:46	700	1	700		2021	11				
16	15	商品A	2021/1/6 10:52	500	2	1000		2021	12				
17	16	商品B	2021/1/6 10:58	600	10	6000							
18	17	商品E	2021/1/6 11:14	900	13	11700							
19	18	商品B	2021/1/6 12:11	600	7	4200							

業績資料

統計所需的資料表

這份資料將使用 SUMIFS 函數將各商品的業績整理成每月資料。

要使用 SUMIFS 函數完成交叉統計可執行下列步驟。

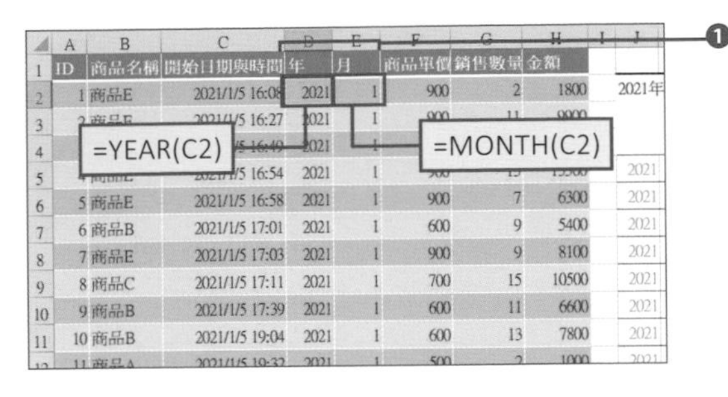

❶ 在 C 欄後面新增 2 欄，並在儲存格 D2 輸入 YEAR 函數，再於儲存格 E2 輸入 MONTH 函數，從儲存格 C2 取得「年」與「月」的數值。複製輸入公式的儲存格，再貼入 D 欄與 E 欄下面的列。

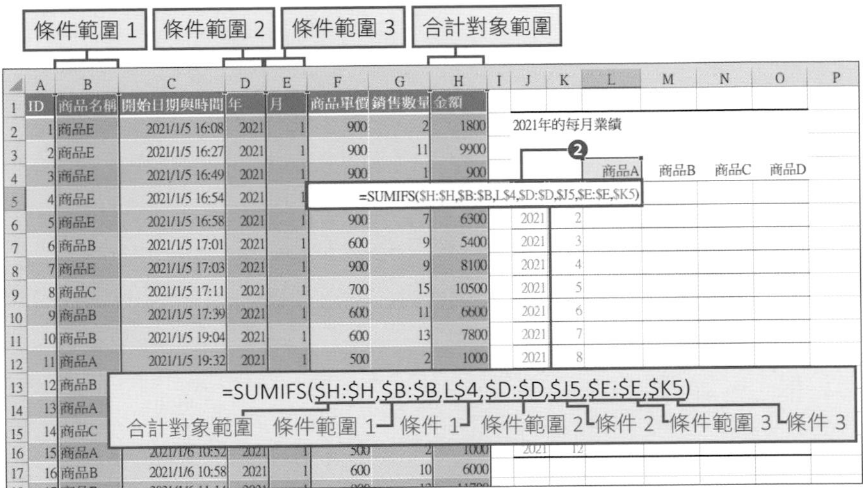

❷ 在儲存格 L5 輸入 SUMIFS 函數。在引數輸入整組的「合計對象範圍」、「條件範圍」與「條件」，這三個引數的內容分別是商品名稱、年與月。

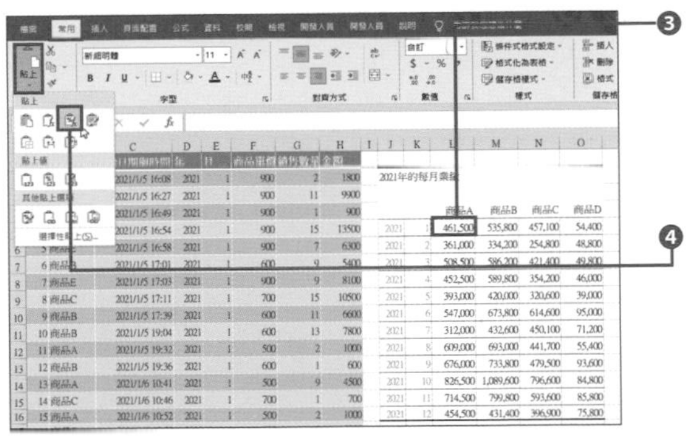

❸ 儲存格 L5 顯示了 2021 年 1 月的商品 A 業績。選擇這個儲存格再複製。

❹ 選取表格裡的其他儲存格，再從「常用」索引標籤的「貼上」按鈕點選下方的「▼」，接著點選「公式與數字設定」，顯示其他條件的統計結果，交叉統計表就完成了。

相關項目 ■ 開始使用目標搜尋 ⇨ p.212 ■ 規劃求解的基本操作與啟用 ⇨ p.222

CHAPTER 7

22

可透過數值說明與無法說明的部分
在空白欄位輸入「N/A」

讓「不需輸入」的儲存格變得更醒目

製作門市銷售業績表、每日業績管理表、庫存管理表、輪班表這種必須輸入一堆數值的資料表時，有時會因為**計算流程的關係，不需要在某些儲存格輸入數值，此時建議在這種空白儲存格輸入「N/A」文字，而不要只是空在那裡**。「N/A」為 Not Applicable 或是 Not Available 的縮寫，也就是「未應用」或「不可使用」的意思。

只要先輸入「N/A」，不管後續是誰使用這個檔案，都能立即了解該儲存格是故意不輸入數值，而且是正確的狀態。

若是空在那裡，第三者或是自己在日後打開檔案時，可能會以為是當初忘記輸入也不知道維持空白是否正確。只要平日多花一點心思，就能製作出容易閱讀且不易計算錯誤的資料。

■ 在空白欄位輸入「N/A」

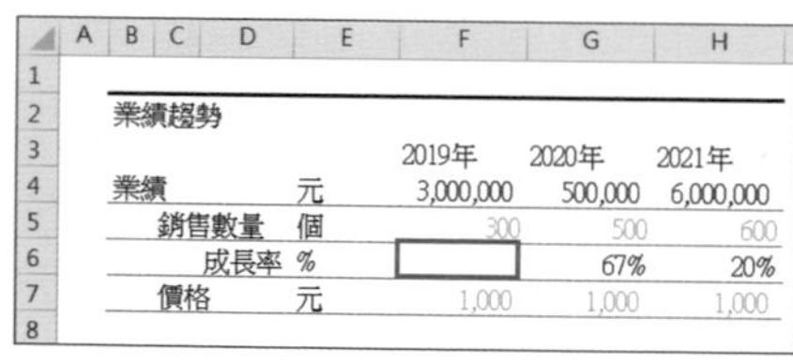

業績趨勢

		2019年	2020年	2021年
業績	元	3,000,000	500,000	6,000,000
銷售數量	個	300	500	600
成長率	%		67%	20%
價格	元	1,000	1,000	1,000

年增率的第一個年度通常是空白欄位（因為沒有可以比較的業績），因此儲存格 F6 沒有輸入任何數值才是正確的，但，第三者卻有可能認為是忘記輸入，也無法立刻判斷保留空白是否正確。

業績趨勢

		2019年	2020年	2021年
業績	元	3,000,000	500,000	6,000,000
銷售數量	個	300	500	600
成長率	%	N/A	67%	20%
價格	元	1,000	1,000	1,000

在空白的儲存格 F6 輸入「N/A」，就可知道這個儲存格不需要輸入數值，資料也變得更容易閱讀了。

相關項目
■ 設定橫跨多個儲存格的斜線 ⇨ p.40
■ 無法計算時顯示為「N.M.」⇨ p.75

CHAPTER 8

自由操作 Excel 圖表功能的五項重點

CHAPTER 8 - 01

數字的魅力會隨著圖表而大幅改變

徹底了解 Excel 圖表的基本操作

所有商業往來都需要使用圖表

耗費心思使用 Excel 所製作的報告，當然不希望對方聽不懂，也不希望對方擺出覺得無聊的表情，但，不管是任何業界，許多人都曾遇過這樣的問題。

這個問題沒有能立刻解決的萬靈藥，只能在遇到時，好好的反省「**這份資料是否讓對方易於閱讀或理解**」，然後重新確認一次內容。自己認為是很好的編排，卻未必能將內容直達給對方。對於習慣瀏覽一堆數值的人而言，他們善於將數字轉化成全局的想像；但對於不習慣的人而言，就會是難以理解的內容了。

擔心對方無法理解自己的報告時，解決方案之一就是使用「圖表」。將所有資料製作成具有視覺效果的圖表，這是「製作簡單易懂的資料」的第一步。Excel 內建了許多圖表功能，而且用途非常廣泛，只要徹底了解使用方法，就能在任何生意場合使用。

圖表不是「單純將數值轉換成圖形」就好，而是**直接訴諸視覺，讓原本需要耗時耗力理解的數值資料瞬間變得容易閱讀的東西**。懂得善用圖表，就能將想法傳遞給對方，因此，圖表的應用被公認為所有商場人士都該必修的技能。

本書將於第 8 章、第 9 章徹底介紹實際於業務應用的圖表技巧。

繪製圖表的基本方法

Excel 內建了許多優異的圖表功能，只要輕鬆幾個步驟就能立即完成圖表的繪製。繪製圖表時，請執行下列步驟，此外，圖表的格式可在繪製完成後調整。

■ 將原始資料的資料表 / 表格繪製成圖表

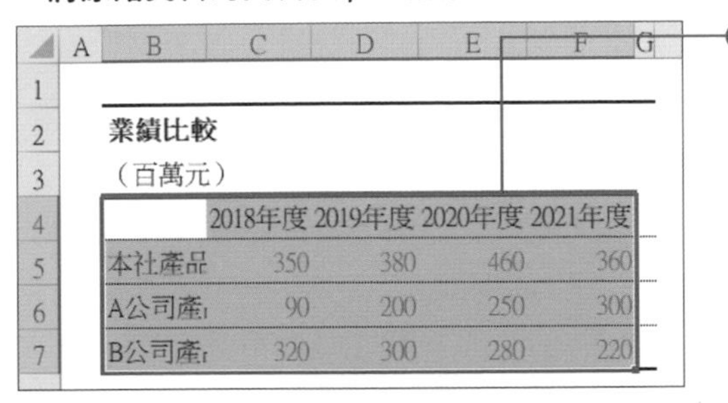

❶ 拖曳選取繪製圖表所需的原始資料。

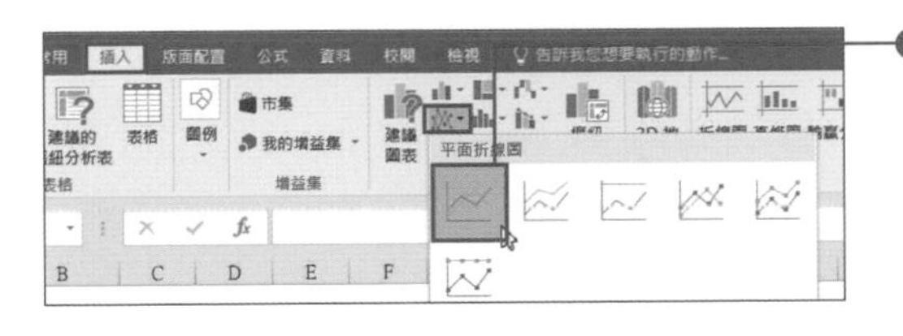

❷ 從「插入」索引標籤選擇圖表種類。

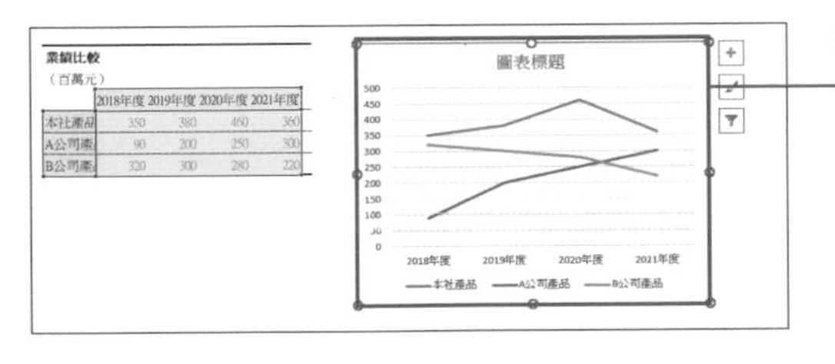

❸ 圖表完成了。

如上述使用 Excel 的圖表功能就能以簡單的步驟立刻做出「像樣的圖表」。

不過，真正的重點從現在才開始。**依照用途或目的調整圖表是非常重要的**。如果只是貼上預設值的圖表，或是以草率的心態繪製圖表，是無法讓對方了解資料的，甚至還有可能會產生誤解。在重要的商務會議上使用圖表，就必須掌握讓「**圖表變得簡單易懂**」的祕訣，然後製作出適當的圖表。

接下來，就為大家介紹幾項基本技巧。

選取資料表 / 表格的局部資料，讓想呈現的部分轉換成圖表

即使資料表 / 表格塞滿了過去幾年份的資料，也不一定要讓所有資料轉換成圖表。思考資料的用途、目的，以及想傳遞的內容之後，再讓必要的局部資料轉換成圖表即可。對於熟知這項技巧的人來說，這雖然是基本到不行的技巧，但是這點非常重要，請大家務必記在心中。

選取資料表 / 表格的局部資料，將需要呈現的部分轉換成圖表，可透過下列步驟。

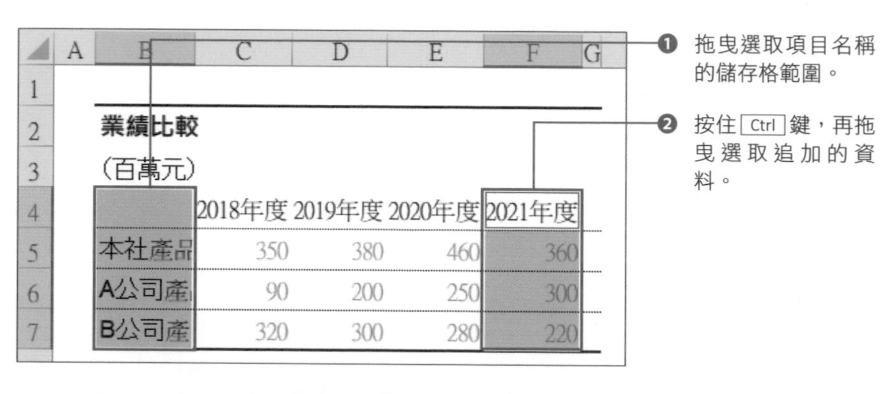

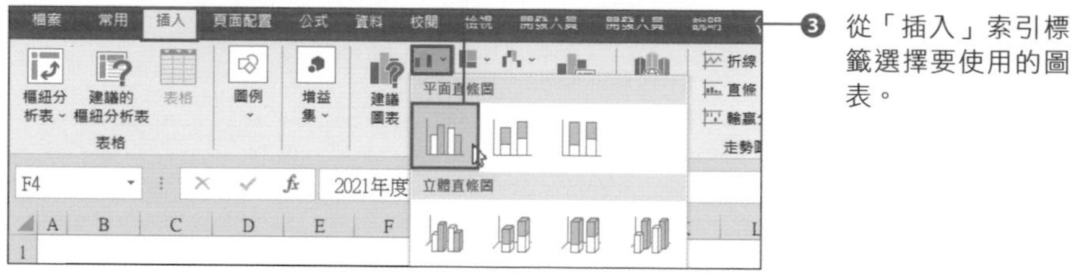

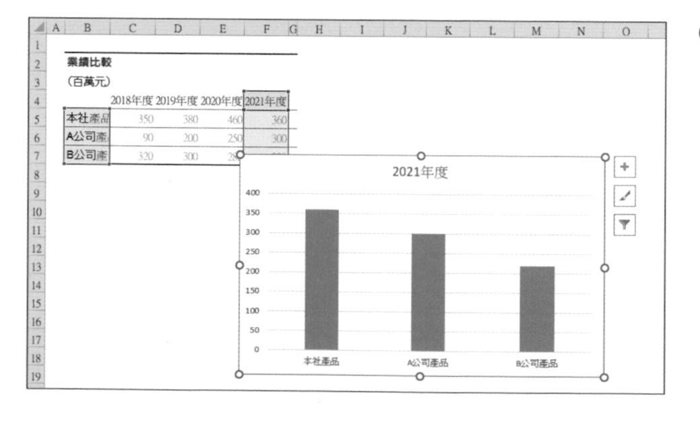

❹ 利用部分選取的資料繪製圖表完成。

調整圖表設計的「設計」索引標籤

選取完成的圖表後，選單列會顯示「**圖表工具**」索引標籤（Excel 2019之前為「設計」索引標籤），圖表的設計或格式可利用「圖表工具」索引標籤的**「設計」索引標籤**或**「格式」索引標籤**的各種功能項目調整。

一開始先就「設計」索引標籤的主要功能說明。

■「新增圖表項目」按鈕

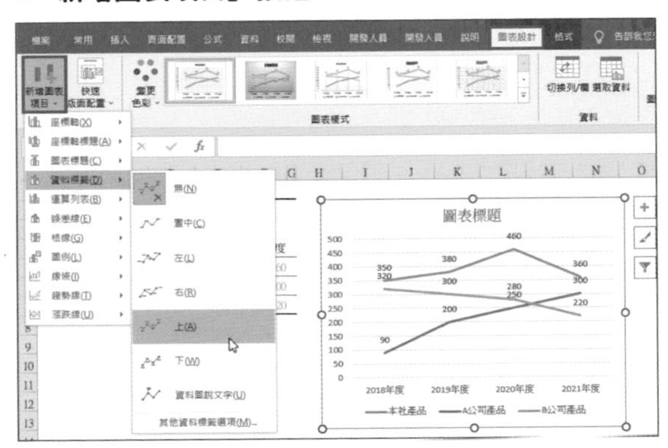

點選「新增圖表項目」按鈕，可新增座標軸、資料標籤、格線這類圖表項目。

■「切換列 / 欄」按鈕

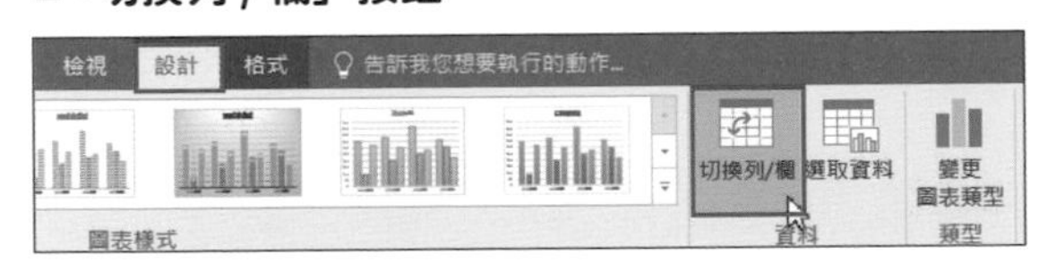

選取圖表後，點選「切換列 / 欄」可切換圖表橫軸的資料。

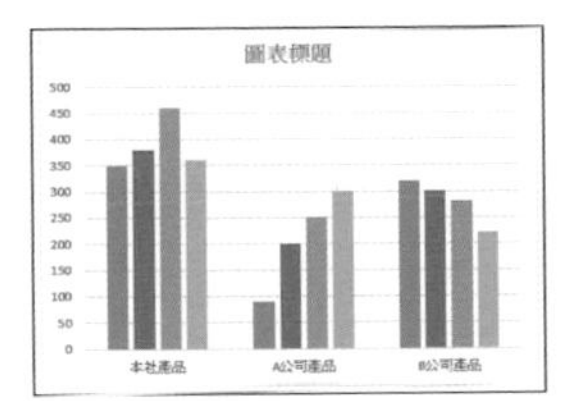

各公司圖表→各年度圖表。

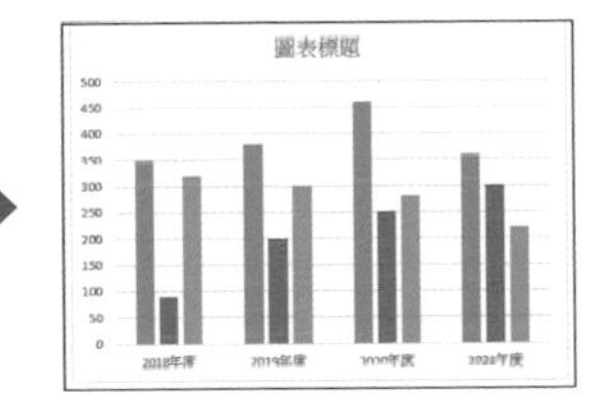

各年度圖表→各公司圖表。

▼這點也很重要！▼

到底是列還是欄該放在橫軸

在 Excel 繪製圖表之後，有些資料表 / 表格會將「列」放在項目座標軸，有的則會將「欄」放在項目座標軸。若說為什麼會有這樣的調整，是因為 Excel 有**「將項目數較多的列或欄放在項目座標軸」**的規則。

■「選取資料」按鈕

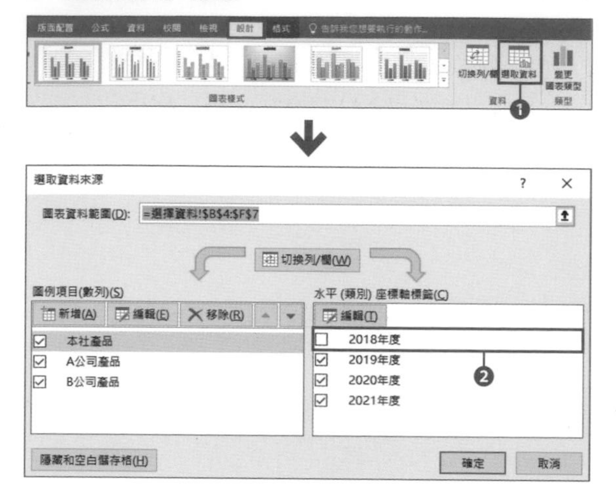

圖表的資料範圍與座標軸標籤也能在圖表完成後調整。選取圖表，再點選「設計」（Excel 2019 以前為「圖表設計」）索引標籤的「選取資料」按鈕❶，開啟「選取資料來源」對話框之後，就能進行相關調整。這次是讓 2018 年度的「水平（類別）座標軸標籤」隱藏❷。

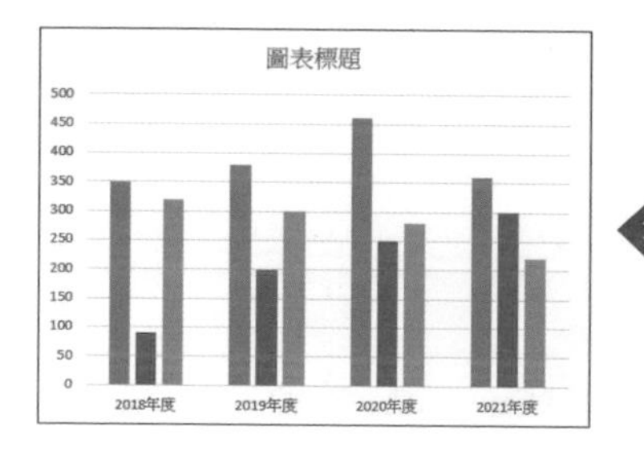

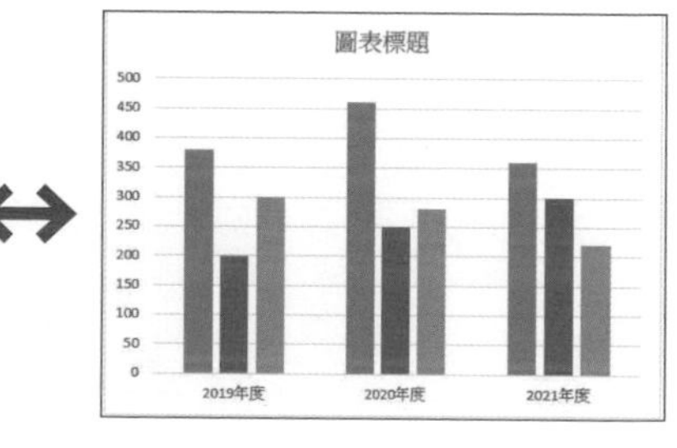

■「變更圖表類型」按鈕

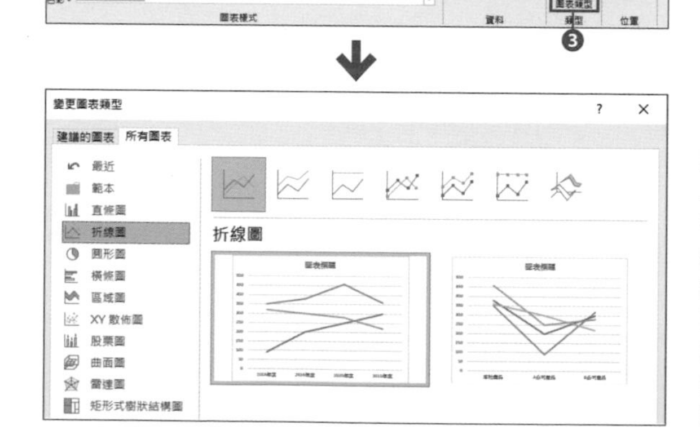

點選「設計」（Excel 2019 以前為「圖表設計」）索引標籤的「變更圖表類型」按鈕❸，就能讓原本的資料轉換成其他圖表。有些資料會因此而有不同的觀察方式，所以根據用途或目的選擇出最適當的圖表是格外重要的。

設定圖資料表 / 表格式的「格式」索引標籤

「圖表工具」索引標籤的「格式」索引標籤內建了許多圖資料表 / 表格式的設定項目（例如圖表的線條的顏色或粗細），其中最重要的就是**「格式化選取範圍」按鈕**。點選這個按鈕可於畫面右側的選單進一步設定圖表的細項。

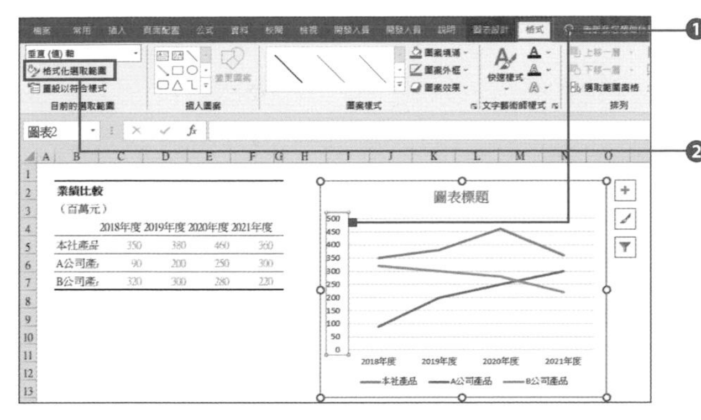

❶ 點選要變更的圖表項目（這次選擇的是垂直座標軸）。

❷ 從「圖表工具」的「格式」選擇「格式化選取範圍」。

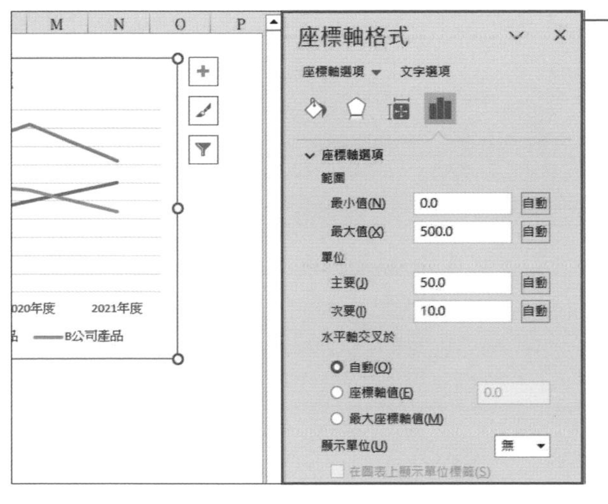

❸ 視窗右側會顯示剛剛選取的圖表元素的格式設定畫面。

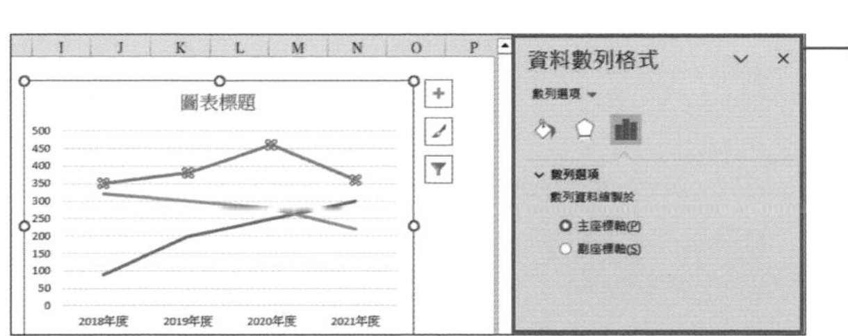

❹ 可設定的項目會因為選取的圖表樣式不同而有不同。

利用三個鍵快速完成設定

前面已經講解利用「圖表工具」索引標籤的「設計」（Excel 2019 以前為「圖表設計」）索引標籤與「格式」索引標籤的功能，完成與圖表相關的設定，但在 Excel 2013 之後，就能利用選取圖表後，在旁邊顯示的三個按鈕設定圖表項目。

■「圖表項目」按鈕

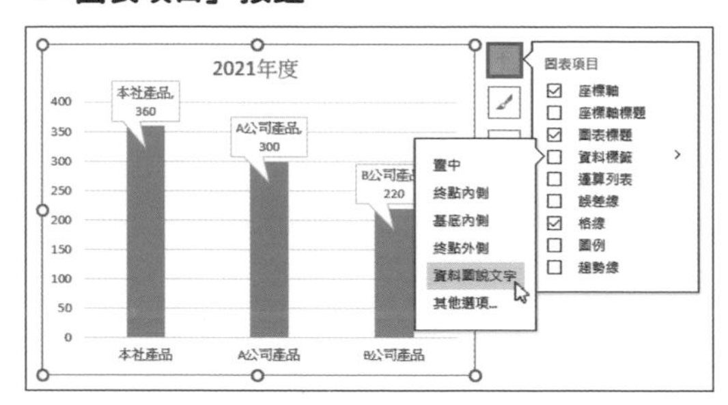

只要勾選／取消，就能新增／刪除圖表項目。點選「▶」也能進行簡單的格式設定。

■「圖表樣式」按鈕

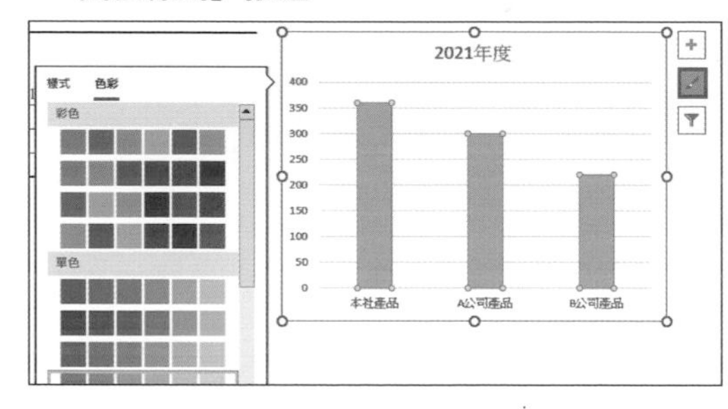

「樣式」索引標籤可選擇圖表整體的色彩樣式，「色彩」索引標籤可選擇個別的顏色。

■「圖表篩選」按鈕

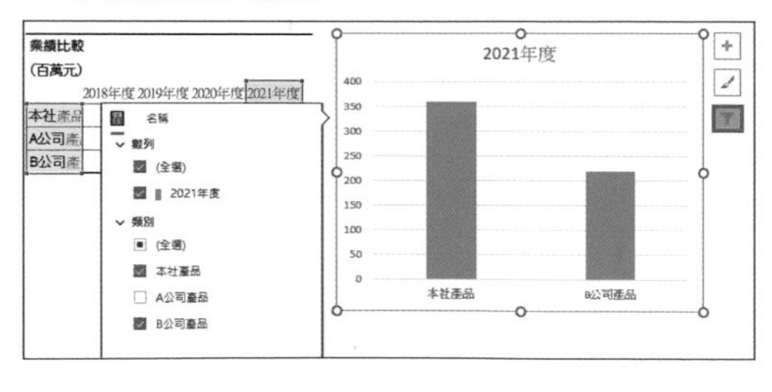

勾選／取消可變更於圖表顯示的項目。

相關項目
■ 利用配色提升圖表魅力的常識 ⇨ p.271
■ 繪製雙軸圖表的方法 ⇨ p.276

數字的魅力會隨著圖表而大幅改變

讓圖表魅力急遽上升的配色常識

圖表的「配色」也很重要

既然圖表是**以視覺效果傳遞資訊的技術**之一，圖表的大小、線條的粗細以及「**配色方式**」當然也很重要。即使是形狀相同的圖表，也會因為配色而予人截然不同的印象。

最具代表性的配色就是暖色與冷色。顏色大致可分成**暖色系**（紅、橙、黃）、**冷色系**（藍、水藍、靛藍）、**中性色系**（綠、紫）這三種，在搭配上會有「**當冷色系與暖色系的顏色並列時，暖色系的顏色會成為主角**」的傾向。當然，也會有人認為冷色系才是主角，有些人則覺得冷色系與暖色系並沒什麼差別。不過，就筆者過去在各企業提供業務諮詢的經驗，注意暖色系的人比注意冷色系的人呈壓倒性的勝出。

請大家看看下圖。這是橙色線與藍色線共存的圖表。乍看之下，哪條線會是主角呢？

■ 冷色系與暖色系的不同印象

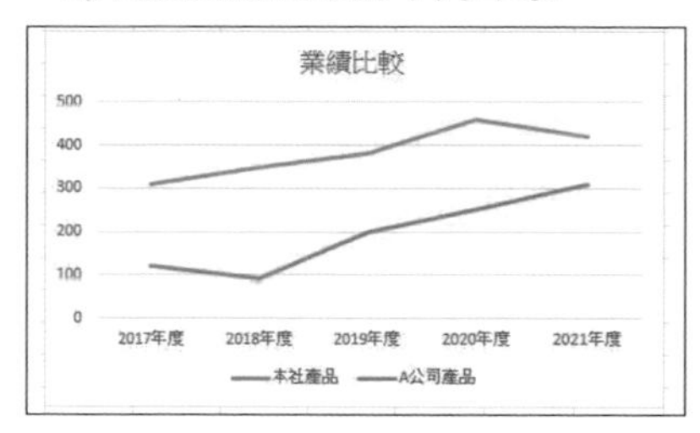

多數人會先看到暖色系的線，而不是冷色系的線，所以就讓暖色系線條當主角，而冷色系線條當配角就好。

這張圖表以藍色線呈現自家公司的業績，以橙色線呈現競爭對手 A 公司的業績。若想告訴客戶「**自家產品的業績總是高於競爭對手**」，最好是以橙色線呈現自家公司的業績趨勢，而對手 A 公司的業績趨勢則應該設定為水藍色。

建議讓暖色系當主角，冷色系當配角

Excel 的圖表功能會在製作圖表之後，自動以顏色分類資料，所以「替每種資料標色」的基本作業會自動完成。因此，我們接著該做的是 ——「**依照內容配色**」。最需要被注意的是哪些資料？想要利用這張圖表傳達何種訊息？先考慮這些事情之後，再選擇顏色是非常重要的。

基本上，建議若為圖表中的主角請使用暖色系的顏色，而其餘的配角使用冷色系的顏色。此外，**太深的顏色會有低俗的感覺，建議設定稍微淡的顏色**。

圖表項目的顏色可透過下列步驟設定。這次將以折線圖為例說明。

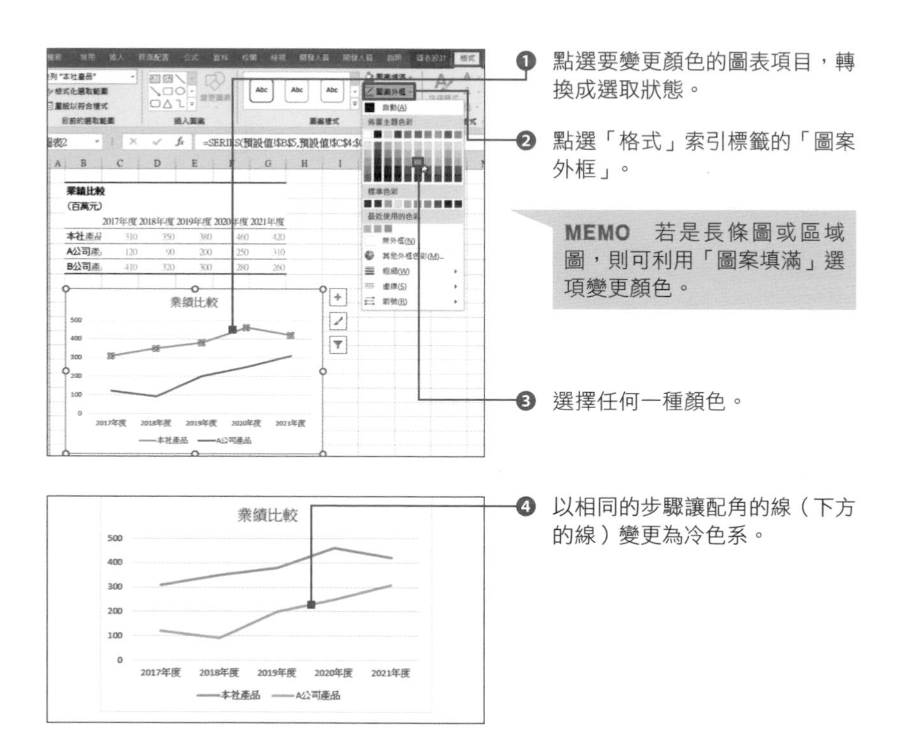

從上方圖表來看，的確比前一頁的圖表更能注意到「自家公司產品」的業績趨勢。這次的操作雖然很簡單，卻能帶給客戶完全不同的印象。要製作「簡單易懂的資料」就是必須注意這些細節。

黑白印刷時可調整「線條種類」

資料上若有圖表，就必須考慮**該資料是要彩色列印還是黑白列印**。不管多麼花心思配色，印成黑白版面就沒有效果，淡色反而更難閱讀。

若決定要印成黑白版面，可利用不同的「線條種類」區分折線圖的每條線。線條種類分成實線與虛線兩種，將主角的線條設定為實線，再將配角的線條設定為細虛線是設定時的重點。

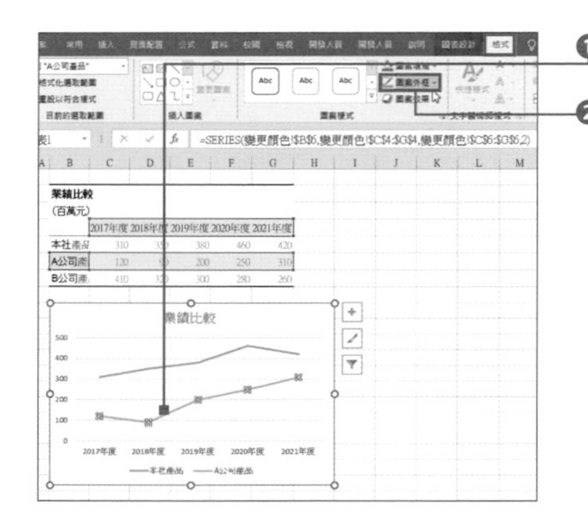

❶ 點選配角的線。

❷ 點選「格式」索引標籤的「圖案外框」。

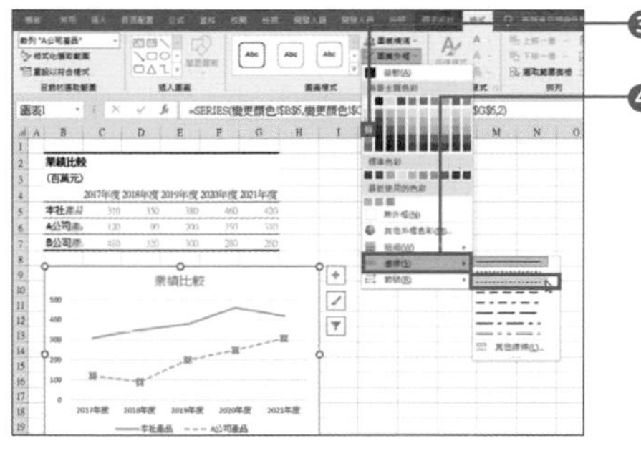

❸ 將線條顏色設定為深灰色。

❹ 點選「虛線」，再選擇任何一種虛線。

❺ 以相同的步驟將主角的線條設定為灰色就完成了。

MEMO　折線圖的線條若超過三條，可變更虛線的形狀。

相關項目　■ 圖表功能的基礎知識 ⇨ p.264　■ 繪製雙軸圖表的方法 ⇨ p.274

CHAPTER 8

03

數字的魅力會隨著圖表而大幅改變

以一張圖表呈現業績與利潤率

將兩種資料統整在單張圖表裡的「雙軸圖表」

雙軸圖表顧名思義，就是具有**兩個軸（縱軸）的圖表**。圖表的組合有很多種，例如長條圖與折線圖的組合，或是單位各異的兩個折線圖的混合圖。有時，也會有將座標軸不同的資料混合在一起的「**組合式圖表**」。

雙軸圖表的最大特徵就是圖表左側有「主座標軸」、右側有「副座標軸」。Excel 可將各種圖表轉換成雙軸圖表，這次示範的是最常見的圖表，也就是折線圖與直條圖組合的雙軸圖表。

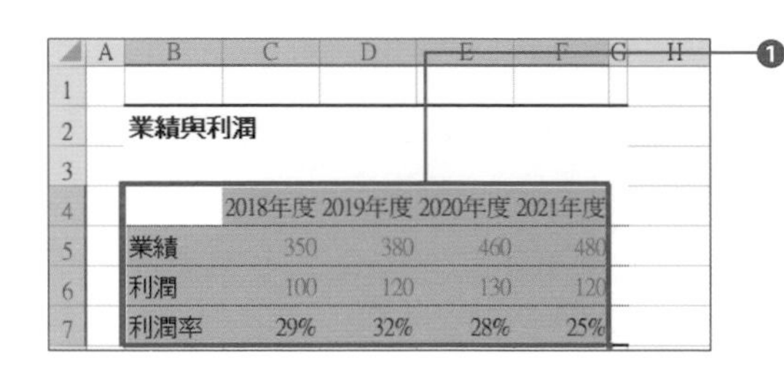

業績與利潤

	2018年度	2019年度	2020年度	2021年度
業績	350	380	460	480
利潤	100	120	130	120
利潤率	29%	32%	28%	25%

❶ 拖曳選取圖表的原始資料。

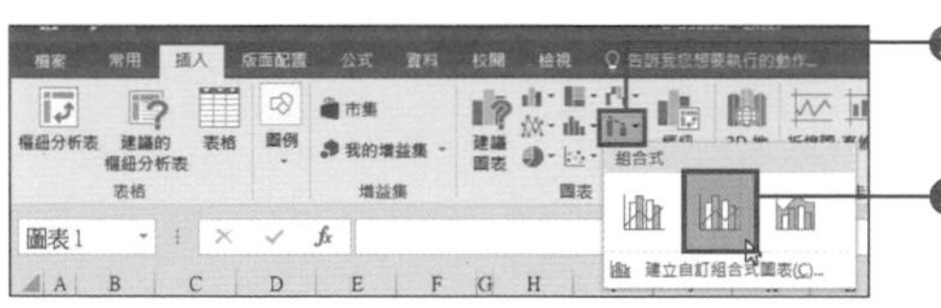

❷ 點選「插入」索引標籤的「組合式圖表」。

❸ 點選「群組直條圖－折線圖於副座標軸」。

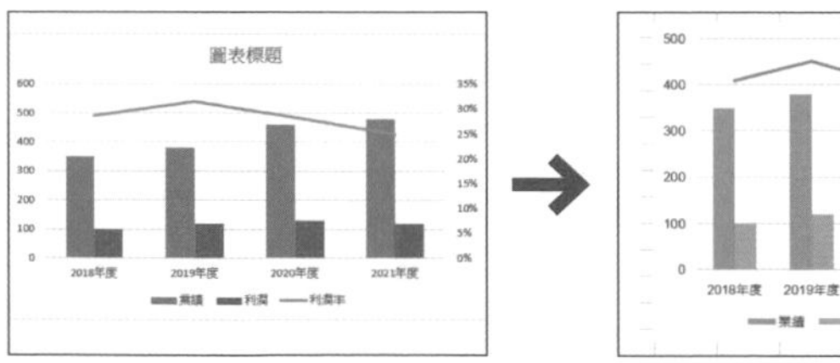

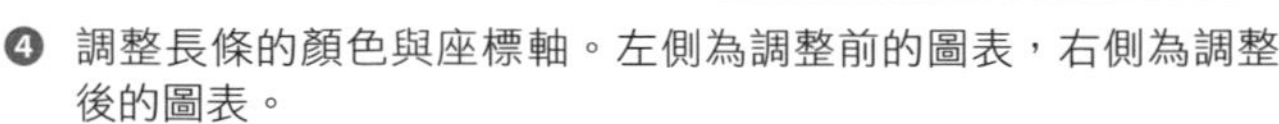

❹ 調整長條的顏色與座標軸。左側為調整前的圖表，右側為調整後的圖表。

將現有的圖表變更為雙軸圖表

若想將現有的長條圖變更為雙軸圖表，可在**「變更圖表類型」對話框**（p.268）選擇「組合式」，再勾選「副座標軸」。

■ 將現有的圖表變更為雙軸圖表

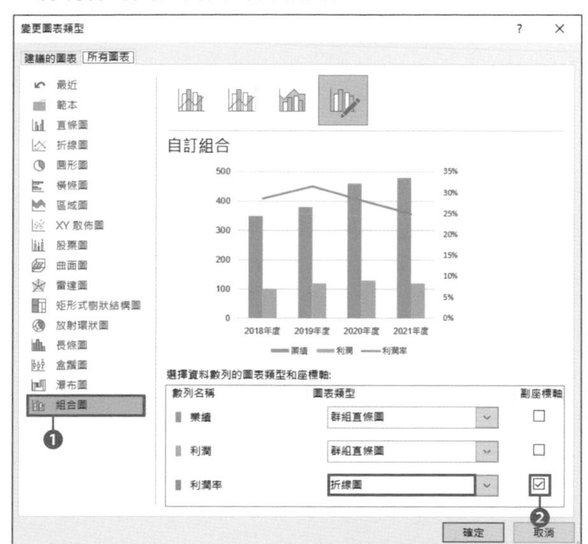

選取「變更圖表類型」對話框最下方的「組合式」❶，再勾選「副座標軸」❷，就能將現存的單軸圖表轉換成雙軸圖表。

此外，「變更圖表類型」對話框也可在變更雙軸圖表的種類以及副座標軸的資料時使用。

別濫用雙軸圖表

雙軸圖表的確能一次傳遞較多的資訊，而且還比較兩種互相關聯的資料。雖然如此方便，卻也有**轉換成雙軸圖表後，圖表變得太過複雜，反而難以傳遞內容的缺點**。

雙軸圖表只能在「業績與利潤率」資料**雙方具有強烈關聯性才會發揮威力**，否則請勿濫用，不然只會徒勞無工，讓資料變得更複雜而已。

相關項目
■ 圖表功能的基礎知識 ⇨ p.264
■ 利用配色提升圖表魅力的常識 ⇨ p.271

CHAPTER 8

04 數字的魅力會隨著圖表而大幅改變

別使用圖例，多使用資料標籤

圖表的圖例其實不易閱讀

說明圖表的線條、長條、顏色意義的部分稱為「**圖例**」。Excel 通常會將圖例放在圖表下方或右側。

許多人在使用 Excel 繪製圖表時，不會特別注意自動產生的圖表，但**其實圖表不是那麼容易閱讀**。

可以的話，請以**資料標籤**說明圖表的內容，而不是以圖例說明。資料標籤更能幫助觀者了解圖表的內容。

資料標籤可透過下列步驟設定。這次要以折線圖為例，說明操作步驟。

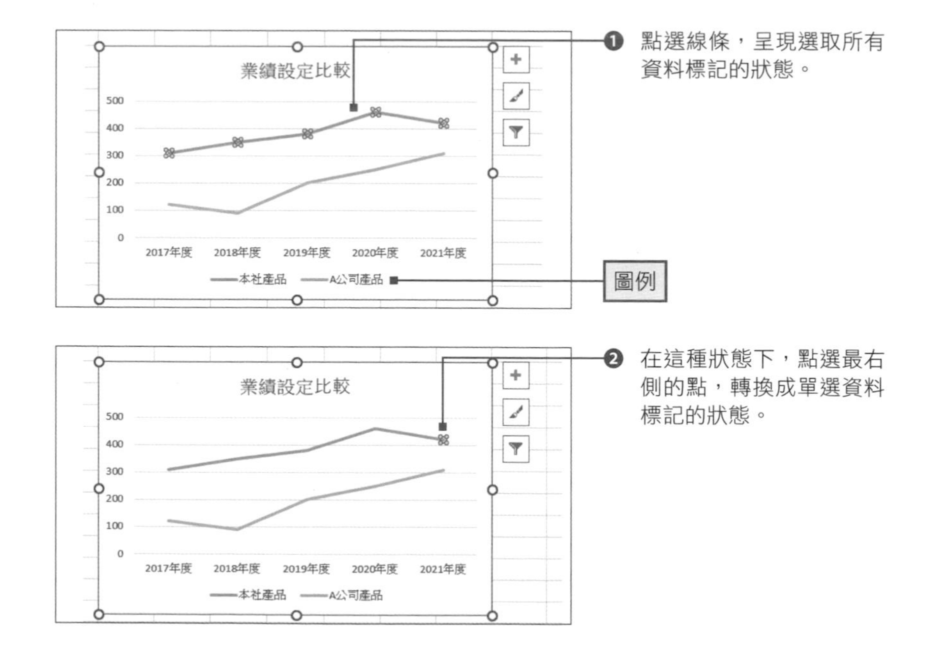

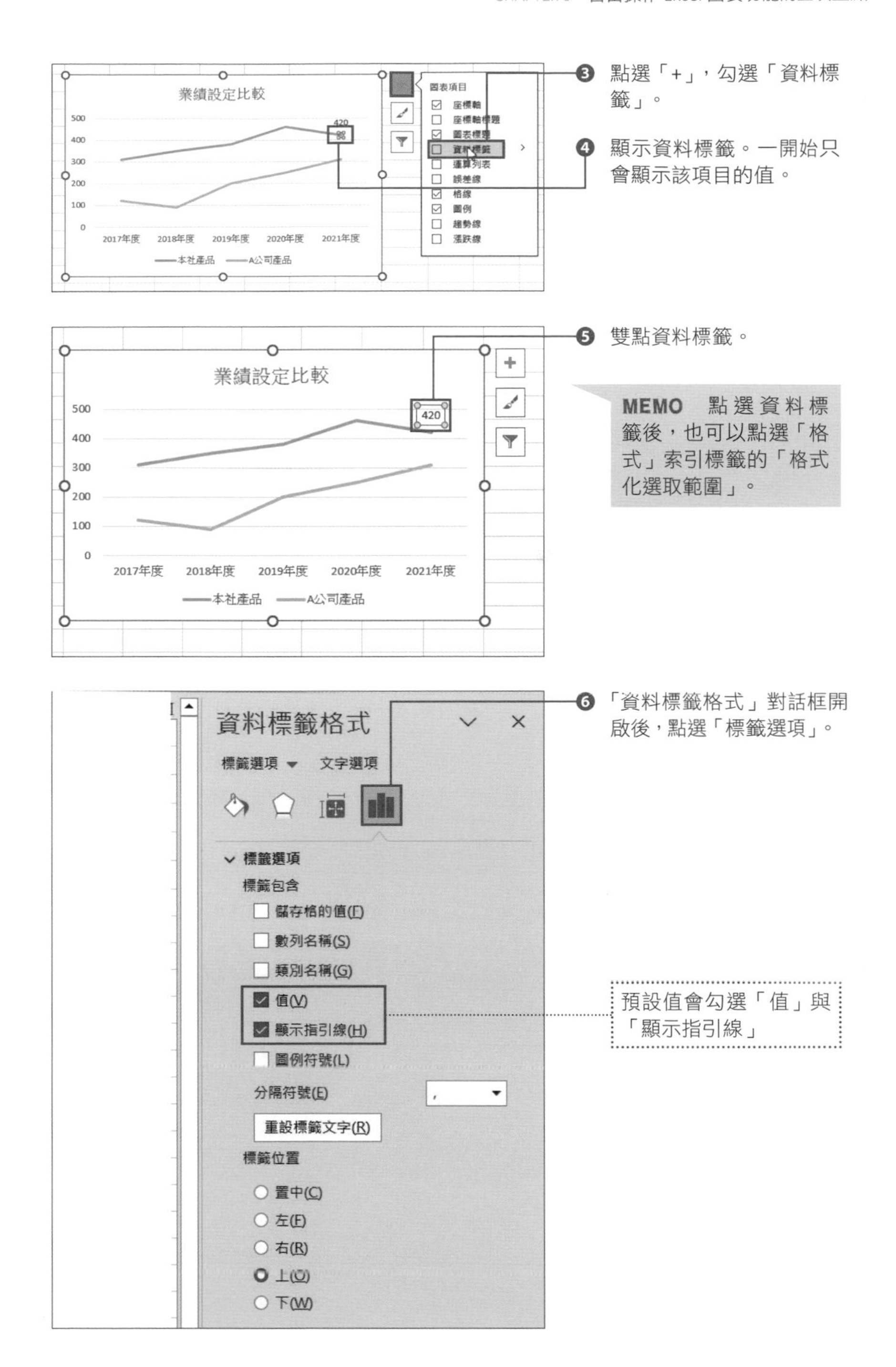

業績設定比較
500
400
300
200
100
0
2017年度
2018年度
2019年度
2020年度
2021年度
本社產品
A公司產品
420
圖表項目
座標軸
座標軸標題
圖表標題
資料標籤
運算列表
誤差線
格線
圖例
趨勢線
漲跌線
❸ 點選「+」，勾選「資料標籤」。
❹ 顯示資料標籤。一開始只會顯示該項目的值。
❺ 雙點資料標籤。
MEMO 點選資料標籤後，也可以點選「格式」索引標籤的「格式化選取範圍」。
資料標籤格式
標籤選項
文字選項
標籤選項
標籤包含
儲存格的值(F)
數列名稱(S)
類別名稱(G)
值(V)
顯示指引線(H)
圖例符號(L)
分隔符號(E)
重設標籤文字(R)
標籤位置
置中(C)
左(F)
右(R)
上(O)
下(W)
❻「資料標籤格式」對話框開啟後，點選「標籤選項」。
預設值會勾選「值」與「顯示指引線」

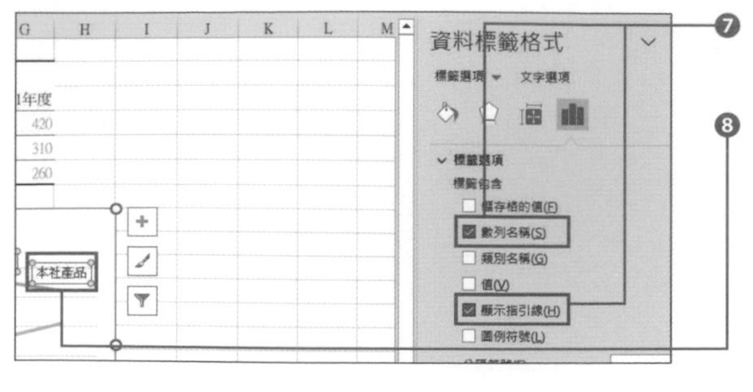

❼ 勾選「數列名稱」，並且取消「值」。

❽ 資料標籤會顯示「數列名稱」。

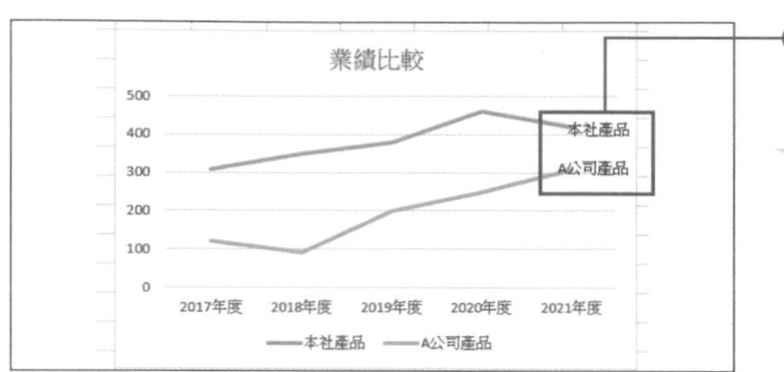

❾ 以相同的步驟來標示其他的資料標籤。

MEMO 折線圖的資料標籤會位於右端，直條圖的資料標籤則在上方。如果希望配置在其他地方，可拖曳調整位置。

刪除圖例

在資料標籤顯示「數列名稱」之後，就可以刪除多餘的圖例。請利用下列步驟刪除。

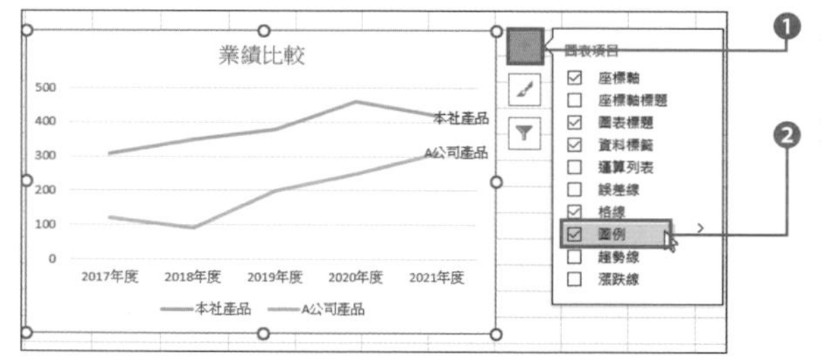

❶ 點選圖表，再點選「+」。

❷ 取消「圖例」選項。

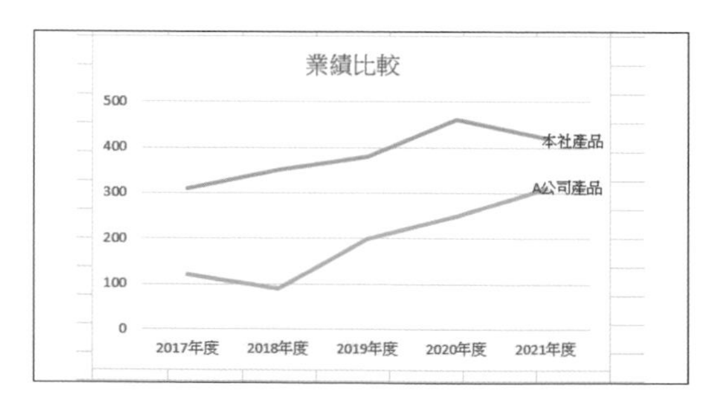

❸ 圖例的位置變成空白，所以調整圖表的大小。

若想保留圖例，可配置在右側

有些圖表會因為內容或用途，需要在資料標籤配置「值」，而非「數列名稱」，此時可調整圖例的位置。長條圖的話，圖例放在下方會比較容易閱讀，**折線圖或堆疊長條圖則只需要將圖例移到右側，就能提升圖表的易讀性**。請試著操作看看，確認是否真的如此。

圖表的位置可利用下列的步驟調整。

■ 移動圖例

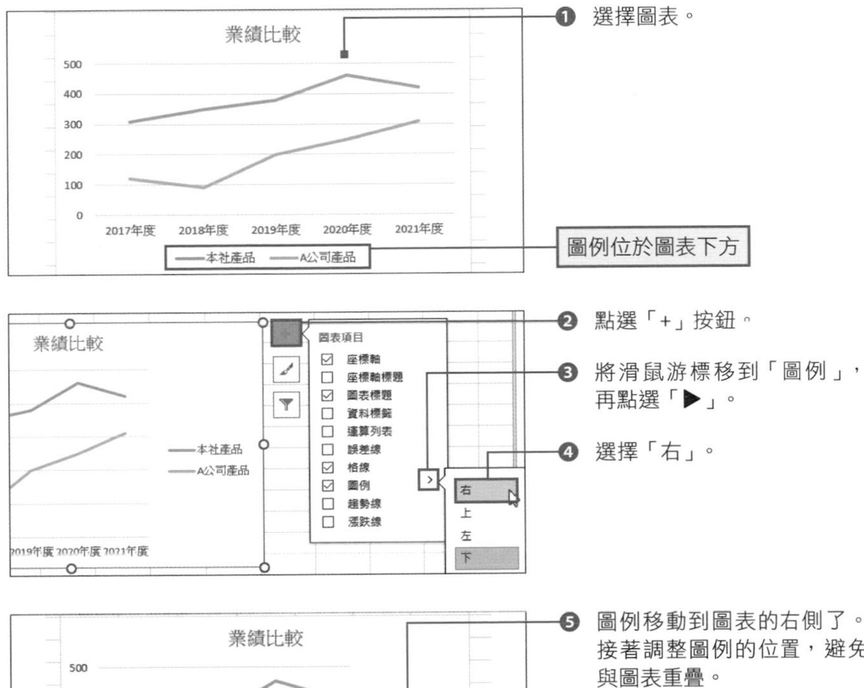

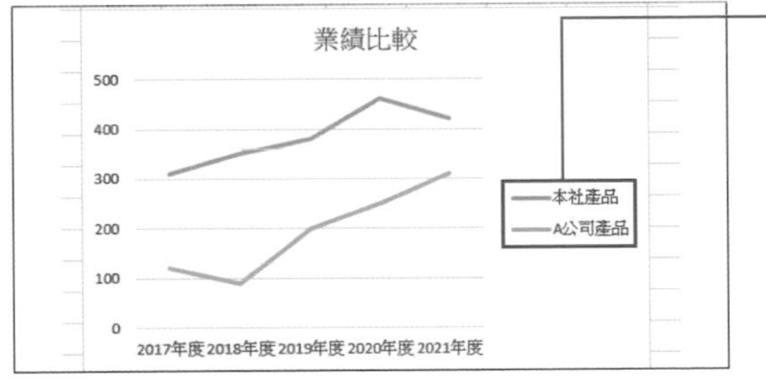

相關項目
■ 圖表功能的基礎知識 ⇨ p.264
■ 利用配色提升圖表魅力的常識 ⇨ p.271

CHAPTER 8
05

淺顯易懂的圖表必有其道理

將「普通圖表」變成「專業圖表」的五項專業技巧

讓 Excel 的圖表變得更簡單易讀

由於預設的 Excel 圖表保有最低限度的品質，但很少人會想進一步提升，就是可惜的地方。大部分的人都在使用「**差強人意的圖表**」，若能提出「**更好的圖表**」就有機會脫穎而出。

不過，若為了提升品質而耗費太多時間，那就毫無意義。接下來，將介紹的幾項技巧最長只需要幾分鐘，最短只需要幾秒就能改善圖表，前一節解說的「圖表配色」（p.271）與「資料標籤」（p.276）並不會在這一節說明。

■ 一般圖表與優質圖表

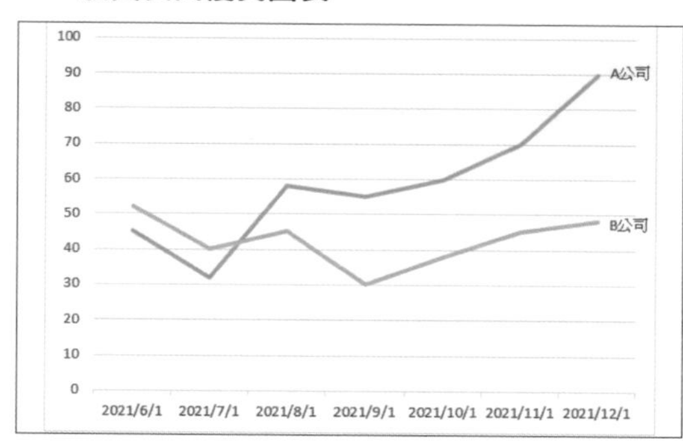

除了圖表的顏色、資料標籤以外，其餘都採用預設值的圖表。雖然不算難以閱讀，但是格線過多、文字過小等一些小問題還是很多。

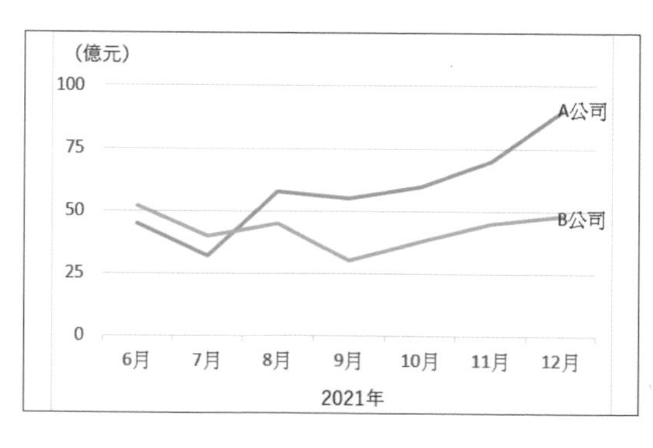

改善後的圖表。除了字型變大之外，也追加了單位與年度。格線減少後，易讀性也大幅提升。

重點 ❶ 調大字型

預設的 Excel 圖表文字都太小，建議大家調整成 **12 ～ 14 點的大小**會比較適當。圖表標題大概是 14 點的大小，資料標籤或圖例則是 12 點左右的大小。

要調整圖表的文字大小請執行下列步驟。

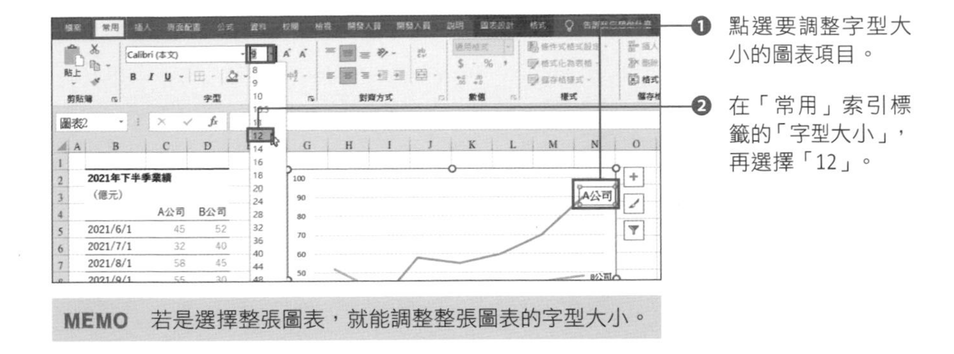

MEMO　若是選擇整張圖表，就能調整整張圖表的字型大小。

重點 ❷ 讓斜線的座標軸標籤變得容易閱讀

座標軸標籤的字數一多，無法完整收錄時，Excel 就會自動將文字轉換成斜字。傾斜的文字並不好讀，請盡可能避免這種情況。特別容易發生在座標軸標籤顯示**日期**的時候。

假設日期是傾斜的，可透過下列步驟只顯示月份，然後統一在圖表下方顯示年度。

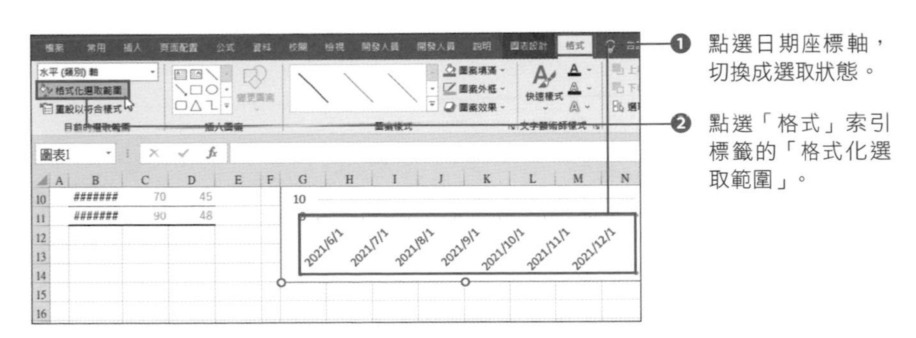

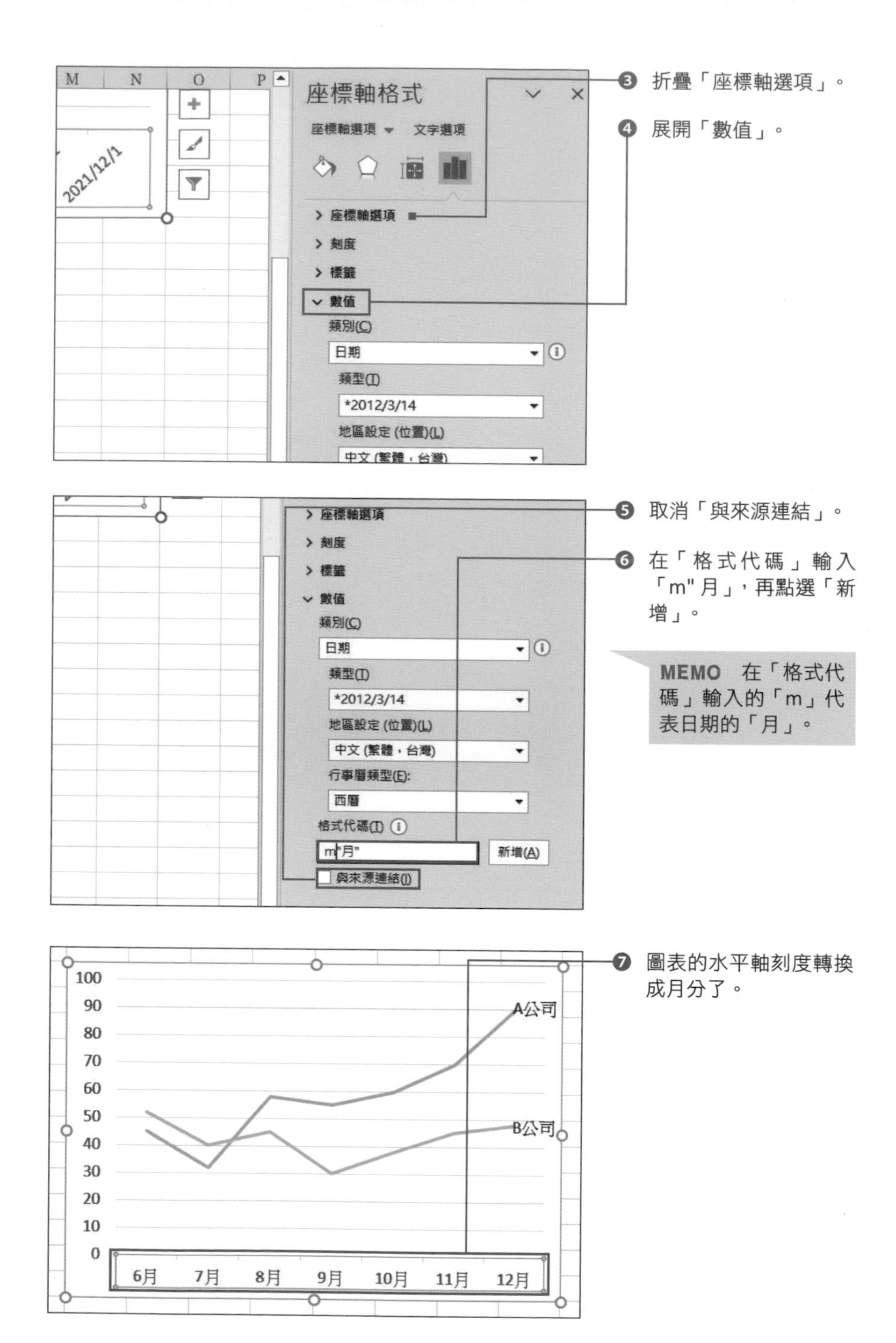

❸ 折疊「座標軸選項」。

❹ 展開「數值」。

❺ 取消「與來源連結」。

❻ 在「格式代碼」輸入「m"月」，再點選「新增」。

MEMO 在「格式代碼」輸入的「m」代表日期的「月」。

❼ 圖表的水平軸刻度轉換成月分了。

在座標軸追加「年度」的步驟如下。

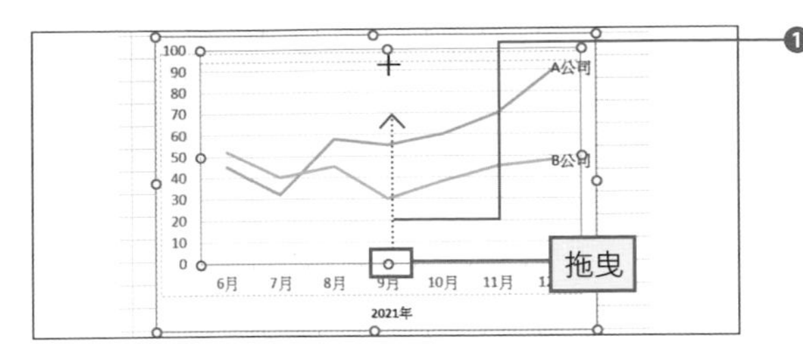

❶ 縮小繪圖區，在圖表下方騰出配置文字的空間。

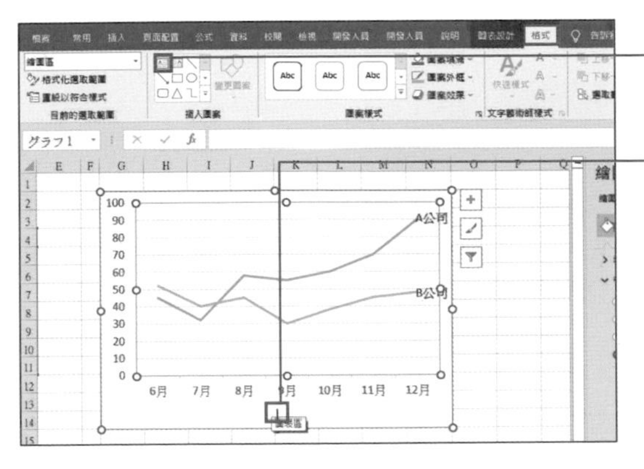

❷ 在「格式」索引標籤的「插入圖案」功能區點選「文字方塊」。

❸ 點選要配置文字的位置。

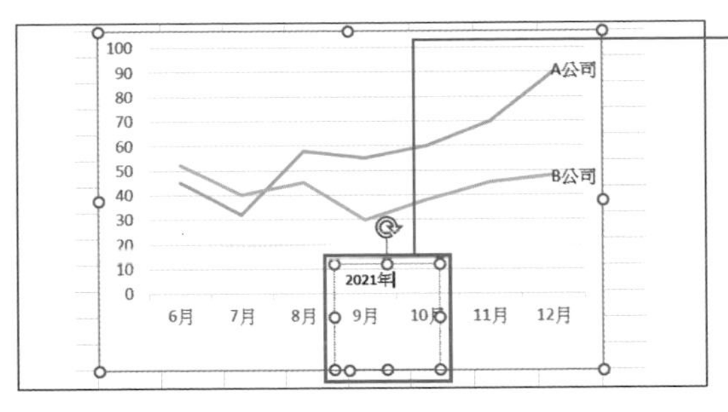

❹ 配置文字方塊後，接著輸入「2021 年」再調整大小。

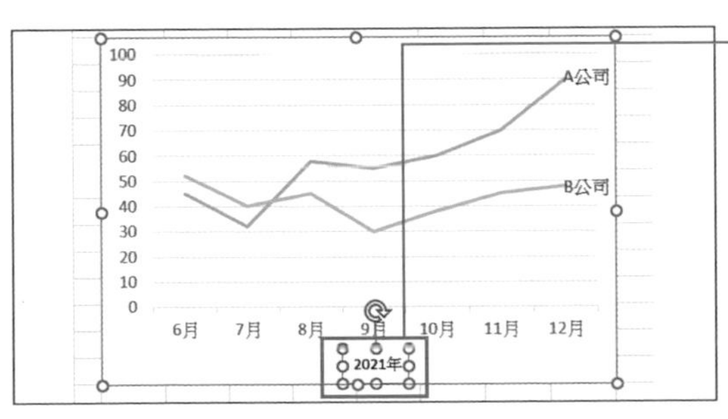

❺ 拖曳文字方塊周圍的控制點再調整位置。

重點 ❸ 在數值座標軸加上單位

Excel 並不會顯示座標軸的單位，為了避免完成圖表後，看不懂圖表的數值代表的意義，**建議在座標軸的上方配置文字方塊**，載明單位。光是載明單位，就能讓圖表的易讀性躍升。

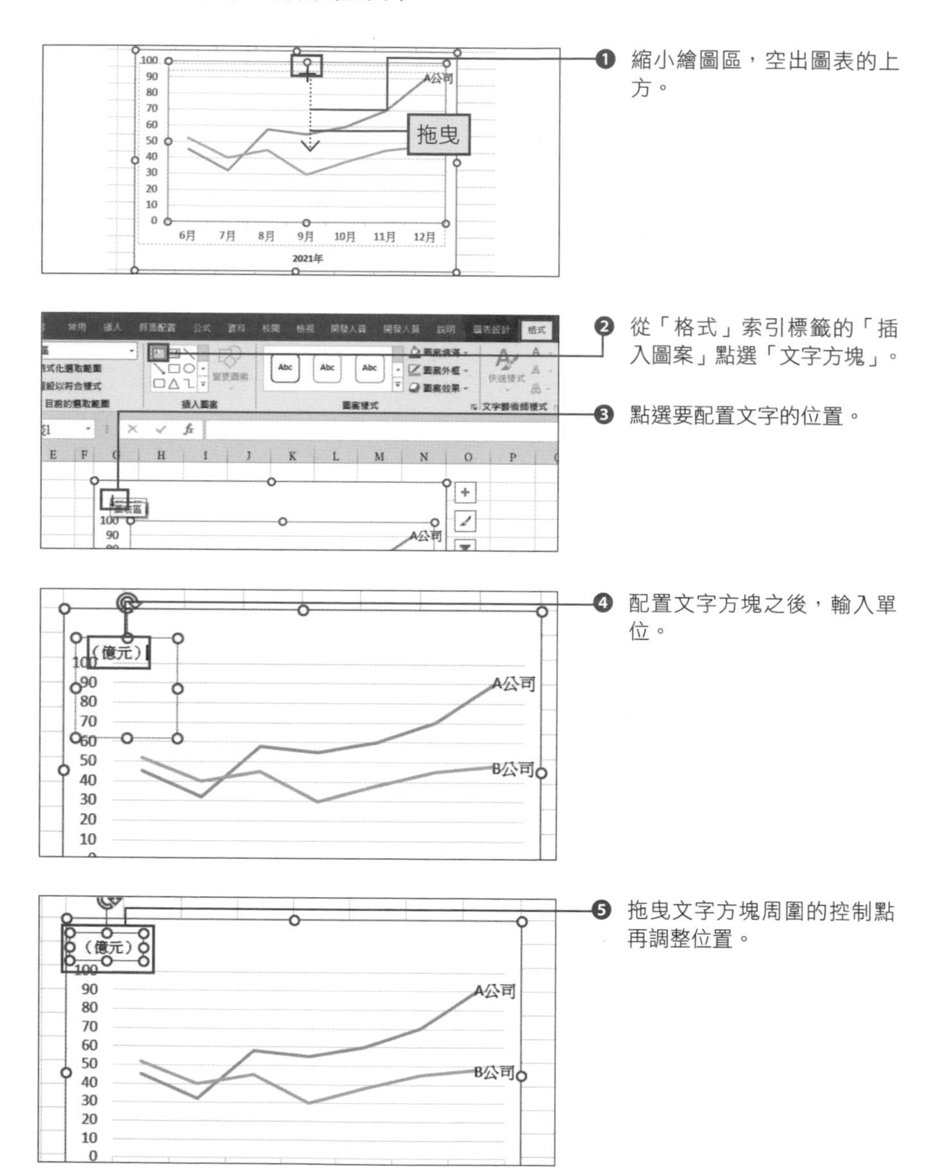

重點❹ 讓格線減少 3 ～ 4 根

預設的圖資料表 / 表格線會太多條，感覺有點干擾，不妨在圖表完成後，將格線設定成「500 單位」、「250 單位」、「100 單位」這類最低數量的格線。

可利用下列步驟減少格線。

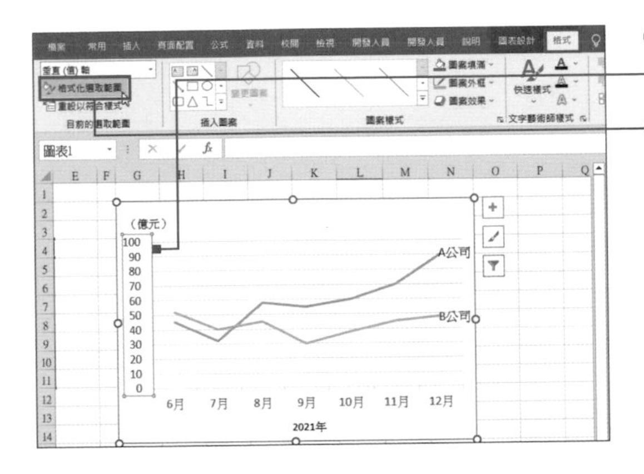

❶ 點選數值座標軸，轉換成選取的狀態。

❷ 點選「格式」索引標籤的「格式化選取範圍」。

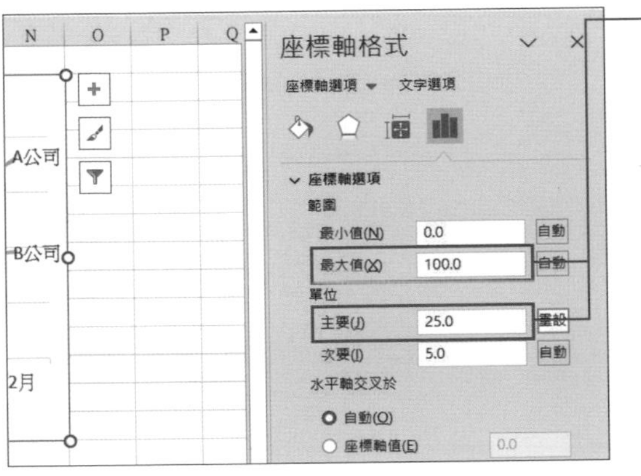

❸ 在「單位」的「主要」設定任意數值。可利用 3 或 4 除以「最大值」的數值，設定為整數比較恰當。

MEMO　要縮小數值座標軸最上方的數值時，可在「最大值」輸入數值，而「最小值」的欄位則可設定數值座標軸最下方的數值。

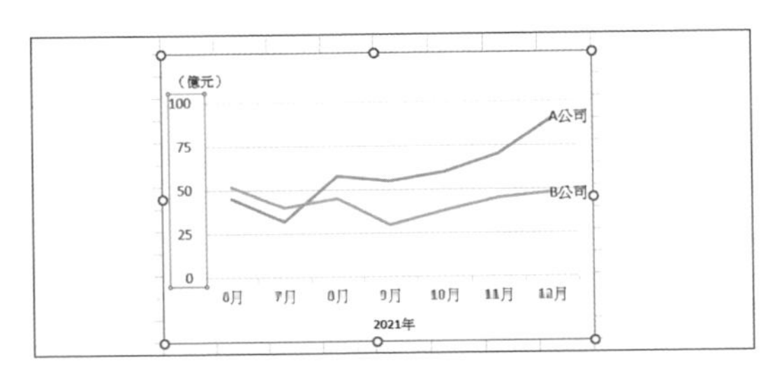

❹ 數值座標軸的單位變成 25，格線也只剩 4 條。

重點❺ 調細格線

格線雖然是了解值的標準，但是太過顯眼時，圖表反而變得不精緻，設定成足以辨識的細度，比較能予人俐落的印象。格線顏色的預設值為淡色，所以顏色的部分採用預設值也無妨。

可利用下列步驟調整格線的粗細。

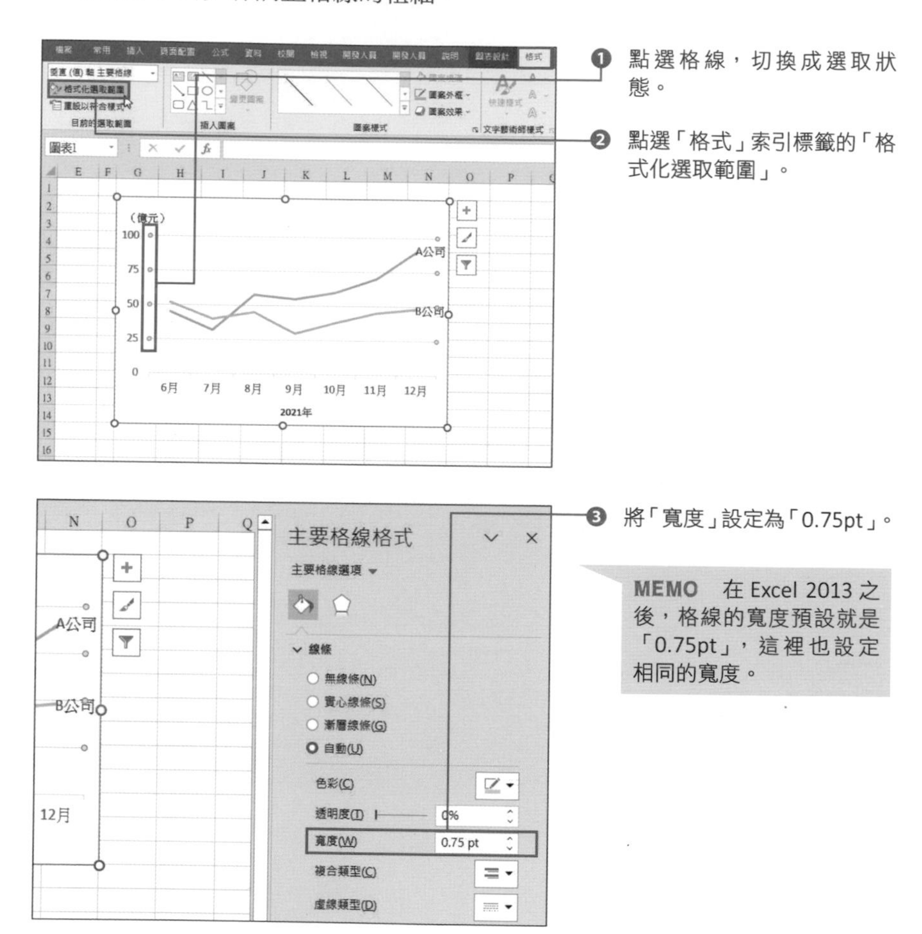

相關項目
■ 圖表功能的基礎知識 ⇨ p.264
■ 利用配色提升圖表魅力的常識 ⇨ p.271

CHAPTER 9

選擇最佳圖表的方法

CHAPTER 9

01

選擇最佳圖表的方法

利用折線圖
繪製實際成績／預測圖表

利用時間軸呈現值的趨勢的「折線圖」

若只說「圖表」，大部分的人會直覺想到長條圖，但在商務場合上，更常使用的是**折線圖**。折線圖能清楚呈現「**資料的變化**」，所以資料製作完成後，若不知道該使用什麼圖表，不妨先從折線圖試看看。

■ **利用折線圖確認業績趨勢**

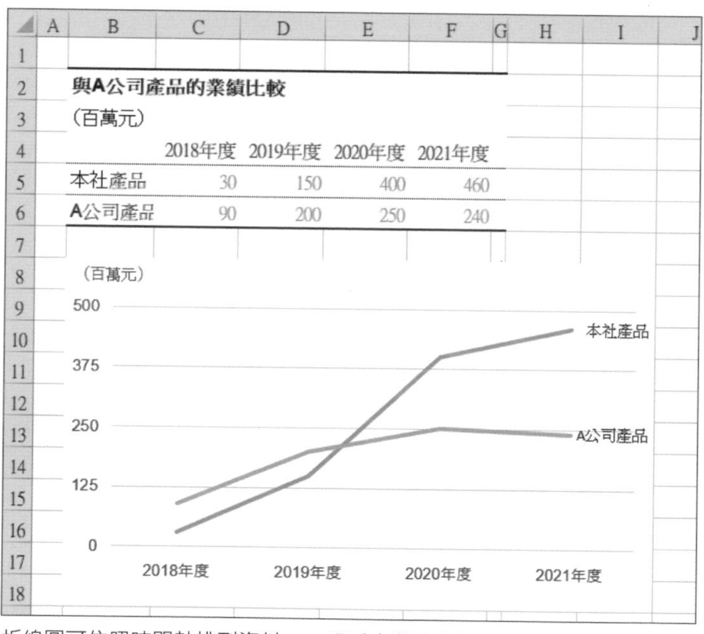

與A公司產品的業績比較

（百萬元）

	2018年度	2019年度	2020年度	2021年度
本社產品	30	150	400	460
A公司產品	90	200	250	240

折線圖可依照時間軸排列資料，一眼看出業績的好壞。

Excel 內建了六種有無資料標記、有無堆疊的折線圖。**最常使用的是最簡單的折線圖**。

■ **折線圖的種類**

[折線圖]

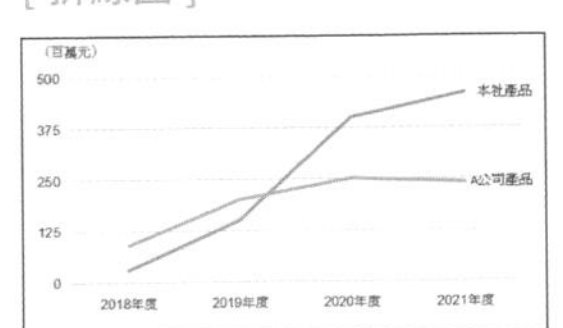

[堆疊折線圖]

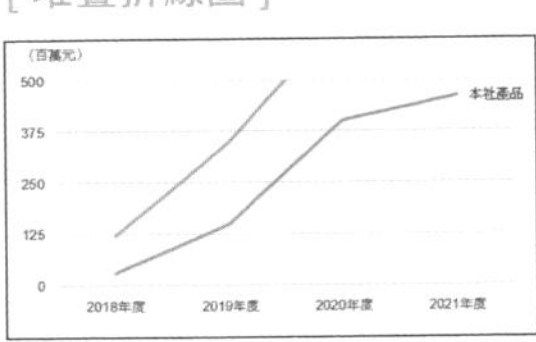

[百分比堆疊折線圖]

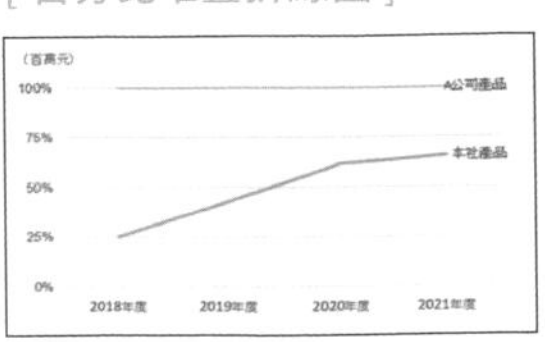

[含有資料標記的折線圖]

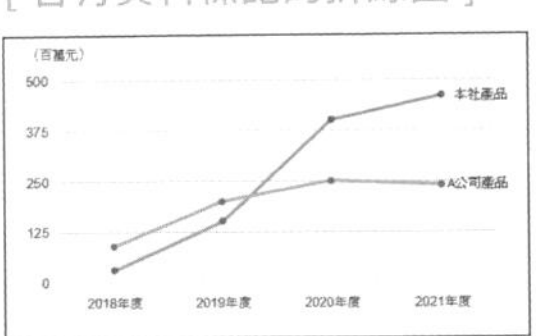

[含有資料標記的堆疊折線圖]

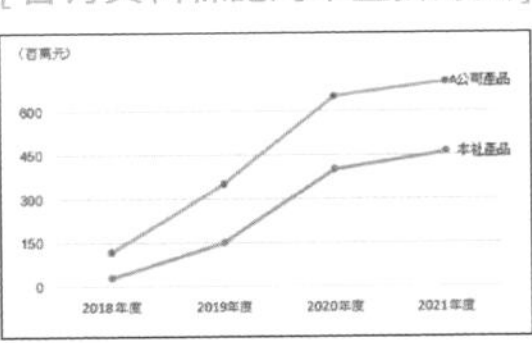

[含有資料標記的
百分比堆疊折線圖]

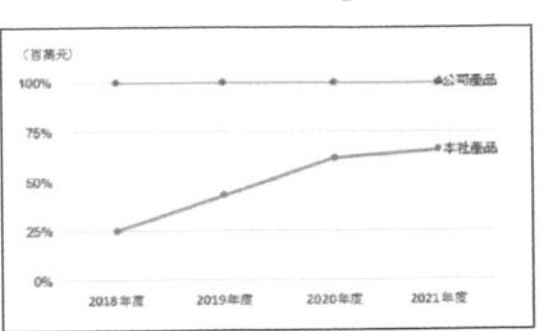

若資料「只有一個時期」時，是無法繪製出折線圖

折線圖是依照「**數年、數月、數日這種時間軸來觀察值的變化**」的圖表，若只有一個時間點的資料，是無法繪製出具有意義的折線圖。至少需要兩段時期的資料。

■ **此為無意義的折線圖**

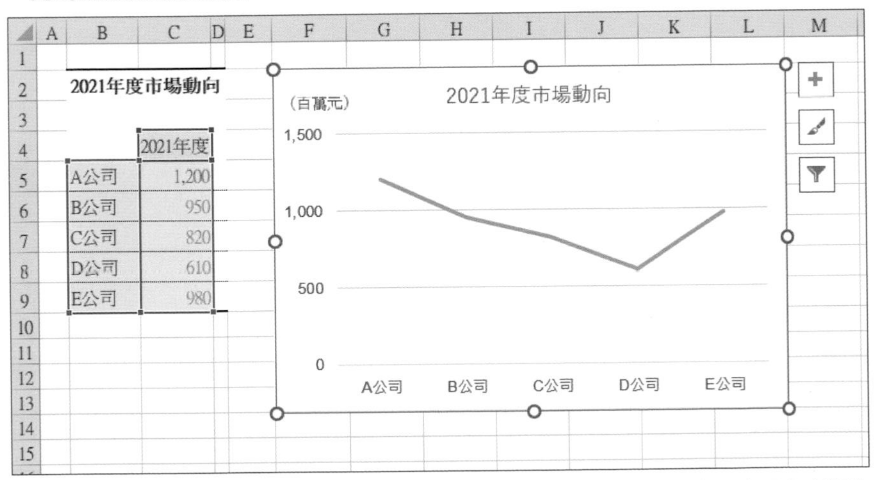

將五間公司的資料繪成折線圖也沒有意義。此時該使用的是長條圖。至少要有兩段時期的資料才能繪製出有意義的折線圖。

強調成長率的時候，要「縮窄寬度」

折線圖在形狀上的特性就是**圖表拉得太寬，就看不出資料差距**（因為圖表的斜率會趨緩），反之，**如果縮窄寬度，就能強調資料的差距**（圖表的斜率會變陡）。

在了解這項特色後，可調整圖表的寬度，讓閱讀者明瞭製作者的想法。不過，若是弄巧成拙，**反而會造成閱讀者看不出資料的差異性**。

■ 縮窄圖表的寬度可強調資料的差距

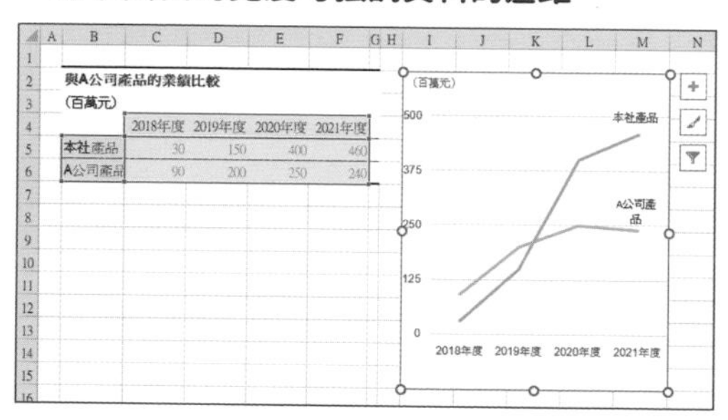

寬度縮窄後，比原始的圖表（p.288）更能強調資料的差距。以這張圖表來看，營業額似乎是急速成長。

在同一條線呈現實際成績與預測值

在繪製每年實際成績趨勢的折線圖時，**若想在年度中間放入預測值**（放入未確定的值），可多花點心思製作資料。若只是將實際成績與預測值放在同一張資料表 / 表格裡，就只會做出下圖這種折線顏色相同的圖表，無法看出到哪邊是實際成績，哪邊是預測值。

■ 看不出實際成績與預測值的分界

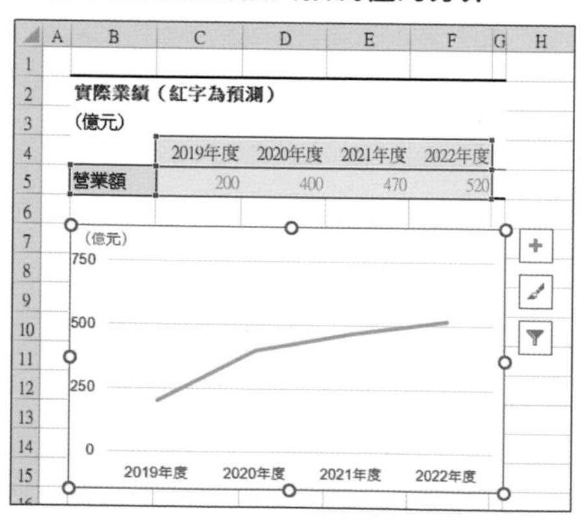

實際成績（2021 年之前）與預測值（2022 年）都輸入在同一列的話，折線圖的線條就會只有一種顏色，看不出資料的界線。

若要在單張折線圖呈現實際成績與預測值，不妨將「**實際成績設定為橙色實線，預測值設定為水藍色虛線**」，就能一眼看出兩者的差異。要在 Excel 繪製這種圖表，可透過下列步驟。

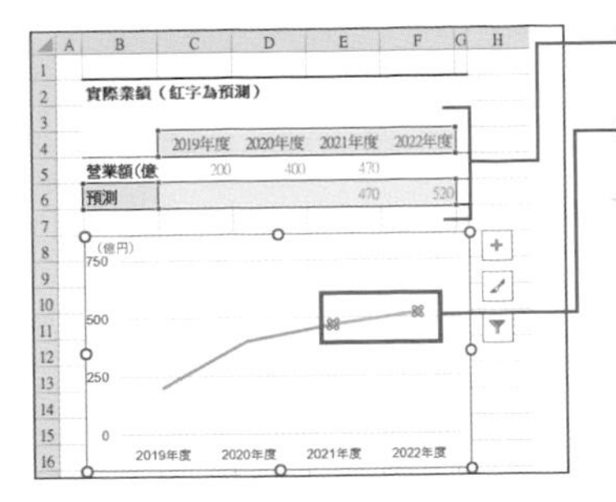

❶ 在不同列輸入實際成績與預測值，繪製折線圖。

❷ 在預測值的線條按下滑鼠右鍵。

MEMO　輸入預測列的值時，要連同實際成績最後的值也一併輸入，否則實際成績與預測值的線條就會中斷，看起來也會不自然。

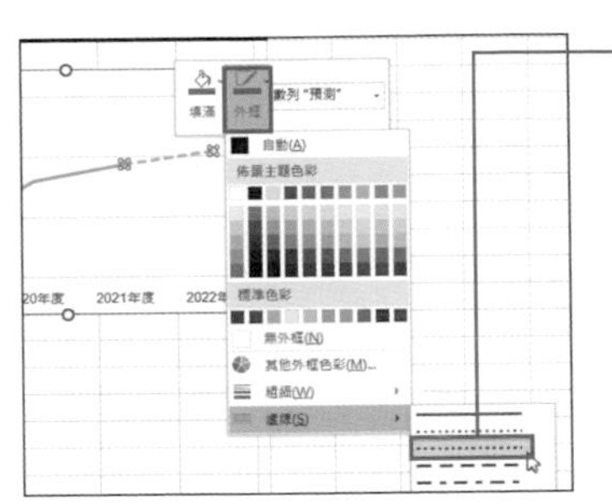

❸ 點選「圖案框線」，再從「外框」選擇虛線。

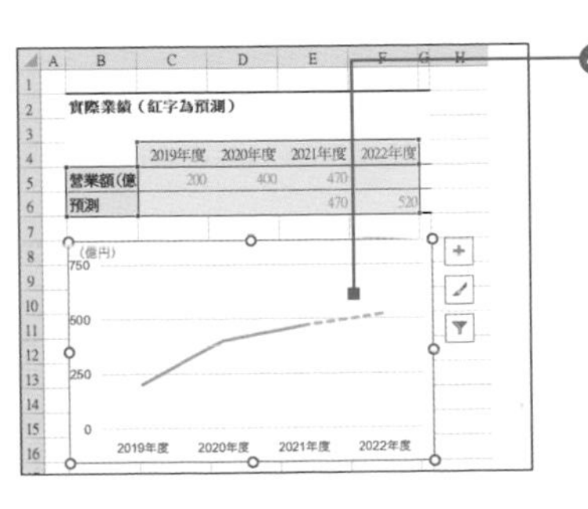

❹ 預測值的線條轉換成虛線。

▼這點也很重要！▼

多筆資料的實際成績與預測值

使用上述的技巧即可在單張折線圖呈現多筆資料的實際成績與預測值，例如同時呈現 A 公司的實際成績與預測值、B 公司的實際成績與預測值與 C 公司的實際成績與預測值。這個技巧雖然簡單，卻能製作出更厲害的圖表。

相關項目

■ 圖表功能的基礎知識 ⇨ p.264
■ 利用配色提升圖表魅力的常識 ⇨ p.271

CHAPTER 9
02

選擇最佳圖表的方法

「就是在當下！」要呈現現況時，就使用「長條圖」

長條圖有時候比折線圖更適用

前一篇介紹的折線圖是以時間軸呈現資料的走勢，所以能強調「**數值是比之前上漲或下滑**」。這雖然是折線圖的優點之一，但有時候還是希望呈現「**當下**」的數值，而不是與之前的數值比較。

舉例來說，想要表達「市佔率 No.1」這件事時，若是使用折線圖，恐怕會讓人不小心注意到「去年與前年都只有第三名」的部分。

此時，若想讓觀眾專注在「當下」的資料，就該改用**長條圖**。長條圖無需過去的資料也能繪製，最適合呈現現況（當然也能以時間軸列出過去的資料）。

■ **是要呈現趨勢，還是要強調現況？選用的圖表是不同的**

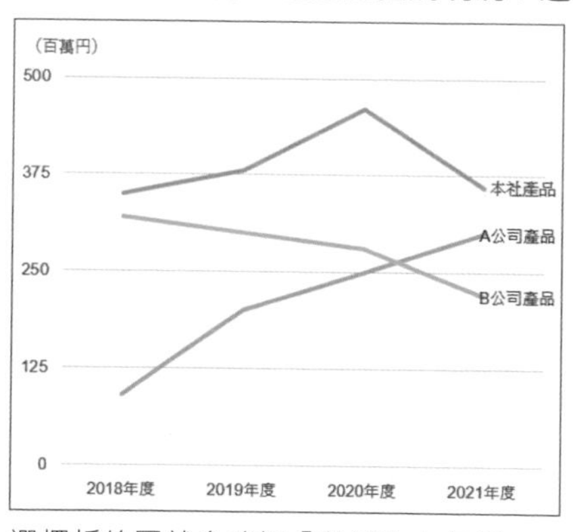

選擇折線圖就會強調「數值比去年低」、「被其他公司追上」的事實。

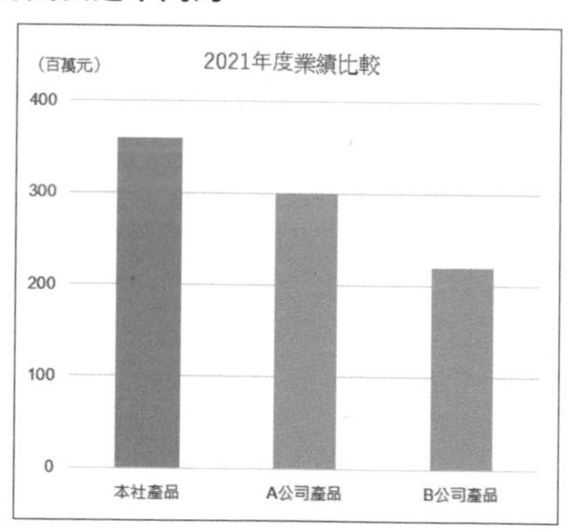

改用長條圖，就能單純地比較 2021 年度的業績，強調自家公司的優勢。

長條圖可利用下列步驟繪製。

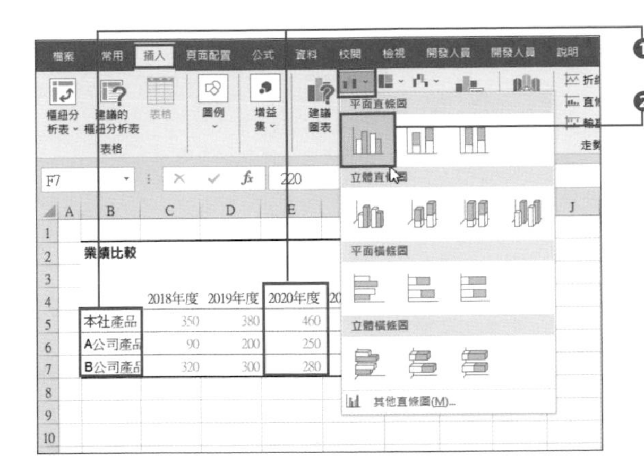

❶ 選擇標籤與最新的資料。

❷ 從「插入」索引標籤選擇「長條圖」。

設定「類別間距」讓長條變粗

長條圖的預設值，間距較寬、長條較細，若要調整長條的粗細，可點選**「格式化選取範圍」→「類別間距」**。當「類別間距」的 % 值下降時，長條的間距就會變窄，長條也會變粗，給予人扎實的印象。

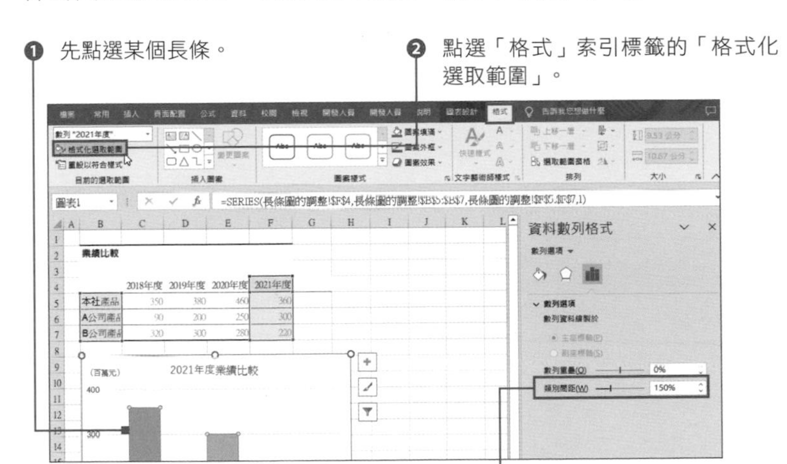

❸ 調降「類別間距」的 % 值。大概是調整為 100 ～ 150%。

相關項目
■ 圖表功能的基礎知識 ⇨ p.264
■ 利用配色提升圖表魅力的常識 ⇨ p.271

CHAPTER 9 - 03

選擇最佳圖表的方法

調整縱軸，讓圖表的外觀大幅改變

變更縱軸，以強調「差距」

長條圖可利用縱軸（數值軸）的設定大幅改變圖表的印象。當原始資料只有正值時，通常縱軸的最小值是 0，最大值則是比原始資料最大值稍大的值，假設資料的最大值為 320 萬元，縱軸的最大值大概就落 400 萬前後。

不過，比較的值若沒有太大的差異，長條的高度理所當然會很接近。

若希望在數值沒有太大差異的狀況下，強調長條之間的些許差異，可試著調升縱軸的最小值，縮窄縱軸的顯示範圍。

舉例來說，將縱軸的範圍從預設的 0 ～ 400 變更為 200 ～ 350，無條件捨去直條的下半部，讓上半部往上延伸，就能強調資料的差距。

■ 調整縱軸的範圍可讓圖表的印象驟然一變

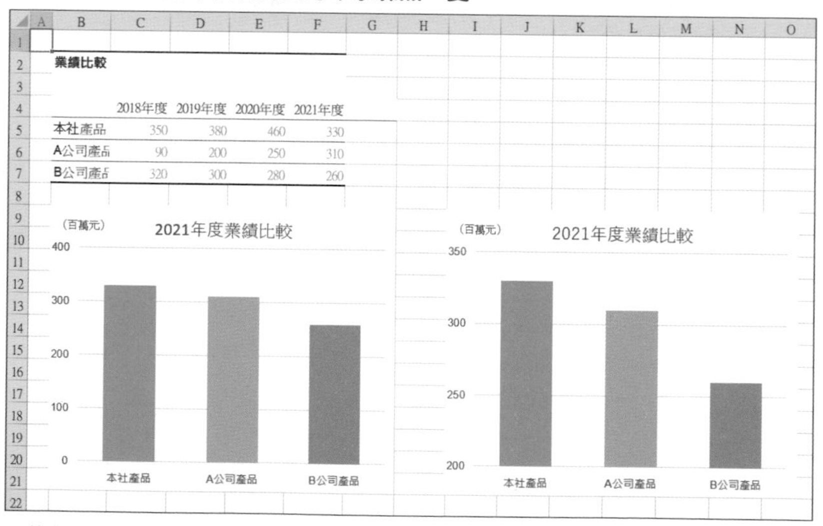

業績比較

	2018年度	2019年度	2020年度	2021年度
本社產品	350	380	460	330
A公司產品	90	200	250	310
B公司產品	320	300	280	260

即使資料相同，相較於縱軸為 0 ～ 400 的圖表，200 ～ 350 的圖表能放大差距。

錯一步就等於詐欺，使用時請務必小心

調整縱軸的範圍雖然是很方便的技巧，卻不是什麼時候都可以使用，**一旦用錯地方，有可能會招致顧客誤會，甚至有可能會做出有詐欺嫌疑的資料**。請大家務必注意使用時機。

舉例來說，用來宣傳商品的營業資料有時不太適合用於資料分析。如果做出無法讓觀眾正確判斷的分析結果，就有可能獲得錯誤的結論。不管如何調整縱軸，都不該只是為了方便自己呈現資料，而是要站在對方的立場思量圖表的用途與目的。

設定長條圖的縱軸

長條圖的縱軸可透過下列步驟來設定。請大家一邊維持圖表的易讀性，一邊調整座標軸的格線間隔。

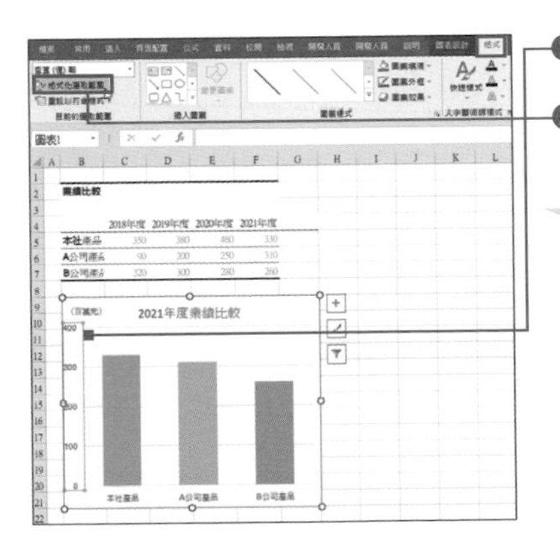

❶ 點選縱軸。

❷ 從「格式」索引標籤點選「格式化選取範圍」，開啟「座標軸格式」對話框。

MEMO　若無法顯示「座標軸格式」對話框，請點選圖表的按鈕。

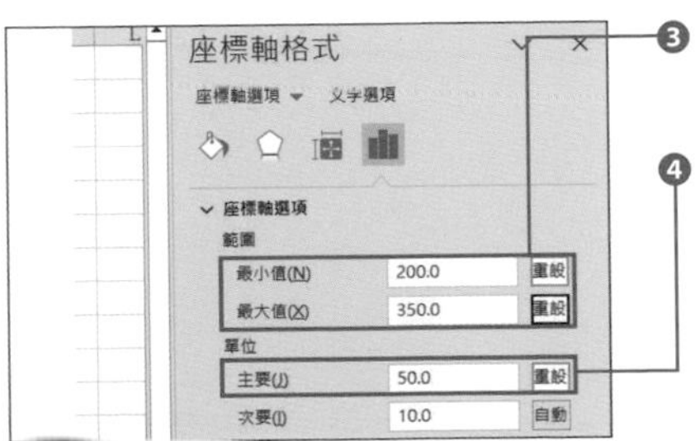

❸ 設定「最小值」之後，「最大值」會自動調整。若在意這點可自行調整。

❹ 調整「單位」的「主要」，顯示適當的格線間距。

相關項目
■ 圖表功能的基礎知識 ➩ p.264　■ 長條圖的繪製方法 ➩ p.292
■ 橫條圖的使用時機 ➩ p.296

CHAPTER 9

04

選擇最佳圖表的方法

與排行榜有關的資料最適合使用「橫條圖」

能完美收納長標籤的橫條圖

橫條圖常讓人以為只是將長條圖放成水平角度就好，但，這個圖表極為適合任一商務場合。

橫條圖的最大特徵就是能載明過長的項目名稱，而且項目數再多也不會難以閱讀。如果資料的項目名稱太長（或是長短不一）或是項目數量太多，不妨改用最適當的橫條圖。

一開始或許不容易判斷是否要使用橫條圖，不妨可先繪製長條圖，若發現不易閱讀再立刻換成橫條圖。排行榜相關的資料絕對是橫條圖比較容易閱讀。

■ 長條圖與橫條圖的差異

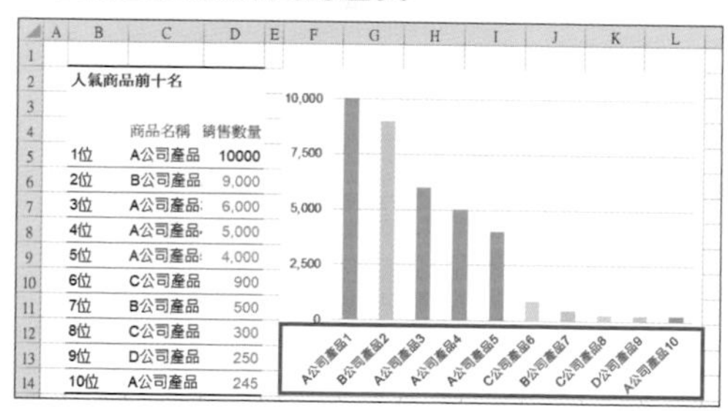

當標籤太長時，在長條圖裡會自動變得傾斜，也變得不好閱讀。為了避免這點，需要把圖表拉得非常寬才行。

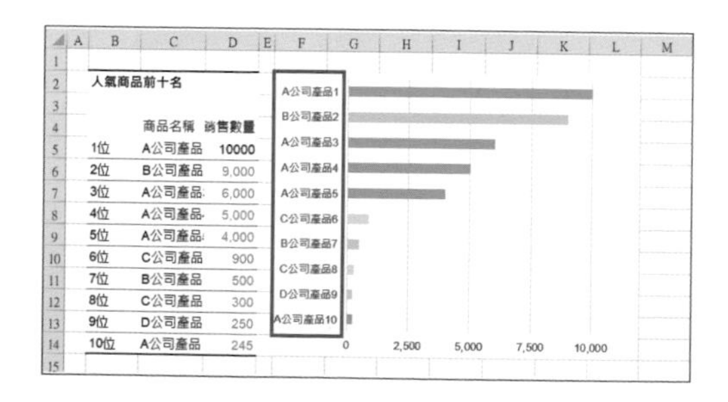

如果是橫條圖的話，就能以相同的空間輕鬆收納標籤項目。

在橫條圖裡讓座標軸反轉

繪製橫條圖時，若直接使用資料表的資料，原本位於資料表最上方的資料就會移到圖表的最下方。如果本來就希望如此，那就沒問題，但為了有效地使用橫條圖，可試著反轉縱軸，調換項目的順序，讓標籤往下移動。請參考下列步驟執行。

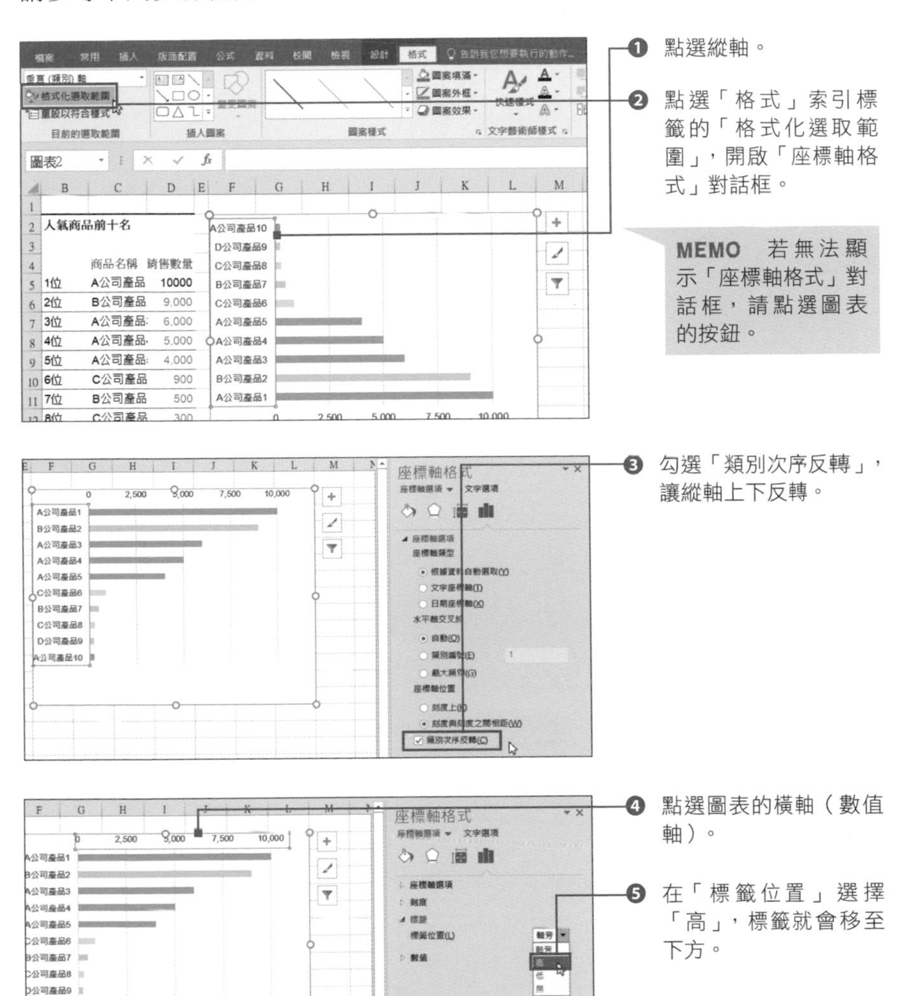

相關項目
■ 圖表功能的基礎知識 ⇨ p.264
■ 利用配色提升圖表魅力的常識 ⇨ p.271

CHAPTER 9

05

選擇最佳圖表的方法

比較各公司市佔率時就用「圓形圖」

圓形圖的使用需要訣竅

圓形圖是**呈現各元素佔比的圖表**。雖然「堆疊長條圖」或「區域圖」都可呈現比例，但圓形圖算是最常用來呈現比例的圖表。

圓形圖雖然很適合呈現各元素佔比，但有時候反而會無法正確呈現出資訊。具體而言，若要將有下列特色的資料繪製出圓形圖，必須要小心。

- **資料種類過多**
- **各資料差距過小**

要以圓形圖呈現的資料種類最好介於 3 ～ 8 種。一旦種類多到 10 種、20 種，就很難看出每塊區域呈現的資料。

此外，資料差距過小也要特別小心，如果資料的比例過於相近，畫成圓形圖之後，就無法看出哪筆資料是最大值。

■ 不適合繪製成圓形圖的資料

資料太多，難以閱讀的圓形圖

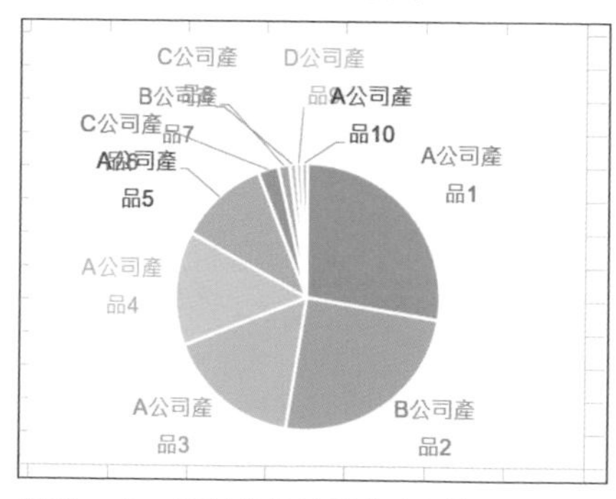

資料一多，資料的標籤就會小到難以閱讀。

資料差距過小，難以閱讀的圓形圖

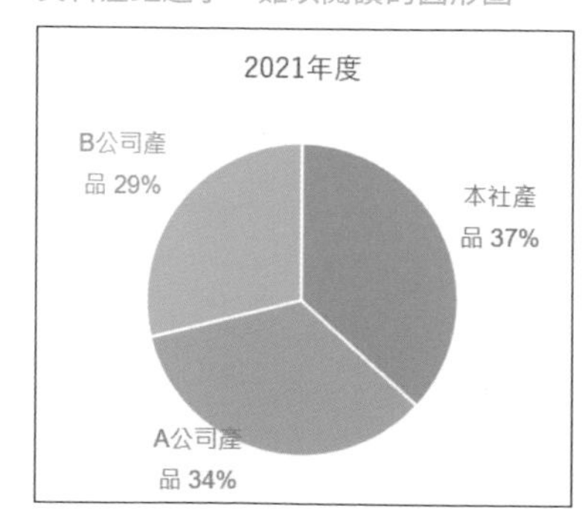

資料差距不明顯的時候，就無法看出資料的差距。

資料過多時，就統整成「其他」

資料的種類（項目數）一多，圓形圖就會變得不易閱讀，尤其是值太小時，圓弧就很短，也會集中在圓形圖的後半段，變得難以區分，這也會導致之後的「配置資料標籤」變得雜亂。

資料的種類最好介於 3 ～ 8 種，如果超出這個範圍，不妨試著將值較小的資料整理成「其他」項目。

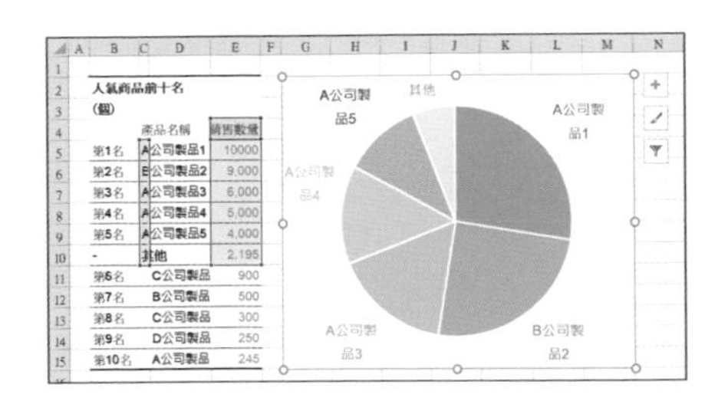

■ **將值較小的資料整理成「其他」**

將值較小的後五項資料整理成「其他」。

設定資料標籤

若想在圓形圖顯示項目名稱之外的資訊，可使用「**資料標籤格式**」對話框。可顯示「值」、「百分比」或是連起標籤與圓弧的「指引線」。

■ **設定資料標籤的格式**

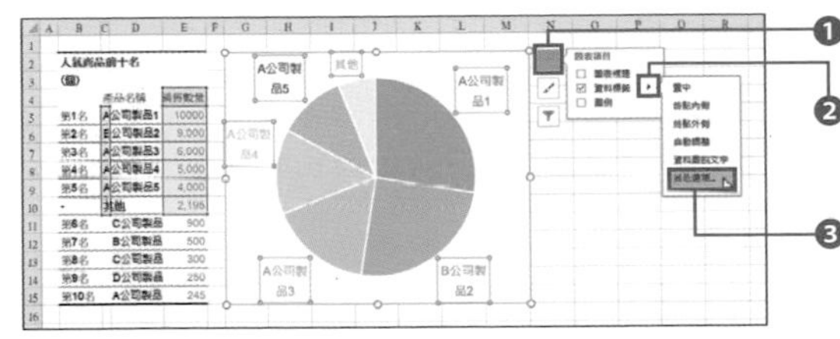

❶ 選擇圖表，再點選「+」。

❷ 將滑鼠游標移到「資料標籤」，再點選「▶」。

❸ 點選「其他選項」。

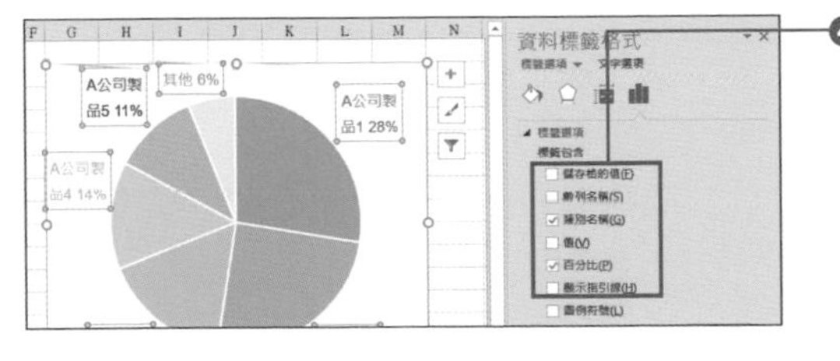

❹ 勾選要在圖表顯示的資訊，之後圓形圖就會顯示資料標籤。

相關項目

■ 利用配色提升圖表魅力的常識 ⇨ p.271
■ 製作圖表的五項專業技巧 ⇨ p.280

CHAPTER 9

06 選擇最佳圖表的方法

可判斷成長率因素的「堆疊長條圖」

將國內外的業績繪製成圖表

堆疊長條圖是**將各項目的長條垂直堆疊而成的圖表**。由於堆疊的長度代表總和，所以能同時呈現各項目的值與合計值。例如，將國內外的業績繪製成堆疊長條圖，就能在單張圖表內，同時呈現國內外的業績成長率與合計成長率。

■ 堆疊長條圖的特徵

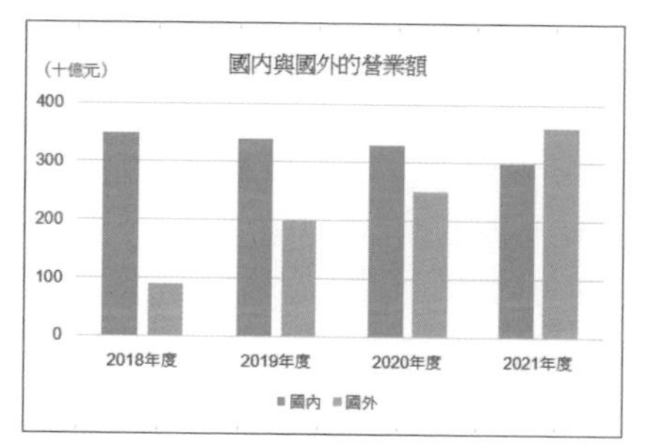

在長條圖中可看出個別的營業額，卻看不出合計後的走勢。

（十億元）營業額（合計）

光有合計的長條無法看出國內外的業績比例。

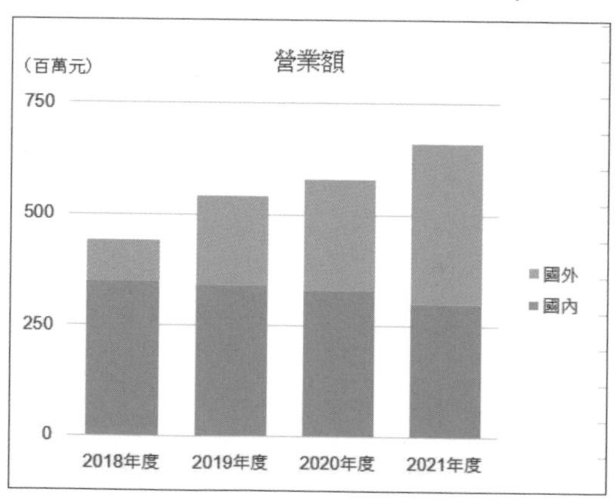

堆疊長條圖可同時確認個別項目的分布與合計的走勢。

追加數列線

若想讓堆疊長條圖的各項目趨勢變得更明朗，可追加「**數列線**」。要追加數列線可透過下列步驟。

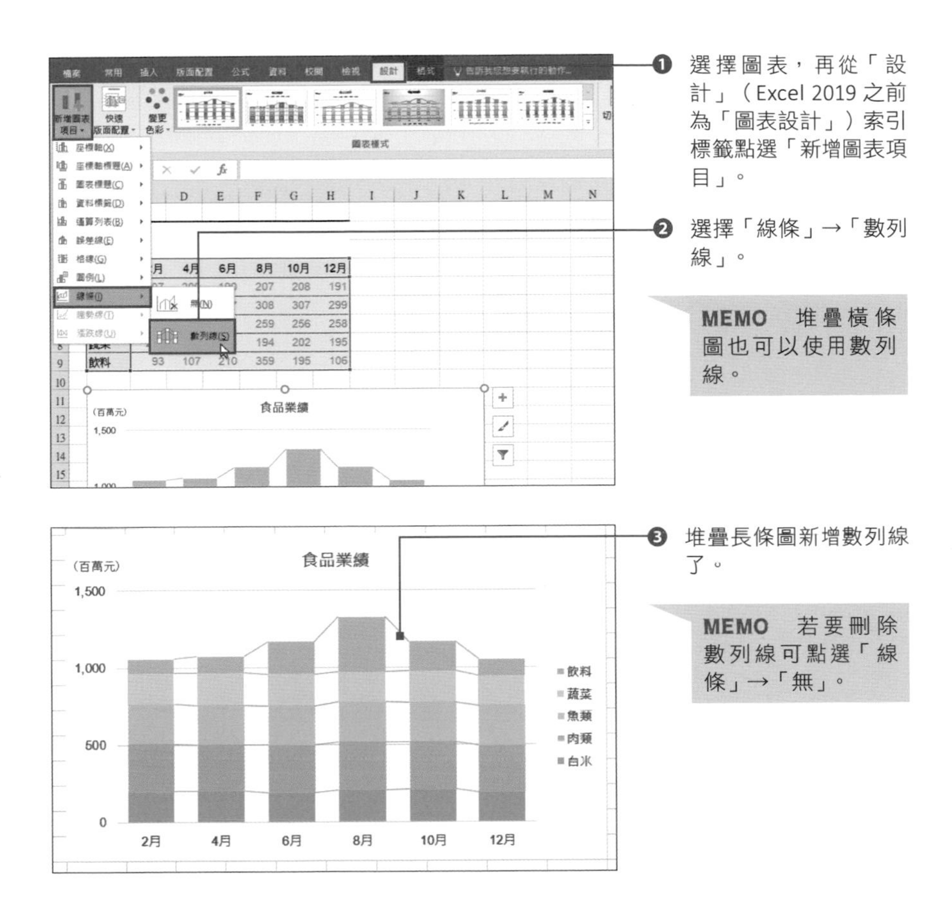

❶ 選擇圖表，再從「設計」（Excel 2019 之前為「圖表設計」）索引標籤點選「新增圖表項目」。

❷ 選擇「線條」→「數列線」。

MEMO　堆疊橫條圖也可以使用數列線。

❸ 堆疊長條圖新增數列線了。

MEMO　若要刪除數列線可點選「線條」→「無」。

▼這點也很重要！▼

在堆疊長條圖呈現季節因素

堆疊長條圖很常用來呈現「造成變動的季節因素」。銷售業績與利潤會隨著季節變動的商品（例如夏季的飲品）時，可使用堆疊長條圖同時確認整體的業績。

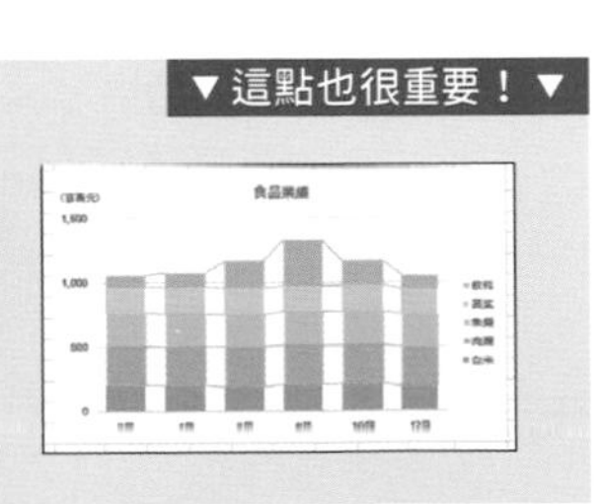

【建議！】在圖表上方顯示合計值

Excel 預設的堆疊長條圖不會顯示**整體的合計值**。若要讓圖表更容易閱讀，載明合計值會是比較好的方法，所以除了特殊理由之外都建議載明。

要在堆疊長條圖顯示整體合計值得花幾個步驟設定，重點在於「**製作具有合計值的圖表**」。

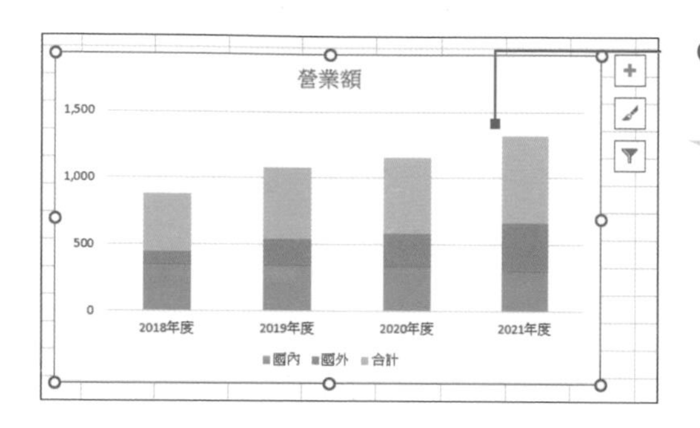

❶ 製作含有合計值的長條圖，再點選合計值的長條。

MEMO 左圖的綠色部分為國內外的「合計值」，是圖表原本沒有的值。

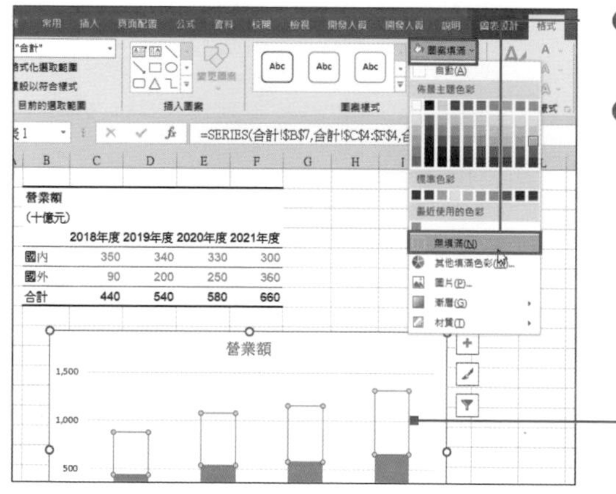

❷ 從「格式」索引標籤的「圖案填滿」選擇「無填滿」。

❸ 合計值的長條隱藏了。

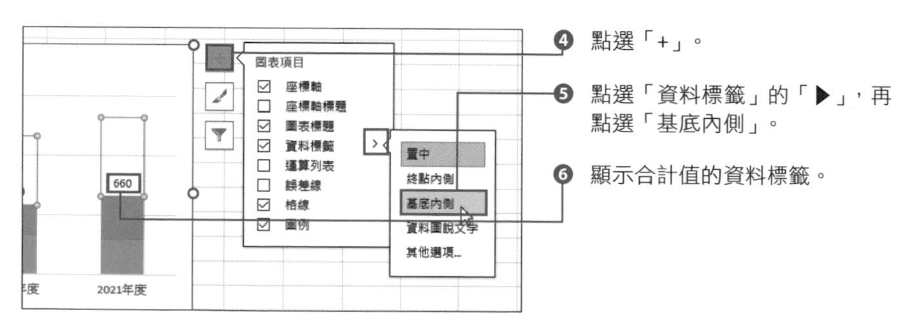

❹ 點選「+」。

❺ 點選「資料標籤」的「▶」，再點選「基底內側」。

❻ 顯示合計值的資料標籤。

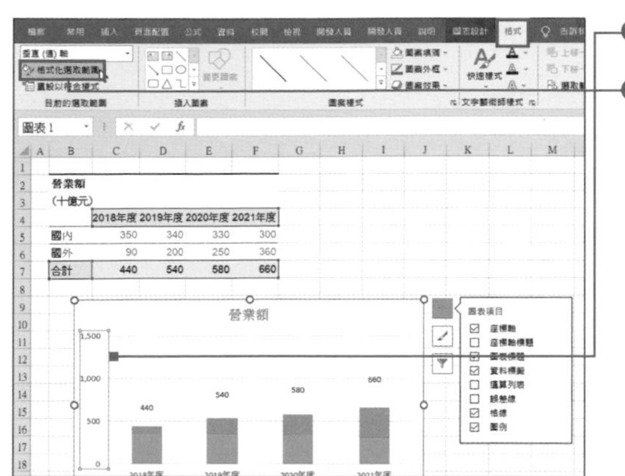

❼ 點選縱軸。

❽ 點選「格式」索引標籤的「格式化選取範圍」。

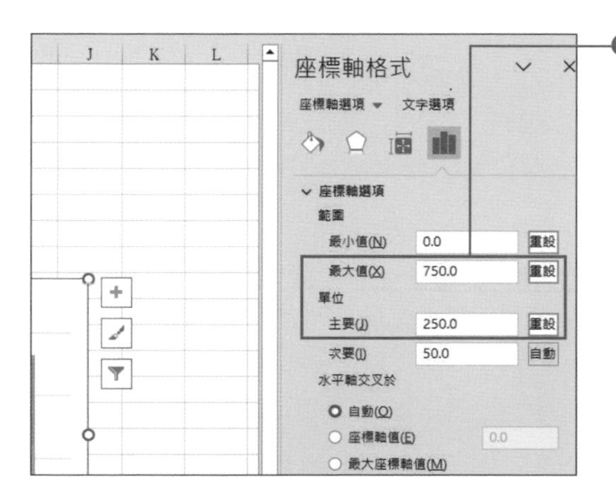

❾ 調整縱軸的「最大值」與「單位」，設定成未包含合計值長條的最佳大小。

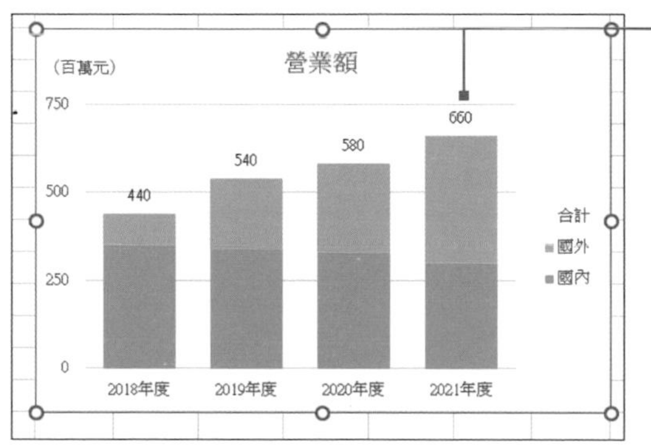

❿ 堆疊長條圖顯示合計值了。

相關項目

■ 圖表功能的基礎知識 ⇨ p.264
■ 利用配色提升圖表魅力的常識 ⇨ p.271

CHAPTER 9

07

選擇最佳圖表的方法

最適合用來確認市佔率趨勢的圖表

「百分比堆疊長條圖」的特徵

百分比堆疊長條圖也是長條圖的一種，**調整圖表項目的高度，讓所有項目的高度加總為 100% 的圖表**。縱軸的單位為「%」。

這種圖表的最大特徵就是能**同時確認明細與預測走向**。從個別的長條來看，可確認「**各項目在整體的佔比**」；若是比較所有長條，則可確認「**哪個項目的比例增加，哪個項目的比例又減少**」。想要預測市佔率的走向，而非絕對值的比較時，百分比堆疊長條圖絕對是最適合的圖表。

■「堆疊長條圖」與「百分比堆疊長條圖」的差異

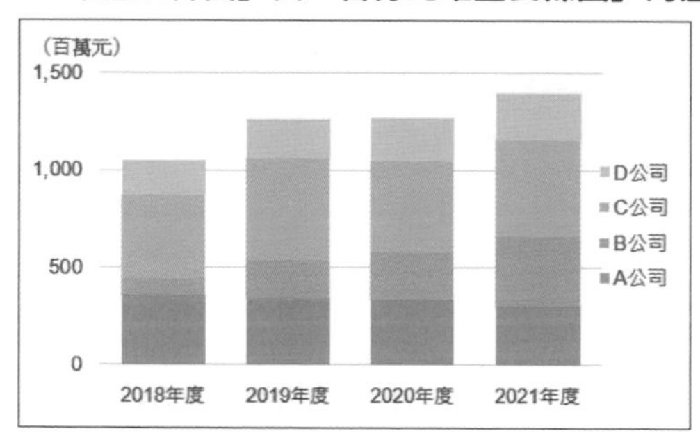

堆疊長條圖重視的是整體的趨勢走向更勝於值的個別比例。

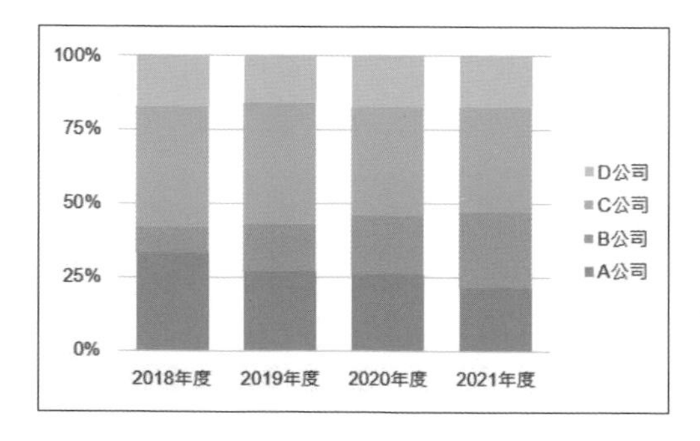

百分比堆疊長條圖可進一步確認值的個別比例產生哪些變化。

用圓形圖觀察「趨勢」是很麻煩的事

許多人會選擇以**圓形圖**呈現元素的比例或比率。圓形圖確實最適合呈現「某個時間點的比例或比率」，但，卻**不適合同時呈現「比例或比率」與「趨勢」**。

事實上，圓形圖本來就無法呈現趨勢。若要同時呈現趨勢與元素的比例、比率，就必須如下圖一樣製作多個圓形圖。這麼做不僅耗時耗力，也必須如百分比堆疊長條圖般水平排列各項目，否則就難以比較，因此並不建議這麼做。若需要呈現跨年度的資料，建議改用百分比堆疊長條圖代替圓形圖較佳。

■ 圓形圖不適合呈現趨勢

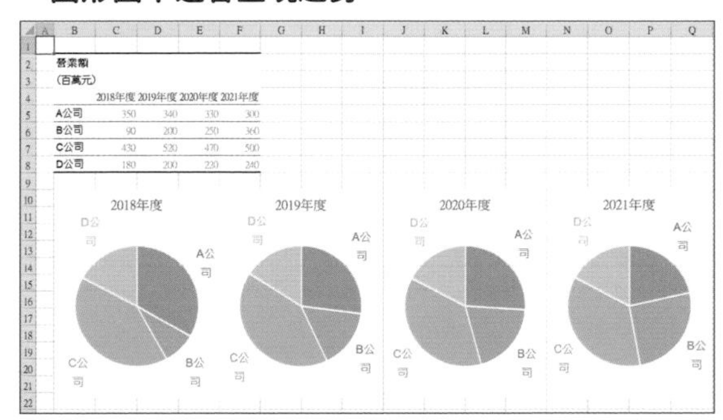

營業額
(百萬元)

	2018年度	2019年度	2020年度	2021年度
A公司	350	340	330	300
B公司	90	200	250	360
C公司	430	520	470	500
D公司	180	200	220	240

使用圓形圖呈現趨勢時，必須繪製四個圓形圖。除了很佔空間，也很難比較市佔率的比例。

▼這點也很重要！▼

活用百分比堆疊橫條圖

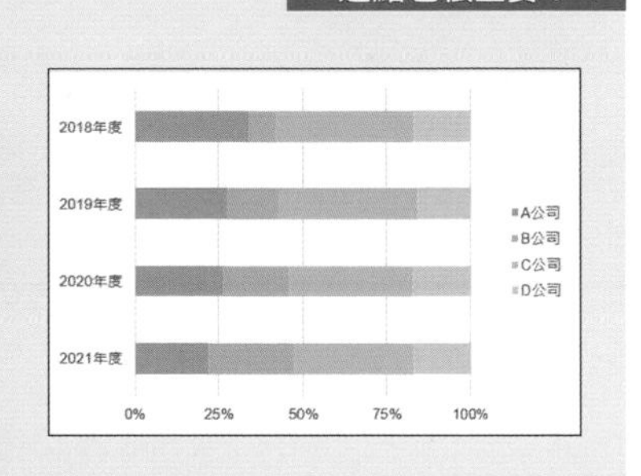

項目名稱太長或是有太多需要比較的項目時，不妨改用「百分比堆疊橫條圖」。繪製成橫條圖之後，冗長的項目名稱也變得容易閱讀，項目增加時，也能完整地收錄在一張列印範圍內。這些特徵與「橫條圖」（p.296）相同，請連同橫條圖的項目一併確認。要注意的是，繪製百分比堆疊橫條圖時，項目的順序會與原始資料的資料表 / 表格的順序顛倒。這點與橫條圖也是一樣的。

相關項目　■ 圖表功能的基礎知識 ⇨ p.264　■ 堆疊長條圖的繪製方法 ⇨ p.300

CHAPTER 9
08

選擇最佳圖表的方法

要呈現整體社會趨勢時，可使用「區域圖」

將一段長時間的市佔率繪製成圖表

區域圖是**將折線圖內側填滿顏色的圖表**，總共分成「區域圖」、「堆疊區域圖」、「百分比堆疊區域圖」三種。

區域圖的線條交錯位置不太容易確認，通常會使用堆疊值的堆疊區域圖或是百分比堆疊區域圖。

■ 區域圖的種類

平面區域圖

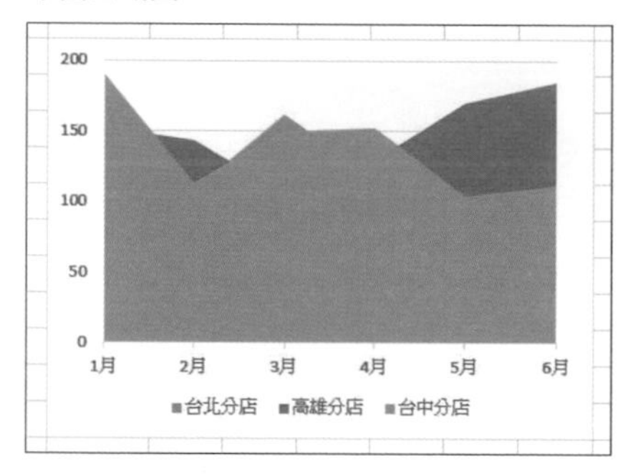

一般的區域圖（平面）。由於不是堆疊類型的圖表，所以線條交錯的位置不太容易確認，也很少用在商務場合上。

堆疊區域圖

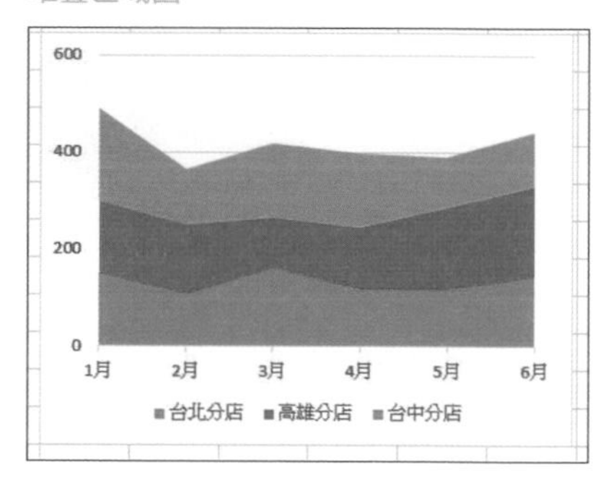

這是堆疊區域圖。各項目的值都往上堆疊，因而能同時確認整體的合計值及各項目的市佔率。

區域圖的主要用途為「**將漫長期間的市佔率趨勢繪製成圖表，呈現整體社會趨勢**」。例如，想呈現電腦作業系統的市佔率、智慧型手機與功能型手機的市佔率這種整體趨勢時，就很適合使用區域圖。

百分比堆疊區域圖是基本圖表

堆疊區域圖雖然可「**確認整體合計值的趨勢**」，但是圖表的上下起伏太明顯，變得不好確認項目的明細。另一方面，百分比堆疊區域圖雖可「**確認趨勢的同時，輕鬆確認各項目的明細**」，不過卻無法確認合計值。

重要的是，在了解這些圖表的特徵之後，考慮要呈現的內容，再選擇適當的圖表。

■ 作業系統市佔率的百分比堆疊區域圖

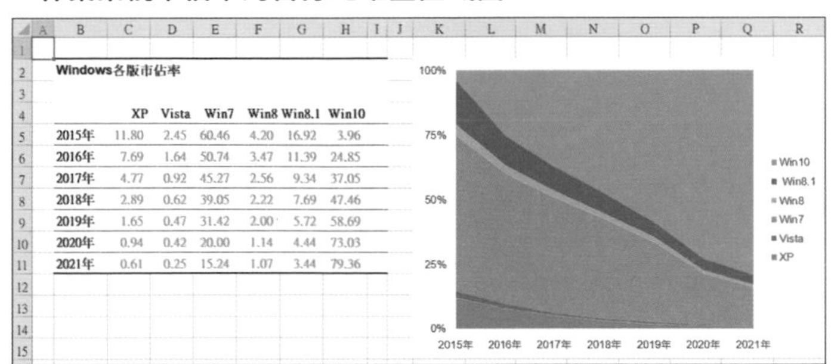
Windows各版市佔率

	XP	Vista	Win7	Win8	Win8.1	Win10
2015年	11.80	2.45	60.46	4.20	16.92	3.96
2016年	7.69	1.64	50.74	3.47	11.39	24.85
2017年	4.77	0.92	45.27	2.56	9.34	37.05
2018年	2.89	0.62	39.05	2.22	7.69	47.46
2019年	1.65	0.47	31.42	2.00	5.72	58.69
2020年	0.94	0.42	20.00	1.14	4.44	73.03
2021年	0.61	0.25	15.24	1.07	3.44	79.36

要呈現社會整體趨勢時，最常使用百分比堆疊區域圖。從這張圖表可以發現，即使到了2021年底，Windows 10的市佔率仍然非常高。

剛剛介紹的「堆疊長條圖」（p.304）或「百分比堆疊長條圖」（p.304）雖然都能呈現趨勢與各項目的值，但，當資料的統計時期拉長，長條就會變多，也就會變得難以閱讀。

■ 堆疊區域圖與堆疊長條圖的差異

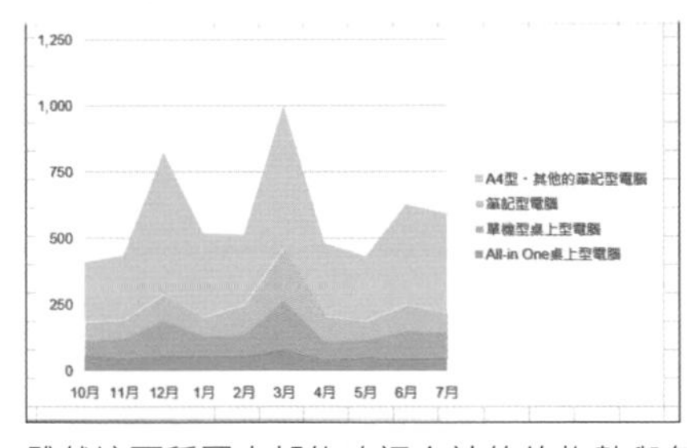

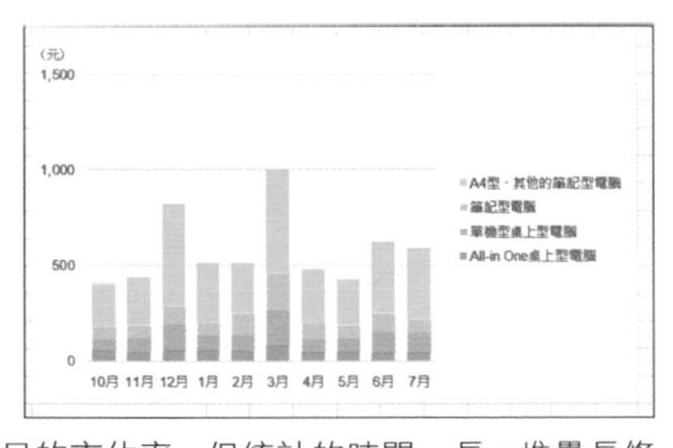

雖然這兩種圖表都能確認合計值的趨勢與各項目的市佔率，但統計的時間一長，堆疊長條圖裡的長條就會增加，也會變得難以閱讀。

相關項目 ■ 利用配色提升圖表魅力的常識 ⇨ p.271　■ 圓形圖的使用場合 ⇨ p.298

Excel 其他的圖表

本章介紹的「長條」、「折線」、「圓形」、「區域」四種圖表應該可以應付所有商務場合。與其學習多種圖表的製作方法，不如好好的鑽研這四種基本圖表。

不過，Excel 還有配備其他圖表，也是報告的好幫手，在此挑出幾種本章未介紹的、卻適用在商務場合的圖表。

■ 雷達圖

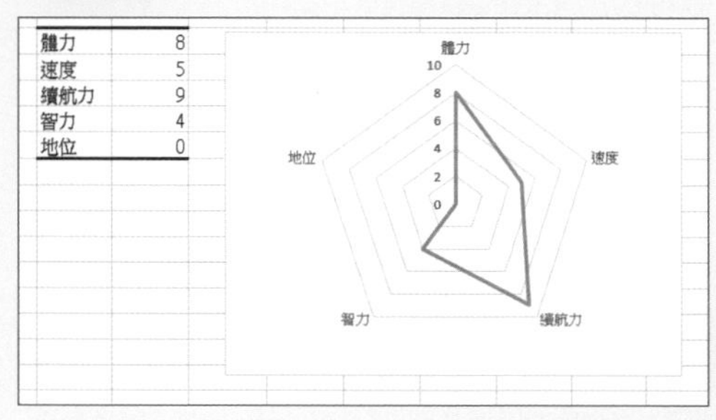

常用於呈現成績、規格的圖表，可一眼看出優缺點是否均衡。雖然常在書籍或雜誌看到這類圖表，卻因為很難突顯差距或均衡感，因而很少推薦使用。

■ 散佈圖

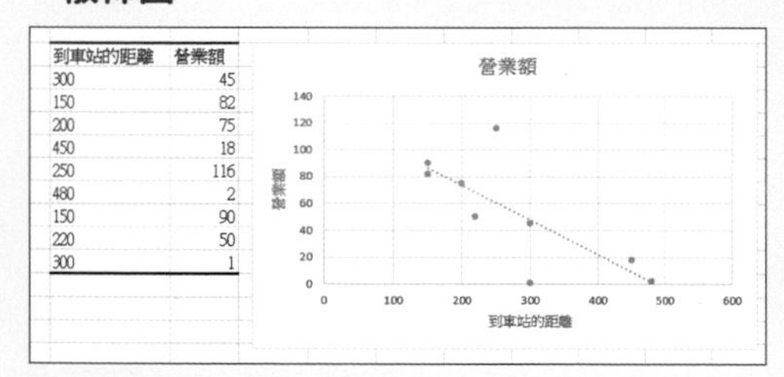

常用於突顯兩種資料的關聯性。還有可利用泡泡的大小呈現第三種資料的泡泡圖。

■ 股票圖

日期	開盤價	最高價	最低價	收盤價
2016/10/4	16,661.51	16,747.20	16,637.82	16,735.65
2016/10/3	16,566.03	16,852.16	16,554.83	16,598.67
2016/9/30	16,474.46	16,497.55	16,407.78	16,449.84
2016/9/29	16,806.30	16,756.43	16,584.14	16,693.71
2016/9/28	16,504.99	16,515.84	16,385.03	16,465.40
2016/9/27	16,390.01	16,683.93	16,285.41	16,683.93
2016/9/26	16,707.45	16,707.45	16,514.93	16,544.56
2016/9/23	16,759.84	16,808.59	16,725.53	16,754.02
2016/9/21	16,471.85	16,823.63	16,398.65	16,807.62
2016/9/20	16,403.22	16,591.76	16,403.22	16,492.15
2016/9/16	16,458.74	16,532.84	16,415.86	16,519.29
2016/9/15	16,512.42	16,528.02	16,368.78	16,406.01

用來顯示股價的圖表。可利用稱為「上下影線」的圖形呈現開盤價、最高價、最低價與收盤價。

CHAPTER 10

10 分鐘精通
Excel 的列印功能

CHAPTER 10

01 隨心所欲的列印技巧 徹底精通 Excel 的列印功能

脫離「好像會用」的現況

Excel 是個十分優異的軟體，若使用者不追加設定也能列印出堪用的資料表 / 表格，但，既然是在工作場合上，還是必須先了解 Excel 列印的特性，因為列印功能可說是「基本功能」。這一篇將介紹使用 Excel 列印時，一定要了解的基本功能。

要列印 Excel 的資料表 / 表格可點選**「檔案」索引標籤→「列印」**（快速鍵為 Ctrl + P ），開啟列印的後台視窗。

後台視窗會分成左右兩欄，左側的是**列印相關的設定項目**，右側則是**目前設定的列印預視畫面**。可一邊從列印預視確認結果，一邊設定各項目，設定完成後，點選畫面左上角的「列印」。

■「列印」的後台視窗

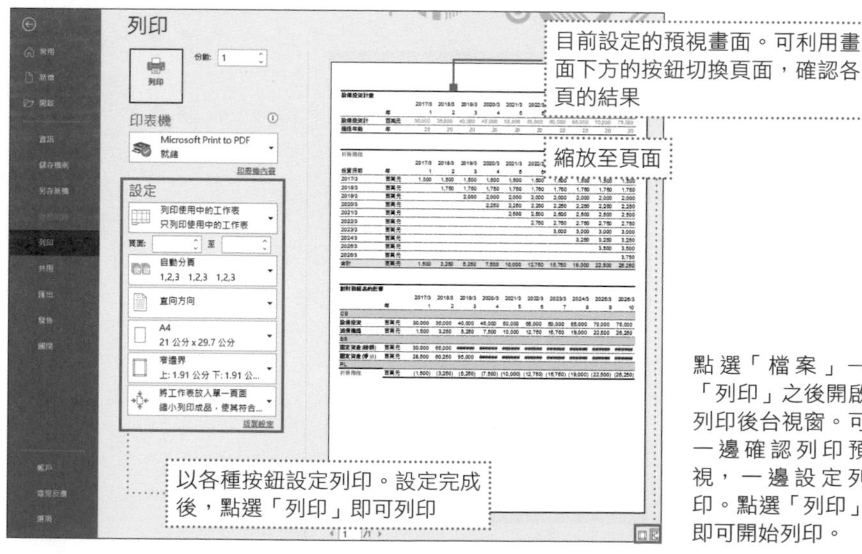

點選「檔案」→「列印」之後開啟列印後台視窗。可一邊確認列印預視，一邊設定列印。點選「列印」即可開始列印。

決定列印範圍

在開始列印之前，可先設定要列印工作表的哪些儲存格。選取工作表裡的儲存格範圍後，點選「版面設定」索引標籤的**「列印範圍」→「設定列印範圍」**，就能只列印該儲存格範圍。

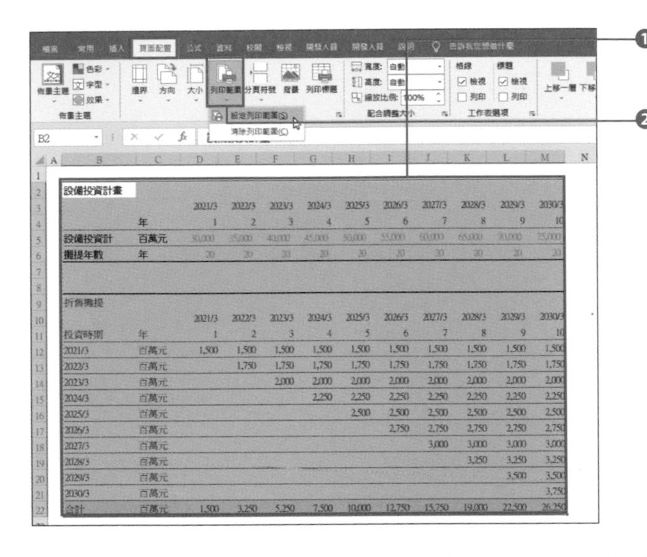

❶ 選取要列印的儲存格範圍。

❷ 點選「版面設定」索引標籤的「列印範圍」→「設定列印範圍」。

若不執行這項設定，在**工作表內使用的儲存格範圍**就會是列印範圍。若有不需要列印的儲存格，例如臨時的公式、沒使用卻設定了背景色的儲存格，建議先設定列印範圍，否則將全部列印出來。

此外，資料表 / 表格若是以「**工作表的第一列、第一欄留空的規則**」建立，則建議整個團體一起決定是否要列印第一列與第一欄的儲存格。一開始先決定這些細節後，就算要列印好幾頁的資料，也能保有整體的一致性。

▼這點也很重要！▼

設定列印範圍後，決定框線是否顯示或隱藏

設定列印範圍之後，該儲存格範圍的四周會顯示列印範圍的淡灰色框線。儲存活頁簿後，關閉活頁簿再開啟活頁簿，這條框線就會隱藏。如果覺得這條框線隱藏也無所謂，可點選「檔案」索引標籤→「選項」→「進階」→「此工作表的顯示選項」指定工作表，再取消「顯示分頁線」。

決定用紙的方向與大小

設定列印範圍後，可在後台視窗設定**用紙的方向與大小**。若是橫長的資料表 / 表格可設定為「橫向方向」，接著再指定用紙的大小（種類）。預設值為 A4，但是請大家依照資料表 / 表格的大小選用適當的用紙種類。

如果**資料與周邊設備許可的話，請盡可能列印成大張的用紙，以便讓整張資料表 / 表格收納在一張紙之內**。資料表 / 表格太大時，建議選用 A3 用紙。列印成本與 A4 差不多，卻能讓資料表 / 表格的易讀性更上一層樓。

■ **調整用紙的方向與大小，讓資料表 / 表格塞在一張紙裡**

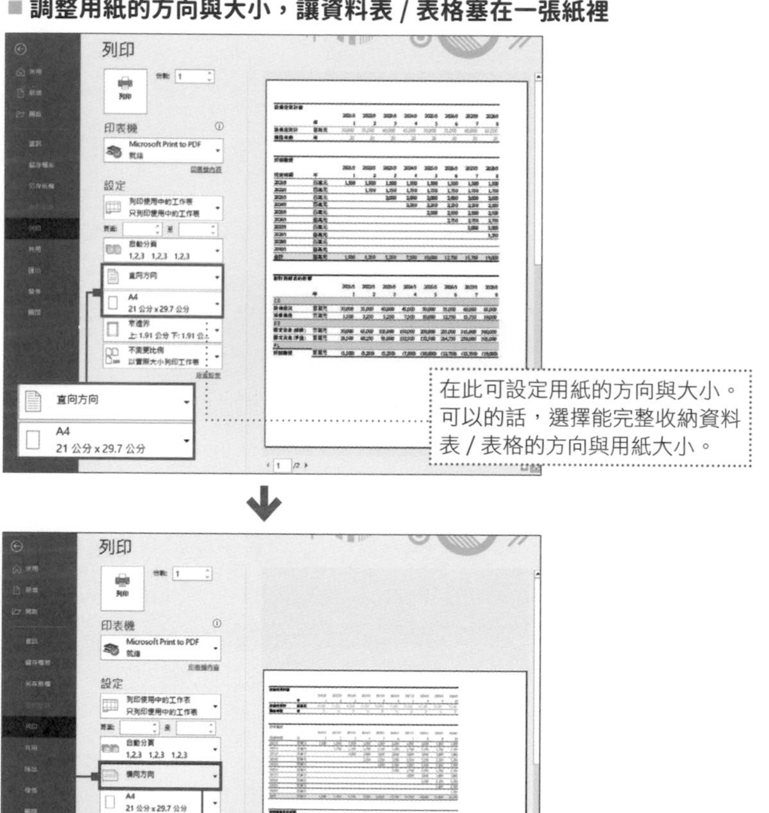

邊界的大小與縮放

資料表 / 表格大到差一點點就能放入整張紙時，可先試著**調整邊界**。請點選用紙種類下方的「邊界」，再點選「**窄邊界**」。

如果資料表 / 表格還是塞不進一張紙，可點選「邊界」下方的「縮放」，再點選「**將工作表放入單一頁面**」。如此一來，就會根據指定的用紙方向與大小，自動縮放資料表 / 表格的列印倍率，以便在單張用紙之內列印完整的資料表 / 表格。

資料表 / 表格縮小後，文字或數值也會變得很小；若是資料表 / 表格實在太大，則建議分成多張用紙。該稍微縮小時，是為了以單張用紙列印，但還是該為了保持文字的易讀性採用分割列印，不過，還請避免「只有最後三列印在第二頁」這種情況。如果只多出幾列，還是建議縮小列印倍率，印成單頁比較容易閱讀。

■ 指定邊界與顯示倍率

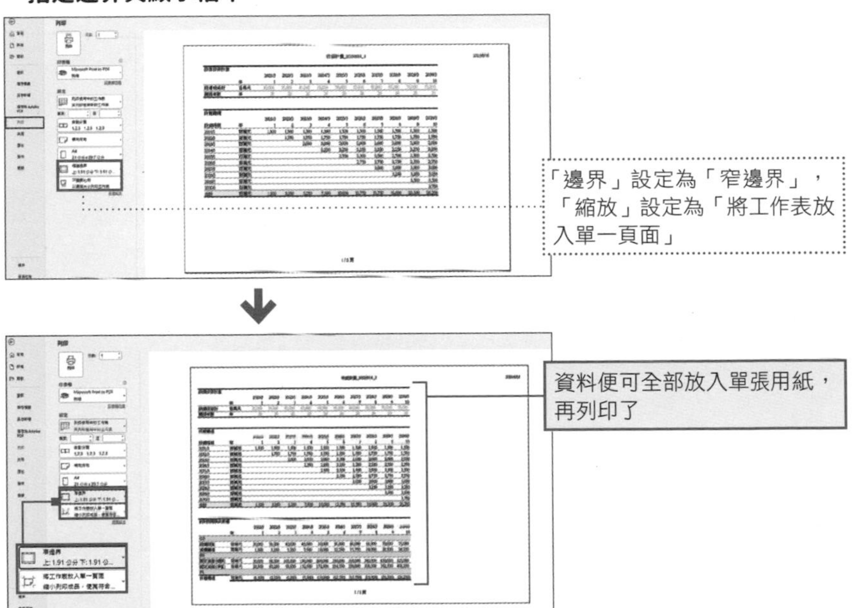

相關項目
■ 同時列印多張工作表 ⇨ p.316 ■ 編輯頁首／頁尾 ⇨ p.318
■ 輸出為 PDF ⇨ p.322

CHAPTER 10

02 調整分頁位置的注意事項

隨心所欲的列印技巧

在「分頁預覽」畫面確認分頁位置

想要分割列印一大張的資料表 / 表格時，Excel 會自動設定分頁位置。若想確認與變更分頁位置，可點選「檢視」索引標籤的**「分頁預覽」按鈕**。如此一來，就能開啟「分頁預覽」畫面，確認列印範圍與分頁位置。

「分頁預覽」畫面會以**藍框**圍住整個列印範圍，再以**藍色虛線**標示分頁位置。拖曳藍框或虛線，即可調整列印範圍與分頁位置。

此外，若想從「分頁預覽」畫面回到正常畫面，可點選「分頁預覽」按鈕左側的**「標準模式」按鈕**。

■「分頁預覽」畫面

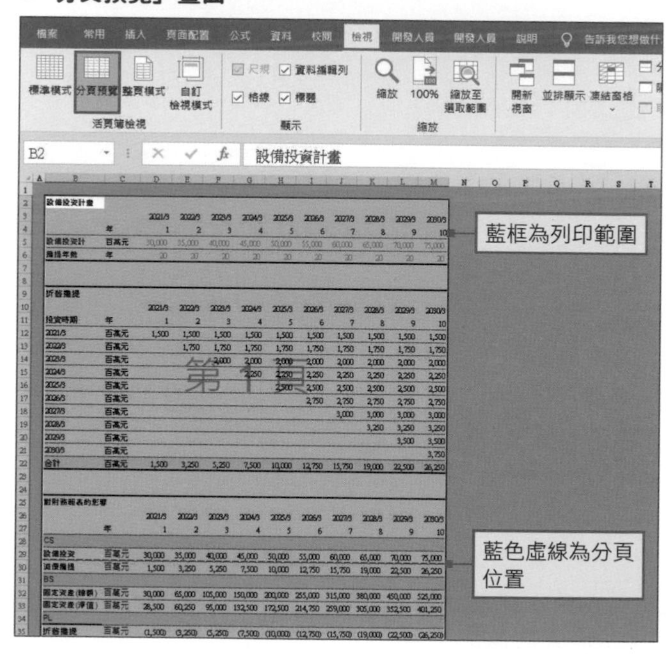

點選「檢視」索引標籤的「分頁預覽」按鈕可開啟「分頁預覽」畫面。列印範圍會以藍框標示，分頁位置會以藍色虛線標示。從這張圖可發現，工作表裡的第二張的資料表 / 表格分頁在不適當的位置。

調整分頁位置時，「一定要比預設再小」

拖曳藍色虛線就能調整分頁位置，而在調整時，**請務必調整成在預設位置之前的位置**。若比預設位置還寬廣，資料表 / 表格就會為了塞在單張用紙之內而縮小，列印倍率也會因此改變。設定所有資料能全部呈現的列印倍率才能讓資料表 / 表格變得容易閱讀，也比較美觀，請大家務必記得這點。

此外，若要新增分頁位置可先選取整列或整欄，再按下**「滑鼠右鍵」→「插入分頁」**。

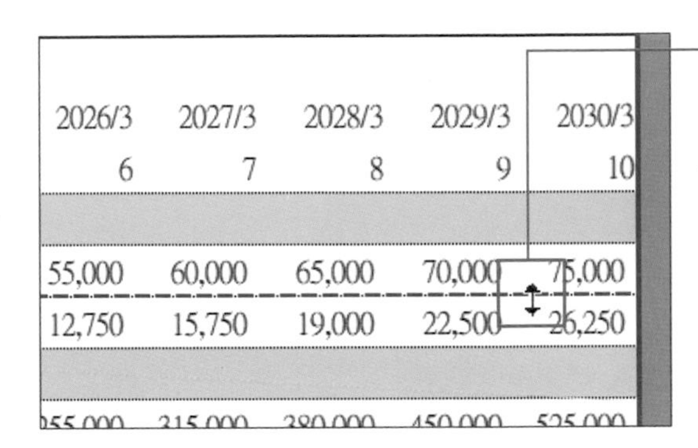

❶ 將滑鼠游標移動分頁位置的藍色虛線上，再拖曳調整位置。

MEMO　調整列印範圍的寬度時，請務必往左拖曳（縮小列印範圍）。往右拖曳會放寬列印範圍，導致列印倍率縮小。

第 1 頁

年	1	2	3	4	5	6	7	8	
百萬元	1,500	1,500	1,500	1,500	1,500	1,500	1,500	1,500	1,5
百萬元		1,750	1,750	1,750	1,750	1,750	1,750	1,750	1,7
百萬元			2,000	2,000	2,000	2,000	2,000	2,000	2,0
百萬元				2,250	2,250	2,250	2,250	2,250	2,2
百萬元					2,500	2,500	2,500	2,500	2,5
百萬元						2,750	2,750	2,750	2,7
百萬元							3,000	3,000	3,0
百萬元								3,250	3,2
百萬元									3,5
百萬元									
百萬元	1,500	3,250	5,250	7,500	10,000	12,750	15,750	19,000	22,5

的影響

		2021/3	2022/3	2023/3	2024/3	2025/3	2026/3	2027/3	2028/3	2029
	年	1	2	3	4	5	6	7	8	
	百萬元	30,000	35,000	40,000	45,000	50,000	55,000	60,000	65,000	70,00
	百萬元	1,500	3,250	5,250	7,500	10,000	12,750	15,750	19,000	22,50
總額)	百萬元	30,000	65,000	105,000	150,000	200,000	255,000	315,000	380,000	450,00
淨值)	百萬元	28,500	60,250	95,000	132,500	172,500	214,750	259,000	305,000	352,50
	百萬元	(1,500)	(3,250)	(5,250)	(7,500)	(10,000)	(12,750)	(15,750)	(19,000)	(22,50

❷ 調整分頁位置，讓工作表裡的兩張資料表 / 表格列印在不同的用紙裡。

此外，Excel 預設以虛線標示分頁位置，使用者可自行改成實線。

相關項目　■ 列印功能的基本操作 ⇨ p.310　■ 設定自動分頁 ⇨ p.320

CHAPTER 10 - 03

隨心所欲的列印技巧

同時列印多張工作表

將要列印的工作表組成群組

要同時列印多張工作表可先替每張工作表設定列印範圍、用紙方向、用紙大小，以及其他列印設定（p.312）。

完成各工作表的列印設定後，在工作表索引標籤選擇要列印的工作表。若要同時列印多張工作表，可先選擇第一張工作表，接著按住 Ctrl 鍵，再點選其他工作表的索引標籤。這種選取多張工作表的模式稱為「**群組化工作表**」。

在這種狀態列印（Ctrl + P），就能列印所有選取的工作表。

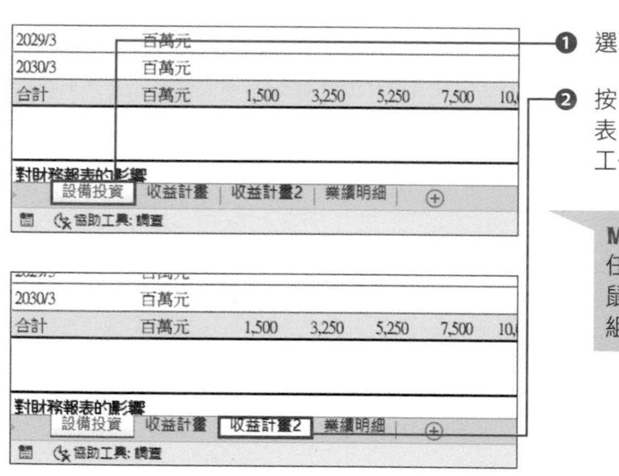

❶ 選取第一張工作表。

❷ 按住 Ctrl 鍵，點選第三張工作表，就能同時選取第一張與第三張工作表。

MEMO 若要解除群組化，可在任何一張工作表索引標籤按下滑鼠右鍵，再點選「取消工作表群組設定」。

▼這點也很重要！▼

一口氣選取多張工作表

選擇某張工作表之後，按住 Shift 鍵而不是 Ctrl 鍵，再點選其他工作表，就能選取第一張工作表到最後一張工作表。例如，選取第一張工作表之後，按住 Shift 鍵再點選第四張工作表，就能選取第一～四張工作表。若要同時列印多張工作表，這個選取方法就會十分方便。

列印活頁簿裡的所有工作表

若要列印活頁簿的所有工作表，而不是特定的工作表，可在替每張工作表完成列印設定後，在後台視窗的「列印目標」設定「**列印整本活頁簿**」。此時會依照各工作表的用紙大小、分頁位置以及其他的列印設定來列印。

■ 同時列印整本活頁簿的所有工作表

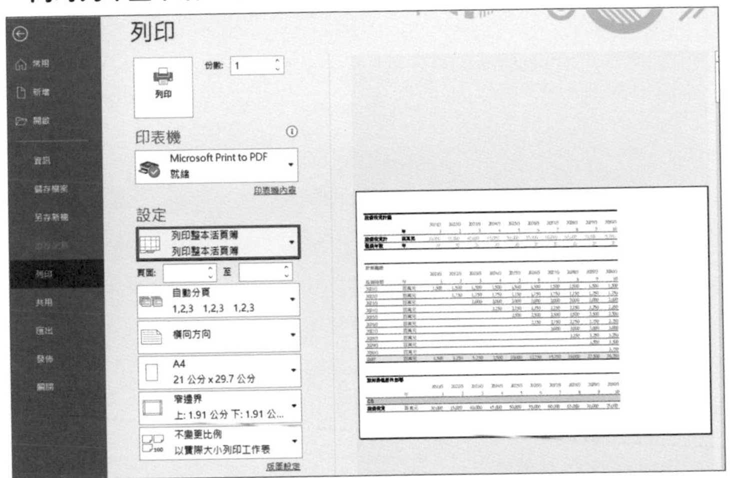

要列印所有工作表的時候，可在後台視窗的「列印目標」設定「列印整本活頁簿」。

▼這點也很重要！▼

列印選取範圍（重點列印）

除了列印整張工作表，Excel 也可以**只列印選取範圍**。要只列印選取範圍可先選取儲存格範圍，再於「列印目標」設定「**列印選取範圍**」。

這個功能還有進階的技巧。在第一張工作表選取儲存格範圍之後，按住 Ctrl 鍵，在其他的工作表選取儲存格範圍，就能將選取的第一個儲存格範圍與第二個儲存格範圍，分別印在不同的紙上。這個技巧很適合擷取工作表部分資料或資料表 / 表格來使用，請大家務必學起來。

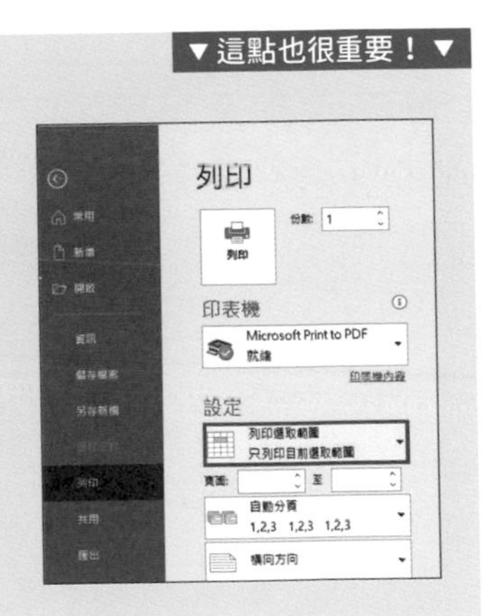

相關項目
■ 調整分頁位置 ⇨ p.314　■ 編輯頁首／頁尾 ➡ p.318
■ 設定自動分頁 ⇨ p.320

在資料的頁首記載重要的檔案資訊

記載檔案資訊，確保資料的正確性

列印多頁資料時，建議在用紙的頁首（上方）或頁尾（下方）顯示活頁簿的**檔案名稱**、**列印日期**與**頁面編號**。

有些資料非常重視「**是什麼時候的資料**」（是否為最新資料）、「**頁面有無缺漏**」（所有頁面是否皆可列印）。在這樣的情況下，一開始就會先確認資料是否正確，若能在資料的頁首或頁尾標記上述的檔案資訊，就能更快速完成確認。如果資料只有 2 ～ 3 張，或許一張張確認也不會花太多時間，一旦資料多達 30 張、40 張，就必須標註檔案資訊，才能迅速確認。

■ 在資料的頁首或頁尾標註檔案資訊

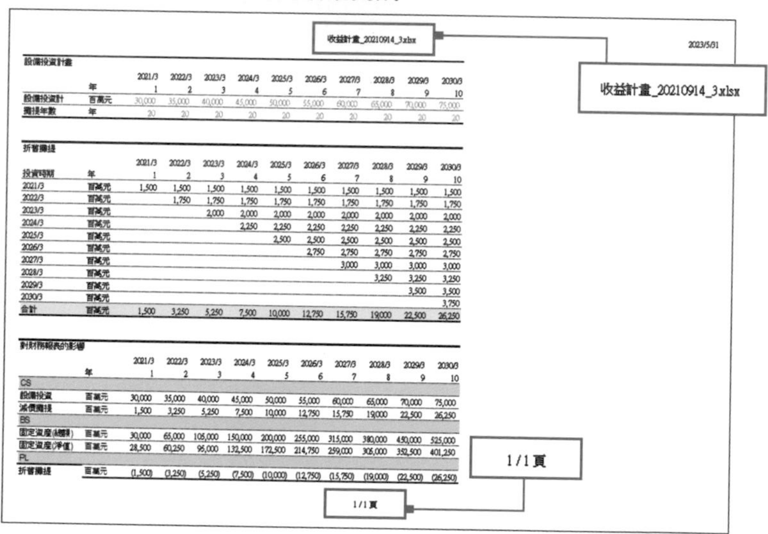
收益計畫_20210914_3.xlsx　　2023/5/31

設備投資計畫

	年	2021/3 1	2022/3 2	2023/3 3	2024/3 4	2025/3 5	2026/3 6	2027/3 7	2028/3 8	2029/3 9	2030/3 10
設備投資計	百萬元	30,000	35,000	40,000	45,000	50,000	55,000	60,000	65,000	70,000	75,000
攤提年數	年	20	20	20	20	20	20	20	20	20	20

折舊攤提

投資時期	年	2021/3 1	2022/3 2	2023/3 3	2024/3 4	2025/3 5	2026/3 6	2027/3 7	2028/3 8	2029/3 9	2030/3 10
2021/3	百萬元	1,500	1,500	1,500	1,500	1,500	1,500	1,500	1,500	1,500	1,500
2022/3	百萬元		1,750	1,750	1,750	1,750	1,750	1,750	1,750	1,750	1,750
2023/3	百萬元			2,000	2,000	2,000	2,000	2,000	2,000	2,000	2,000
2024/3	百萬元				2,250	2,250	2,250	2,250	2,250	2,250	2,250
2025/3	百萬元					2,500	2,500	2,500	2,500	2,500	2,500
2026/3	百萬元						2,750	2,750	2,750	2,750	2,750
2027/3	百萬元							3,000	3,000	3,000	3,000
2028/3	百萬元								3,250	3,250	3,250
2029/3	百萬元									3,500	3,500
2030/3	百萬元										3,750
合計	百萬元	1,500	3,250	5,250	7,500	10,000	12,750	15,750	19,000	22,500	26,250

對財務報表的影響

	年	2021/3 1	2022/3 2	2023/3 3	2024/3 4	2025/3 5	2026/3 6	2027/3 7	2028/3 8	2029/3 9	2030/3 10
CS											
設備投資	百萬元	30,000	35,000	40,000	45,000	50,000	55,000	60,000	65,000	70,000	75,000
減價攤提	百萬元	1,500	3,250	5,250	7,500	10,000	12,750	15,750	19,000	22,500	26,250
BS											
固定資產(總額)	百萬元	30,000	65,000	105,000	150,000	200,000	255,000	315,000	380,000	450,000	525,000
固定資產(淨值)	百萬元	28,500	60,250	95,000	132,500	172,500	214,750	259,000	305,000	352,500	401,250
PL											
折舊攤提	百萬元	(1,500)	(3,250)	(5,250)	(7,500)	(10,000)	(12,750)	(15,750)	(19,000)	(22,500)	(26,250)

1 / 1 頁

在用紙的頁首或頁尾標註檔案名稱、列印日期、頁面編號，是發送多頁資料時不可或缺的作業。

頁首／頁尾的設定步驟

要設定頁首或頁尾可透過下列步驟。

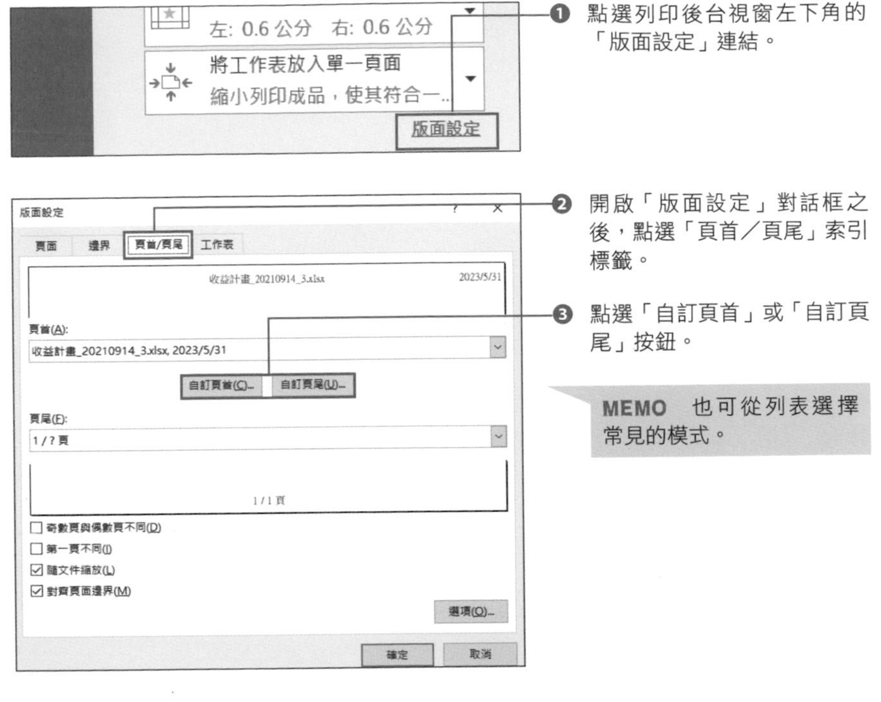

❶ 點選列印後台視窗左下角的「版面設定」連結。

❷ 開啟「版面設定」對話框之後，點選「頁首／頁尾」索引標籤。

❸ 點選「自訂頁首」或「自訂頁尾」按鈕。

MEMO　也可從列表選擇常見的模式。

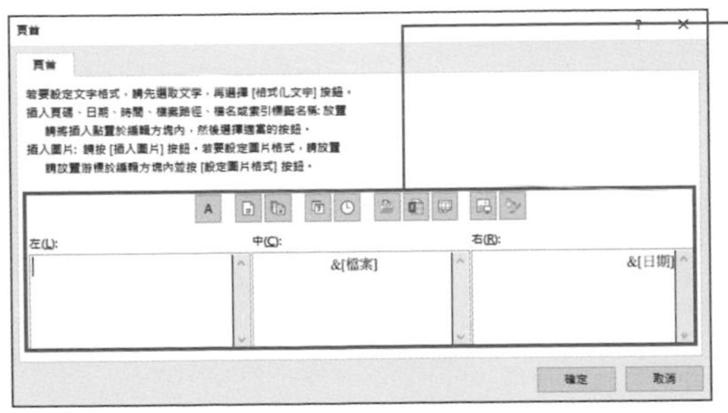

❹ 將滑鼠游標移到頁首／頁尾的左、中、右，再點選與檔案名稱、列印日期對應的按鈕，嵌入該項資訊。

頁首／頁尾的內容除了可從列印選擇常見的模式，也可自訂。若要自訂，可點選「自訂頁首」或「自訂頁尾」，嵌入頁數或檔案名稱這類資訊。

相關項目　■ 列印功能的基本操作 ⇨ p.310　■ 設定自動分頁 ⇨ p.320

CHAPTER 10 - 05

隨心所欲的列印技巧

變更資料的列印順序，以便更容易裝訂

靈活使用「份數」設定

若要列印多份以多頁組成的資料時，可先在列印後台視窗設定「**份數**」，再於「列印方式」設定「**自動分頁**」。

如果未設定成「自動分頁」，直接列印五份三頁的資料時，就會以第一頁列印五張→第二頁列印五張→第三頁列印五張的順序列印，這樣在整理資料變得十分麻煩。若是能設定成「自動分頁」，就能以 1 ～ 3 頁為 1 組，連續列印五次，之後也只要裝訂後就能發送。要發送列印資料時，這種列印方式絕對比較有效率，請大家務必記住。

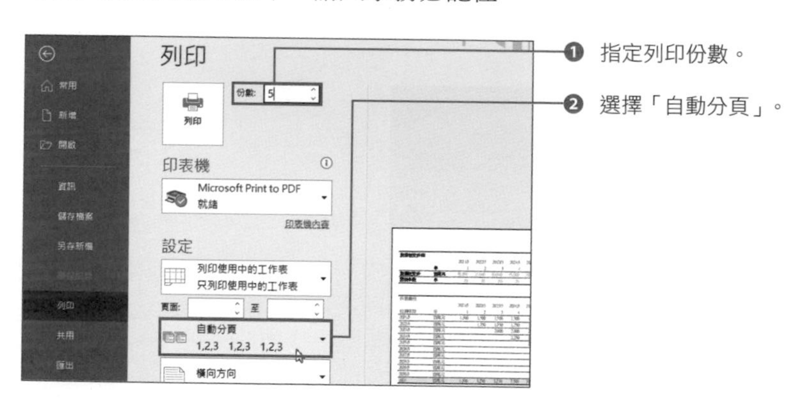

善用印表機特有的設定

▼這點也很重要！▼

有些印表機會有「雙面列印」或「縮小列印多張頁面」等特殊功能。如果有這些特殊功能，可先開啟「版面設定」對話框（p.319），再於「頁面」索引標籤點選「選項」，進入印表機的設定畫面（每種印表機的設定畫面可能不一樣）。

相關項目
■ 同時列印多張工作表 ⇨ p.316 ■ 編輯頁首／頁尾 ⇨ p.318
■ 輸出為 PDF ⇨ p.322

隨心所欲的列印技巧

在各頁面的開頭列記載資料表 / 表格的標題列

列印縱長資料表 / 表格時的必備技巧

要印出一張紙塞不下的縱長資料表 / 表格時，**建議在各頁面的開頭列標註資料表 / 表格的標題列**。尤其當欄數特別多的時候，一跨頁就有可能看不懂各欄的資料，因此，這項技巧可以確保資料表 / 表格的易讀性。請透過下列步驟設定。

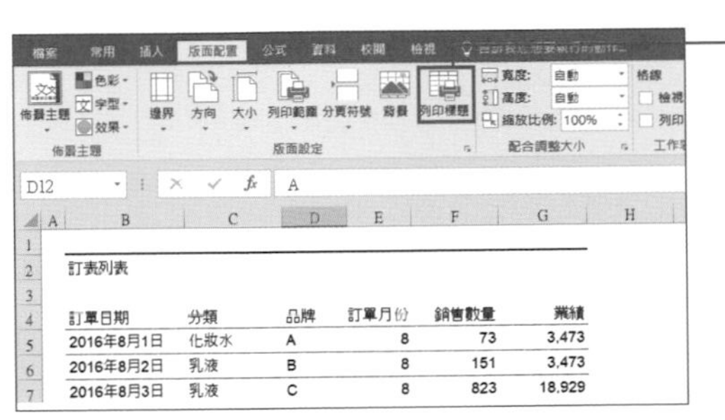

❶ 點選「版面設定」索引標籤的「列印標題」。

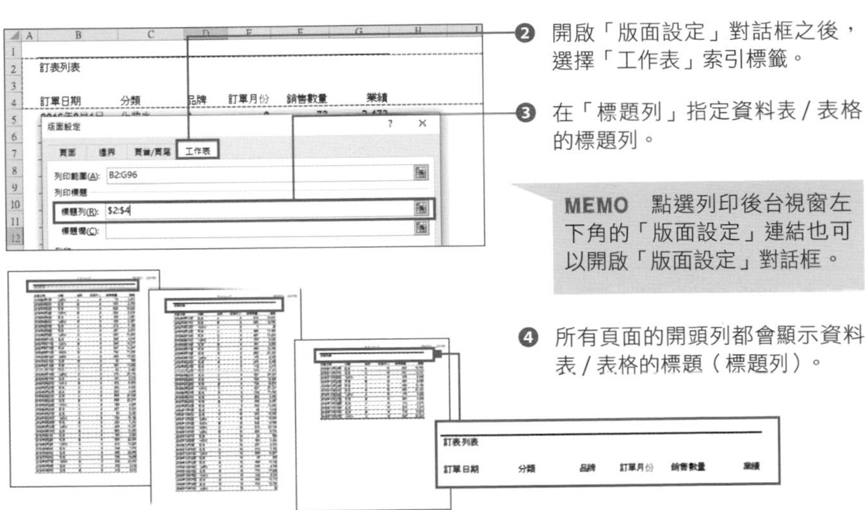

❷ 開啟「版面設定」對話框之後，選擇「工作表」索引標籤。

❸ 在「標題列」指定資料表 / 表格的標題列。

MEMO　點選列印後台視窗左下角的「版面設定」連結也可以開啟「版面設定」對話框。

❹ 所有頁面的開頭列都會顯示資料表 / 表格的標題（標題列）。

相關項目

■ 列印功能的基本操作 ➩ p.310　■ 編輯頁首／頁尾 ➩ p.318
■ 設定自動分頁 ➩ p.320

轉成 PDF 檔，讓智慧型手機或平板電腦也能瀏覽

若要將 Excel 的資料表 / 表格轉存為 PDF 格式的檔案，可先在列印後台視窗完成各種設定，再切換到**「匯出」畫面**，點選**「建立 PDF/XPS 文件」按鈕**。如此一來，Excel 上的內容就會依照列印設定轉存為 PDF 檔案。

PDF 可以在未安裝 Excel 的環境下瀏覽，如智慧型手機、平板電腦以及各種環境，是一個高相容性的檔案格式。最近無紙化的風潮興起，許多會議資料也改以 iPad 這種平板電腦瀏覽、確認了。

■ **轉存為 PDF**

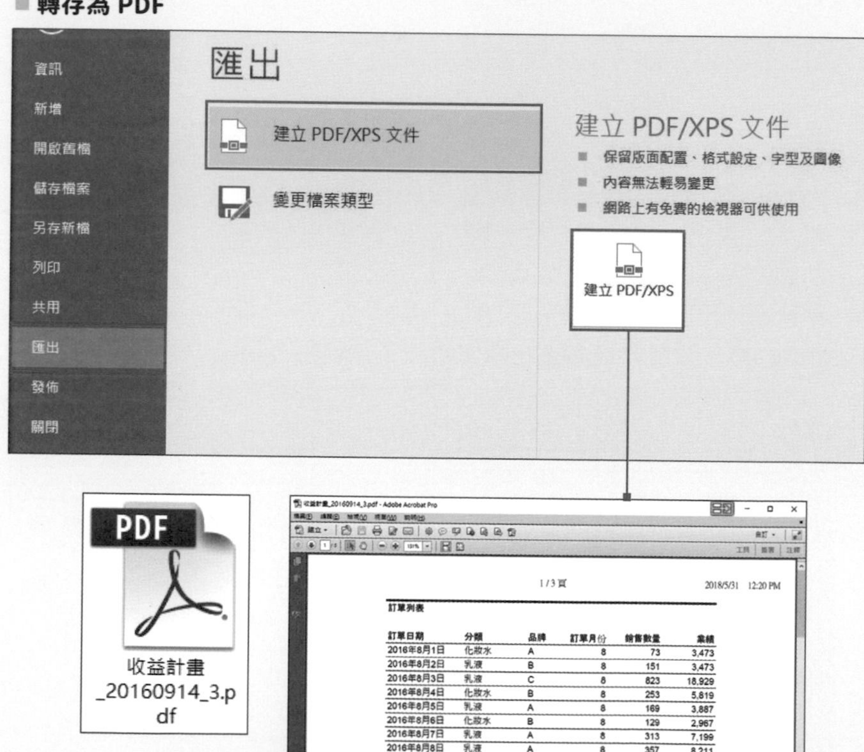

訂單日期	分類	品牌	訂單月份	銷售數量	業績
2016年8月1日	化妝水	A	8	73	3,473
2016年8月2日	乳液	B	8	151	3,473
2016年8月3日	乳液	C	8	823	18,929
2016年8月4日	化妝水	B	8	253	5,819
2016年8月5日	乳液	A	8	169	3,887
2016年8月6日	化妝水	B	8	129	2,967
2016年8月7日	乳液	A	8	313	7,199
2016年8月8日	乳液	A	8	357	8,211
2016年8月9日	化妝水	C	8	691	15,893
2016年8月10日	乳液	A	8	392	9,016
2016年8月11日	化妝水	B	8	699	16,077
2016年8月12日	乳液	C	8	567	13,041

CHAPTER 11

利用 Excel 製作超高效率、完全自動化的邀請函

CHAPTER 11

01

麻煩的作業就交給 Excel

衝擊！自動化作業只要幾秒就能完成一整天工作

「重複的相同操作」最適合自動化

Excel 內建了自動執行一連串操作的「**巨集**」功能，**這項功能可讓必須手動、且重複、需費時一天的作業，只要短短幾秒就能結束**。

舉例來說，調整大量的資料表設計若是交給巨集處理是非常有效率的事。手動調整每個資料表的字型、儲存格的寬度與高度，重新設定框線等，不管有多少時間都不夠用，但，使用巨集的話，就能在幾秒之內完成。若只是調整一、兩張資料表的設計，或許手動調整還無所謂，若是資料表多達 10、20 張之多，交給巨集處理才有效率，而且還更正確。

■ 利用巨集打造自動化處理的範例

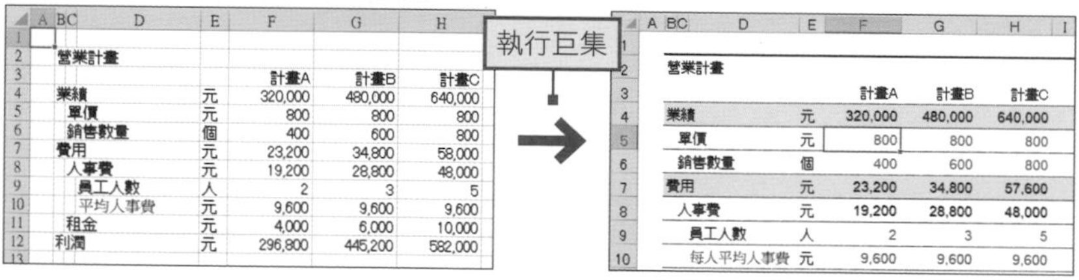

營業計畫		計畫A	計畫B	計畫C
業績	元	320,000	480,000	640,000
單價	元	800	800	800
銷售數量	個	400	600	800
費用	元	23,200	34,800	58,000
人事費	元	19,200	28,800	48,000
員工人數	人	2	3	5
平均人事費	元	9,600	9,600	9,600
租金	元	4,000	6,000	10,000
利潤	元	296,800	445,200	582,000

執行巨集

營業計畫		計畫A	計畫B	計畫C
業績	元	320,000	480,000	640,000
單價	元	800	800	800
銷售數量	個	400	600	800
費用	元	23,200	34,800	57,600
人事費	元	19,200	28,800	48,000
員工人數	人	2	3	5
每人平均人事費	元	9,600	9,600	9,600

使用 Excel 的巨集可幾秒內完成上圖的資料表設計。手動調整可能得耗費幾分鐘以上。其他像是統計各活頁簿資料，以及從大量的資料擷取必要的資料，也是巨集特別擅長的部分。

越常使用 Excel 的人，越能了解學會巨集有多少好處。若你一直都處於必須加班才能完成作業的情境，學會巨集一定能改善時間的支配方式。這絕對不是誇飾，讓巨集處理繁雜單調的作業，就能將更多的時間分配給重要的資料分析以及擬定行銷、營業策略。

自動化「自己的工作知識」

巨集就是「**將 Excel 的操作步驟寫成程式、文字，再依序執行這些程式，自動完成一連串操作**」的架構。下圖就是執行下列四項操作的巨集。

- **將工作表的中文字型全部設定為「微軟正黑體」**
- **將字型設定為「11」**
- **將表格的列高設定為「18」**
- **將第一欄（A 欄）的欄寬設定為「3」**

巨集的範例與執行方法

```
(一般)

Sub 巨集1()
    With ActiveSheet
        With .Cells.Font
            .Name = "微軟正黑體"
            .Size = 11
        End With
        .Rows.RowHeight = 18
        .Columns(1).ColumnWidth = 3
    End With
End Sub
```

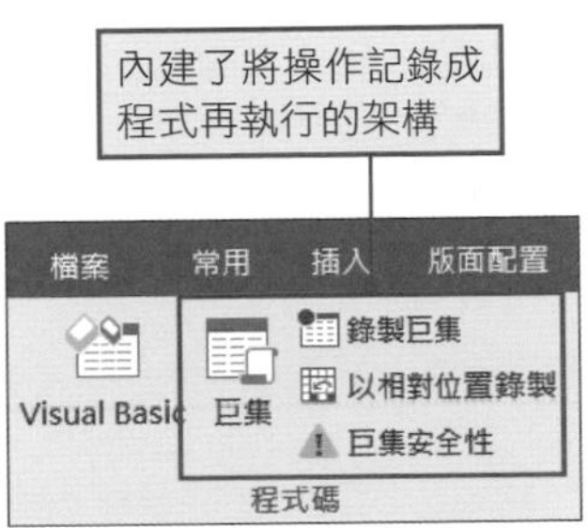

透過巨集執行的操作內容可撰寫成程式或文字。Excel 也內建了將實際操作記錄成巨集、文字的「錄製巨集」功能。

進一步的撰寫方式將在下一節說明，不過，巨集的文法與英文很像，所以看了上圖，應該猜得到處理內容。**執行這個巨集可瞬間完成四個操作**。

此外，Excel 內建了將實際操作記錄成巨集「錄製巨集」功能（p.327）。只要使用這項功能，就不需要自行撰寫巨集的程式，只需要如平常般操作，就能讓這些操作自動化。

比起本書之前介紹的功能，巨集的確是比較難，但絕對有花時間挑戰的價值。

■ 巨集的基本知識 ⇨ p.326　■ 巨集的記錄 ⇨ p.327
■ 巨集的執行 ⇨ p.328

CHAPTER 11
02

麻煩的作業就交給 Excel

巨集的基本知識

體驗自動化的第一步
顯示操作巨集的「開發人員」索引標籤

若要詳盡解說以巨集自動化處理的過程，恐怕可以寫成一本書，因此，本章不打算全部解說，**只想帶著大家踏出使用巨集的第一步**。若之前不曾使用過巨集，請務必從本節開始閱讀。本節將介紹以**「錄製巨集」功能**建立巨集、使用巨集與編輯巨集的方法。

Excel 預設無法使用巨集，必須先在功能區追加「開發人員」索引標籤。請執行下列步驟來追加。

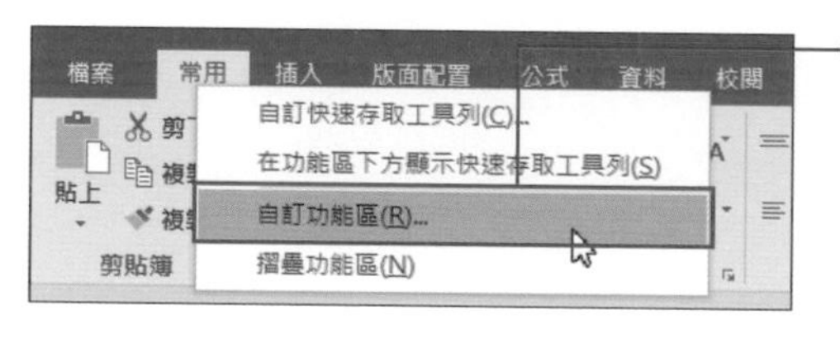

❶ 在功能區按下滑鼠右鍵，點選「自訂功能區」。

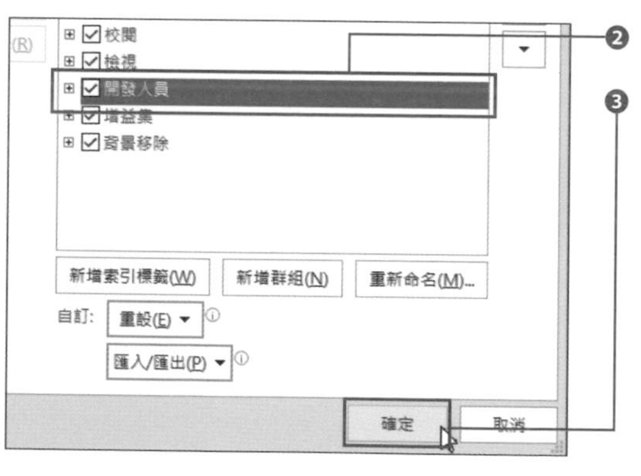

❷ 勾選「開發人員」。

❸ 點選「確定」。功能區將新增「開發人員」索引標籤。

利用「錄製巨集」功能建立巨集

準備就緒後，讓我們實際記錄巨集，並執行看看。

新增活頁簿，點選「開發人員」索引標籤的**「錄製巨集」按鈕❶**。開啟「錄製巨集」對話框，輸入「巨集名稱」（待會要執行的一連串操作的名稱）❷，再點選「確定」❸。如此一來，就準備記錄接下來的操作。

記錄完成後❹，點選**「停止錄製」按鈕❺**就完成了。

■ **利用「錄製巨集」功能建立巨集**

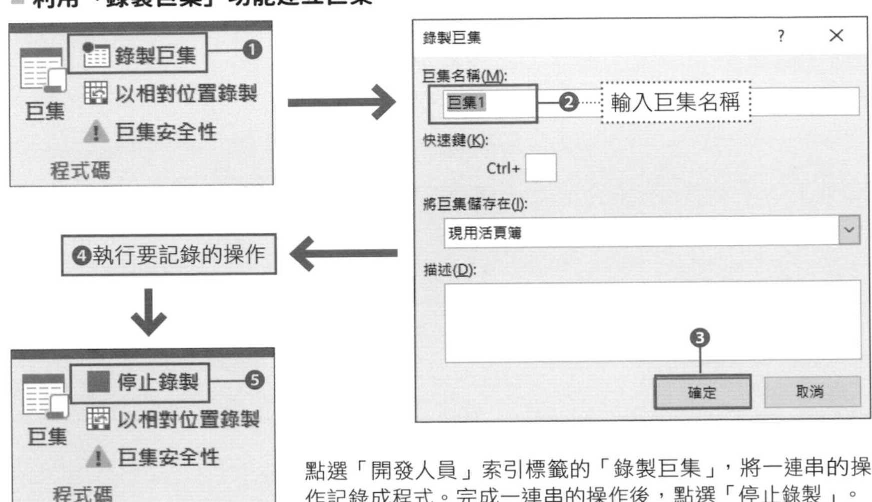

點選「開發人員」索引標籤的「錄製巨集」，將一連串的操作記錄成程式。完成一連串的操作後，點選「停止錄製」。

這次的範例將「巨集名稱」命名為「巨集 1」，並在點選「錄製巨集」對話框的「確定」之後，進行下列一連串的操作。

1. **點選工作表左上角的選取所有儲存格按鈕，選取所有儲存格**
2. **將字型設定為「微軟正黑體」、「11pt」**
3. **點選「常用」索引標籤的「格式」→「列高」，將列高設定為「18」**
4. **選取 A 欄，再點選「常用」索引標籤的「格式」→「欄寬」，將欄寬設定為「3」**

完成上述四個操作之後，點選「停止錄製」按鈕，巨集就完成了。之後只需要利用下一頁介紹的方法執行「巨集 1」，就能執行這四個操作。

執行錄製的巨集

要執行錄製的巨集可點選「開發人員」索引標籤的「巨集」，開啟**「巨集」**對話框。顯示巨集的列表後，選擇要執行的巨集再點選「執行」，錄製成巨集的一連串操作就會自動執行。例如在新資料表（編註：也會作用於儲存格範圍）執行前一頁錄製的「巨集 1」，就能瞬間設定該資料表的字型、列高、A 欄的欄寬。

❶ 點選「開發人員」索引標籤的「巨集」。

❷ 在「巨集」對話框選擇要執行的巨集，再點選「執行」按鈕。

▼這點也很重要！▼

「以相對位置錄製」功能

錄製巨集時，若先點選「開發人員」索引標籤的**「以相對位置錄製」**，儲存格或儲存格範圍的選取就會以「相對參照」記錄。例如，在選取儲存格 A1 的時候開始錄製，接著讓右側的儲存格 B1 填滿顏色，巨集就會將操作記錄成「右側的儲存格填滿顏色」。

將巨集新增至快速存取工具列

錄製完成的巨集可新增至**快速存取工具列**。若先新增至快速存取工具列，之後就能輕鬆一點，執行一連串的操作。請務必將常執行的巨集新增至快速存取工具列。

此外，新增巨集時，也會自動指派 Alt 鍵系列的快速鍵（p.146），所以也可直接從鍵盤執行巨集。

要將巨集新增至快速存取工具列可透過下列步驟。

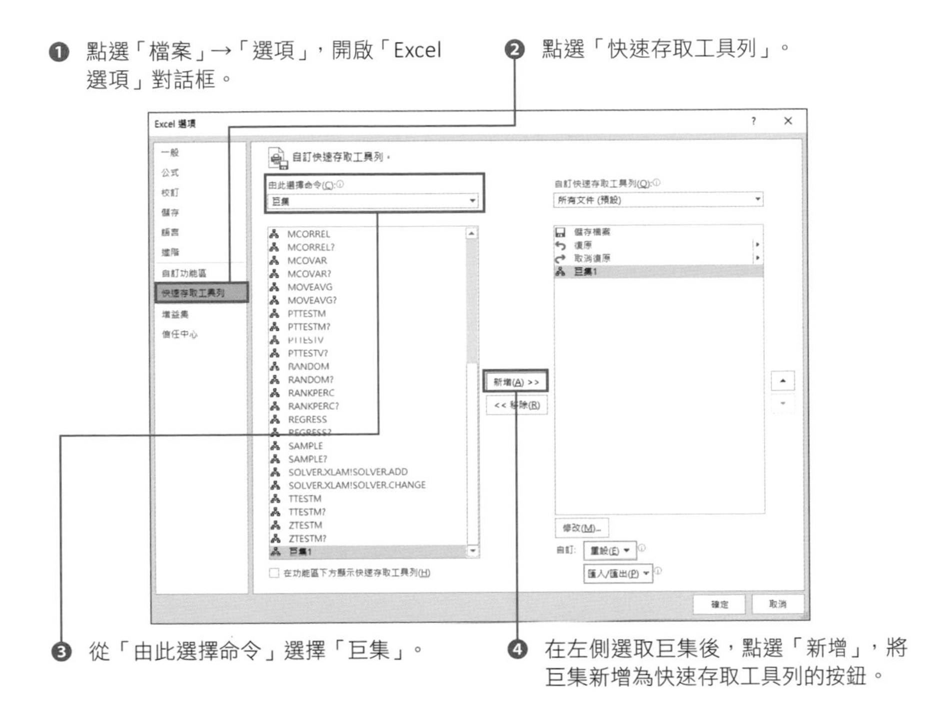

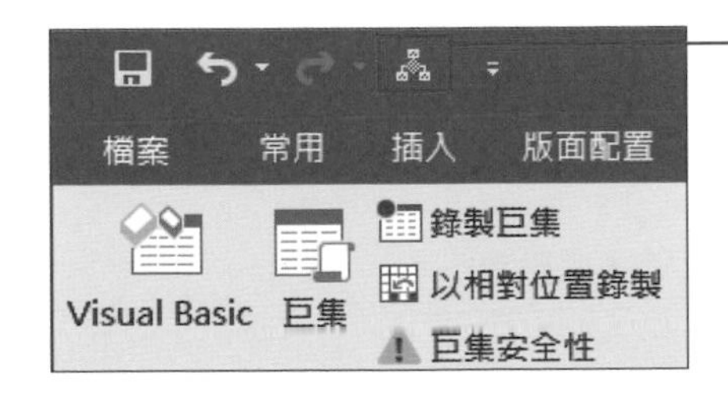

❺ 點選新增至快速存取工具列的按鈕，即可執行巨集。

MEMO　點選新增至快速存取工具列的巨集可利用 Alt → 1 ～ 9 鍵的快速鍵執行。

確認與編輯巨集的內容

要確認或編輯巨集的內容時，可點選「開發人員」索引標籤左側的**「Visual Basic」**。此時，將開啟「VBE」（Visual Basic Editor）的專用畫面，可供確認與編輯巨集的內容。

下圖是將前一頁錄製的巨集編輯成「在選取範圍的上下兩端設定粗實線的框線，再於第二列之後，設定水平方向的細實線的框線，再將直接輸入的數值設定為『藍色，輔色 5』」一連串的操作。巨集名稱變更為「調整表格」。這個巨集的執行結果將在下一頁揭曉。像這樣編輯巨集內容，就能為自己的資料表量身打造需要的巨集。

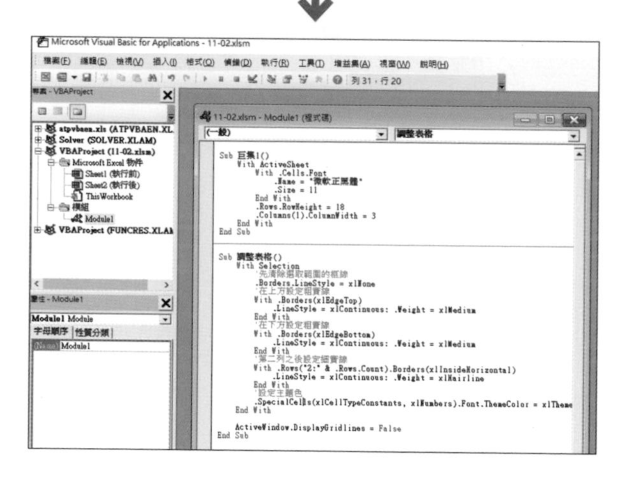

開啟「VBE」畫面，確認與編輯巨集的內容

根據剛剛錄製的巨集來改良。VBE 專用畫面可整理、變更、追加標題與內容。

▼這點也很重要！▼

VBE 與 VBA

巨集編輯畫面稱為「VBE」，而巨集程式語法則稱為「VBA」（Visual Basic for Applications）。

■ 利用巨集為自己的工作量身打造工具

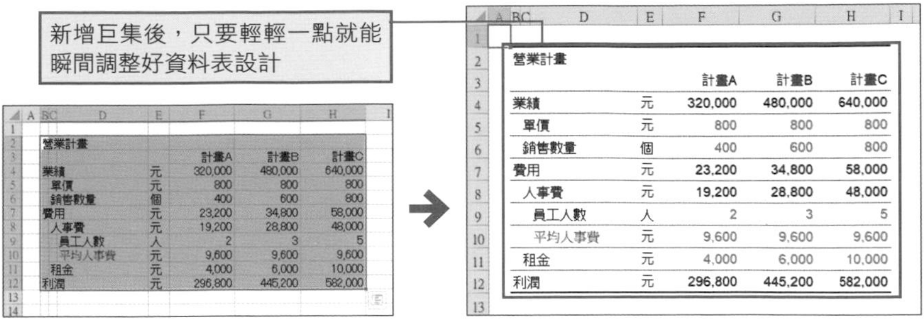

新增巨集後，只要輕輕一點就能瞬間調整好資料表設計

營業計畫		計畫A	計畫B	計畫C
業績	元	320,000	480,000	640,000
單價	元	800	800	800
銷售數量	個	400	600	800
費用	元	23,200	34,800	58,000
人事費	元	19,200	28,800	48,000
員工人數	人	2	3	5
平均人事費	元	9,600	9,600	9,600
租金	元	4,000	6,000	10,000
利潤	元	296,800	445,200	582,000

儲存巨集與從其他活頁簿呼叫巨集的方法

建立了巨集的活頁簿（Excel檔案）必須以**有別於一般活頁簿的方式儲存**。在「另存新檔」對話框將「存檔類型」指定為**「Excel 啟用巨集的活頁簿(*.xlsm)」**再儲存。

這種檔案格式的副檔名為「xlsm」，檔案的圖示也與一般的活頁簿不太一樣，可一眼看出是啟用了巨集的活頁簿。

此外，可依照「巨集的使用方法」使用下列資料表裡的三種方法儲存巨集。

■ 巨集的儲存方法

儲存方法	說明
xlsm 格式	將巨集儲存在個別活頁簿的方式。必須將檔案儲存為有別於一般活頁簿的「xlsm 格式」。若只想在特定的活頁簿使用這個巨集，可選擇這個方式。
個人巨集活頁簿	將巨集記錄在專用活頁簿的方式。若想在其他活頁簿使用巨集，可選擇這個方式。
增益集	建立只由巨集組成的「增益集活頁簿」再儲存的方式。要執行巨集時，可從「開發人員」索引標籤點選「增益集」。

Excel 可像這樣依照巨集的目的與用途，以適當的方式儲存巨集。限於版面，本書無法細細解說這三種儲存方式，有興趣的讀者請自行網路搜尋。

相關項目　■ 巨集與 VBA ⇨ p.332　■ 巨集的安全性設定 ⇨ p.333

CHAPTER 11 - 03

麻煩的作業就交給 Excel 更上一層樓

針對想要更上一層樓的人推薦的功能

Excel 的巨集不只是將手動操作的步驟轉變成自動化程序，還可根據儲存格的值、日期、公式結果自動切換處理內容的「**條件分歧處理**」，以及重複執行相同作業的「**迴圈處理**」。舉例來說，要執行一百次每隔一列就執行特定處理的處理（總計要處理 200 列），也能輕鬆地透過巨集完成。

此外，若使用可自行指定處理對象的「**陣列**」架構，「在利潤、業績、費用，其中一欄設定背景色」這個無法透過「錄製巨集」來處理的複雜事情，也能全部轉換成自動化程式。

若能巧妙地搭配該功能，就能在幾秒之內完成「**將記載在特定資料夾裡的多個活頁簿的業績資料，全部整理在特定活頁簿**」的複雜處理，不僅比手動操作快，還能「正確、零失誤」。不管處理對象增加多少，都能正確而快速地執行相同的操作。這就是「將麻煩的作業交給 Excel」的絕大優點之一。

■ 建議想更上一層樓的人使用的架構

VBA 的架構	說明
條件分歧 （if 條件式）	根據儲存格的值或公式的結果，切換處理的架構。可指定比 IF 函數（p.74）更為複雜的條件。
迴圈處理 （For 語法）	「重複執行 100 次相同的處理」、「在所有工作表執行處理」、「重複處理，直到資料筆數達 50 筆為止」這類重複執行巨集內容的架構。可一口氣處理龐雜的作業，可說是讓作業變得更有效率的關鍵架構。
陣列 （Array 函數）	「在輸入利潤、業績、費用的欄位之中，選一個設定顏色」這類將某個群體指定為處理對象的架構。

巨集的關鍵字是「自動化」、「巨集」、「VBA」

開啟啟用巨集的活頁簿之後，有時會顯示安全性警告。這是**為了避免因為巨集而自動執行預期之外的處理**。有些公司、學校或其他作業環境會禁止使用巨集。

雖然巨集的功能非常優異，但也有可能會出錯，除了是可信賴的來源，不要隨便執行巨集，尤其從網路下載的檔案常常會設定了巨集，若是草率地執行，有可能會遭受嚴重的損失。

■ **執行巨集時，必須先完成安全性的設定**

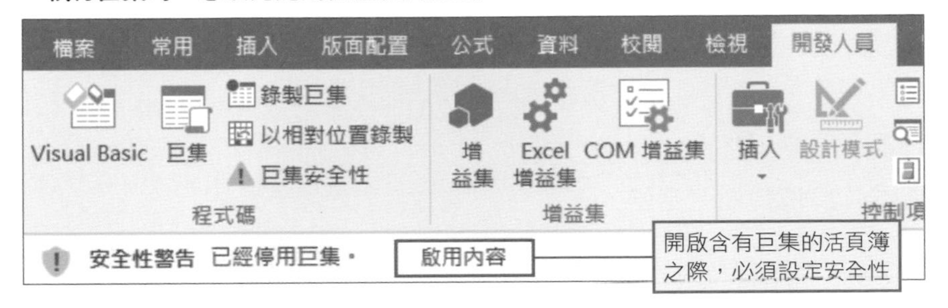

看到這些內容，或許會讓大家覺得巨集既複雜又危險，而且還非常難，但絕對不是這樣的。若能正確使用，再也沒有比巨集更方便的功能，而且就學習而言，也不是那麼困難。只要認真、下苦心，一定就能學會的。**學會巨集，就能讓大家的工作變得超高效率**。筆者常從學生的口中聽到「之前需要花一天處理的作業，現在只要幾秒就能完成。早知道就早點學會巨集」的聲音。

如果覺得自己的工作是需要用巨集來處理，請務必購買一本專門講解 Excel 巨集的書籍，然後學習其架構與基本操作。之後再根據工作內容搜尋「巨集」、「自動化」、「VBA」這類關鍵字。有關 Excel 巨集的資訊已全數公開，一定能立刻找到需要的資訊。還請大家務必挑戰看看。

相關項目
■ 巨集的基本知識 ⇨ p.326　■ 巨集的記錄 ⇨ p.327
■ 巨集的執行 ⇨ p.328

CHAPTER 11

04

麻煩的作業就交給 Excel

利用「共同作業」改善作業效率

期待已久的功能總算問世

功能齊全又優異的 Excel 是在各種商業場合應用的軟體之一，但之前卻不利於**多人共同編輯**。坦白說，「**Google 試算表**」在這部分的確比較好用。所以，若要多人一起編輯相同工作表，應該有不少人會利用 Google 試算表取代 Excel。

不過，這個缺點總算改善了。**Excel 2021** 或最新的 **Microsoft 365（訂閱制）**新增的**「共同作業」功能**，可讓多位成員同時開啟與編輯**同一個 Excel 活頁簿**，而且還能在幾秒之內，確認彼此修改了哪些部分。

■ Excel 的共同作業功能

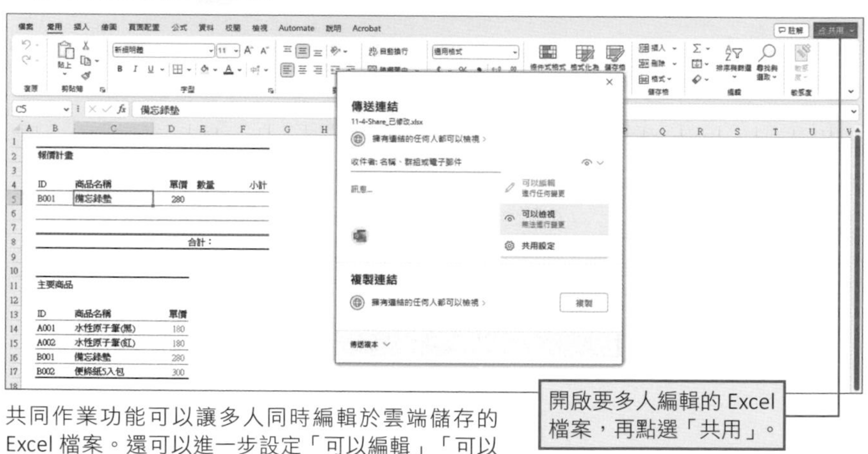

共同作業功能可以讓多人同時編輯於雲端儲存的 Excel 檔案。還可以進一步設定「可以編輯」「可以檢視」這類權限。

需謹慎考慮 Excel 工作表的公開範圍與權限設定

雖然共同作業功能很好用，**但一個不小心，就有可能導致內部機密向外部公開**，所以千萬要留意這個部分。使用這項功能時，請務必徹底了解共同作業的使用者設定、可以編輯的內容，以及權限的設定。最近就有大企業不小心將非公開的資訊設定為公開，導致資訊外洩，進而鬧上新聞版面。

Excel 的共同作業功能，可以在替 Excel 工作表設定共同作業時，在「**設定連結**」（參考下圖）設定「**開放給哪位使用者**」以及「**開放哪些操作**」。

點選上圖右上角的「深入了解」連結，確認官方說明之後，再依照團隊負責人或是資訊系統部門的設定，決定開放給哪些使用者共同作業。聰明而靈活地使用這項便利的功能，才能讓工作效率極大化。

感謝各位閱讀到最後，以上就是本書所有的內容。但願本書能為各位的日常工作盡一分心力。

相關項目 ■ 錯誤值列表 ➡ p.30 ■ 處理自動化 ➡ p.324

EXCEL 最強商業實戰書［完全版］

作　　者 | 藤井直弥 NAOYA FUJII
大山啓介 KEISUKE OYAMA
譯　　者 | 許郁文

責任編輯 | 鄭世佳 Josephine Cheng
何奕萱 Esther Ho
責任行銷 | 袁筱婷 Sirius Yuan
封面裝幀 | 李涵硯
版面構成 | 黃靖芳 Jing Huang
林婕瑩 Griin Lin
校　　對 | 楊玲宜 ErinYang

發 行 人 | 林隆奮 Frank Lin
社　　長 | 蘇國林 Green Su

總 編 輯 | 葉怡慧 Carol Yeh
日文主編 | 許世璇 Kylie Hsu
行銷主任 | 朱韻淑 Vina Ju
業務處長 | 吳宗庭 Tim Wu
業務主任 | 蘇倍生 Benson Su
業務專員 | 鍾依娟 Irina Chung
業務秘書 | 陳曉琪 Angel Chen
莊皓雯 Gia Chuang

發行公司 | 悅知文化　精誠資訊股份有限公司
地　　址 | 105台北市松山區復興北路99號12樓
專　　線 | (02) 2719-8811
傳　　真 | (02) 2719-7980
網　　址 | http://www.delightpress.com.tw
客服信箱 | cs@delightpress.com.tw
ISBN：978-626-7288-62-7
初版一刷 | 2023年08月
建議售價 | 新台幣460元

本書若有缺頁、破損或裝訂錯誤，請寄回更換
Printed in Taiwan

國家圖書館出版品預行編目資料

EXCEL最強商業實戰書［完全版］/ 藤井直弥, 大山啓介著 ; 許郁文譯. -- 初版. -- 臺北市 : 悅知文化, 精誠資訊股份有限公司, 2023.08
360面 ; 14.8×21公分
譯自 : Excel 最強の教科書(完全版), 2nd ed.
ISBN 978-626-7288-62-7 (平裝)
1.CST: EXCEL(電腦程式)

312.49E9　　112011330

建議分類 | 商業理財、電腦軟體

線上讀者問卷 TAKE OUR ONLINE READER SURVEY

當操作Excel時間大幅縮減，
就能空出更多的時間
來安排自己的事情。

——————《Excel最強商業實戰書[完全版]》

請拿出手機掃描以下QRcode或輸入
以下網址，即可連結讀者問卷。
關於這本書的任何閱讀心得或建議，
歡迎與我們分享 ◡̈

https://bit.ly/3ioQ55B